国家电网有限公司
STATE GRID
CORPORATION OF CHINA

国家电网有限公司
技能人员专业培训教材

机具修理

国家电网有限公司　组编

中国电力出版社
CHINA ELECTRIC POWER PRESS

图书在版编目（CIP）数据

机具修理 / 国家电网有限公司组编. —北京：中国电力出版社，2020.6
国家电网有限公司技能人员专业培训教材
ISBN 978-7-5198-4301-4

Ⅰ. ①机… Ⅱ. ①国… Ⅲ. ①机械维修–技术培训–教材 Ⅳ. ①TH17

中国版本图书馆 CIP 数据核字（2020）第 024743 号

出版发行：中国电力出版社
地　　址：北京市东城区北京站西街 19 号（邮政编码 100005）
网　　址：http://www.cepp.sgcc.com.cn
责任编辑：丁　钊（010-63412393）
责任校对：黄　蓓　李　楠
装帧设计：郝晓燕　赵姗姗
责任印制：杨晓东

印　　刷：三河市百盛印装有限公司
版　　次：2020 年 6 月第一版
印　　次：2020 年 6 月北京第一次印刷
开　　本：710 毫米×980 毫米　16 开本
印　　张：29
字　　数：553 千字
印　　数：0001—2000 册
定　　价：98.00

本书编委会

主　　任　吕春泉

委　　员　董双武　张　龙　杨　勇　张凡华

　　　　　王晓希　孙晓雯　李振凯

编写人员　李　强　魏　巍　董照霞　宋　涛

　　　　　黄晓愚　巩克强　曹爱民　战　杰

　　　　　刘　严　胡　峰

前　言

为贯彻落实国家终身职业技能培训要求，全面加强国家电网有限公司新时代高技能人才队伍建设工作，有效提升技能人员岗位能力培训工作的针对性、有效性和规范性，加快建设一支纪律严明、素质优良、技艺精湛的高技能人才队伍，为建设具有中国特色国际领先的能源互联网企业提供强有力人才支撑，国家电网有限公司人力资源部组织公司系统技术技能专家，在《国家电网公司生产技能人员职业能力培训专用教材》（2010年版）基础上，结合新理论、新技术、新方法、新设备，采用模块化结构，修编完成覆盖输电、变电、配电、营销、调度等50余个专业的培训教材。

本套专业培训教材是以各岗位小类的岗位能力培训规范为指导，以国家、行业及公司发布的法律法规、规章制度、规程规范、技术标准等为依据，以岗位能力提升、贴近工作实际为目的，以模块化教材为特点，语言简练、通俗易懂，专业术语完整准确，适用于培训教学、员工自学、资源开发等，也可作为相关大专院校教学参考书。

本书为《机具修理》分册，由李强、魏巍、董照霞、宋涛、黄晓愚、巩克强、曹爱民、战杰、刘严、胡峰编写。在出版过程中，参与编写和审定的专家们以高度的责任感和严谨的作风，几易其稿，多次修订才最终定稿。在本套培训教材即将出版之际，谨向所有参与和支持本书籍出版的专家表示衷心的感谢！

由于编写人员水平有限，书中难免有错误和不足之处，敬请广大读者批评指正。

目　录

第二部分　牵 张 设 备 修 理

第三部分　建筑机械及加工设备修理

第四部分　变电施工仪器修理

第五部分　通信计量仪器修理

第六部分　施工机具设计、试验规程

第一部分

施工机具设备修理

第一章

施工机械修理

模块1　机动绞磨工作原理及操作

【模块描述】本模块介绍机动绞磨的工作原理及结构组成，通过原理讲解、功能介绍以及操作技能训练，掌握机动绞磨的操作方法及日常保养。

【正文】

一、概述

机动绞磨是电力建设输电线路施工中立塔、架线及一般工程建设中一种便于移动的机动卷扬设备，主要用于重物的移动和起吊。

机动绞磨主要由发动机和绞磨两大部分组成，具有体积小、自重轻、牵引力大、操作简单、维护检修方便等特点。

二、机动绞磨的主要参数（见表1-1-1）

表1-1-1　　机动绞磨技术参数表

型号	配置动力	牵引速度（m/min）		额定牵引力（kN）		质量（kg）
3t	汽油机	4	9.5	30	12	105
5t	汽油机	5	11	50	20	130

三、机动绞磨的结构组成

机动绞磨主要由发动机、变速箱（带制动器）、磨芯、传动轮及皮带等部分组成，其外形结构如图1-1-1所示。

（一）发动机部分（见图1-1-2）

（二）绞磨部分

（1）绞磨部分外形结构如图1-1-3所示。

（2）变挡部分主要由拨挡手柄、拨挡定位板、轴承、变挡齿轮、过桥齿轮等组成。其外形结构如图1-1-4所示。

图 1–1–1　机动绞磨外形结构示意图

1—磨芯；2—操作手柄；3—变速箱；4—发动机；
5—机体防护罩；6—传动轮及皮带；7—底座

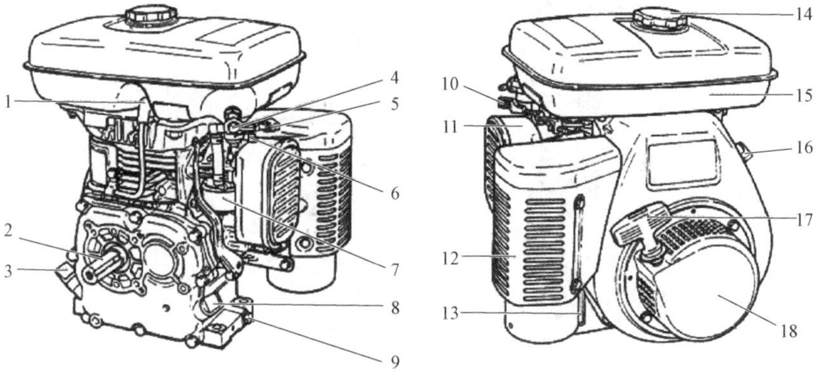

图 1–1–2　汽油发动机外形结构示意图

1—火花塞；2—动力输出轴；3—油位计；4—燃油旋塞；5—燃油滤芯器；
6—阻风门；7—汽化器；8—油位器；9—排油塞；10—速度控制杆；
11—空气滤清器；12—消音器；13—排气口；14—燃油箱盖；
15—燃油箱；16—停止开关；17—起动器把手；
18—反冲起动器

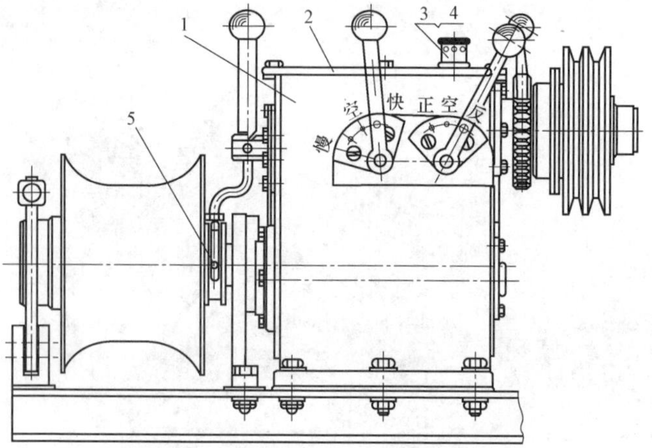

图 1-1-3 绞磨部分外形结构示意图

1—箱体；2—箱盖；3—排气螺栓；4—排气螺母；5—磨芯离合器拨叉键

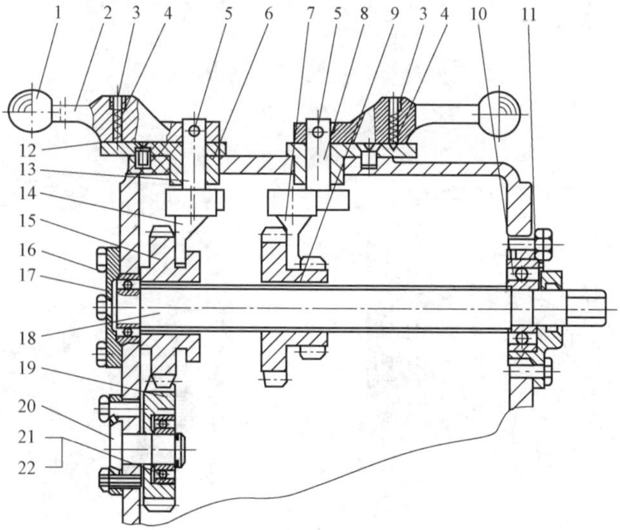

图 1-1-4 变挡部分结构示意图

1—手柄球；2—拨挡手柄；3—螺钉；4—弹簧；5—销；6—拨挡定位板；7—快慢挡拨叉；8—快慢挡拨叉连杆；9—快慢变挡齿轮；10—轴承 204；11—轴承端盖；12—钢球；13—倒顺挡拨叉连杆；14—倒顺挡拨叉；15—倒顺变挡齿轮；16—轴承 202；17—轴承盖；18—花键轴；19—过桥齿轮；20—倒挡定位轴；21—轴承 203；22—挡圈

（3）连锁刹车主要由皮带轮、连销刹车主（传）动轮、齿轮轴、离合器传动盘等组成。其结构示意图如图 1–1–5 所示。

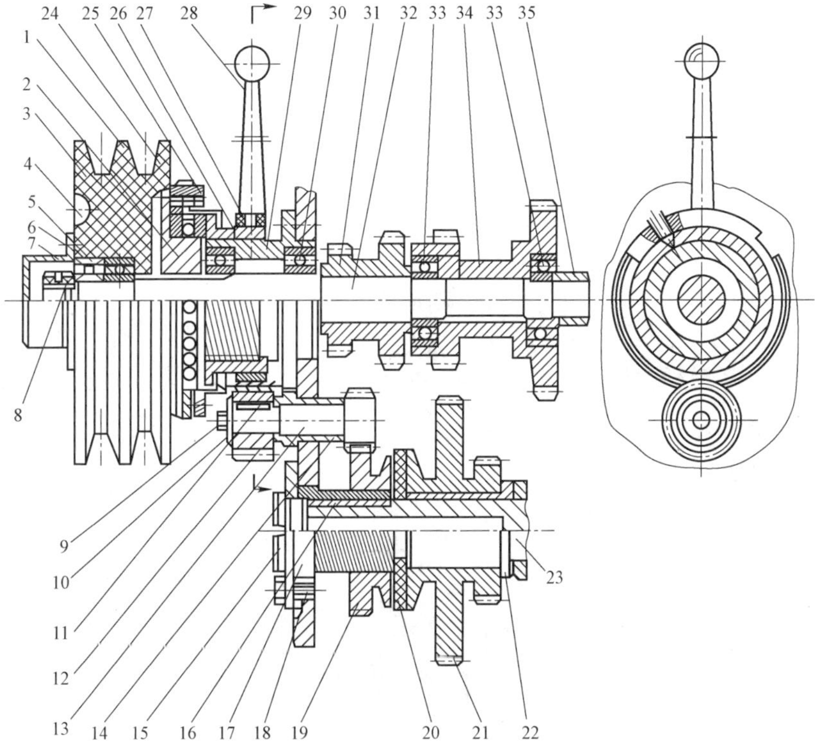

图 1–1–5　连锁刹车结构示意图

1—轴承 8113；2—离合器开户盖；3—皮带轮；4—轴承 204；5—轴承 7204；6—螺栓 M5×1.5；7—皮带轮油盖；8—圆螺母 M16×1.5；9—螺栓 M6×1.5；10—垫圈；11—键 C5×20；12—连锁刹车被动齿轮；13—连锁刹车传动轮；14—连锁刹车传动轮铜套；15—铜套固定法兰盖；16—钢套；17—钢套固定法兰；18—螺栓 M8×1.5；19—连锁刹车齿轮；20—连锁刹车胶木片；21—连锁刹车双联齿轮；22—铜轴承；23—齿轮轴；24—离合器传动盘；25—螺栓 M6×10；26—带动螺母；27—连锁刹车主动轮；28—传动离合器手柄；29—离合器固定法兰；30—轴承 205；31—双联塔轮；32—传动主轴；33—轴承 204；34—双联齿轮；35—轴套

（4）磨芯与自动刹车如图 1–1–6 所示。

四、机动绞磨的操作方法

（1）发动机起动前应先脱开离合器并挂空挡。

（2）起动发动机。

1）顺时针方向旋转停止开关至“开”位置。

2）打开燃油旋塞。

3）把速度控制杆设定在靠近高速位置 1/3 的地方。

4）关闭阻风门杆。① 发动机如果是冷的或四周气温较低时，要全部关上阻风门杆；② 发动机如果是热的或四周气温较高时，把阻风门杆开至一半或全开。

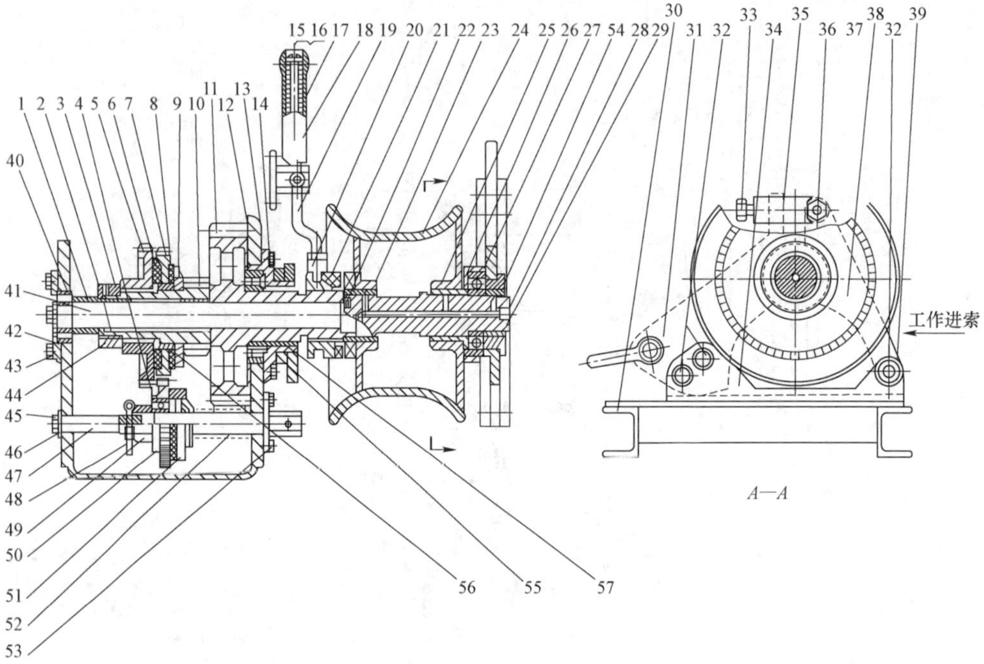

图 1–1–6 磨芯与自动刹车结构示意图

1—自动刹车轴套；2—轴瓦；3、4—轴承 38204；5—刹车齿轮；6—自动刹车胶木；7—齿轮Ⅰ；8—绞磨刹车胶木；9—自动刹车夹紧盘；10—自动刹车齿轮；11—齿轮；12—轴承 210；13—磨芯轴承座；14—螺钉 M10×15；15—螺钉 M5×20；16—垫圈 5；17—磨芯离合器弹簧；18—磨芯离合器手柄；19—磨芯离合器拔叉杆；20—磨芯离合器拔叉；21—磨芯离合器；22—螺钉 M8×18；23—磨芯铜套Ⅰ；24—磨芯；25—磨芯铜套Ⅱ；26—轴承盖；27—轴承 207；28—油杯 10；29—铜套；30—底架；31—活动支撑右侧板；32—横销；33—螺栓 M12×40；34—活动支撑底座；35—支撑座拉环；36—螺栓 M12×22；37—螺母螺栓 M10；38—活动支撑左侧板；39—挡圈 14；40—轴承 205；41—刹车定轴；42—轴承盖；43—螺栓 M8×16；44—自动刹车螺母；45—螺钉 M8×115；46—垫片；47—刹车棘轮轴；48—销 4×50；49—螺母 M20×2；50—刹车齿轮乙；51—刹车齿轮甲；52—弹簧；53—螺栓 M8×15；54—轴承套；55—磨芯轴承座；56—自动刹车逆齿铜套；57—铜套

5）慢慢地牵拉起动器把手，直到感到有阻力为止；使把手复位，然后迅速牵拉；起动后，让起动把手回到原来的位置。

6）慢慢地旋转阻风门杆把阻风门打开，直到最后全开。

7）把速度控制杆设定在低速位置上，在没有负载的状态下热机数分钟。

（3）离合器合上，动作应快，否则容易造成磨损，脱开时不宜用力过猛。

（4）换挡前必须先脱开离合器，若换挡困难，可轻微合一下离合器，使输入轴转动一个角度再换挡，严禁强行入挡。

（5）进行空载运行，检查离合器、换挡手柄操作是否灵活、准确、可靠，各部分是否有异常现象。

（6）装设钢丝绳。

1）将搭扣螺钉松开，打开左右半支架，面对磨芯，将钢丝绳由下向上绕进磨芯，牵引端靠近变速箱，尾绳靠近支架。

2）钢丝绳穿绕应不少于5圈。

五、机动绞磨的使用注意事项

（1）运输时应防止挤压和倾斜，挤压会造成机械损坏、影响美观；倾斜会导致汽油流进滤芯器内，难以起动。

（2）使用前必须检查汽油、机油、齿轮油，不足会导致起动困难、拉瓦、连杆抱死、变速箱内的齿轮抱死、滚筒大轴损坏等故障。

（3）严禁超负荷使用，否则会导致变速箱齿轮、轴承、滚筒大轴损坏。

（4）使用机动绞磨时，离合器手柄一定要抬、放到位，否则会导致变速箱内挡位的齿轮发生异响，相互间摩擦，易损坏齿轮。

（5）做好过夜、防雨工作，雨水注入会使发动机受潮，导致发动机难以起动。

六、机动绞磨的日常检查与维护保养

（1）机体是否清洁、完整，机体应无变形、断裂、裂纹及锈蚀严重现象，各部位螺栓和螺母应紧固。

（2）有足够、清洁的机油、汽油，检查汽油和机油是否有渗漏。

（3）检查变速箱内的润滑油是否缺少、变质，箱体外的轴承定期加黄油（一个月一次）。

（4）检查离合器的连锁刹车摩擦片、自动刹车摩擦片磨损情况。

（5）汽油机机油检查。

1）检查汽油机油位时应关闭汽油机，并使其处于水平平面。

2）卸下机油尺并擦拭干净，插入加油口，抽出后观察机油油位，油位应保持在上限和下限之间。

3）如果油位低于下限位，应及时添加。

（6）更换机油。

1）应在汽油机热机时进行，能够保证机油迅速彻底排放。

2）拧下机油尺、放油螺栓，把机油排放在专用容器内。

3）排放彻底后，拧紧放油螺栓，把汽油机置于水平平面，从加油口注入规定使用的机油。汽油机油使用范围如图 1–1–7 所示。

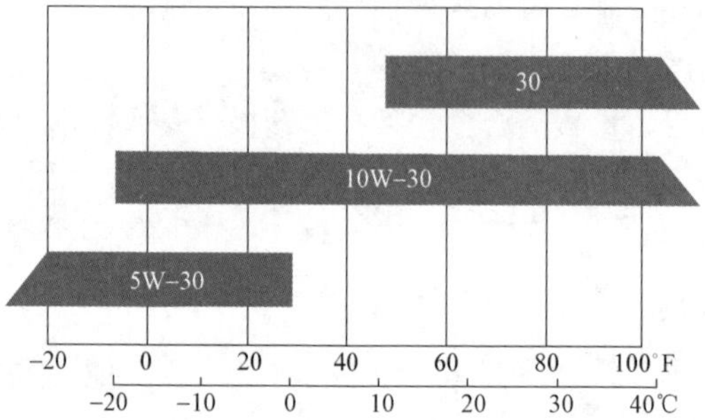

图 1–1–7 汽油机油使用范围

（7）空气滤清器检查及保养。

1）拆开空滤器外壳进行检查，并对空滤芯进行清洁，如出现损坏应进行更换。

2）无空气滤清器或空气滤清器损坏时不得起动汽油机。

（8）沉淀杯清洁如图 1–1–8 所示。

1）把燃油开关关闭，卸下沉淀杯和 O 形圈。

2）用不易燃烧的溶剂清洗沉淀杯和 O 形圈，然后进行干燥。

3）把 O 形圈放回燃油管内，装回沉淀杯，并进行紧固。

4）燃油开关扳至“开”位置，检查是否有渗油，如有，应更换 O 形圈。

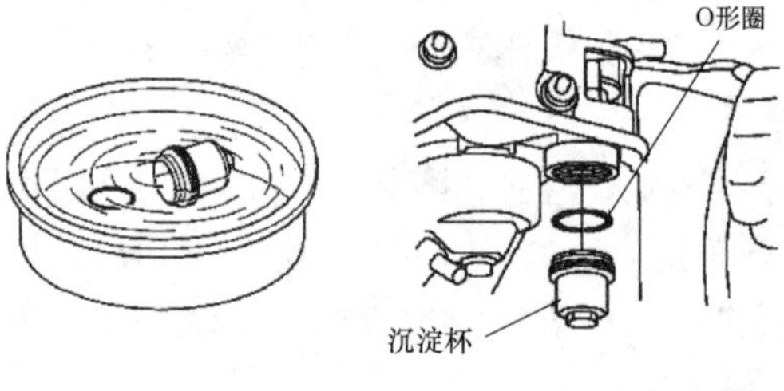

图 1–1–8 沉淀杯清洁示意图

（9）火花塞保养

1）拆开火花塞帽，将火花塞周围脏物清除，并使用专用套筒扳手卸下火花塞。其操作方法具体如图 1–1–9（a）所示。

2）检查火花塞，如果有明显磨损或绝缘体有裂缝或缺损，应进行更换。

3）测量火花塞间隙，应保证弯曲侧电极间隙在 0.7～0.8mm，如图 1–1–9（b）所示。

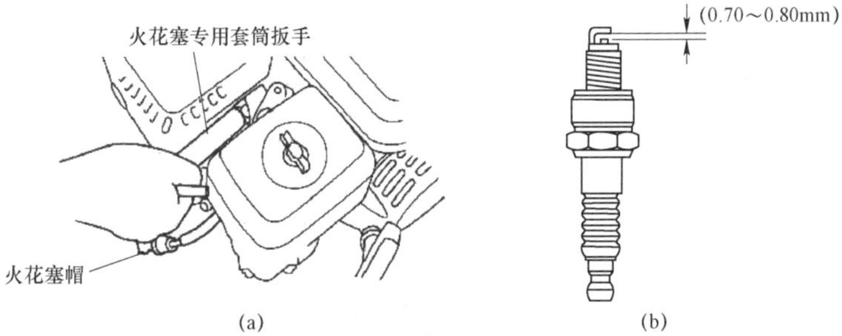

图 1–1–9　火花塞拆卸及弯曲侧电极间隙示意图

（a）火花塞拆卸作业示意图；（b）火花塞电极间隙调整示意图

4）火花塞安装时应小心，防止螺纹滑牙。

5）安装后使用专用套筒扳手拧紧。

① 安装使用过的火花塞，压紧垫圈后再多拧 1/8～1/4 圈。

② 安装新的火花塞，压紧垫圈后再多拧 1/2 圈。

③ 火花塞没有拧紧可能会过烫而损坏汽油机。

（10）怠速调整如图 1–1–10 所示。

1）将汽油机预热至正常运转时所需要的温度。

2）节气门手柄置于最低速度位置。

3）调节节气门止动螺栓以获得标准怠速，标准怠速为 1440r/min。

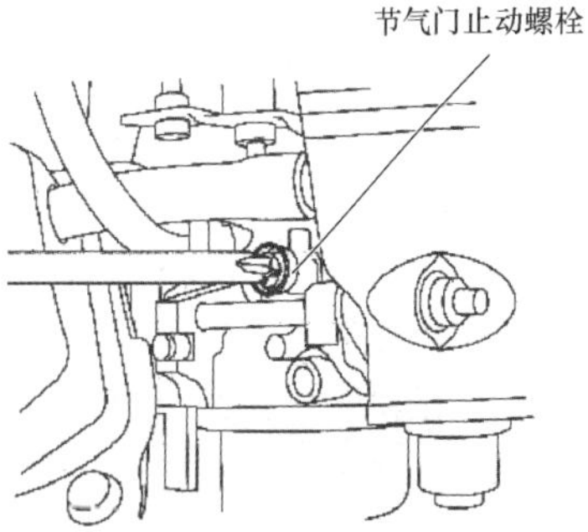

图 1–1–10　怠速调整示意图

（11）行星轮的润滑如图 1–1–11 所示。

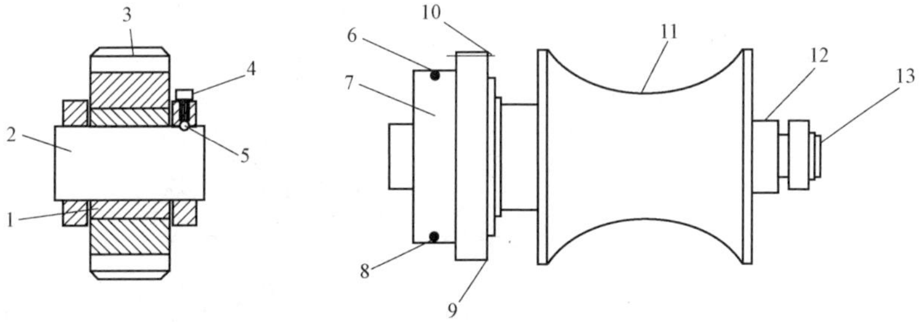

图 1–1–11　行星轮润滑示意图

1—衬套；2—销轴；3—行星轮；4—M5 内六角螺栓；5—$\phi 5$ 钢球；6—加油孔；7—内齿轮；8—放油孔；9—定位架；10—螺钉 M8×20；11—磨芯；12—轴承座；13—螺栓 M10×20

1）行星轮的装卸应注意 M5 内六角螺栓卸下时 $\phi 5$ 钢球不得遗漏，然后拆下销轴。

2）加油孔应注入与齿轮箱内一致的 10 号机械油。下面设有放油孔，如遇拆卸应从 M10×20 螺栓开始逐步卸下磨芯，键槽与键应做记号，以便下次装入核对。

【思考与练习】

1. 简述机动绞磨结构组成。
2. 简述机动绞磨的操作方法。
3. 简述机动绞磨的主要技术参数。
4. 简述机动绞磨安全操作规程。
5. 简述机动绞磨机油检查和更换机油的方法。
6. 简述机动绞磨火花塞的保养方法。
7. 简述机动绞磨怠速的调整方法。

模块 2　手扶机绞磨工作原理及操作

【模块描述】本模块介绍手扶机绞磨的工作原理及结构组成，通过原理讲解、功能介绍以及操作技能训练，掌握手扶机绞磨的操作方法及日常保养。

【正文】

一、概述

手扶机绞磨是电力建设线路施工中立塔、架线及一般工程建设中的一种便于移动的机动卷扬设备，主要用于重物的移动和起吊。

手扶机绞磨主要由发动机、离合器、变速箱（带制动器）、磨芯、行走等部分组成，具有操纵轻便灵活和良好的行驶性能等特点，其外形结构如图 1–2–1 所示。

图 1–2–1　手扶机绞磨外形结构示意图

1—油门；2—变速箱；3—磨筒；4—轮胎；5—发动机；6—扶手；7—离合操作手柄

二、手扶机绞磨的主要参数

（1）外形尺寸：2670×1040×1300（长×宽×高，mm）。

（2）离地间隙：150mm。

（3）轮距：1040mm。

（4）结构质量：450kg。

（5）行驶速度见表 1–2–1。

表 1–2–1 手扶机绞磨行驶速度表 （km/h）

状态	Ⅰ	Ⅱ	Ⅲ	Ⅳ
前进	2.8	4.5	8.1	13.1
后退	1.7	—	4.9	—

（6）手扶机绞磨磨筒卷线速度和牵引力。

1）3t 手扶机绞磨磨筒总卷线速度和牵引力见表 1–2–2。

表 1–2–2 3t 手扶机绞磨磨筒总卷线速度和牵引力表

状态	数据 / 数据项目 \ 挡位	Ⅰ	Ⅱ	Ⅲ	Ⅳ
前进（上升）	卷线速度（m/min）	7.8	13.6	25	37
	牵引力（t）	4.0	2.7	1.7	1.0
后退（下降）	卷线速度（m/min）	4.8	—	15.2	—

2）5t 手扶机绞磨磨筒总卷线速度和牵引力见表 1–2–3。

表 1–2–3 5t 手扶机绞磨磨筒总卷线速度和牵引力表

状态	数据 / 数据项目 \ 挡位	Ⅰ	Ⅱ	Ⅲ	Ⅳ
前进（上升）	卷线速度（m/min）	4.5	7.2	13	21
	牵引力（t）	5.0	3.0	1.7	1.0
后退（下降）	卷线速度（m/min）	2.8	—	8.0	—

三、手扶机绞磨的操作方法

（一）使用前的准备和起动

1）检查润滑油、柴油及水等是否符合要求，进行发动机运转前的准备。

2）检查变速箱的油面（将磨筒轴承盖上最高的一个螺钉拧下后如有油流出即可，添加机油时加到油能从孔流出为止）。

3）检查各主要连接部分螺栓是否紧固。

4）将离合制动手柄放在离的位置，变速手柄放在空挡位置，油门拉至“开始”位置。

5）将两支撑腿用插销固定在挂接框上。

6）起动柴油机，拉动分离拨叉手柄使一级减速滑动齿轮与中央减速齿轮啮合。

7）钢丝绳从下往上缠在磨筒上，一般不少于五圈。

（二）工作

把变速手柄放在适合的前进挡位上，平缓地将离合制动手柄放到“合”位置，起吊重物或紧线开始，机后两人拉紧钢丝绳缓缓后收。

（三）刹车

起吊结束或起吊过程中需要刹车时，将离合器手柄迅速拉至“制动”位置，起吊或牵引立即终止。

（四）下降

将变速手柄放在倒挡位置上，把离合制动手柄平缓推到“合”位置，拉紧钢丝绳缓缓前放，即可将重物放下。

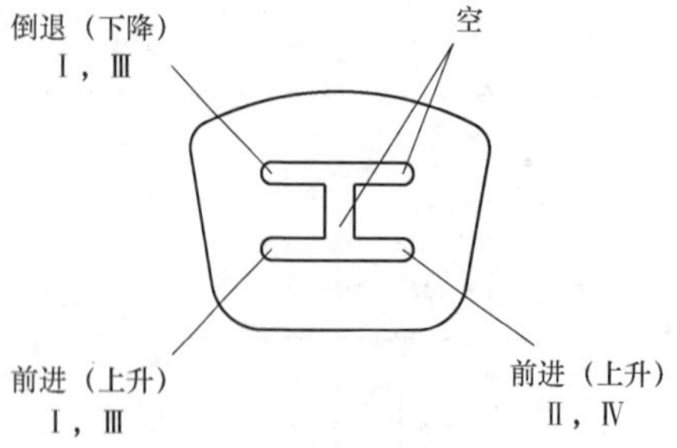

图 1–2–2 手扶机绞磨挡位布局示意图

（五）停车

将离合制动手柄放在“离”的位置，变速手柄及分离拨叉手柄处于空挡位置，逐渐关小油门，直至发动机熄火，再将离合制动手柄放在“合”的位置。挡位布局如图 1–2–2 所示。

四、手扶机绞磨的使用注意事项

（1）禁止起步时同时操纵离合制动手柄和转向手柄。

（2）禁止高速上下坡、空挡滑行下坡，以及上、下坡时同时操纵左右转向手柄。

（3）使用绞磨部分之前，务必使左右转向齿轮脱开。

（4）绞磨工作时，不论起吊、制动和下降，机后钢丝绳务必始终拉紧，不得放松。

（5）反转时严禁起吊重物。

（6）离合制动手柄处于“离”的位置才能变速换挡。

（7）行驶、运输时把分离手柄由箱体侧向外拉进挡位。

（8）严禁超负荷使用。

五、手扶机绞磨的维护与保养

（一）技术保养

1. 每班技术保养

（1）检查零部件紧固情况，特别是驱动轮紧固螺栓、机架组合件与减速箱紧固螺栓、扶手架与减速箱盖固定螺栓、磨筒轴两端端盖紧固螺栓等。

（2）清除各处的泥土、灰尘和油污，并观察是否有漏油现象。

（3）按润滑表添加润滑油。

2. 一级技术保养（每工作 100h 后进行）

（1）执行每班技术保养所规定的各个项目。

（2）检查并调整三角皮带的松紧度。

（3）检查并调整离合器分离轴承与分离杠杆头部之间的间隙。

（4）检查制动器操纵系统是否可靠。

（5）检查减速箱加油螺塞的通风孔是否堵塞。

（6）检查橡胶轮胎的气压是否正常。

（7）按润滑表添加润滑油。

3. 二级技术保养（每工作 200h 后进行）

（1）执行一级技术保养所规定的各个项目。

（2）清洗齿轮箱，更换齿轮油。

（3）按润滑表添加润滑油。

4. 技术检修（每工作 400 ~ 600h 后进行）

（1）拆开减速箱、最终传动箱等齿轮、齿轮衬套、油封等，并用柴油清洗。

（2）检查各齿轮、轴承、衬套和油封等磨损情况，必要时进行更换。

（3）检查各拨叉弹簧、转向弹簧工作的可靠性，必要时进行更换。

（4）检查牵引机构（刹车片、锁紧挡圈、刹车逆转环、弹簧等）工作的可靠，必要时进行更换。刹车逆转环和带摩擦面齿轮装配后的间隙应保持在 0.4～0.7mm。

（5）检查和调整各操作机构工作的正确性。

（6）检查三角皮带、离合器摩擦片、制动环、各种拨叉、轮胎及其他零件，若有过度磨损时，应进行更换。

（二）日常保养润滑（见表 1–2–4）

表 1–2–4 手扶机绞磨日常保养润滑

序号	润滑部位	润滑剂型	润滑要点	润滑周期
1	离合器分离爪	机油	拉动离合制动手柄，在分离爪滑动面上加油	每班 2～3 次
2	各操纵杆铰链连接点	机油	用油壶点几滴机油	每班 1 次
3	减速箱	齿轮油	拧下查油螺塞，以油从螺塞孔开始溢出为止	每工作 30h 后添加 1 次
4	离合器前轴承	润滑脂	拆下离合器塑料轴承盖涂入	每工作 400h 后添加 1 次
5	离合器分离轴承	润滑脂	拆下分离轴承清洗后放在润滑脂内加热注入	每工作 400h 后添加 1 次
6	磨筒挂板及磨筒法兰等	机油	用油壶点几滴机油	每班 1 次

润滑注意事项：

（1）加油口和润滑工具要保持清洁，严防泥土、灰尘污染。

（2）更换减速箱内和左、右最终传动箱内齿轮油时，必须在刚停车后趁热放出，然后从减速箱的加油口，加入适量柴油清洗，洗净后将柴油放尽，加入新油。

（3）润滑剂的选择。

1）机油：机油（GB/T 17038—1997）。

2）齿轮油：冬、夏均用齿轮油（GB 50484）。

3）润滑脂：钙基润滑脂（GB 491—2008）或其他。

（三）长期存放

（1）按发动机使用要求，存放发动机。

（2）清洁设备。

（3）拆下三角带，在三角皮带轮及各操纵杆上的金属表面（未涂油漆）涂防锈油。

（4）轮胎仍保持原有气压，不得放空气压。

（5）设备应存放在干燥、通风的室内。

【思考与练习】

1. 简述手扶机绞磨主要组成部件。
2. 简述手扶机绞磨的操作方法。
3. 简述手扶机绞磨卷线速度和额定牵引力。
4. 简述手扶机绞磨一、二、三级保养要求。

5. 简述手扶机绞磨的使用注意事项。

6. 简述手扶机绞磨的润滑及润滑注意事项。

模块 3　液压机工作原理及操作

【模块描述】本模块介绍液压机的工作原理及结构组成，通过原理讲解、功能介绍以及操作技能训练，掌握液压机的操作方法及日常保养。

【正文】

一、液压机概述

液压机按动力源可分为汽油机、柴油机和电动机三种；按流量可分为单级泵、双级泵。

液压机主要组成部件包括动力源、泵体、换向阀、高压油管、底架、压力表和液压钳等。

双级泵由动力源、高压泵、低压泵、高低压切换阀、换向阀、高压油管、底架、压力表等组成。

目前施工现场使用的液压机多为Ⅲ型泵结构，主要由液压泵站和液压钳组成，其外形结构如图 1–3–1 所示。

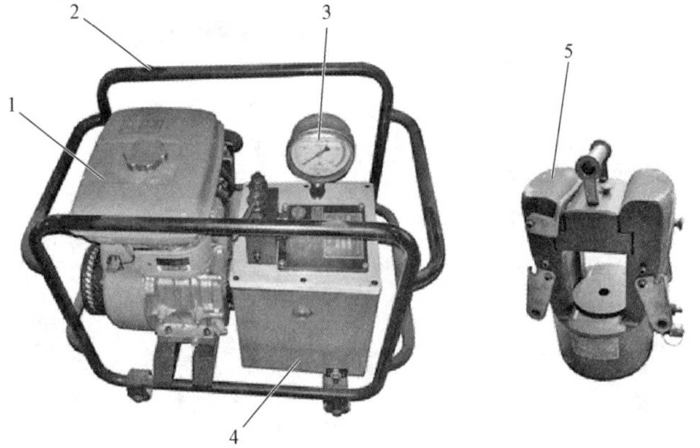

图 1–3–1　液压机外形结构示意图

1—发动机；2—机体防护架；3—液压表；4—液压油箱；5—液压钳

二、液压传动的组成部分

（1）能源装置。把机械能转换成液压能的装置。最常见的形式就是液压泵，它为液压系统提供压力油。

（2）执行装置。把油液的液压能转换成机械能的装置。它可以是直线运动的液压油缸，也可以是做回转运动的液压马达。

（3）控制调节装置。对系统中的油液压力、流量或流动方向进行控制或调节的装置，例如节流阀、溢流阀、减压阀、调速阀、换向阀等。这些元件的不同组合形成了不同功能的液压系统。

（4）辅助装置。上述三部分以外的其他装置，如油箱、滤油器、油管等。

（5）Ⅲ型双速超高压液压泵的结构如图 1–3–2 所示。

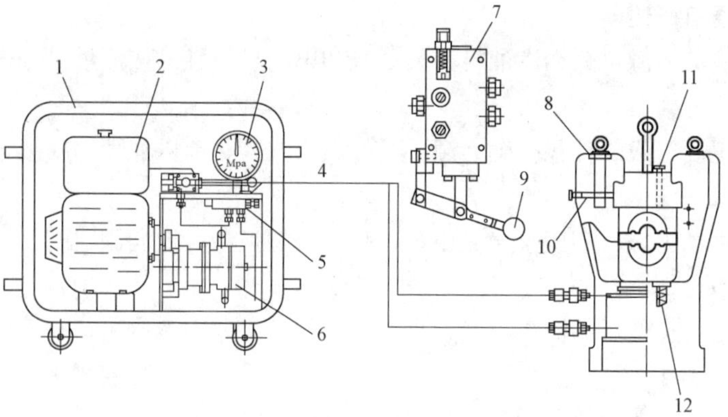

图 1–3–2 Ⅲ型双速超高压液压泵的结构示意图

1—保护架；2—汽油机换向阀；3—压力表；4—放气加油塞；5—高低压切换阀；6—油泵总成；7—换向阀；8—保险螺钉；9—手柄；10—定位销；11—液压钳压模定位销；12—钳体压力过载保护装置

三、工作原理

（1）液压泵经动力源带动以后，油泵从油箱吸油，油液经滤油器、吸油阀进入柱塞泵，经出油阀进入压力区。油液一侧进换向阀，一侧进压力表显示压力。压力油由换向阀通过高压油管输入压接机油缸，如图 1–3–3 所示。

（2）液压传动。

1）以液体作为工作介质来传递能量。

2）液压传动是用液体的压力能传递动力，它与利用液体动能的液力传动是不相同的。

3）液压传动的工作介质是在受控制、受调节的状态下进行工作的，因此，液压传动和液压控制常难以截然分开。

（3）液体压力的性质。

1）压力恒定垂直作用于固体壁的表面上。

2）任一点的压力为一定值，与方向无关。

3）若以一压力加于密闭容器中的一部分，则以同样大小方向的压力向容器所有各点传递，这种现象称为巴斯加原理。

4）密闭性是液压传动中不可缺少的必要条件。

（4）液压传动的优缺点。

1）优点。

① 在同等的体积下，液压装置能比电气装置产生出更大的动力。因为液压系统中的压力可比电枢磁场的磁力大 30～40 倍，在等同功力的情况下，液压装置体积小、自重轻、结构紧凑。

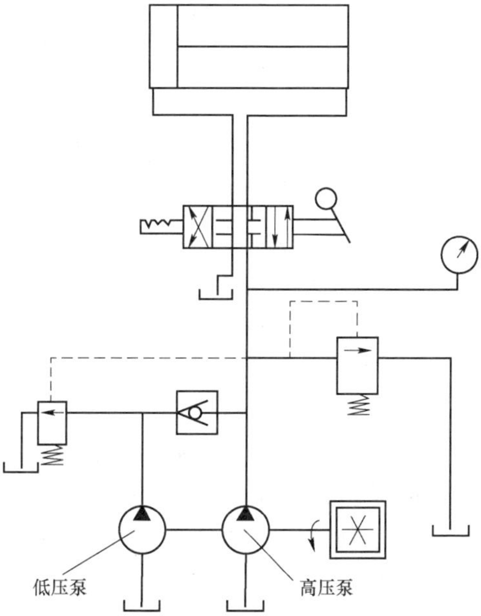

图 1–3–3　液压机工作原理示意图

② 液压装置工作平稳。由于自重轻、惯性小、反应快、容易实现快速起动、制动及频繁的换向。

③ 液压装置能大范围实现无级变速。

④ 液压传动容易实现自动化。

⑤ 液压装置易实现过载保护，液压件能自行润滑，因此使用寿命长。

⑥ 由于液压元件实现了标准化、系列化和通用化，所以对设计、制造使用都比较方便。

2）缺点。

① 液压传动对于油温的变化比较敏感。

② 液压传动对于油液的泄漏很难解决。

③ 液压传动对于油液的污染比较敏感。

四、液压机的操作

（一）操作前的准备工作

（1）电动泵应检查电源电压与本电动泵额定电压是否相符。电动泵应接地完好无脱落。电源配电箱必须配有剩余电流动作保护器（漏电保护器）。

（2）机动泵应检查燃油的质量及数量应符合内燃机说明书的规定。

1）检查外观和底部，看是否漏油。

2）检查油料的油位（如油位低于下限，需加油至上、下限之间）。

3）检查所有螺母、螺栓和螺钉是否紧固。

（3）检查超高压液压泵（液压压接机）及液压压接钳各部连接应可靠，机体无变形及裂缝。活动零部件转动应灵活。

（4）检查高压油泵的高压软管应无损坏及渗漏，连接可靠，弯曲半径不小于200mm，高压油管与液压钳用的卡套式管接头连接可靠。安全保护罩应齐全牢靠，放下通气塞。

（5）换向阀手柄应处于中位。

（6）根据导地线的金具规格及压接钳的型号选定模具，清除模腔内的污物。

（7）安装模具。

1）拉出模架定位销，扳转模架限位块，取出模架，在压接钳腔内放入模具，另一模具嵌入在模架上，然后将模架放进上腔（在定位销侧有一凹坑）。拉出模架定位销，使模架到位后再扳转模架限位块即可。取出模具时，将上模限位销往上拔起后将模具取出。

2）将转铁旋转 90° 取下转铁，在压接钳腔内放入另一半模具，然后装入转铁腔内旋转 90° 即可。

（二）操作中

1）起动发动机使其怠速运转 3min（冬季可以延长，新机器怠速 3min 以上）。

2）扳动换向阀几次，确定各部件无异常现象，然后将换向阀手柄处于中位，使液压钳活塞复位。按安装模具的程序，把待压金具放入模腔，操作换向阀手柄使活塞上升，直至上下模完全咬合，此时压力表显示压力为 80MPa，压接时间不得超过 3s，应立即扳动换向阀手柄使活塞下降，待压力表显示压力为 15MPa 时把换向阀手柄扳至中位。

3）不能随意调高安全阀的开启压力，应按标牌上的额定压力调节，严禁调至最高压力工作。

4）压接工作结束时应将换向阀手柄置于中位，使活塞复位，关闭发动机或电源。

5）操作过程中如发生故障或异常时，必须先将液压系统卸压使压接钳活塞复位，再停机。经检修并确认故障或异常已排除的情况下方能重新开机使用。

（三）操作后

1）拔起通气塞并旋转 90°，拆下模具和高压油管，将其清理干净，并将接头用保护罩密封。

2）清洁液压机（液压泵、压接钳）其他各部件，清理作业环境。

五、液压机的日常检查与维护保养

（1）检查机体是否清洁、完整，机体应无变形、断裂、裂纹及锈蚀严重现象。各部位螺栓和螺母应紧固。

（2）有足够、清洁的机油、汽油、液压油，检查是否有渗漏。

（3）定期更换液压油（至少一年一次），添加液压油时必须使用相同型号的液压油，不得添置其他油液。

（4）使用结束后应存放于干燥、通风的室内。

（5）汽油机机油检查。

1）检查汽油机油油位时应关闭汽油机，并使其处于水平平面。

2）卸下机油尺并擦拭干净，插入加油口，抽出后观察机油油位。

3）如果机油油位低于下限位，应及时添加。

（6）更换机油。

1）应在汽油机热机时进行，能够保证机油迅速彻底排放。

2）拧下机油尺、放油螺栓，把机油排放在专用容器内。

3）排放彻底后，拧紧放油螺栓，把汽油机置于水平平面，从加油口注入规定使用的机油。

4）按规定要求正确选择机油的规格，汽油机机油使用范围如图 1–1–7 所示。

（7）空气滤清器检查及保养。

1）拆开空滤器外壳进行检查，并对空滤芯进行清洁，如出现损坏应进行更换。

2）无空气滤清器或空气滤清器损坏时不得发动汽油机。

（8）沉淀杯清洁如图 1–1–8 所示。

1）把燃油开关关闭，卸下沉淀杯和 O 形圈。

2）用不易燃烧的溶剂清洗沉淀杯和 O 形圈，然后进行干燥。

3）把 O 形圈放回燃油管内，装回沉淀杯，并进行紧固。

4）燃油开关扳至“开”位置，检查是否有渗油，如有，应更换 O 形圈。

（9）火花塞保养如图 1–1–9 所示。

1）拆开火花塞帽，将火花塞周围脏物清除，并使用专用套筒扳手卸下火花塞。

2）检查火花塞，如果有明显磨损或绝缘体有裂缝或缺损，应进行更换。

3）测量火花塞间隙，应保证弯曲侧电极间隙在 0.7～0.8mm。

4）火花塞安装时应小心，防止螺纹滑牙。

5）安装后使用专用套筒扳手拧紧：① 安装使用过的火花塞，压紧垫圈后再多拧 1/8～1/4 圈；② 安装新的火花塞，压紧垫圈后再多拧 1/2 圈；③ 火花塞没有拧紧可能会过烫而损坏汽油机。

（10）怠速调整如图 1–1–10 所示。

1）将汽油机预热至正常运转时所需要的温度。

2）节气门手柄置于最低速度位置。

3）调节节气门止动螺栓以获得标准怠速，标准怠速为 1440r/min。

【思考与练习】

1. 简述液压机的分类。
2. 简述液压机的原理。
3. 简述液压机机油检查和更换机油的方法。
4. 简述液压机空气滤清器检查及保养方法。
5. 简述液压机沉淀杯清洁保养的方法。
6. 简述液压机火花塞的保养方法。
7. 简述液压机怠速的调整方法。

模块4 发电机工作原理及操作

【模块描述】本模块介绍发电机的工作原理及结构组成，通过原理讲解、功能介绍以及操作技能训练，掌握发电机的操作方法及日常保养。

【正文】

一、概述

发电机是一种发电设备，是将其他形式的能源转换成电能的机械设备，它由水轮机、汽轮机、柴油机或其他动力机械驱动，将水流、气流、燃料燃烧或原子核裂变产生的能量转化为机械能传给发电机，再由发电机转换为电能。发电机在工农业生产、国防、科技及日常生活中有广泛的用途。

二、发电机的组成及工作原理

（一）发电机的结构组成

发电机通常由定子、转子、端盖及轴承等部件组成。定子由定子铁芯、线包绕组、机座以及固定结构件组成；转子由转子铁芯（或磁极、磁轭）绕组、护环、中心环、滑环、风扇及转轴等组成。

（二）发电机的工作原理

发电机的形式很多，但其工作原理都基于电磁感应定律和电磁力定律。由轴承及端盖将发电机的定子、转子连接组装起来，使转子能在定子中旋转，做切割磁力线的运动，从而产生感应电动势，通过接线端子引出，接在回路中，产生电流。其工作原理图如图1–4–1所示。

三、发电机的操作

（一）发电机的起动

1）打开燃油阀，在ON位置，即油路开关在垂直位置。

2）用手指轻轻拉出风门。

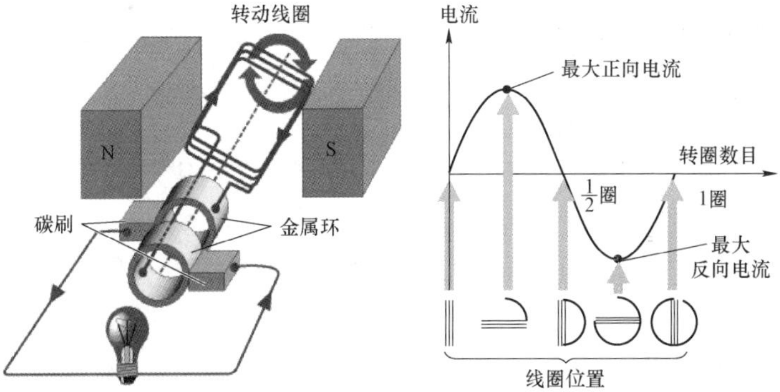

图 1–4–1　发电机工作原理示意图

3）旋转起动开关到 RUN（运转）位置上，旋转起动开关至 START（起动）位置。如起动成功，应立即将手移开，使其自动回转至 RUN（运转）；如起动不成功，则间隔 10s 后再次起动直至起动成功（注：每次起动时间不得超过 10s）。

4）发电机起动成功（运转稳定后），用手推回风门，天气寒冷时，应逐渐推回风门。

（二）发电机的输出（带负载）

1）松开端子端头，把负载接线头连接在其金属部分，再把端子端头拧紧至牢固可靠，以免负载接线头脱离或与端子虚接，烧坏端子。

2）发电机在常温起动后，需要运行 1～2min 预热，寒冷时需加长预热运转时间至 3～5min。

3）如接负载应在发电机起动之前就将负载电缆正确的接至发电机输出端子上，等预热后，再将输出开关合上。

（三）发电机组的停机

1. 正常停机作业

（1）先将负载关闭，再将发电机组输出断路器断开。

（2）空载运行 2～3min 之后，关闭起动开关至 OFF 位置。

（3）将燃油阀关至 OFF 位置。

2. 长时间不用时停机

（1）先将燃油阀关至 OFF 位置。

（2）让发电机持续运转直至燃油耗尽而自动停机。

（3）停机后将钥匙开关关至 OFF 位置。

上述停机方法可避免化油器中残留燃油因长时间不用而变质结胶，堵塞化油器，造成发电机无法正常起动。发电机在不用时必须将起动钥匙开关放到 OFF 位置，如在 RUN 位置，电池将会给电磁阀长时间供电，造成起动电池亏电而无法再次起动。

四、发电机的使用注意事项

（1）发电机不能超载运行，长时间带载运行不应超过额定功率的 80%。

（2）三相负载应平衡，每相差值不超过 30%，否则容易损坏发电机。

（3）连接发电机和负载之间的电缆线径应该符合国家相关技术规范。

（4）为避免人身伤亡事故，设备应由经培训考核合格的专人负责操作。

（5）发电机在运转时需有专人维护，定期观察发电机电压和电流。如有异常现象，应立即停机检查。

（6）发电机在运转过程中，消音器和排气管会很热，绝对不能触摸，否则会导致严重烫伤。

五、发电机的日常维护

（一）日常保养

1）检查燃油箱中的燃油是否充足。

2）检查燃油阀和输油管路是否有漏油、渗油现象。

3）检查机油油位是否处于上限与下限之间。

4）检查机油油质，确定是否需要更换。

5）检查起动电池电压是否在 12V 以上，并观察电池外观是否有破损漏液现象。

6）如发电机长时间不用（一个月以上），起动电池会因自放电而亏电，应用外接充电器给电池充电。

注意：发电机要连接好地线，地线选用截面积大于 $4mm^2$ 的导线。运转中或尚未冷却前，禁止往燃油箱中加注燃油。加注燃油之前，必须关闭燃油阀。必须注意不要使尘埃、污垢、水分以及其他外界杂质混入汽油中。如果汽油溢出，则应在起动发电机前，将汽油擦净。

（二）发动机的定期保养

1. 添加机油

发电机出厂时一般未加注机油，使用前必须先加注机油，否则容易造成发动机永久损坏。

（1）机油选用。应选用 SJ 或 SG 以上级别的产品，型号为 15W–30W 的汽油机油（高寒地区应选择为 5W–30W）。

（2）机油油位。拔出机油标尺，检查机油油位，应在上限与下限之间，以靠近上限为佳，但不能超限。

（3）若机油过量，发电机组也不能正常工作。应通过放油口，将多余的机油放出。

2. 更换机油和机滤

若天气寒冷，应起动发电机，运转 1min（给机油加温）。停机后先将机油放出，再用机滤专用扳手，逆时针旋转将机滤卸下。清洁机滤接口，在新机滤密封圈上涂抹适量新机油（使之密封良好）。将新机滤轻轻拧入至无法转动后，再用机滤专用扳手拧紧（1/2 圈左右）。检查放油阀和机滤接口处有无渗漏油现象。

（1）发电机在初次使用 20h 后，应立即更换机油和机滤。

（2）每使用 100h 后，必须更换机油和机滤（恶劣环境下需增加次数，采用黏度为 SAE10W30，API 等级为 SG、SH、SJ 或更高的清洁机油）。

3. 空气滤芯的更换和保养

发电机每使用 100h 需清洁空气滤芯，每 200h 必须更换（恶劣环境下需增加清洁次数，必要时更换）。

（1）将空气滤芯盖取下，轻轻地卸下外侧海绵，用温水浸泡洗净（不得拧洗）。

（2）取出主滤芯，用毛刷清扫附着的尘土杂质。

（3）当发电机使用满 200h 后，清洗海绵并更换滤芯。

4. 火花塞的清洗和更换

发电机每使用 100h 应检查火花塞间隙和清理积碳，每 300h 更换。

（1）发动机按缸数不同配有不同数量的火花塞。

（2）用手拔出高压橡皮帽，用火花塞套筒扳手将火花塞卸下。

（3）检查火花塞是否褪色并清除积碳，其标准颜色为褐色。

（4）检查火花塞间隙，正常为 0.7～0.8mm。

5. 油箱和滤网的清洁以及汽油滤芯的更换

（1）燃油阀的清洗。

1）将燃油阀门杆转至 OFF 位置。

2）使用溶剂进行清洁。

3）擦拭干净。

4）检查密封圈垫圈，如有损坏，应立即更换。

（2）燃油箱滤网的清洗。

1）取下燃油箱盖和过滤器。

2）用溶剂清洁过滤器，如有损坏应立即更换。

3）擦干过滤器，将其插入燃油箱。

（3）燃油滤芯的清洗如图 1–4–2 所示。

发电机组每使用 300h 或一年后，应更换汽油滤芯（若所使用汽油杂质过多，则应酌情提前更换）更换时同时检查油管是否有断裂现象，酌情更换。发电机组每使用 300h 或 1 年后，应清洁油箱、燃油阀及其滤网，并更换汽油滤芯。

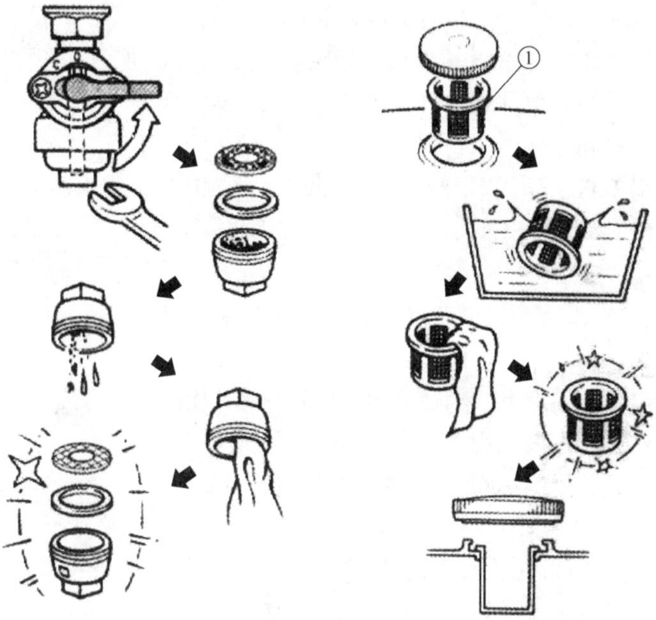

(a) (b)

图 1–4–2 燃油潜阀和燃油箱滤网清洗示意图

（a）燃油阀清洗；（b）燃油箱滤网清洗

【思考与练习】

1. 简述发电机工作原理及其组成。
2. 简述发电机的操作方法。
3. 简述发电机的日常保养方法及要求。
4. 简述发电机发动机维护保养项目及要求。
5. 简述发电机的使用注意事项。

模块 5 卷扬机工作原理及操作

【模块描述】本模块介绍卷扬机的工作原理及结构组成，通过原理讲解、功能介绍以及操作技能训练，掌握卷扬机的操作方法及日常保养。

【正文】

一、概述

卷扬机又称绞车，可单独使用，也可作起重、建筑和矿井提升等机械中的组成部件。因其结构简单、绕绳量大、移置方便而得到广泛使用，主要适用于电力施工线路、建筑、水利工程、林业、矿山、码头等的物料升降或平拖。

二、卷扬机的组成及工作原理

卷扬机主要由电动机、制动器、减速器、联轴器、卷筒、机座等组成，其外形结构如图 1–5–1 所示。

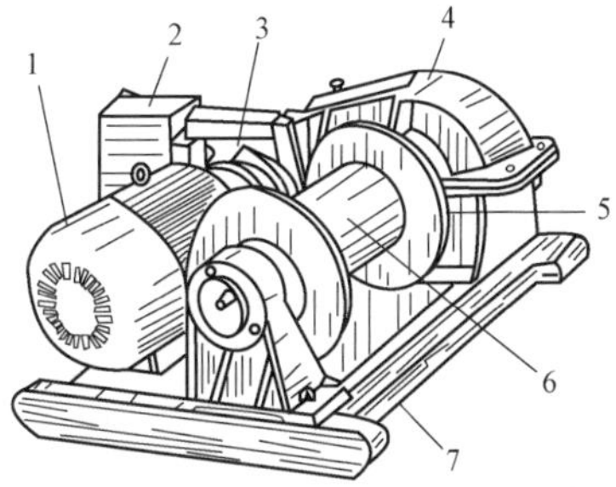

图 1–5–1　卷扬机外形结构示意图

1—电动机；2—制动器；3—弹性联轴器；4—减速器；5—十字联轴器；6—卷筒；7—机座

卷扬机属于较简单的提升或牵引机械，工艺要求主要是滚筒转速即钢丝绳运动速度和制动系统的安全可靠性；其工作原理为电动机经减速机带动钢丝绳滚筒，收放钢丝绳，通过不同的滑轮改变方向，如图 1–5–2 所示。

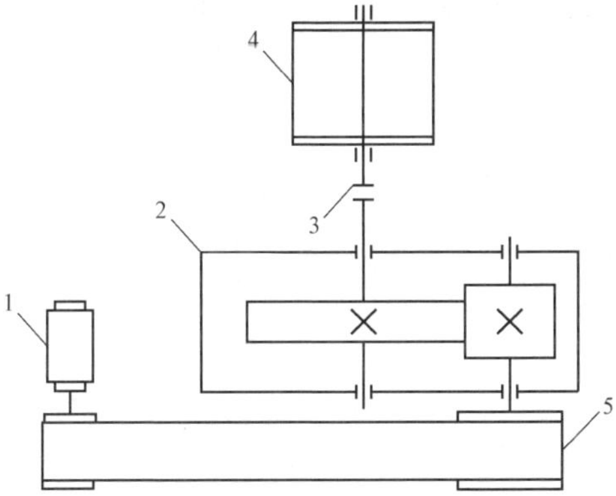

图 1–5–2　卷扬机工作原理图

1—电动机；2—减速器；3—联轴器；4—卷筒；5—传动系统

三、卷扬机的操作

（一）作业前的准备

1）安装时，基座必须平稳牢固，设置可靠的地锚并应搭设工作棚。操作人员的位置应能看清指挥人员和拖动或起吊的物体。

2）作业前检查卷扬机的防护设施、电气线路、接地线、制动装置和钢丝绳等全部合格后方可使用。

3）使用皮带和开式齿轮传动的部分，均须设置防护罩，导向滑轮不得用开口拉板式滑轮。

4）检查卷筒旋转方向应和操纵开关上指示的方向一致。

5）检查润滑油（脂）是否足够，检查电气装置是否完整可靠。

6）检查钢丝绳长度是否符合作业要求，钢丝绳不许打结、扭绕、断股、断丝，在一个节距内断丝超过10%或断股超过5%或磨损超过规定时，必须进行更换。

7）检查各连接部位、保险棘轮、制动及离合机构是否灵活可靠。

8）从卷筒中心线到第一个导向滑轮的距离，带槽卷筒应大于卷筒宽度的15倍，无槽卷筒应大于卷筒宽度20倍；当钢丝绳在卷筒中间位置时，滑轮的位置应与卷筒轴心垂直。如需在垂直或其他方向起重时，可利用导向滑轮（不得用开口滑轮）改变方向。

9）卷扬机自动操纵杆的行程范围内不得有障碍物。

（二）作业中的要求

1）先进行无荷载试运转，合格后方可进行正常工作。

2）起重物品下方严禁有人。作业时应有专人发令吊装。司机、信号要同吊起物保持良好的能见度，司机与信号员应密切配合，服从统一指挥。

3）按设备铭牌规定的起质量起吊物品，不得超载。

4）当所吊起的重物悬空时，任何人不得跨越钢丝绳；物体（物件）提升后，操作人员不得离开卷扬机，休息时物件或吊笼应降至地面。

5）钢丝绳在卷筒上应按顺序卷绕，卷筒上的钢丝绳应排列整齐，如发现重叠和斜绕时，应停机重新排列；严禁在转动中用手、脚拉踩钢丝绳；钢丝绳不许放完，最少应保留五圈。

6）作业中，应随时注意观察钢丝绳、制动装置是否灵活可靠。

7）当重物下降时，钢丝绳应处于张紧状态。

8）双筒卷扬机的两筒同时工作时，应各自承担额定起质量的50%，不允许同时起重额定负荷。

9）工作中，如无特殊情况，应尽量避免猛烈制动。

10）严禁用卷扬机载人升降。

11）作业中如遇停电，应关闭电源开关，用机械装置将提升物降至地面。

（三）作业后的要求

1）将所有操纵手柄置于中位。

2）提升吊笼或物件应降至地面，清整场地障碍物。

3）切断电源，保护好电气设备。

4）按保修规程的规定，进行维修保养。

四、卷扬机的维护与保养

（一）每班保养（每班工作前、工作中、工作后进行）

1）清洁机体，按规定加注各种油料。

2）检查各部分连接螺栓，应完整无缺、紧固牢靠。

3）检查钢丝绳有无断丝、断股、锈蚀严重及变形等现象，各连接处要紧固可靠，钢丝绳应排列整齐、润滑良好。

4）检查电路和控制设备，各接头应连接可靠，符合相关规定。清除开关、磁力起动器或凸轮控制器的灰尘和脏物；电气设备应做到防雨防潮、接地良好、工作可靠。

5）检查制动器和离合器，操纵手柄位置应准确，拉杆销轴应牢固，各开口销不得缺损，制动瓦（带）应保持清洁无油；制动应可靠，分离要彻底，防护罩应完好。

6）检查空载运转情况，应无冲击、振动与过大的噪声。

（二）一级保养（每隔300工作小时进行）

1）进行每班保养的全部作业。

2）清除电动机滑环和炭刷架上的灰尘，炭刷应转动灵活，压力均匀，接触良好（笼型电动机无此项工作）。

3）检查开式齿轮，不得有破损断裂现象。

4）清洗减速箱，将减速箱内的脏油放出后再加入适量柴油，运转3～5min将其放出，洗涤干净后再加注新润滑油至规定的液面高度。

（三）二级保养（每隔600工作小时进行）

1）进行一级保养的全部工作。

2）清除凸轮控制器及其触头的灰尘污垢并修磨平整，以保持触点的正确接触面。检查线路是否完好，转动部分要加油润滑，保持运转灵活。

3）用500V绝缘电阻表测量电动机的绝缘电阻值，应不低于0.5MΩ，否则应予干燥。清除定子绕组上的灰垢，检查定子与转子间有无摩擦痕迹，清洗轴承，加注新润滑油脂。

4）拆检制动器、离合器，清除污垢，检查磨蚀程度。制动瓦（带）与轮的接触面积不应小于80%，否则应予调整或更换。

5）拆检清洗开式齿轮，齿厚磨损不能大于20%～25%，轴和铜套的间隙不应大于0.4mm，滚动轴承的径向间隙应为0.16～0.20mm，否则应予修复或更换。

6）检查减速箱是否漏油。清洗减速箱齿轮、轴承及油道，齿轮的间隙不能大于

1.8mm，滚动轴承的径向间隙不应超过 0.16～0.20mm，轴颈与铜套的间隙不能大于0.3mm。加注新润滑油后，油封处不应渗油。

7）检查钢丝绳接头是否牢固，当钢丝绳磨损达到报废标准时应予更换。进行满载和超载试验，各部分应符合要求、工作可靠。

【思考与练习】

1. 简述卷扬机的组成及工作原理。
2. 简述卷扬机作业前的检查项目。
3. 简述卷扬机作业中的要求。
4. 简述卷扬机作业后的要求。
5. 简述卷扬机一级保养方法及要求。
6. 简述卷扬机二级保养方法及要求。
7. 简述卷扬机三级保养方法及要求。

模块 6　空气压缩机工作原理及操作

【模块描述】本模块介绍空气压缩机的工作原理及结构组成，通过原理讲解、功能介绍以及操作技能训练，掌握空气压缩机的操作方法及日常保养。

【正文】

一、概述

空气压缩机简称空压机，俗称气泵，可为各类气动工具和气动机械提供干净的压缩空气，广泛用于科研、机械、仪表、交通、石油、化工、轻工、建筑、医疗、塑料等领域。

空气压缩机从使用电动机的类型来分，有单相异步电动机型和三相异步电动机型；从是否使用润滑油来分，有无油空气压缩机和有油空气压缩机。

图 1-6-1　空气压缩机外形结构示意图

1—气罐；2—主机；3—高压压力控制器；4—电动机；5—电磁开关

二、空气压缩机结构及工作原理

（1）空气压缩机由电动机、压缩机、气压自动开关、安全阀、储气罐、放气阀、放水阀、压力表、消声器、加油塞、排气管、油标、放油塞等组成，结构紧凑、美观，移动灵活，操作简单，其外形结构如图 1-6-1 所示。

（2）空气压缩机工作原理。电动机经

V 带传动，使压缩机的曲轴做旋转运动，同时带动连杆使活塞进行往复直线运动。由于气缸容积的变化，导致缸内的压力变化，配置在空气缸端部的吸排气组合阀将自由状态的空气经过空气滤清器吸入气缸，压缩成具有一定压力的压缩空气，并在风扇的冷却下，经排气管路通过单向阀进入储气罐。

三、空气压缩机使用注意事项

（1）场所选择。应选择温度适宜、环境清洁、通风良好、场地平整的场所。四个脚轮应平稳着地，以防机组振动。为便于检查，空气压缩机的设置位置应离墙 30mm 以上并避免露天曝晒。

（2）加润滑油。首次使用要加润滑油或检查油位，油位应为油标的中间位置。

（3）电气控制线路。气压自动开关一侧的 3 个接线柱接三相电源线，气压自动开关另一侧的 3 个接线柱接三相异步电动机。

（4）气压自动开关的用途和特点。可根据压缩空气的压力变化情况，自动断开闭合电路，而达到自动调节的目的，以保持空气压缩机储气罐内的气体压力。出厂前，厂家已经按要求调整，切勿轻易自行改变工作压力。

（5）安全阀。使用过程中，如果储气罐内的压力达到安全阀开启压力时仍没有自动开启，应立即停机，并将储气罐内的压缩空气全部放空，然后仔细检查安全阀，切不可在压缩机运转时检查。如确系安全阀失灵应及时更换，以保证安全。

（6）运转前用手转动带轮，检查空气压缩机转动是否有障碍，如无障碍可起动电动机。

（7）确认运转方向，风扇轮的旋转方向应与箭头所示方向一致。

（8）检查电动控制装置，设备中设有气压开关，当储气罐内压力超过额定工作压力时，气压自动开关中闭合触头打开，切断电动机电源，电动机停止转动；当储气罐内压力低于额定工作压力（0.3±0.05）MPa 时，气压自动开关的触头复位，电动机再次起动，使压缩机继续运转供气。

（9）气压自动开关在额定压力下，应能快速切断电源，压差在（0.3±0.05）MPa 时，应快速闭合电源。气压自动开关在额定压力下快速切断电源的同时，气压自动开关上的小排空气阀也在 3～5s 内将排气管中的余气排空，以减轻下次电动机起动负荷。若不能排空，应检查排气管与储气罐连接处的单向阀是否有泄漏现象。

（10）空气压缩机必须专人负责，并定期检查。正常运转时，吸气压力为大气压力。注意保护压力表，不能随意敲击和拆卸，以免造成压力表失灵而产生意外事故。

（11）电动机如果使用的是三相电源，应经常检查三相电流是否平衡，严防断相运转，烧毁电动机绕组。

（12）空气压缩机在正常运转过程中，切忌随意断开电源，如遇停电或因故拉闸断开电源时，必须将储气罐中压缩空气排空，以利于下次起动。

（13）选择导线时，截面积和使用长度要满足电动机的要求。

（14）注润滑油。环境温度为10℃以上，应采用SAE30或L–DAB100压缩机油；10℃以下，应采用SAE10或L–DAB68压缩机油。

四、空气压缩机的维护和保养

（1）保持机器的清洁。

（2）每天检查润滑油，曲轴箱内的压缩机油要定期更换，新机运行100h后应更换新油，每运行500h更换一次（使用环境较差时，如环境温度高、湿度大等，每150h更换一次），换油时应将曲轴箱内的沉淀物擦洗干净。

（3）储气罐泄水阀每日打开一次排除污水，在湿气较重的地方每4h泄水一次。

（4）空气滤清器的滤芯为易耗品，应经常清理或更换。

（5）检查皮带及各部位螺钉的松紧程度，皮带张紧度应以手指用3～4kg力，皮带高度下降10～15mm为宜。

（6）维护所有的安全装置，保持其正常；定期检查压力表、安全阀、气压开关、压力调节器等性能是否可靠。

（7）定期检查受高温的零部件，如阀、气缸总成、排冷器及排气管。

（8）经常性检查接触点是否良好，运行过程中观察电动机的运行平稳度、温升及声音等。

（9）定期对主机进行一次全面维护保养，检查各主要运动零件的配合间隙和主要易损件，若磨损过大，影响机器性能时应及时更换。主要检查项目见表1–6–1。

表1–6–1　　空气压缩机定期检查项目表

项目＼周期	每日	每月/200h	每3个月/600h	每6个月/1200h	每12个月/2400h
润滑油	检查		更换		
排放储气罐里的积水	排出				
过滤器或消声器		清洗			
气压自动开关	检查				
安全阀	检查				
异常振动	检查				

续表

项目＼周期	每日	每月 /200h	每 3 个月 /600h	每 6 个月 /1200h	每 12 个月 /2400h
V 带		检查			
各紧固件		检查			
储气罐有无损伤					检查

【思考与练习】

1. 简述空气压缩机的组成及工作原理。
2. 简述空气压缩机的安全注意事项。
3. 简述空气压缩机维护与保养要求。
4. 简述空气压缩机定期检查项目及要求。

模块 7 切割机工作原理及操作

【模块描述】本模块介绍切割机的工作原理及结构组成，通过原理讲解、功能介绍以及操作技能训练，掌握切割机的操作方法及日常保养。

【正文】

一、概述

日常使用的切割机包括型材切割机和石材切割机。其中型材切割机又称钢材锯，适用于建筑、五金、石油化工、机械冶金及水电安装等。砂轮切割机可对金属方扁管、方扁钢、工字钢、槽型钢等材料进行切割。石材切割机又称云石机，用于混凝土、石材、瓷砖等含硅酸盐的材料进行锯切。

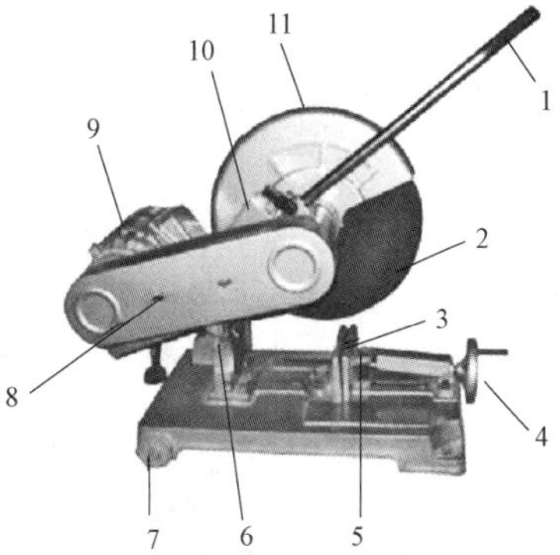

图 1-7-1 型材切割机外形结构示意图

1—手柄；2—切割片；3—夹紧块；4—手轮；5—丝杆；6—支架；7—脚轮；8—皮带罩；9—电动机；10—开关；11—防护罩

二、型材切割机

（一）型材切割机的组成及工作原理

型材切割机主要由基座、砂轮、电动机或其他动力源、支架、防护罩等组成。砂轮设置于基座的顶面，基座内部具有供容置动力源的空间，动力源传动减速器并带动砂轮旋转。其外形结构如图 1-7-1 所示。

（二）型材切割机的使用及安全操作规程

1. 切割前准备

（1）使用前必须认真检查设备的性能，确保各部件的完好性。

（2）对电源闸刀开关、砂轮片的松紧度、砂轮片护罩或安全挡板进行仔细检查，操作台必须稳固，夜间作业时应有足够的照明亮度。

（3）打开总开关，先空载试运行，确认安全无误后才可开始使用。

（4）操作前必须查看电源是否为常规额定 220V 电压，以免错接到 380V 的电源上。

2. 安全操作规程

（1）切割机工作时务必要全神贯注，不但要保持头脑清醒，更要理性的操作电动工具。严禁疲惫、酒后或服用兴奋剂、药物之后操作切割机。

（2）电源线路必须安全可靠，严禁私自乱接。使用前必须认真检查设备的性能，确保各部件完好。

（3）穿好合适的工作服，不可穿过于宽松的工作服，戴首饰或留长发，严禁戴手套及袖口不扣而操作。

（4）加工的工件必须夹持牢靠，严禁工件装夹不紧就开始切割。

（5）严禁在砂轮片平面上修磨工件的毛刺，防止砂轮片碎裂。

（6）切割时操作者必须偏离砂轮片正面，并戴好防护眼镜。

（7）严禁使用已有残缺的砂轮片，切割时应防止火星四溅，并远离易燃易爆物品。

（8）装夹工件时应装夹平稳牢固，防护罩必须安装正确，装夹后应开机空运转检查，不得有抖动和异常噪声。

（9）中途更换新砂轮片时，拧紧锁紧螺母不可过于用力，防止切割片崩裂发生意外。

（10）必须稳握切割机手把均匀用力垂直下切。

（11）不得切割未夹紧的小工件或带棱边的型材。

（12）对单支或多支一起锯切之前，一定要做好辅助性装夹定位工作。

（13）不得进行强力切锯操作，在切割前要待电动机转速达到全速即可。

（14）停电、休息或离开工作地时，应立即切断电源。

（15）未安装护罩时不得操作，不得将手放在距砂轮片 15cm 以内。不得探身越过或绕过切割机，操作时身体斜侧 45° 处为宜。

（16）出现不正常声音，应立刻停止检查；维修或更换配件前必须先切断电源，并等砂轮片完全停止。

（17）如在潮湿地方使用切割机，操作人员必须站在绝缘垫或干燥的木板上进行。

登高或在防爆等危险区域内使用必须做好安全防护措施。

（18）保证切割时的飞溅物或其他作业时产生的金属粉末、金属屑粒不能进入切割机内部，如发现已进入，应及时切断电源，拆卸下外壳，用压缩空气吹净或其他方法清除。

（19）使用结束后应关闭电源，并做好设备及周围场地的清洁工作。

（20）切割机应由专业人员负责定期维护保养。

三、石材切割机

（一）石材切割机性能介绍

石材切割机使用的规格按所带金刚石切断轮直径大小来分，有ϕ110mm、ϕ125mm、ϕ180mm等。使用金刚石锯片，片上有开口的，是干式刀；没有开口的，是湿式刀。

（二）石材切割机的使用注意事项

1）手持式石材切割机不允许固定在支架上使用。

2）金刚石锯片一般不能锯割金属材料。

3）石材切割机一般只用于水平表面，切割时用力不要过猛，否则容易缩短电动机的使用寿命，甚至损坏电动机。

4）不可使用金刚石切断轮进行曲线或弯曲切割，否则容易损伤金刚石切断轮，缩短其使用寿命。

5）开到全速后才可进行锯切工作，锯切混凝土、瓷砖或石材时，ϕ110mm石材切割机锯深应小于20mm，对于超出20mm以上深度切割时，必须进行两切割操作。

6）为防止触电，应安装剩余电流断路器或安全隔离变压器，作业人员在工作过程中应佩戴绝缘手套和穿绝缘胶鞋。

7）作业结束后，应让石材切割机空转，以去除工具内部的灰尘。

8）严禁将石材切割机切轮向上夹在台虎钳上进行切割。

9）切割机停转前，不得将切割机放在地面，更不能使用外力迫使切割机停转。

四、切割机的日常维护与保养

（1）保持切割机机体清洁无油污，及时补增因作业中机身上丢失的机体螺钉紧固件。

（2）定期检查切割机的碳刷、锯片及机身整体是否完好；检查传动部分及防护罩是否完好，适时对转动部分加注润滑油，以延长使用寿命。

（3）检查三角带松紧是否适度，有无打滑现象，是否老化。若有时应及时调整或更换。

（4）定期检查控制柜内各电器元件，接线螺钉是否有松动现象，动作是否灵敏。

【思考与练习】

1. 简述切割机的类型以及工作原理。

2. 简述型材切割机的安全使用注意事项。
3. 简述石材切割机的安全使用注意事项。
4. 简述切割机的日常维护与保养要求。

模块8 电焊机工作原理及操作

【模块描述】本模块介绍电焊机的种类和工作原理及结构组成，通过原理讲解、功能介绍以及操作技能训练，掌握电焊机的操作方法及日常保养。

【正文】

一、概述

电焊机本质是一种具有陡降输出特性的大功率电源，在无负载时具有较高的输出电压；当有负载时电压急剧下降，近似有恒电流特性，输出有交流的也有直流的。

电焊机的分类很多，本模块主要介绍施工生产中经常使用到的通用交流电焊机、通用直流电焊机以及交直流两用电焊机的工作原理、结构组成及操作方法和维护保养相关知识。

二、通用交流电焊机的结构及工作原理

（一）抽头式交流弧焊机的结构及工作原理

目前普通抽头交流电焊机以小型焊机为主，是一种供单人操作的交流电焊机，有自然冷却和强迫风冷两种。焊机的空载电压为75V，工作电压为40V，焊机电流调节范围为120～550A。普通交流电焊机的外形及构造原理图如图1–8–1所示，它具有体积小、自重轻、效率高及性能良好等特点。

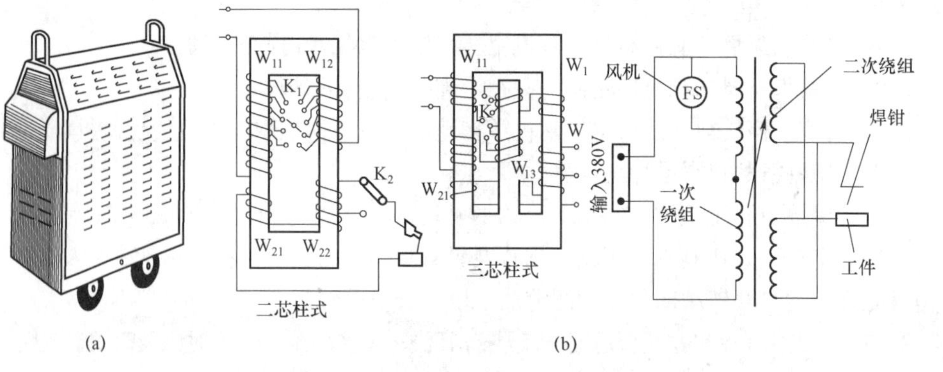

图1–8–1 普通交流电焊机的外形及构造原理图

（a）外形；（b）构造原理

由接线图可知，它是一台具有两只或三只铁芯的柱式降压变电器。其一、二次侧绕组分装于主铁芯两侧。通过调整一次侧抽头可使焊接电流在较大范围内调节，以适应焊接规范的需要。

（二）动铁芯电流调节式交流电焊机的结构及工作原理

1. 动铁芯式焊机技术参数及构造

交流电焊机是目前国内使用的最为广泛的焊机且多数是动铁芯式，属于动铁芯漏磁式。焊机的空载电压为60～70V，工作电压为30V，电流调节范围为50～450A，代表机型为BX1–330型交流焊机。

（1）动铁芯式焊机参数。BX系列焊机的主要技术参数见表1–8–1。

表1–8–1　BX系列焊机的主要技术参数

项目	BX1–160–2	BX1–200–2	BX1–250–2	BX1–330–2	BX1–400–2	BX1–500–2	BX1–630–2
	BX1–160	BX1–200	BX1–250	BX1–330	BX1–400	BX1–500	BX1–630
额定输入电压（V）	单相220/380		单相380				
额定频率/Hz	50						
额定空载电压（V）	62	66	68	70	72	70	72
额定焊接电流（A）	160	200	250	315	400	500	630
电流调节范围（A）	65～160	75～200	50～250	60～315	75～400	90～500	125～630
额定负载持续率（%）	20		35				
额定输入容量（kV·A）	10.6	13.6	18.6	22.8	30	38	47
绝缘等级	F						
冷却方式	强制冷风						

（2）动铁芯式焊机构造。BX1–330型交流电焊机是一台具有三只铁芯柱的单相漏磁式降压变压器，其中两边为固定主铁芯，中间为可动铁芯。变压器的一次侧绕组为筒形，绕在一个主铁芯柱上。二次侧绕组分为两部分：一部分绕在一次侧绕组外面；另一部分兼作电抗线圈，绕在另一个主铁芯柱上。焊机的两侧装有接线板：一侧为一次接线板，供接入电源用；另一侧为二次侧接线板，供接往焊接回路中用。其外形及构造原理图如图1–8–2所示。

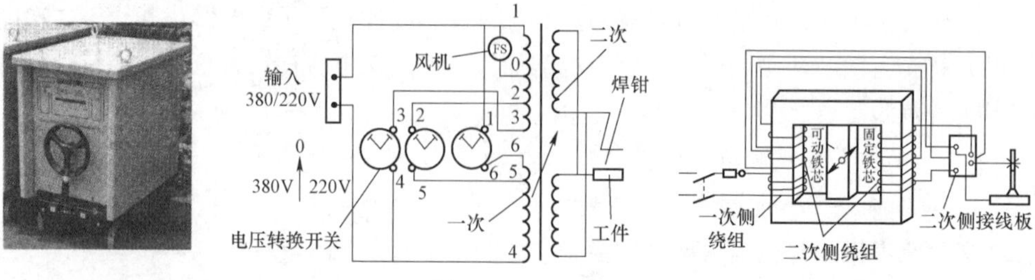

(a) (b) (c)

图 1–8–2 BX1–330 动铁芯式焊机的外形及构造原理图

（a）外形；（b）电气原理图；（c）构造原理图

（3）动铁芯式焊机的工作原理。BX1–330 型交流电焊机的降压特性是借可动铁芯的漏磁作用而获得不同电流的输出。

1）空载时，由于无焊接电流流过，电抗线圈不产生电降压，故形成较高的空载电压，便于引弧。

2）焊接时，二次侧线圈有焊接电流流过，同时在铁芯内产生磁通，可动铁芯中的漏磁便显著增加，这样二次侧电压就下降了，从而获得了降压的外特性；短路时，由于很大的短路电流流过电抗线圈，产生了很大的电降压，使二次侧绕组的电压接近于零，这样就限制了短路电流。

3）焊接电流的调节。BX1–330 型交流电焊机焊接电流的调节有粗调节和细调节两种，如图 1–8–3 所示。

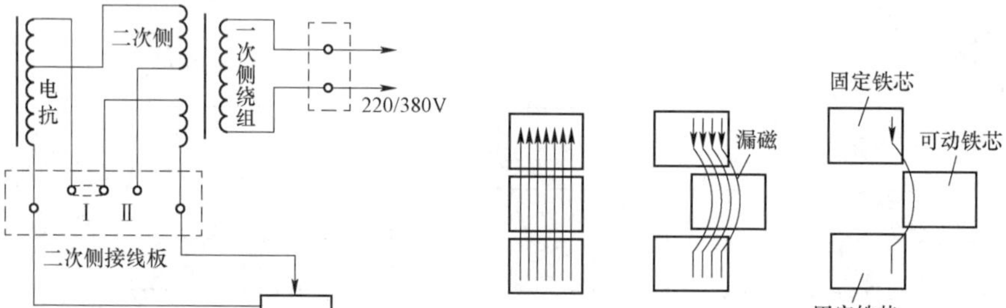

(a) (b)

图 1–8–3 BX1–330 型交流电焊机焊接电流的调节

（a）电流粗调节；（b）电流细调节

粗调节是通过二次侧绕组不同的接线方法，改变二次侧绕组的匝数进行的。在二次侧绕组的接线板上有两种接线方法，当连接片接在Ⅰ位置时，空载电压为 70V，焊接电流调节范围为 50～180A；当连接片接在Ⅱ位置时，空载电压为 60V，焊接电流调节为 160～450A。

细调节是通过改变可动铁芯的位置进行的，在粗细调节的两种方法中，均可转动手柄来改变动铁芯与主铁芯的间隙，从而改变漏磁的大小。当转动手柄使可动铁芯离开主铁芯时，漏磁减少，焊接电流增大；反之则焊接电流减少。

2. 同体式交流电焊机

BX–500 型交流电焊机的结构属于同体式类型。焊机的空载电压为 60V，工作电压为 30～40V，电流调节范围为 150～700A。焊机的外形及构造原理如图 1–8–4 所示。

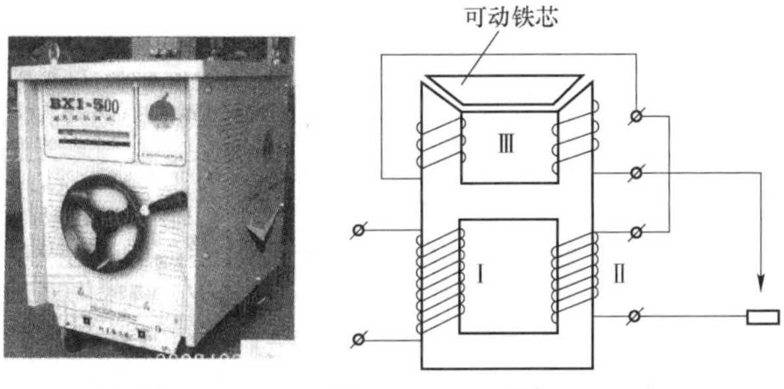

(a)　(b)

图 1–8–4　BX–500 型交流电焊机的外形及构造原理图

（a）外形；（b）构造原理图

（1）焊机构造。BX–500 型交流电焊机是与普通变压器不同的同体式降压变压器，其变压器部分和电抗器部分装在一起，铁芯形状像一个“日”字，并在上部装有可动铁芯。利用转动手柄移动可动铁芯，改变它与固定铁芯的间隙大小，从而改变漏磁的大小，达到调节电流大小的目的。

在变压器的铁芯上绕有三个绕组：一次侧绕组、二次侧绕组及电抗绕组。一次侧绕组及二次侧绕组绕在铁芯的下部，而电抗绕组绕在铁芯上部，与二次侧绕组串联，并按反联方向连接。在电焊机的前后各装有一块接线板，电流调节手柄端为一次侧接线板，另一端是二次侧接线板（不同型号焊机电流调节手柄所在位置不同）。

（2）工作原理。BX–500 型交流电焊机的降压特性是借电流电抗绕组所产生的电压降而获得的。

1）空载时，由于无焊接电流流过，电抗绕组不产生电降压，则空载电压基本上等于二次侧电压，便于引弧。

2）焊接时，由于焊接电流流过时电抗绕组产生电降压，从而获得了降压的外特性。

3）短路时，同样由于很大的短路电流流过电抗绕组，产生了很大的电降压，使二次侧绕组的电压接近于零，限制了短路电流。

（3）焊接电流的调节。BX–500 型交流电焊机只有一种电流调节方法，是移动可动铁芯来改变其与固定铁芯之间的间隙的大小而获得。当顺时针方向转动手柄时，两铁芯间隙增大，焊接电流增加，反之焊接电流减小。

（4）焊机的维护保养。

1）焊机的维护保养应有专业人员进行，维护保养前必须切断电源。

2）焊机的维护保养每半年至少进行一次。

3）用绝缘电阻表测量一次侧绕组与二次侧绕组之间、一次侧绕组和二次侧绕组分别与机架之间的绝缘电阻，不得低于 1MΩ。

4）用压缩空气或刷子除净堆积在机内的灰尘。

5）检查各连接处是否连接牢固，消除所有连接不可靠现象。

6）检查绕组及其他部件是否牢固，如有松动必须加以紧固。

三、通用直流电焊机

（一）单相硅整流二极管直流电焊机

整流式直流弧焊机是一种将交流电经过整流二极管整流后变成直流电的弧焊机。由于一般都采用硅整流二极管，故又称为硅整流弧焊机。采用硅整流器做整流元件称为硅整流弧焊机，采用硅材料晶闸管整流称为硅晶闸管整流器。它与旋转式直流弧焊机相比，具有体积小、效率高、工作可靠、使用寿命长及维护简单等优点。

最简单的整流弧焊机是在 BX1–330 型交流焊机的基础上增加硅整流器做整流元件及风机即可。ZXG–150 型焊条电弧焊整流器线路图如图 1–8–5 所示。

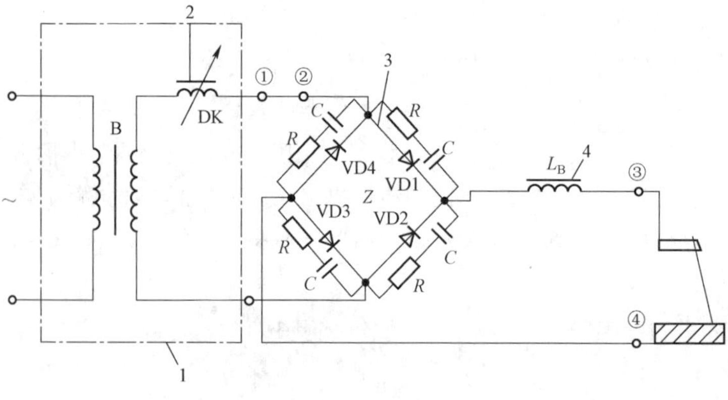

图 1–8–5　ZXG–150 型焊条电弧焊整流器线路图

1—焊接变压器；2—电抗器；3—硅整流器；4—滤波电感器

交流电压 U 正半周时，电流正半周经 VD1、L_B、负载、VD3 形成回路，负载上电压负为上正下负。U 负半周时，电流负半周经 VD2、负载、VD4 形成回路，负载上电压 U 仍为上正下负，实现了全波整流。经四只二极管 VD 整流出来的脉动电压再经电感；L_B 滤波后即为直流电压。整流二极管多选用面接触型二极管，其额定电流应大于电路电流。

（二）三相硅整流二极管直流电焊机

1. ZXG–500 型弧焊机的结构原理

ZXG 系列弧焊机可用作手工电弧焊电源和钨极氩弧焊电源，其中 ZXG–500 型弧焊机还可用作自动或半自动埋弧焊电源及碳弧切割电源。

ZXG–500 型弧焊机的电气原理图及自饱和电抗器结构示意图如图 1–8–6 和图 1–8–7 所示。

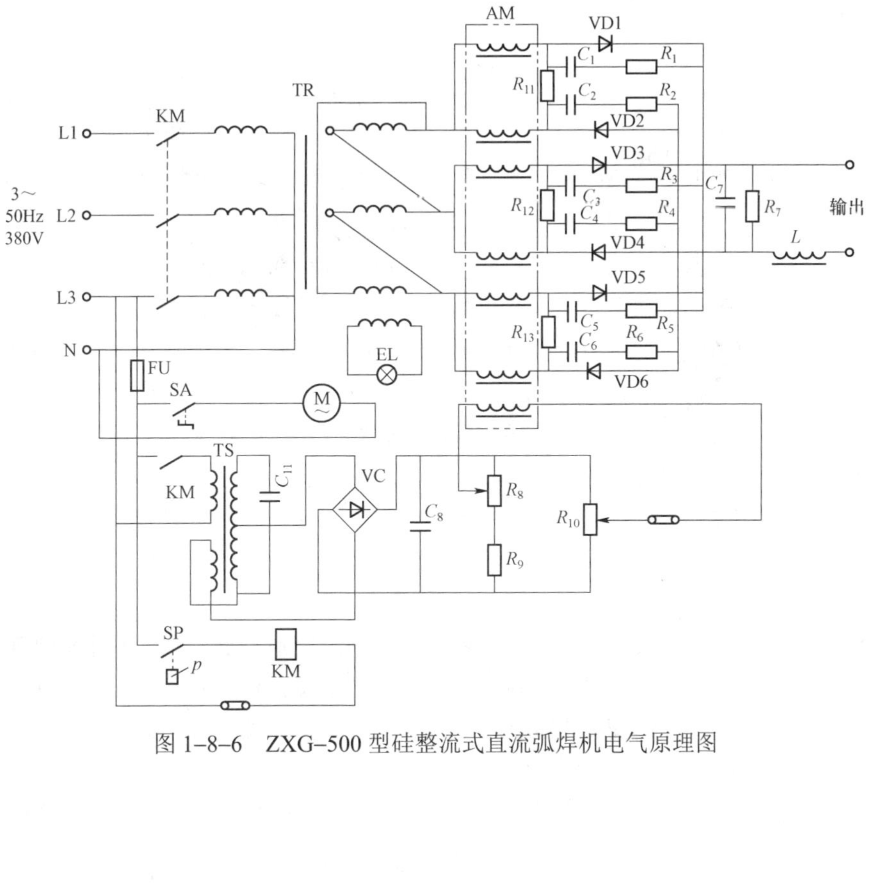

图 1–8–6　ZXG–500 型硅整流式直流弧焊机电气原理图

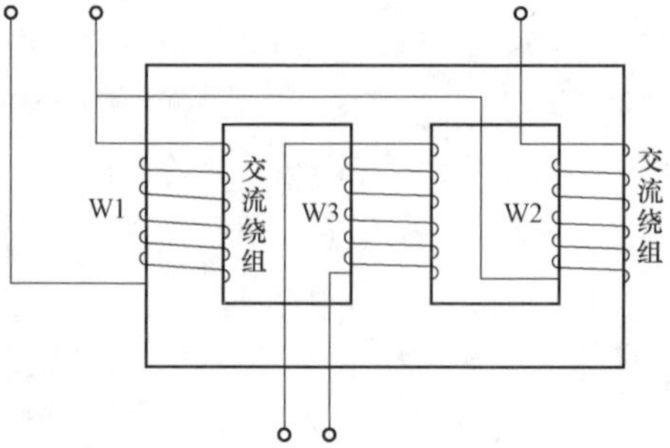

图 1–8–7　自饱和电抗器结构示意图

（1）三相整流变压器 TR。提供硅整流器低压电源。

（2）内反馈三相磁放大器（简称磁放大器）。磁放大器是弧焊机的主要部件，它由 6 只自饱和电抗器（放大元件）与 6 只硅整流二极管组成内反馈的三相桥式整流电路。它的作用是将交流电变换为直流电，并获得陡降的外特性。

（3）自饱和电抗器。自饱和电抗器由 3 只铁芯组成，每只铁芯上装有交流线圈，每只铁芯两旁的铁芯柱上的两部分交流线圈串联起来，使该相内反馈电流（指整流后的直流分量）产生的磁通与直流控制线圈产生的磁通相叠加。直流控制线圈装在中间铁芯上，为 6 元件所共用，内反馈（指整流后的交流分量）的电流所产生的交流磁通在共用的控制线圈中所感应的电动势总和为零。自饱和电抗器的铁芯采用冷轧硅钢片，切忌敲打振动，以防磁性能变坏。

（4）硅整流器组。硅整流器组由 6 只硅整流元件组成，并分别与 6 个放大元件串联后，接成三相桥式整流电路。由于电焊机经常处于空载—负载—短路的交替工作状态，故将产生很高的瞬时过电压及过电流冲击。硅整流元件采用阻容吸收电路作过电压保护，并采用风压开关 SP，使焊机在不小于 5m/s 风速的冷却条件下才能工作。

（5）输出电抗器。输出电抗器串接在焊接回路中，作滤波用，使整流后的直流电更平直，还可减小金属飞溅，使电弧稳定。

（6）铁磁谐振式稳压器。为了减小电网电压的波动对焊接电流的影响，磁放大器控制线圈的电源采用铁磁谐振式稳压器。它输出 25V 交流电压，经单相桥式整流后供给控制线圈，作直流励磁用。

（7）通风机组。焊接各部件的安装应适应不同的冷却要求。风由下部和两侧面板上的进风窗进入焊机，经过输出电抗器、饱和电抗器及三相整流变压器后，再冷却硅整流器组，最后由背面的面板中部排风窗口排出。特别是硅整流器组应安置在出风口处，确保被安装在前面的通风机所冷却。风压开关 SP 装在出风口处，它由 1 只微动开关及具有杠杆机构的叶片组成。当风扇鼓风时，叶片受风压吹开使杠杆机构动作，从而使微动开关动作，接通整机电路，弧焊机才能工作。当风扇停止鼓风时，由于微动开关复位，使电路断开，即整个弧焊机停电。必须注意，严禁在风扇不鼓风的情况下，用外力使微动开关动作，强迫弧焊机进行焊接。

2. ZXG–1000R 整流焊机的结构原理

ZXG–1000R 整流焊机为具有下降电压特性的焊机，具有优良的工作特性，可用作在焊药层下进行自动埋弧焊的焊接电源，亦可作 CO_2 气体保护焊的焊接电源和碳弧切割的电源。ZXG–1000R 整流焊机控制系统电气原理图如图 1–8–8 所示。

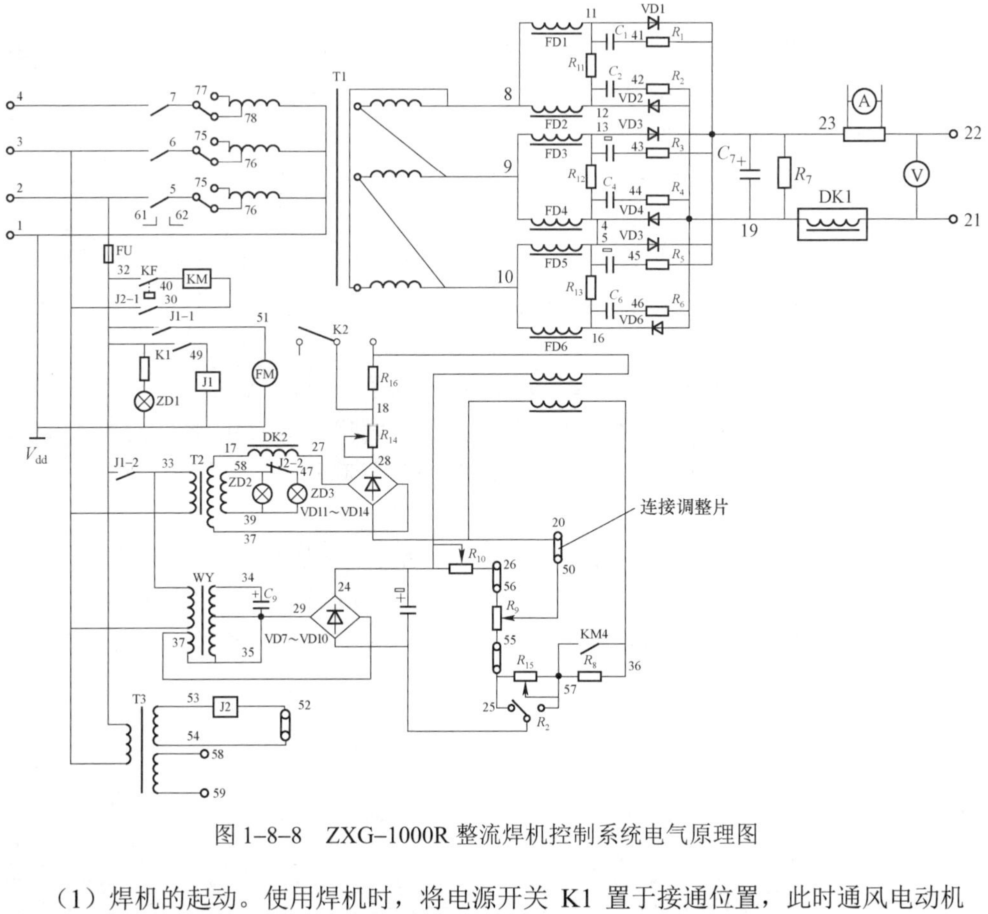

图 1–8–8　ZXG–1000R 整流焊机控制系统电气原理图

（1）焊机的起动。使用焊机时，将电源开关 K1 置于接通位置，此时通风电动机 FM 运转，当风量达到一定值时，即可一定压力闭合 KF，使交流接触 KM 吸引线圈通电，继而使主变压器一次侧通过 KM 的主触头与电网接通，于是磁放大器开始工作，输出一定的直流电压，即可开始焊接工作。

（2）焊接空载电压的调节。焊机具有可改变的两挡空载电压，对于埋弧焊机来讲，是为适应电弧电压反馈转动调节系统（变速送丝）和电弧电流转动调节系统（等速送丝）。一般采用变速送丝时，焊机的空载电压调为较高值；采用等速送丝时，焊机的空载电压调为较低值。焊机空载电压的调整依靠改变在焊机背面下方的接线板上接线片的接线方法来完成。

（3）焊接电流的调节。焊接时为了调节焊接电流，首先将电流调节开关 K2 置于“大”或“小”，然后依靠调节面板上的焊接电流控制器 R_9，用以改变磁式放大器控制线圈中磁通势大小，从而调整输出（焊接）电流的大小，满足焊接需要。

为了减小电网电压波动对焊接电流的影响，保持焊机具有良好性能，磁放大器控制线圈的电源采用带有电网电压的硅整流电路，促使控制电流随电网电压产生相反的变化，减少输出（焊接）电流的变化。

（4）过电压保护。硅整流元件虽有很多优点，但它耐过电压和过电流的冲击能力较差，一次侧的开断，网络电压的波动，熔断器突然断开等都可能造成过电压。在焊接过程中，焊机经常处于空载—负载—短路相互交替的工作状态，在焊机的输出端也会经常产生很高的瞬时过电压，为此必须采取一定的抑制方法或保护措施，以防止硅管的烧坏。采用硅整流元件侧及输出端并接电阻电容进行瞬时过电压保护，防止瞬时过电压击穿硅管。

（5）硅整流器组冷却保护。硅整流元件必须在不小于 5m/s 风速下工作。风速降低，叶片复位，风压开关 KF 因其本身的弹性而跳开，即切断交流接触器 KM 控制回路，从而使焊机主电路与电网断开。通风电动机由熔断器 FU 进行过载及短路保护。

3. ZXG7–300–1 型弧焊整流器

ZXG7–300–1 型弧焊整流器由电源变压器、磁饱和电抗器、硅整流器和相应的控制电路组成，单独使用可作为手工电弧焊电源，配备 NSA–300 型氩弧焊控制箱，便成为 NSA4–300 型直流钨极氩弧焊机，主要用于钢、不锈钢构件的焊接，也可用于铜、银、钛等金属的焊接。

ZXG7–300 系列焊机技术数据见表 1–8–2。

表 1–8–2　　ZXG7–300 系列焊机技术数据表

项目	参数	项目	参数
电源电压	三相 380V，50Hz	空载电压	72V，5%
输入容量	23kV·A	工作电压	25～30V
额定焊接电流	300A	衰减时间调节范围	0.5～5s
电源调节范围	20～300A	效率	68%
额定负载持续率	60%		

（三）弧焊发电机式直流电焊机

直流弧焊机是一种特殊直流发电机。它具有调节装置，用以获得所需的电流输出范围，并有指示装置，用以指示输出数值。

旋转式直流弧焊机，常由三相异步电动机驱动并与之组合成一体，构成同轴变流机组。下面介绍 3 种不同类型的弧焊发电机工作原理及接线图。

（1）裂极式直流弧焊发电机。AX–320（TA–320）型三电刷裂极式直流弧焊发电机的电气接线图如图 1–8–9 所示。

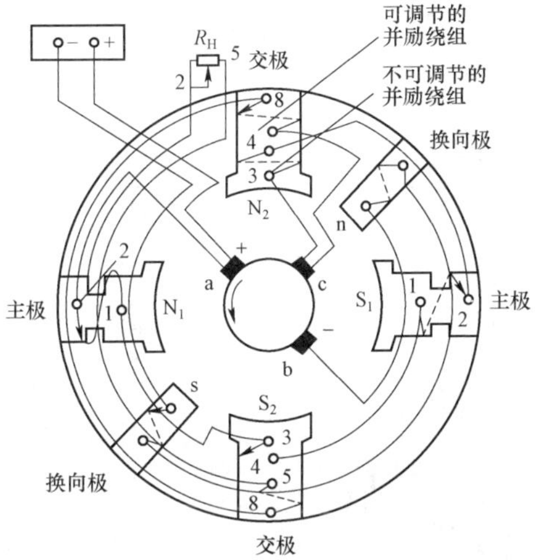

图 1–8–9　三电刷裂极式直流弧焊发电机的电气接线图

在结构上，弧焊发电机有 4 个磁极，两个北极 N_1、N_2 和两个南极 S_1、S_2 相邻地分布着，所以它实质上是 1 台两极直流发电机。4 个磁极中，N_1、S_1 称为主极，旋转截面狭窄，磁路容易饱和；N_2、S_2 称为交极，铁芯截面较大，磁路不容易饱和。

直流弧焊发电机有两组并联的并励线圈，一组分布在 4 个磁极上的是不可调节的，另一组可调节的分布在两个交极上。

弧焊发电机空载时，虽然主极磁路饱和，但交极未饱和，因此，发电机的总磁通能产生足够大的感应电动势满足引弧要求。当发电机带上负载后，由于电枢反应使交极产生去磁作用，而主极则因磁路已经饱和而没有多大的增磁作用。所以，随负载增大，发电机的总磁通将大大减少，从而使弧焊发电机获得了陡降的外特性。

同时由于主磁饱和，在各种负载情况下，电刷 a、c 间的电压几乎不变，因此，并励线圈如同接在恒压源上。

焊接电流的调节分为粗调和细调两种。粗调可用手柄移动刷架，共有 3 挡位置，可定位在机盖上的外凹槽中，若顺发电机转向移动刷架，可使工作电流减少，反之，将增大工作电流；细调可用手轮改变并励线圈励磁电路中变阻器的电阻值，来实现按粗调 3 挡电流范围内，进行电流的细调节。

（2）换向极去磁式直流弧焊发电机。AX3–300–2 型换向极去磁式整流弧焊发电机共有 4 个主极和 4 个换向极。它与一般直流发电机不同的是：其磁极靴两边不对称，其中一边较 3 个主极上绕有并励绕组，余下的 1 个主极上则绕有他励绕组。此外，在 4 个主极上都绕有串励绕组，其电气接线图如图 1–8–10 所示。

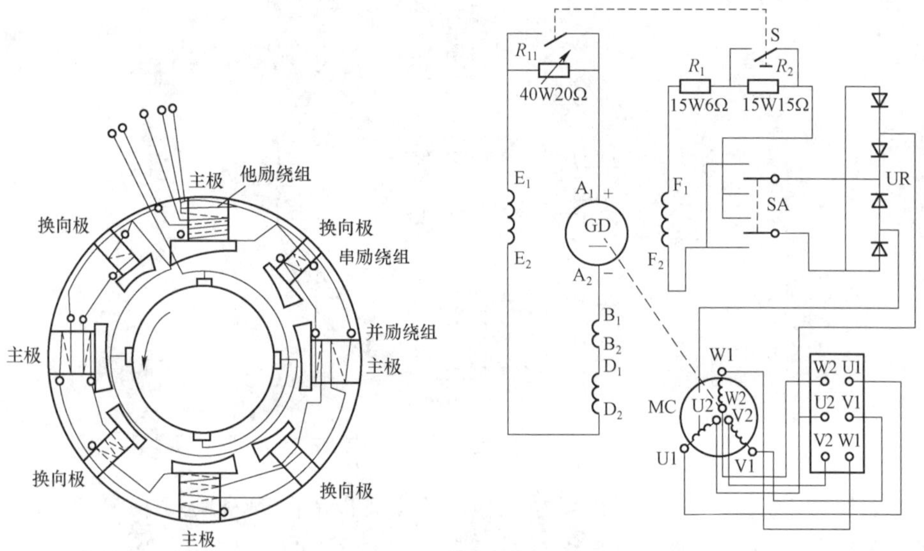

图 1–8–10 直流弧焊机电气接线图

弧焊发电机的工作原理为：由于串励绕组接成积复励，则当负载增大时，串励绕组产生的磁通使主极迅速饱和，主极部分的漏磁通经过换向极的前极尖（突出的极靴）、磁轭而回到主极。发电机负荷越大，漏磁就越多，因此通过主极与电枢的磁通大大减少，从而获得陡降的外特性。

串励绕组由三相异步电动机定子的一相线圈抽头经整流器供电。

焊接电流的调节分粗调和细调两种。粗调节分为两挡，有“大”和“小”标号的单掷开关，它是由将他励和并励绕组中的附加电阻分别接入或断开而获得，细调节可用手轮改变电刷位置进行调节。如需要变换极性，只要扳动标有“顺”和“倒”标号的双掷开关，不必更换焊接回路的连接线。

（3）差复励式直流弧焊发电机。AX1–5009（AB–500）型直流弧焊发电机的电气接线图如图 1–8–11 所示。

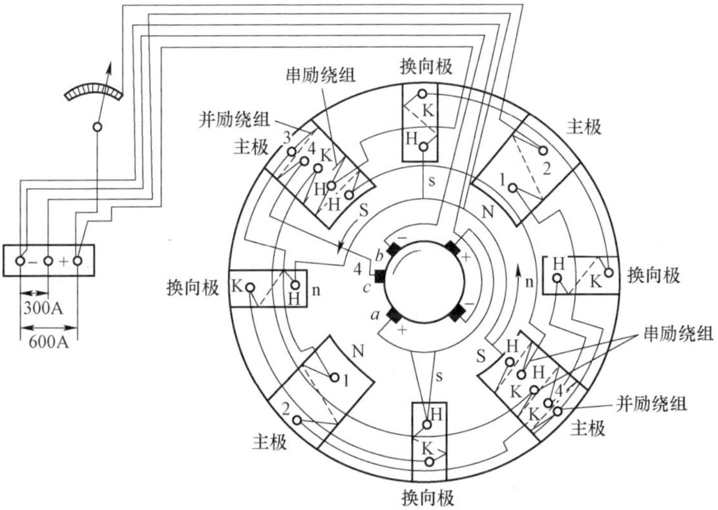

图 1–8–11　直流弧焊发电机的电气接线图

弧焊发电机在上，共有 4 个主极和 4 个换向极，并有串励和并励两组绕组。其中并励绕组分布在 4 个主极上，并接在工作电刷及辅助电刷 c 上。串励绕组所产生的磁通与主磁通方向相反。

当发电机空载时，利用剩磁进行自励，发电机空载电压上升，此时由于没有负载电流，发电机不产生电枢反应，故没有去磁作用。因此，使发电机获得较高、稳定的空载电压，便于引弧。

当发电机负载时，发电机中的合成主磁通 $\Sigma\Phi$ 由并励磁通 Φ_1、串励磁通 Φ_2 和电枢反应磁通 Φ_a 三部分组成，即 $\Sigma\Phi=\Phi_1+\Phi_2+\Phi_a$。由于 Φ_2 与 Φ_a 在主极一边的方向相反，因此随焊接电流变化而变化的 Φ_2 与 Φ_a，基本上能互相抵消。所以在电刷 a 与 c 之间产生的电动势由 Φ_1 决定，故用它来自励并联绕组所建立的磁通 Φ_1，不会随焊接电流的变化而改变。但在主极的另一边，Φ_2 与 Φ_a 方向相同且与 Φ_1 方向相反起着去磁作用。所以，发电机随焊接电流增加，使 $\Sigma\Phi$ 减小，焊机的端电压也随之下降，从而获得了陡降的外特性。

当发电机短路时，由于 Φ_2 与 Φ_a 急剧增加，因此使 $\Sigma\Phi$ 变得很小，甚至使 $\Sigma\Phi$ 为 0，并使弧焊机输出电压接近于零，从而限制输出电流。

弧焊机的焊接电流有粗调和细调两种。粗调是用改接在接线端子板上串励绕组的匝数来实现，细调则用改变并励绕组回路中变阻器的阻值来实现。

四、交直流两用电焊机

（一）交直流两用电焊机

交直流两用硅整流焊机由动铁芯式焊接变压器、整流器组、电抗器及开关等主要部件组成。其主要技术数据见表 1–8–3。

表 1–8–3　　　　直流两用电焊机技术数据表

项目	ZXE1–250		ZXE1–315		ZXE1–400		ZXE1–500	
	AC–250	DC–230	AC–315	DC–270	AC–400	DC–350	AC–500	DC–420
额定输入电压（V）	380							
额定频率（Hz）	50							
相数	单相							
空载电压（V）	68		70		72		70	
AC 额定焊接电流（A）	250		315		400		500	
DC 额定焊接电流（A）	230		270		350		420	
AC 电流调节范围（A）	50～250		60～315		75～400		95～500	
DC 电流调节范围（A）	40～230		50～270		60～350		80～420	
额定负载持续率（%）	35							
额定输入容量（kV·A）	186		228		30		38	
绝缘等级	F							
冷却方式	强制冷风							

（二）整流器式交直流弧焊机

电路原理图如图 1–8–12 所示。

（1）ZXE1 型系列为单相动铁芯磁分路式。变压器 T 采用三个铁芯柱，一、二次侧绕组分别置在动铁芯两侧，一次侧和二次侧分为上下两部分绕组，固定在主铁芯上，中间铁芯柱为可移动的，称动铁芯，构成磁分路，移动铁芯位置就能改变输出焊接电流的大小。

（2）硅整流器由四个硅整流器元件组成单相桥或全波整流电路。

（3）输出电抗器串接在焊接回路中，起滤波作用，使整流后的直流电更平直，以稳定电弧、减少金属飞溅。

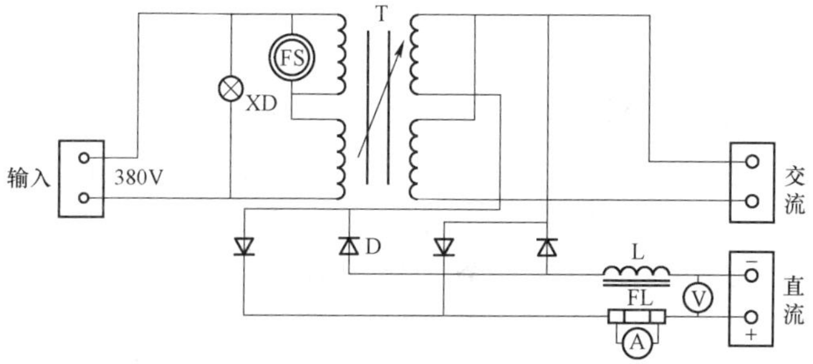

图 1-8-12　交直流两用电焊机电路原理图

五、电焊机的安全操作规程

（1）电焊机工作场地应保持干燥，通风良好，设备应放置平稳。

（2）使用前检查焊接面罩应无漏光、破损。焊接人员和辅助人员应穿戴好规定的劳保防护用品，并设置挡光屏隔离焊件发出的辐射热。

（3）电焊机、焊钳、电源线以及各接头部位要连接可靠、绝缘良好，不允许接线处发生过热现象；电源接线端头不得外露，应用绝缘胶布包扎好。接地线应安装敷设正常。

（4）二次抽头联结铜板必须压紧，接线柱应有垫圈。

（5）直流电焊机使用前，应擦净换向器上污物，保持换向器与电刷接触良好。

（6）移动电焊机时，应切断电源，不得用拖拉电缆的方法移动焊机。如焊接中突然断电，应及时切断电源。

（7）在焊接过程中，不准调节电流，必须在停焊时调节。调节时不得过快过猛，以免损坏调节器。

（8）直流电焊机起动时，应检查转子的旋转方向是否符合焊机标志的箭头方向。

（9）直流电焊机的碳刷架边缘和换向器表面的间隙不得少于 2～3mm，并注意经常调整和擦净污物。

（10）完成焊接作业后，应立即切断电源，关闭焊机开关，分别清理归整好焊钳电源和地线，以免合闸时造成短路。

（11）施焊中，如发现自动停电装置失效时，应及时停机断电后检修处理。

（12）清除焊缝焊渣时，要戴上防护眼镜，以免刺伤眼睛；注意头部应避开敲击焊渣飞溅方向，不能对着在场人员敲打焊渣。

（13）露天作业完后，应将焊机遮盖好，以免雨淋。

（14）不进行焊接作业时（移动、修理、调整、工作间休），应及时切断电源。

六、电焊机的日常维护与保养

（1）保持电焊机机体清洁无油污。

（2）防止电焊机受潮，保持焊机内部清洁，经常使用干燥的压缩空气吹净内部的灰尘。

（3）检查手把线接线是否松动、破损，如有破损应及时更换。

（4）检查各连接处是否连接牢固，消除所有连接不可靠现象。

（5）定期使用绝缘电阻表测量一次侧绕组与二次侧绕组之间、一次侧绕组和二次侧绕组分别与机架之间的绝缘电阻，不得低于 1MΩ。

（6）电焊接的维护保养每半年至少进行一次。

【思考与练习】

1. 简述通用交流电焊机的分类及工作原理。
2. 简述通用直流电焊机的分类及工作原理。
3. 简述交直流两用电焊机的分类及工作原理。
4. 简述电焊机的安全操作规程。
5. 简述电焊机的日常维护与保养要求。

模块 9　电缆输送机工作原理及操作

【模块描述】本模块介绍电缆输送机的种类和工作原理及结构组成，通过原理讲解、功能介绍以及操作技能训练，掌握电缆输送机的操作方法及日常保养。

【正文】

一、概述

电缆输送机是一种敷设电力电缆（或通信电缆）的电动机械，适用于大规模城市电网改造，适合大截面、长距离电缆敷设，降低劳动强度，提高施工质量。电缆输送机推力大、体积小、质量小、操作方便，在电缆排管、隧道、直立、长距离输送等场合尤为合适。电缆输送机的减速机构合理，速度稳定，牵引力恒定，并可加装智能控制装置，实现定速度、定扭矩的数字控制，如图 1–9–1 所示。

图 1–9–1　电缆输送机外形结构示意图

二、电缆输送机的组成及工作原理

电缆输送机是一种电缆敷设时用作牵引的成套机械，由牵引头和收线架几大部件组成。设备采用双轴驱动，使输送力和重力分别作用在电缆的两个方向有利于保护电缆的绝缘层。输送力通用复合履带采用高强度耐磨橡胶，使电缆受力均匀，经久耐用；配备高低可调节滚轮，施工极为方便；噪声低，减速机机构温升小且维护方便可按用户要求提供配套产品。

三、电缆输送机的操作

（1）根据所输送的电缆大小，调整电缆输送机前后托轮的高度，以便托住电缆，调整时需松开手旋螺钉，上下移动拖轮高度，然后并紧手旋螺钉。

（2）根据所输送的电缆大小，用手摇把向逆时针方向松动松紧丝杆，使橡胶履带松开到位，以便放入所需输送的电缆。

（3）输送机使用前需全面检查各部件的连接螺栓螺母是否松动，若松动需紧固，并检查开式齿轮上的润滑油脂是否润滑到位，并及时补涂油脂，查看托轮升降情况，并且将电缆输送机调整好后固定整机，然后空载运转电缆输送机 5min，以便检查整机工作情况。

（4）单机使用。电缆输送机需要固定于地面，调整好托轮高度，然后松开橡胶履带，将电缆放入橡胶履带之内，用扳手顺时针转动松紧丝杆夹住电缆，起动电动机，电缆输送机便可以输送作业。

（5）串联使用。因大截面电缆自重大，单机使用很难满足施工要求，这时需在牵引机配合下，进行多台电缆输送机串联使用。

1）电缆在牵引机牵引下进入第一台电缆输送机时停止牵引，将电缆夹紧在橡胶履带之间，然后同时开动牵引机和电缆输送机。

2）电缆进入第二台电缆输送机时停止牵引，将电缆夹紧在橡胶履带之间，然后开动牵引机和两台电缆输送机。

3）电缆进入第三台输送机时停止牵引，将电缆夹紧在橡胶履带之间，然后开动牵引机和三台电缆输送机。

4）重复上述动作，直至电缆进入最后一台电缆输送机，此时便可以进行整条线路电缆的拖放施工作业。

5）为保证各机同步运转，用户需根据具体施工方案配置相应的同步电源控制柜，同步电源控制柜分为总控箱和分控箱，一个总控箱可控制十台分控箱，一个分控箱控制一台电缆输送机，为方便用户使用，每个控制箱均有足够的电源插座，以便总控箱和分控箱和电缆输送机之间的连接，该控制系统为保证安全使用，每个分控箱和总控箱上设置的停止开关均可以让整条线路拖放停止作业，做到分控总停的安全原则。

6）电缆输送机数量配置参考：① 输送电缆直径 50～80mm，输送机间隔 40～50m；② 输送电缆直径 80～100mm，输送间隔 30～40m；③ 输送电缆直径 100～150mm，输送间隔 20～30m；④ 输送电缆直径 150～180mm，输送间隔 10～15m。

四、电缆输送机的安全操作规程

（1）电源应采用 AC 380V 三相四线制，控制箱及机器外壳应可靠接地。

（2）为确保输送机同步输送电缆，防止个别机器因故停机损伤电缆，电源回路应配置完整的电气控制系统，一般由总控箱、分控箱、电源线及控制线构成。每台分控制箱控制一台输送机。

（3）设备应按电缆敷设方向放置，使用前通电试运行，机器运行方向必须保持一致。

（4）根据电缆大小，第一台电缆输送机距电缆盘 15～30m 为宜，其余各台之间间距为 25～50m。在有坡度、转弯处要适当减小两机间距，各台之间配置滑车支撑并传动电缆，如图 1–9–2 所示。

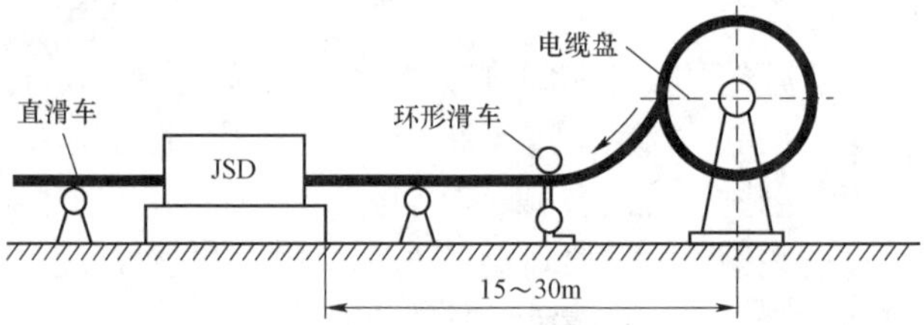

图 1–9–2 电缆输送机与线盘布置示意图

（5）电缆盘应由人工协助转动松放，使电缆松弛，防止受强拉力损坏。

（6）设备前后均应放置滑车，并要略微垫高，确保电缆平行进入设备。遇到电缆沟转弯时，设备应设置在电缆拐弯直线部位。

（7）设备两端的滚筒，应根据电缆直径调至适当高度，使电缆能通过履带中部，同时将履带张开，作电缆进入的准备。

（8）电缆端头越过输送机 1.5m 以后，开机，再将电缆放入设备履带中间，然后旋动夹紧手柄，使履带夹紧电缆输送运行。夹紧力可根据实际情况自行调整，目测以履带和电缆之间不相对滑动为宜。

（9）电缆进入输送机前，应将电缆表面上粘附的润滑剂（粉）和脏物清理干净。

五、电缆输送机的维护与保养

（1）每次使用结束后，要对设备各部位进行清理，钢件部位要涂油润滑。

（2）定期检查链条的松弛程度并进行调整，定期对链条进行润滑。

（3）定期检查减速机油位线，当油位线低于限位时应及时添加，油面应保持在油标的 1/2～2/3 之间；设备首次使用 24h 后应更换滑润油，以后每 500～1000h 更换一次。

（4）电缆输送机在未切断电源时，不可进行任何修理。

（5）设备使用后应清除表面的污物，并存放在干燥、通风的室内。

【思考与练习】

1. 简述电缆输送机的组成及工作原理。
2. 简述电缆输送机的操作方法。
3. 简述电缆输送机的安全操作规程。
4. 简述电缆输送机的维护保养要求。

模块 10　冲击夯工作原理及操作

【模块描述】本模块介绍冲击夯的种类和工作原理及结构组成，通过原理讲解、功能介绍，以及操作技能训练，掌握冲击夯的操作方法及日常保养。

【正文】

一、概述

冲击夯由于荷重小、自重轻、构造简单、维修方便、操作容易、生产效率高，在建筑工程上使用很广。常用的小型冲击夯有电动蛙式冲击夯和内燃冲击夯两种。

（一）蛙式冲击夯的组成及工作原理

蛙式冲击夯外形结构如图 1–10–1 所示。

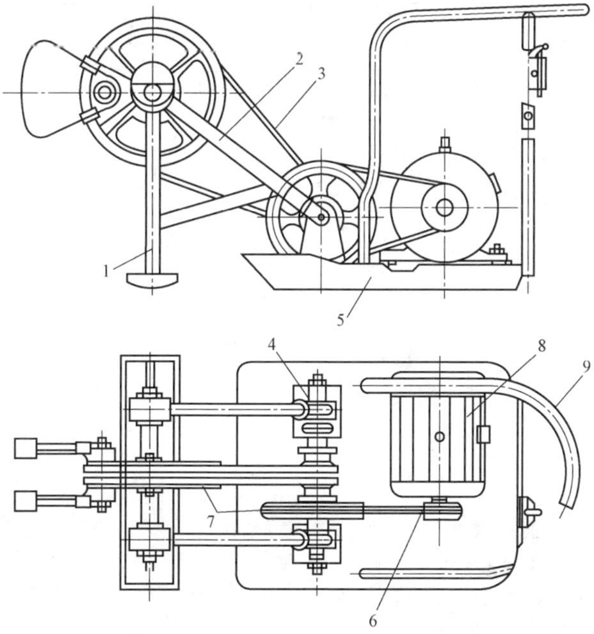

图 1–10–1　蛙式冲击夯外形结构

1—夯头；2—夯架；3、6—三角皮带；4—传动轴架；5—底盘；7—三角皮带轮；8—电动机；9—扶手蛙式冲击夯主要工作原理是：工作时，电动机通过二级三角胶带传动带动夯架前轴上的偏心块转动，偏心块产生离心力，带动夯架抬起，并使冲击夯跳跃前移，接着又使夯头落下，对地产生冲击，如此周期性地工作，从而夯实土地。偏心块转速为 140～150r/min，仅能向前进方向旋转。

（二）内燃冲击夯的组成及工作原理

（1）内燃冲击夯发动机通过离合器带动齿轮运转，由一连杆将齿轮的周围运动转化为顶杆的往复运动，并连接到底板上形成对地面的高频打击。使用前起动内燃机，打开风门，然后预热 5min 后转动操作手柄，将油门控制手柄调到最右端，其冲击总成结构如图 1–10–2 所示。

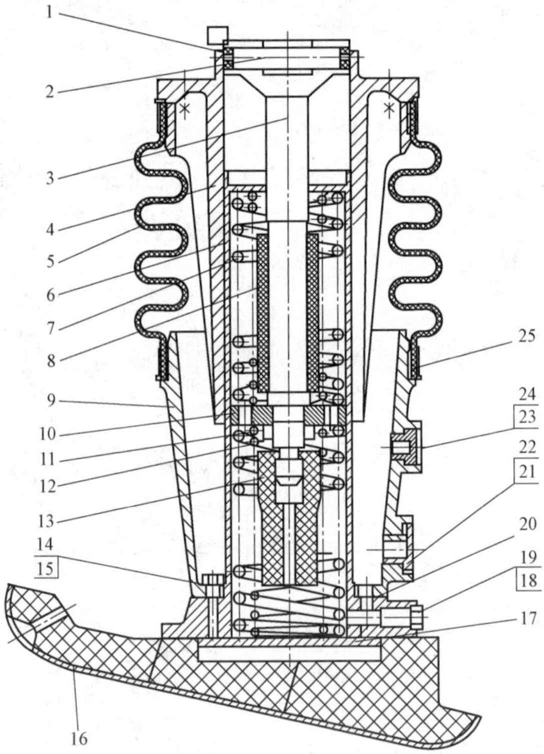

图 1–10–2 内燃式冲击夯冲击总成结构示意图

1—限位塞；2—连杆销；3—活塞杆；4—上缸体；5—波变管；6—下缸体总成；7—外弹簧；8—上减振器；9—下缸套；10—活塞；11—锁紧螺母；12—内弹簧；13—下减振器；14—内六角螺栓（M8×20）；15—垫圈；16—底板总成；17—底盖板；18—堵头；19—密封垫圈；20—密封纸垫；21—油窗视孔；22—密封垫；23—油孔塞；24—密封垫圈；25—管箍

（2）通过扶手引导冲击夯，使其自动前进，冲击夯平衡着地时压实效果最好，不要用力抬压扶手，使冲击夯板尖跟着地，否则，冲击夯损耗较大，如图 1-10-3 所示。

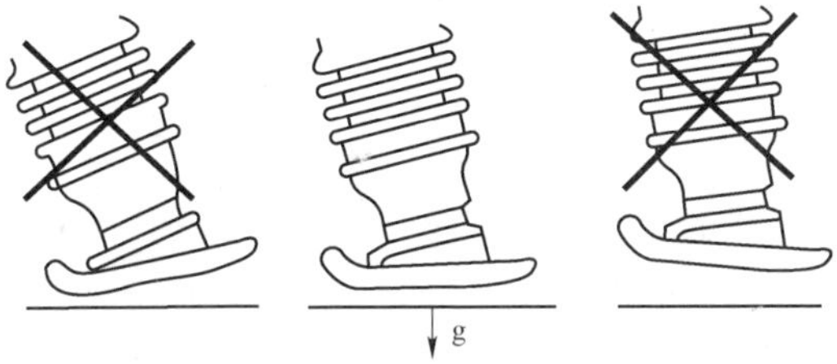

图 1-10-3　内燃式冲击夯操作示意图

二、冲击夯的使用方法

（一）使用前检查

（1）检查润滑油。

1）内燃机润滑油。拧开油标，将油标上机油擦净；将油标插入，检查油面，如果机油不足，须加到规定位置。

2）冲击系统润滑油。更换冲击系统机油时，先将机油排放干净，然后加入 0.9L 机油。

3）推荐使用润滑油。一般推荐使用 SAE10W-30 润滑油，选择地区与使用地区的平均温度相对应的黏稠度。

（2）检查空滤器。查看滤网是否阻塞，海绵是否破裂；滤网过脏会阻塞空滤器，造成发动机工作无力甚至不能发动。

（3）检查油箱是否有油。必须使用 90 号以上无铅汽油，推荐使用 93 号以上无铅汽油，不能使用汽/机混合油，不能有灰尘、脏污和水等进入油箱。

（4）各部件连接良好，无松动。

（5）内燃冲击夯有足够的润滑油，油门控制器转动灵活。

（6）电动冲击夯有可靠的接零或接地，电缆线表面绝缘完好。

（二）起动

1）打开发动机开关。

2）打开燃油开关。

3）关闭风门。如果是热机或高温天气可不关风门。

4）将油门控制手柄稍微向右推 1～2 格。

5）轻轻地拉起动手柄直到感觉有力，然后快速拉动拉绳，起动发动机。

6）高海拔地区使用须知。在高海拔地区，使用标准化油器时，由于空气中氧气含量太低，使得油—气混合气中油浓度太高，导致发动机性能降低和增加油耗。所以，必须更换小一点孔径的化油器喷嘴和重新调整化油器怠速，以提高发动机性能。在化油器喷嘴合适的条件下，发动机功率仍将随着海拔每增加 300m，其功率降低约 3.5%。

（三）使用冲击夯

1）起动后打开风门，然后预热 5min。

2）转动操作手柄，将油门控制手柄调到最右端。

3）通过扶手引导冲击夯，使其自动前进，冲击夯平衡着地时压实效果最好，不要用力抬压扶手，使冲击夯板尖跟着地，否则，冲击夯损耗较大。

（四）停机

紧急状态可直接关闭发动机开关。正常情况下，应按以下步骤停机：

1）转动操作手柄，使油门控制杆迅速回到最左端位置，使冲击夯停止工作。

2）关闭发动机开关。

3）关闭燃油开关。

三、冲击夯的安全操作规程

（1）振动冲击夯适用于黏性土、砂及砾石等散状物料的压实，不得在冻土、坚石、混有砖石碎块的杂土、水泥路面和其他坚硬地面作业。

（2）在边坡上作业时，要注意坡度，防止夯机发生停工倾翻事故。被压实表面高低不平时冲击夯极易翻倒，操作时要十分注意，否则易扭伤手腕或损伤其他部位。

（3）每台蛙式冲击夯由两人操作，一人扶夯、一人负责施送电缆。电缆线不应拉得过紧，应经常检查线头安装，不得松动及引起漏电。拖电缆者应随时将电缆整理通顺、盘圈送行，与夯机保持 3～4m 的余量，不准全长拉直，更不准拉得过紧，甚至在夯机下面通过。蛙夯需要回转一定角度或掉头时，应待夯头再次抬起时进行。多台蛙夯在同一现场作业时，为防止碰撞、确保安全，夯机的并行间距不得小于 5m，纵行间距应大于 10m。

（4）内燃式冲击夯起动后，应使内燃机怠速运转 3～5min，然后逐渐加大油门，待夯机跳动稳定后，方可作业。夯机的振动频率调节应通过调整油门的大小来进行。操作时，转动操作手柄时速度不能太慢甚至将操作手柄长时间停滞在中间位置，这时冲击夯跳动无规律，离合器处于半离合状态，从而急剧磨损离合器和损坏发动机。

（5）内燃式冲击夯不宜在高速下连续作业。在内燃机高速运转时不得突然停车，否则将使润滑油变质或因发动机温度突然升高而使零件相互咬死。

（6）电动式冲击夯应装有漏电保护装置，操作人员必须戴绝缘手套，穿绝缘鞋。电动冲击夯在接通电源起动后，应检查电动机旋转方向，有错误时应倒换相线。

（7）作业时应正确掌握夯机，不得倾斜，手把不宜握得过紧，能控制夯机前进速度即可。当短距离转移时，应先将冲击夯手把稍向上抬起，将运输轮装入冲击夯的挂钩内，再压下手把，使重心后倾，方可推动手把转移冲击夯。

（8）不准强行推夯、拉夯或使劲往下压手把。在较松的填料上作业或上坡时，可将手把稍向下压，并应能增加夯机前进速度。在需要增加密实度的地方，可通过手把控制夯机在原地反复夯实。

（9）作业中，当冲击夯有异常的响声，应立即停机检查。

（10）作业后，应清除夯板上的泥沙和附着物，保持夯机清洁，并妥善保管。

（11）每天作业完毕后都要对夯机进行保养，存放地点应确保夯机不受雨、雪等侵蚀。

四、冲击夯的维护与保养

（一）发动机应定期进行维护保养

具体维护保养项目及要求见表 1–10–1。

表 1–10–1　　　　发动机维护周期表

保养内容 \ 周期		每次使用前	每个月/使用 20h	每三个月/使用 50h	每六个月/使用 100h	每年/使用 300h
机油	检查油面	●				
	更换		●		●	
空滤器	检查	●				
	清洁			●		
化油器沉淀杯	清洁				●	
火花塞	检查清洁			●		
消声器	清洁				●	
气门间隙	检查调整					●
油箱和滤网	清洁					●
油管	检查更换					●

（二）更换发动机机油（见图 1–10–4）

1）更换发动机机油时最好是热机，以保证能快速完全的排放机油。

2）拧下油标后，再拧下放油塞放掉机油。

3）装上放油塞并拧紧。

4）重新加注机油并检查油位是否符合要求。

5）装上并拧紧油标。

（三）清洁空滤器（见图 1–10–5）

1）拧开夹座，取下空滤器盖，从盖中取出过滤器芯。

2）检查过滤器芯，很脏时必须清洗干净，破裂时则必须更换。

3）用不燃或难燃溶剂（如清洗剂）清洗海绵，并完全晾干。

4）清洗后的海绵，使用少量清洁机油进行浸泡，拿出并挤掉多余机油。

5）重新安装。

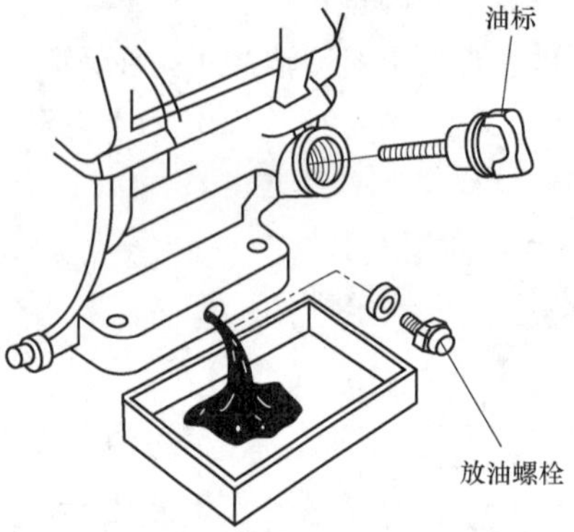

图 1–10–4 机油更换示意图

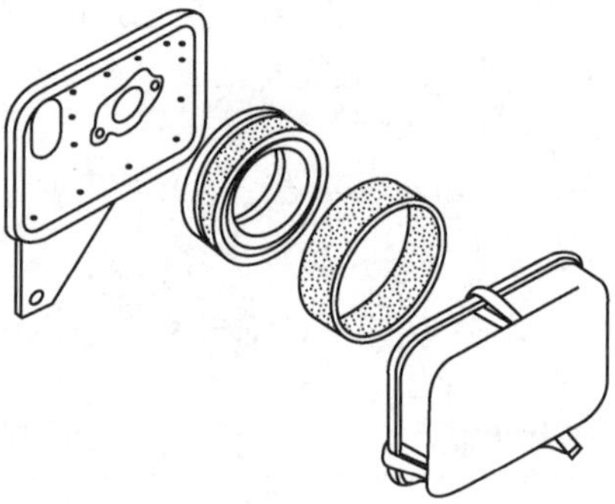

图 1–10–5 空滤器拆卸示意图

（四）清洁化油器沉淀杯及油开关油水分离器（见图 1–10–6）

关闭燃油阀，取下沉淀杯和 O 形环，并用不燃或难燃溶剂清洁，完全晾干后装上并拧紧，然后打开油门开关检查密封是否良好。

（五）火花塞的维护（见图 1–10–7）

1）取下火花塞罩，用相应的套筒扳手拧下火花塞。

2）检查火花塞电极是否被电蚀或绝缘部分是否破裂，否则必须更换。

图 1–10–6 沉淀杯拆卸示意图

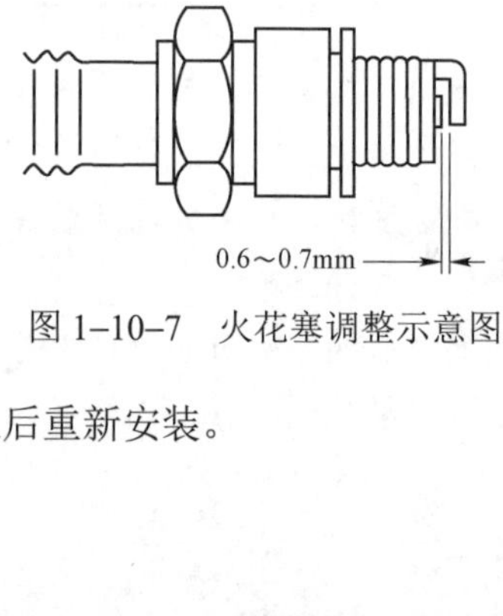

图 1–10–7 火花塞调整示意图

3）如果积碳严重，用金属刷刷掉积碳之后重新安装。

4）用塞尺检查火花塞间隙，将它调至正常间隙（0.6～0.7mm）。

5）检查火花塞垫片是否损坏。

6）安装时先用手旋进火花塞，防止乱扣，然后用扳手拧紧。

（六）化油器怠速调整

1）起动发动机并进行预热。

2）在发动机怠速时调整螺钉至规定的标准怠速，标准怠速为1500±150r/min。

（七）冲击夯日常维护保养项目（见表1–10–2）

表1–10–2　　冲击夯日常维护保养项目表

维护内容＼周期	每次开机前	每使用5h后	每星期或25h后	每月或100h后
检查机油	●			
拧紧冲击板螺钉	●	●		
检查拧紧连接总成螺母	●	●		
检查发动机是否松动	●	●	●	
清洁发动机散热片				●
更换冲击系统机油				●
检查拧紧其他连接螺栓	●	●	●	

【思考与练习】

1. 简述冲击夯的分类及其工作原理。
2. 简述冲击夯的操作方法。
3. 简述冲击夯的安全使用注意事项。
4. 简述冲击夯发动机维护要求。
5. 简述冲击夯如何更换机油、清洁空滤器化油器沉淀杯及油开关油水分离器。
6. 简述冲击夯火花塞的维护和化油器怠速调整的方法。

模块11　平板振动器工作原理及操作

【模块描述】本模块介绍平板振动器的种类和工作原理及结构组成，通过原理讲解、功能介绍以及操作技能训练，掌握平板振动器的操作方法及日常保养。

【正文】

一、概述

平板振动器又称为表面振动器，它直接浮放在混凝土表面上，可移动地进行振动作业。它的振动浓度一般为 150～250mm，适用于坍落度不太大的塑性、半塑性、干硬性、半干硬性的混凝土或浇筑层不厚、表面较宽敞的混凝土捣实，如用于预制构件板、路面、桥面等。

二、平板式混凝土振动器的组成结构

平板式混凝土振动器主要由底板、外壳、定子、转子轴、偏心振动子等组成，其构造与附着式振动器相似，其外形结构如图 1–11–1 所示。

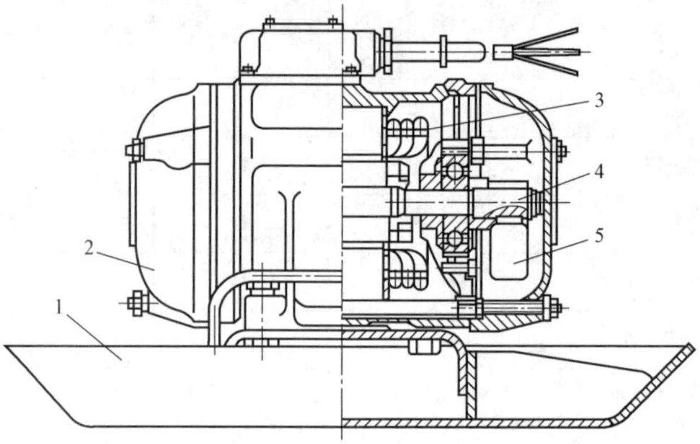

图 1–11–1　平板式混凝土振动器外形结构示意图

1—底板；2—外壳；3—定子；4—转子轴；5—偏心振动子

三、振动器工作原理

（1）外部振动器设计时不考虑轴承承受轴向力，故在使用时，电动机应呈水平状态。

（2）振动器作业前应进行检查和试运转，试运转时不可在干硬或硬物体上运转，以免振动器振跳过甚而受损。安装在搅拌站（楼）料仓上的振动器应安置松脱垫。

（3）振动器安装时，底板安装螺孔的位置应正确，否则地脚螺栓将扭斜而使机壳受损。地脚螺栓必须紧固，各螺栓紧固程度应保持一致。

（4）使用时，引出电缆不能拉得过紧，以防断裂。作业时必须随时注意电气设备的安全，电源线中应装设熔断器。

（5）附着式振动器作业时，一般安装在混凝土模板上，每次振动时间不超过 1min；当混凝土在模板内泛浆流动成平状，即可停振。不在混凝土初凝状态时再振，也不可使周围已初凝的混凝土受振动的影响，以保证质量。

（6）在一个模板上同时用多台附着式振动器振动时，各振动器的频率必须保持一致，相对面的振动器应交叉安放。

（7）附着式振动器安装在模板上的连接必须牢靠，作业过程中应随时注意防止由于振动而松动，应经常检查和紧固连接螺栓。

（8）平板振动器作业时，振动器的平板要与混凝土接触，使振波有效地传递给混凝土而使之振实，当表面出浆、不再下沉后，即可缓慢向前移动。平板振动器是利用电动机振动子所产生的惯性水平分力自行移动的，操作者只要控制移动的方向即可。移动方向应按电动机旋转方向自动地向前或向后，移动速度以能保证振密出浆为准。在振的振动器不可放在已凝或初凝的混凝土上，以免振伤。

（9）平板振动器作业时，应分层分段进行大面积的振动，移动时应有列有序，前排振捣一段可原排返回进行第二次振动或振动第二排，两排搭接以 5cm 为宜。

（10）平板振动器振动中移动的速度和次数，应根据混凝土的干硬程度及其浇筑厚度而定；振动的混凝土厚度不超过 20cm 时，振动两遍即可满足质量要求。第一遍横向振动使混凝土振实，第二遍纵向振捣，使表面平整。对于干硬性混凝土可视实际情况，必要时可酌情增加振捣遍数。

四、平板振动器操作

（一）安装方法

附着式混凝土振动器的使用方法，一般分为移动的表面振动和固定安装的构件振动等两种情况。用作表面振动时，在振动器底部装置木板（或铁板）1 块，将振动器固定于底板上即可使用。

用作固定的构件振动或装于其他振动机器时，其安装方法应根据设计要求决定。

振动器安装时，底板的安装螺孔应正确定位，如孔位不正，将使振动器安装发生困难，或使安装螺钉发生严重偏斜，并使机壳受到不正常的应力，影响使用寿命。底板安装螺钉的螺帽必须紧固，防止松动，但紧固时用力不要过猛，以免损坏机壳脚座，并要求 4 只安装螺钉的坚固程度保持一致。

（二）运转操作

平板振动器运转操作方法甚为简单，只要接通符合规定的电源即可运转使用。

振动器在试运转时，不应在干硬的土地上进行长时间的空运转，因为这样会使振动器振跳过甚，引起损坏。

振动器在操作移动时，应使电动机的四芯电线保持一定的长度和挠度，勿使张拉过紧，以免线头断裂。振动器在安装运转时，应随时注意电器安全措施，接电线路中应装有安全熔断器。

如果在一个构件中同时装有几台振动器进行工作，其工作性能与单台振动器的运转可能有所不同。此时各振动器的频率必须保持一致，否则可能产生互相干扰等情况。对于比较复杂的安装运转问题，应在设计中加以妥善处理。

五、平板振动器安全操作要点

（1）平板振动器大部分是在露天潮湿的场地上作业，电气部分容易发生故障或漏电伤人，必须严格遵守用电安全操作守则。

（2）操作中振动器移位时，电动机的导线应保持足够的长度和强度，勿使其张拉过紧而拉断。

（3）作业中应经常检查电动机脚座、机壳及振板是否完好，连接是否牢固，如有松动应及时紧固。带有缓冲弹簧的平板振动器，弹簧应保持良好的减振性能。

（4）电动机两端的轴承端盖不可发生松旷，应注意保持螺栓的紧固。

（5）振动器必须装有剩余电流动作保护器（漏电保护器）和接地或接零装置。

（6）操作人员必须穿戴绝缘胶鞋和绝缘手套。

六、平板振动器的日常维护与保养

（1）要保持平板振动器外壳清洁，以保证电动机运转时散热良好，并应防止电动机受潮。

（2）定期检查振动器的底板安装螺钉和端盖固定长螺栓，以及线盒螺钉等是否紧固，如有松动应及时扭紧（由于端盖两侧固定长螺栓，经过长时间使用可能有所伸长）螺栓和螺帽，应保持良好的螺纹，已拆装时应加以检查，如发现螺纹损坏或配合不够紧密应予更换。

（3）根据具体的使用情况，对电动机两端轴承的润滑工作可在每三个月到半年的时间内加注优质润滑脂一次，所加润滑脂要适量，不可过多，加油时最好将轴承取出，用汽油清洗后擦干，再安装原处。

（4）润滑轴承时，先将长螺栓上螺帽旋下，拆除端盖，并拆下偏心块，即可把轴承座盖及轴承拆出，在装拆时须注意不得碰伤轴承座盖与机壳的接合面，在装回偏心块时须注意用防松钢丝锁牢。

（5）振动器在作业过程中，应经常检查轴承和电动机温度，如温升超过60℃或有其他异状和异响时，应立即停机修理。如发现不正常的声响或不正常的振动情况以及焦臭味等，应立即断开电源，停止运转进行检查。

（6）振动器作业完毕后，应按规定进行清洁保养工作。每工作300h后，应拆检电动机，清洗轴承，更换2号（夏季）或1号（冬季）钙基润滑脂。如轴承磨损过甚，应及时更换。

（7）振动器在搬运安装和操作时应注意轻放，防止敲击损坏、经常检查电机脚座和机壳是否完好，如发现有裂纹应加以处理补救。

（8）振动器应存放在干燥通风的室内。

【思考与练习】

1. 简述平板振动器的组成及结构。
2. 简述平板振动器的工作原理。
3. 简述平板振动器的安全操作要求。
4. 简述平板振动器的维护保养要求。

模块 12　插入式振动器工作原理及操作

【模块描述】本模块介绍插入式振动器的种类和工作原理及结构组成，通过原理讲解、功能介绍以及操作技能训练，掌握插入式振动器的操作方法及日常保养。

【正文】

一、概述

插入式振动器也称内部振动器，即插入混凝土拌合料内部进行振动的振动设备。其工作部分是一个棒状空心圆心柱体，内部安装着振动子，在动力源驱动下，振动子的振动使整个棒体产生高频低幅的机械振动。工作时将它插入已浇好的混凝土中，通过棒体将振动能量直接传给周边混凝土，因此振动密实的效率高，一般只需 10～20s 即可把棒体周围 10 倍于棒径范围内的混凝土振动密实，适用于浓度或厚度较大的混凝土构件或结构，如图 1–12–1 所示。

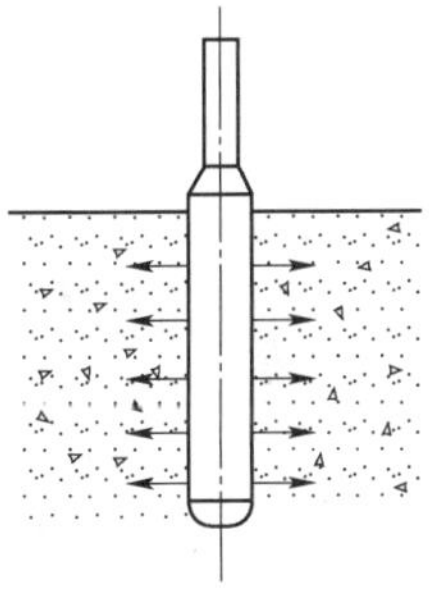

图 1–12–1　插入式振动器振动密实机械示意图

二、插入式振动器的分类、组成及工作原理

插入式振动器主要由电动机和振动棒两部分组成。电动机转动，带动振动棒的软轴芯转动，从而使振动棒头内的偏心机构产生振动。其使用的电动机有串励式电动机和单相、三相异步电动机。

（一）电动软轴行星插入式振动器

1. 电动软轴行星插入式振动器的组成

电动软轴行星插入式振动器由振动棒、软轴、防逆装置和电动机等组成。电动机主要为全封闭 E 级绝缘三相异步电动机，机壳内装有定子和支撑在滚动轴承上的转子，电动机的手柄和电源开关装在机壳上部，电动机安装在可 360° 回转的支座上，便于电动机座转动和移动。工作时电动机通过软轴驱动振动棒，如图 1–12–2 所示。

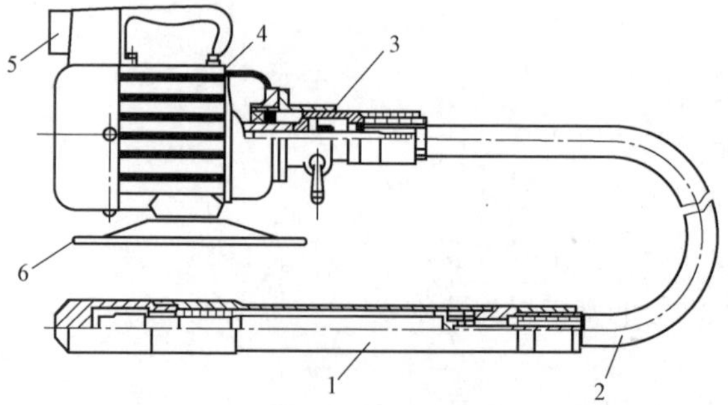

图 1-12-2 电动软轴行星插入式振动器外形结构示意图

1—振动棒；2—软轴；3—防逆装置；4—电动机；5—电器开关；6—电动机支座

2. 电动软轴行星插入式振动器工作原理（见图 1-12-3）

电动软轴行星插入式振动器是利用振动棒中一端空旋的转轴旋转时，其空旋下垂端的圆锥部分沿棒壳内的圆锥面滚动，从而形成滚动体的行星运动以驱动棒体产生圆振动。转轴滚锥沿滚道每公转一周，振动棒体即可产生一次振动。

只要适当选择滚道和滚动锥体的直径，即可使振动棒在一般电动机的驱动转速下获得较高的振动频率，调整滚道和滚动锥体的直径比值，即可取得不同的振动频率值。

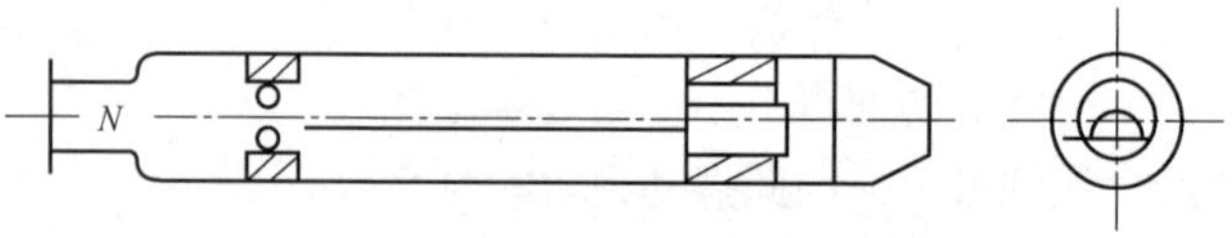

图 1-12-3 行星式振动棒激振原理图

（二）电动软轴偏心插入式振动器

1. 电动软轴偏心插入式振动器组成（见图 1-12-4）

电动软轴偏心插入式振动器由电动机、增速器、软管、软轴和振动棒等部件组成。电动机定子、转子和增速器安装在铝合金机壳内，机壳装在回转底盘上，机体可随振动方向旋转。

2. 电动软轴偏心插入式振动器工作原理（见图 1-12-5）

电动软轴偏心插入式振动器利用装有偏心块的转轴作为高速旋转时所产生的离心力，通过轴承传递给振动棒壳体，从而使振动棒产生剧烈振动。转轴每转动一周，振动棒随之振动一次。

由于偏心插入式振动器工作时的激振力主要通过轴承传递，因而转轴两端的支撑轴承经常在高速重载条件下工作，影响其使用寿命。另外，对于软轴传动的偏心插入式振动器来说，由于又受软轴承载能力的限制，棒径一般都在 50mm 以下。

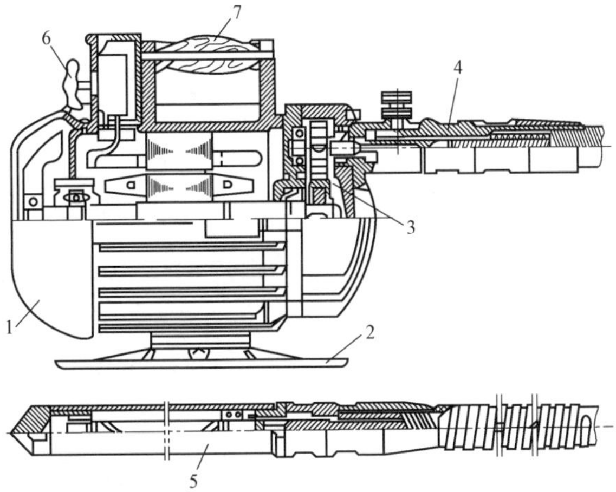

图 1–12–4　电动软轴偏心插入式振动器外形结构示意图

1—电动机；2—底盘；3—增速器；4—软轴；5—振动棒；6—电路开关；7—手柄

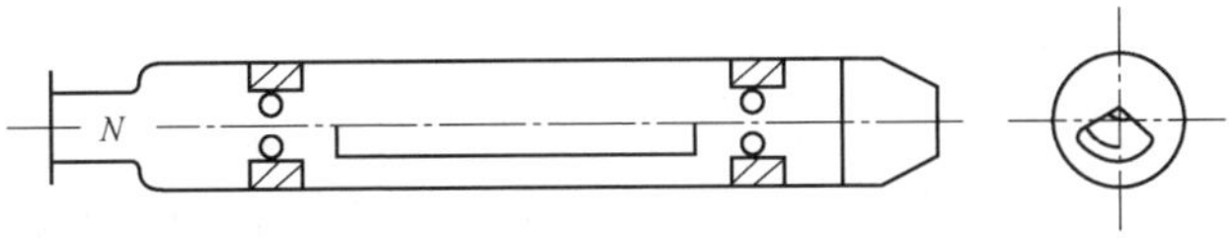

图 1–12–5　偏心式振动棒激振原理图

（三）电动机内装插入式振动器

1. 电动机内装插入式振动器组成（见图 1–12–6）

电动机内装插入式振动器主要由电源接头、电动机定子、电动机转子、棒壳、轴承及偏心轴等组件组成。

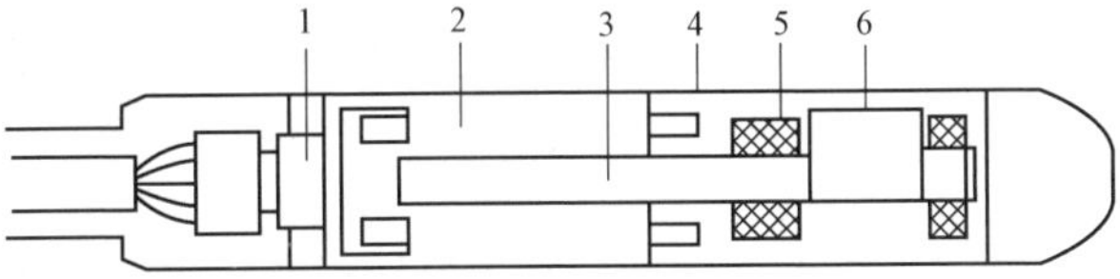

图 1–12–6　电动机内装插入式振动器外形结构示意图

1—电源接头；2—电动机定子；3—电动机转子；4—棒壳；5—轴承；6—偏心轴

2. 电动机内装插入式振动器工作原理

由于电动软轴插入式振动器软轴传递转矩的局限性，使其棒径最大为 70mm，产生的激振力小，无法适应大型混凝土工程。电动机内装插入式振动器的特点是电动机和振动子直接连接并旋转，使振动棒产生高频振动，其优点是激振力大、生产效率高，并能适应大骨料、低流态的混凝土施工和机械化施工。

三、插入式振动器使用

（一）使用前检查

1）电动机接线是否正确，电压是否稳定，外壳接地是否完好，工作中应随时检查。

2）电缆外皮有无破损或漏电现象。

3）振动棒连接是否牢固和有无破损，传动部分两端及电动机壳上的螺栓是否拧紧，软轴接头是否接好。

4）检查电动机的绝缘是否良好，电动机定子绕组绝缘电阻不应小于 0.5MΩ。如绝缘电阻低于 0.5MΩ，应进行干燥处理。

（二）接通电源，进行试运转

1）电动机的旋转方向应为顺时针方向，并与机壳上的红色箭头标示方向一致。

2）振动器的电动机起动旋转时，如发现软轴不转动或转动速度不稳定，单向离合器中发出“嗒嗒”响的声音，则说明电动机旋转方向反了，应立即切断电源，将三相进线中的任意两线交换位置。

3）电动机运转正常时振动棒应发出“呜呜”的声音，振动稳定而有力。如果振动棒有“哗哗”声音而不振动，这是由于起动振动棒后滚锥未接触滚道，滚锥不能产生公转而振动，这时可将棒头摇晃几下或轻轻将振动棒向坚硬物体上敲动一下，使两者接触，便能产生高速的公转而振动，发出“呜呜”的声音，振动棒正常振动后方可插入混凝土中进行振捣作业。

（三）振动器的振动作业

1）振捣在平仓之后立即进行，此时混凝土流动性好，振捣容易，捣实质量好。

2）振动棒要尽可能垂直地插入混凝土中。如振动棒较长或把手位置较高，垂直插入操作不便时，也可略带倾斜，但与水平面夹角不宜小于 45°且每次倾斜方向应保持一致，否则容易发生漏振。

3）振动器应快插、慢拔。插入过慢，上部混凝土先捣实，就会阻止下部混凝土中的空气和多余的水分向上逸出；拔得过快，周围混凝土来不及填铺振动棒留下的孔洞，将在每一层混凝土的上半部留下只有砂浆而无骨料的砂浆柱，影响混凝土的强度。

4）软轴振动棒插入混凝土的深度不应超过棒长的 2/3～3/4，否则振动棒将不易拔出而导致软管损坏；更不可将软管插入混凝土中，以防砂浆侵蚀及渗入软管、损坏机件。

5）振动棒在每一孔位的振捣时间，以混凝土不再显著下沉、水分和气泡不再逸出并开始泛浆为准。

6）振动棒插入混凝土的位置应均匀排列，一般可采用“行列式”或“交叉式”移动，如图 1–12–7 所示。

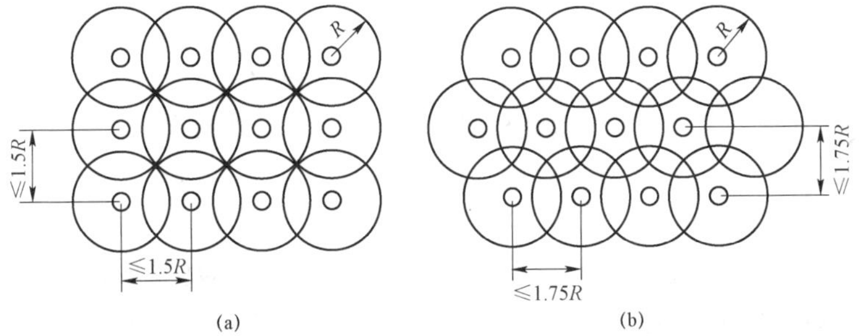

图 1–12–7 插入式振动器两相邻插点排列图

（a）行列式；（b）交叉式

7）作业时两手抓住橡胶软管，相距 400～500mm 为宜，要保持软轴有较大的弧度，弯曲半径不应小于 500mm，也不能多于两弯，更不能使软轴折成死弯。

8）振动点距离较远时，不可手握振动器拖拉软轴及振动棒行走，应将软轴搭在肩上，一手提振动器，另一手拿住振动棒行走。

9）振动棒工作时间不宜过长，更不能长时间空振；否则易引起振动棒发热，一般每工作 30min，应停歇几分钟。

四、插入式振动器的安全操作规程

（1）插入式振动器电动机的电源上应安装漏电保护装置，熔断器选配应符合要求，接地应安全可靠。

（2）振动器操作人员应掌握一般安全用电知识，作业时应穿戴绝缘胶鞋和手套。

（3）作业中移动振动器，应先停止电动机转动；搬动振动器时，应先切断电源；不可用软管或电缆线拖拉、扯动电动机。

（4）电缆上不可有裸露之处，电缆线必须放置在干燥、明亮处，不允许在电缆上堆放其他物品以及车辆在其上面通过，更不能用电缆线吊挂振动器等。

（5）作业时，振动棒软管弯曲半径不可小于规定值，软管不可有破损或断裂，若软管使用长久，长度变长时，应及时进行修复或更换。

（6）振动器起振时，必须由操作人员掌握，不可将起振的振动棒放在钢板或水泥板等坚硬物上，以免振坏。

（7）严禁用振动棒撬拔钢筋和模板，或将振动棒当锤使用。

（8）作业完毕，应将电动机、软管、振动棒等擦刷干净，按规定要求进行维护作业；存放时，不可堆压软管，应将软管及振动棒平直放好，以防变形，并应防止电动机受潮。

五、插入式振动器的维护与保养

（一）日常维护保养

1）作业前检查振动器电路，电气部分不能受潮和漏电，电缆线外皮不能破裂，芯线不能裸露，开关应接触可靠，接地良好；电源电压、频率符合要求。

2）作业中检查轴承及电动机温度，轴承的温度不应高于 60℃，电动机的温升不应超过 60℃。

3）电动机、软轴、振动棒应在作业后洗刷干净，经常处于良好状态。

4）清理后的振动器应放置在干燥处保管。润滑振动棒时，头部应向下直立放置，以防油液渗入电动机定子绕组，致使绝缘过早老化失效或轴承烧蚀。

5）在负温环境下使用时，应缓慢加温，待润滑油解冻后才能通电。

（二）一级保养（每隔 50 ~ 100 工作小时进行）

1）进行以上日常保养的全部作业。

2）将钢丝软轴从软管中取出进行清理，如发现钢丝软轴有弯折、断丝、断股时应进行更换。

（三）二级保养（每隔 300 工作小时进行）

1）进行一级保养的全部作业。

2）拆检、润滑防逆装置，使之转动灵活。

3）拆洗振动棒内所有零件。

（四）三级保养（每隔 600 工作小时进行）

1）进行二级保养的全部作业。

2）测量电动机绝缘电阻值，不应低于 0.5MΩ。

3）拆检电动机，清除定子绕组上的灰垢。

4）检查定子和转子之间有无摩擦痕迹，并清洗轴承，换用新油，检查调整轴承间隙。

【思考与练习】

1. 简述插入式振动器的分类。

2. 分别介绍电动软轴行星插入式振动器、电动机内装插入式振动器和电动机内装插入式振动器的工作原理以及区别。

3. 简述插入式振动器工作前检查和试验运行工作要求。

4. 简述插入式振动器的维护保养要求。
5. 简述插入式振动器的安全操作规程。

模块 13　马路切割机工作原理及操作

【模块描述】本模块介绍马路切割机的种类和工作原理及结构组成，通过原理讲解、功能介绍以及操作技能训练，掌握马路切割机的操作方法及日常保养。

【正文】

一、马路切割机用途、结构及工作原理

（一）用途

马路切割机是利用金刚石锯片对混凝土路面、大理石板、水磨石构件等脆性材料进行切割，可广泛用于无电源设施情况下的公路施工、石材厂矿等行业。

（二）结构

马路切割机由手扶可移动的机架、小型水冷式内燃机、圆锯片和浇水装置等组成。圆锯片用螺母紧固在转轴上，工作时，用内燃机产生动力，通过三角带带动圆锯片旋转，从而实现对混凝土层的切割；转动手轮使前轮升降，锯片随之升高或下降，控制切割的深度；机身后部有盛水的水箱，在切割作业时对锯片洒水，起到冷却的作用，如图 1–13–1 所示。

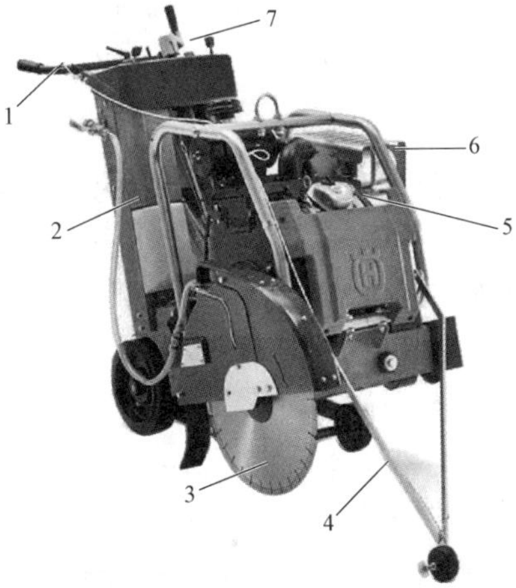

图 1–13–1　马路切割机外形结构示意图

1—油门；2—水箱；3—圆锯片；4—导向杆；5—传送带；6—发动机；7—手轮

(三)工作原理

马路切割机是使用电动机或汽油机带动盘形切割片，另配置一个简单的水冷却系统，组成部件有水箱、活动支架、移动托架，可调把手设有减震装置，使操作变得舒适、简单，强化的保护钢罩可有效保护发动机，延长机器使用寿命。

二、马路切割机操作

(一)作业前的准备

1）柴油机起动前，必须检查柴油机底座、皮带轮等机件的紧固情况，然后往油箱内注入足够量的轻柴油；检查润滑油是否充足，润滑油的液面应在机油标尺上两刻度之间，而后方可起动。

2）开机前应检查各部位螺栓、螺母有无松动，安全罩是否完好，并检查锯片是否完好，锯片上的箭头方向与防护罩上的箭头应保持一致，无误后方可开机。

3）检查水箱，水箱内应注满水。

4）起动机器，检查刀片的转动是否平稳，行走机构有无跑偏现象。

(二)切割作业

1）切割作业前，锯片应离开地面。

2）先放下导向杆，使导向轮着地；起动柴油机，调节油门开度，提高柴油机转速。

3）待锯片运转正常后，打开水管开关，缓慢旋转手轮，使锯片下落，当锯片切到预定深度，即可向前推进。

4）切割行进时，双目应注视导向轮，以掌握切割方向，双手推动扶手，使导向轮按照预定的方向前进，保证切口的平直性。

(三)作业后的要求

1）作业完毕，应及时做好清洁工作，并放于通风干燥处。

2）长期不用时，应拆下刀片并悬挂放置。

3）按规定做好维修和保养工作。

三、马路切割机安全操作规程

(1) 切缝过程中，操作人员应站在刀片侧面。

(2) 工作中出现异常声响，应及时停机，检查轴承是否损坏。经检查，若锯片掉齿、螺母松动等，应拆开主轴轴承盖，重新安装时，应在轴承内注满黄油。

(3) 由于行进过快、切割过深时，柴油机因过载而冒黑烟，此时应停止前进或减慢行进速度。

(4) 机器停止转动前，锯片应完全脱离切割状态才能离开地面，在非工作状态下，严禁锯片着地，以防止锯片变形。

（5）当遇到较大切削阻力时，应立即升起刀片检查处理，恢复切缝时应稍后于推出位置。

（6）检查蓄电池。

1）电解液液面始终保持在 max 和 min 之间。

2）蓄电池与机器电动机连接时应注意电池正负极与电动机正负极正确连接，严禁反接，否则会造成电动机损坏。

3）蓄电池保存时应远离热源和明火。

4）蓄电池充电时应保持通风，谨防爆炸伤人。

四、马路切割机的日常维护及保养

（1）柴油机的使用和维护，按通用操作规程的有关规定执行。

（2）每班工作完毕，应放尽水箱中的积水，擦净机身、防护罩等处的沉积物。

（3）柴油机停车冷却后，应打开放水阀，将柴油机冷却水放净。

（4）新机器第一次运转后，满 50h 更换机油，再运转 50h 第二次更换机油，以后每隔 100h 换一次机油，新换机油应按季节、国家标准选用。

（5）三角带由于拉伸松弛后，应及时调整。调整时，松开张紧轮螺栓，拧紧调节螺栓，三角带张紧适宜后，再拧紧张紧轮螺栓。

【思考与练习】

1. 简述马路切割机的结构组成。
2. 简述马路切割机操作方法及要求。
3. 简述马路切割机维护保养及润滑要求。

模块 14　道路抹平机工作原理及操作

【模块描述】本模块介绍道路抹平机的种类和工作原理及结构组成，通过原理讲解、功能介绍以及操作技能训练，掌握道路抹平机的操作方法及日常保养。

【正文】

一、概述

道路抹平机是一种用于混凝土表面进行粗、精抹的机具。经过道路抹平机处理过的水泥混凝土表面平整、光滑、凝结力好、表面强度极高，极大地提高了混凝土表面的密实性及耐磨性，并提高了工作效率，降低了劳动强度，道路抹平机每小时能抹光 100～300m^2，在工效上较人工作业提高工作效率 10 倍以上。

二、道路抹平机的构造与工作原理

（一）道路抹平机的构造

道路抹平机主要由发动机、减速器、操作杆、抹刀及安全防护罩等组成。其外形结构如图 1–14–1 所示。

图 1–14–1　道路抹平机外形结构示意图

1—油门；2—减速箱；3—护罩；4—抹刀；5—离合器；6—发动机；7—调整手柄

（1）发动机。抹光机的动力装置，通过油门调整发动机的转速。

（2）减速箱。降低发动机的转速，向外部输出动力。

（3）离合器。接合或切断动力的输出。

（4）抹刀。工作装置，对水泥路面进行抹光。

（5）调整手柄。调整抹刀的倾斜角度。

（6）护罩。罩在抹刀外侧，起安全保护作用。

（二）道路抹平机的工作原理

作业时，发动机经 V 带传动机构来驱动抹刀转子，在转子中部的十字架底面装有 2～4 抹刀片，抹刀的倾角与地面呈 10°～15°，抹刀倾斜方向与转子旋转方向一致。操作时，握住操纵手柄，抹刀旋转对水泥地坪进行抹光。

三、道路抹平机的使用

（一）使用前的操作

（1）将操作扶手调至适当高度。

（2）使用前应检查各连接部位是否可靠，调整是否正常。道路抹平机叶片应光洁平整，并处于同一平面，连接螺栓应紧固无松动。

（3）检查减速箱内的润滑油是否符合要求。油质是否合格，油量是否适中，不可过多或过少。

（4）检查发动机内的机油是否符合要求，油质是否合格，油量是否适中，不可过多或过少。

（5）道路抹平机应运转平稳、工作可靠。

（二）使用操作

（1）发动机起动前，将发动机上的开关旋钮放在 ON 位置上，将手柄上的安全开关向前推到底。

（2）将发动机上的风门和油门放在半开位置上，拉动起动手柄，发电机即可起动。

（3）若连续拉动两三次以上仍未起动，则应检查发电机上的开关旋钮位置是否正确，或调整油门、风门。

（4）手把上右手侧为油门开关，起动时应调至较小位置；手把上方为紧急安全扳把，停车时，只要向后拉动扳把即可。注意，在彻底熄火停车之前，不要将扳把立即复位，否则，发电机会再次起动，直到停车之后，再将扳把复位，以备下次使用。

（5）操作人员应根据施工要求，按顺序作业。

（6）道路抹平机有异常现象时，应立即停机检查并处理。

（7）旋转手把中间的圆形手柄，可调整抹刀的倾斜角度。

（8）调整抹刀柄上的螺栓，可改变抹刀对水平面的倾斜角度，保证平整性。

（三）使用后的操作

每次使用后，应对机器及时进行清理，以免水泥结块，造成以后清理困难，影响使用效果。

四、道路抹平机的维护与保养

（1）保证发动机用油清洁，注意定期更换。

（2）发动机和减速箱加油要适量，不要太多或太少。

（3）经常检查连接部件，尤其是运动的部件，发现松动，及时调整、紧固。

（4）三角皮带磨损过度、破损应及时更换。

（5）所有外露的螺纹应保持清洁，并进行涂油防锈处理。

【思考与练习】

1. 简述道路抹平机的构造组成。
2. 简述道路抹平机的工作原理。
3. 简述道路抹平机的操作方法。
4. 简述道路抹平机的保养与维护。

模块 15 机动绞磨常见故障判定及排除

【模块描述】本模块介绍机动绞磨的常见故障种类及产生原因，通过操作过程详细介绍，掌握机动绞磨常见故障的判定排除。

【正文】

一、概述

机动绞磨在输电线路施工中主要用于重物的起升、下降以及平行拖移作业。由于使用环境、使用频率、违章操作以及维护保养工作不到位等因素，容易造成机动绞磨出现各类异常和故障，不同程度地影响施工作业有序开展。其主要故障包括动力不足、制动失灵、变挡困难、无法起动等。

作为机动绞磨的修理人员，除了当掌握设备的日常维护保养技能，确保设备正常有序使用，还应了解设备的常见故障及故障产生的原因，掌握故障排除方法和技能，能第一时间内消除设备常见的各种故障和异常。对于不能排除的故障，应能正确描述故障现象和检查情况，与专业维修人员准确沟通，利于故障的及时排除。

二、机动绞磨常见故障判定及排除（见表 1–15–1）

表 1–15–1 机动绞磨故障判定及排除方法表

故障现象	造成故障的原因	排除方法
工作时起质量达不到	1. 皮带轮与开启盖斜面磨损	1. 检查传动离合器斜面磨损情况，更换磨损件
		2. 检查连锁刹车主轮紧定螺钉是否打滑，拧紧或更换紧定螺钉
	2. 皮带轮打滑	3. 检查皮带检验情况并收紧皮带
	3. 连锁刹车位置不配合	4. 检查连锁刹车有关零件并更换零件或调整位置
制动失效	1. 摩擦片磨损过大	1. 打开齿轮箱检查自动刹车摩擦片的磨损量，间隙应在 0.5mm 左右，如超出应进行调整或更换新件
	2. 回转方向不符	2. 检查转向并进行调整
变挡困难	经常性强行入挡造成齿轮打毛	打开箱盖检查齿轮，进行修复或重新更换
发动机不起动	1. 燃油开关未打开	1. 将燃油开关扳至“开”
	2. 阻风门打开	2. 关闭阻风门（汽油机热机时不需要）
	3. 无汽油	3. 加汽油
	4. 汽油变质或加入已变质汽油	4. 排清燃油箱和化油器中的燃油，重新添加汽油

续表

故障现象	造成故障的原因	排除方法
发动机不起动	5. 火花塞有破损、脏或不正确间隙	5. 清洁、调整火花塞间隙或更换火花塞
	6. 火花塞受潮或被燃油浸湿	6. 晒干后重新安装，将气门手柄扳到最快位置
	7. 燃油过滤器堵塞，化油器故障、点火装置故障、油管卡住	7. 视需要更换或修理缺陷零件
汽油机动力不足	1. 滤芯堵塞	1. 清洁或更换滤芯
	2. 汽油变质或加入已变质汽油	2. 排清燃油箱和化油器中的燃油，重新添加汽油
	3. 燃油过滤器堵塞，化油器故障、点火装置故障、油管卡住	3. 视需要更换或修理缺陷零件

【思考与练习】

1. 简述造成机动绞磨起质量达不到的故障原因及排除方法。
2. 简述发动机不起动的故障原因及排除方法。
3. 简述机动绞磨制动失效的故障原因及排除方法。
4. 简述汽油机动力不足的故障原因及排除方法。

模块 16　手扶机绞磨常见故障判定与排除

【模块描述】本模块介绍手扶机绞磨的常见故障种类及产生原因，通过操作过程详细介绍以及操作技能训练，掌握手扶机绞磨常见故障的判定排除。

【正文】

一、概述

手扶机绞磨在输电线路施工中主要用于重物的起升、下降以及平行拖移作业中。由于使用环境、使用频率、违章操作以及维护保养工作不到位等因素，容易造成手扶机绞磨出现各类异常和故障，不同程度地影响施工作业有序开展。其主要故障包括动力不足、离合器打滑、制动失灵、转向失灵、无法起动等。

作为手扶机绞磨的修理人员，除了应掌握设备的日常维护保养技能，确保设备的正常有序使用，还应了解设备的常见故障及故障产生的原因，掌握故障排除方法和技能，能第一时间内消除设备常见的各种故障和异常。对于不能排除的故障，应能正确描述故障现象和检查情况，与专业维修人员准确沟通，利于故障的及时排除。

二、手扶机绞磨的调整

（一）三角皮带松紧调整

先拧松发动机脚四个固定螺母，并相应调节油门拉杆的长短，前后移动发动机位置，正确调整。检查皮带松紧是否合适，可用四指按下皮带的中部，一般下松 20～30mm 为宜。

（二）离合器分离杠杆调节

离合器在正常工作状态时，分离轴承与分离杠杆头部之间的间隙为 0.3～0.6mm，同时三只分离杠杆头部应在同一旋转平面上，其调整方法为：

1）将离合器制动手柄放在“合”的位置。

2）拧松锁紧螺母，旋转调整螺母，进行调整。

（三）离合及外制动操纵的调节

1）将离合器制动手柄放在“合”的位置，调节分离杠杆与分离轴承的间隙为 0.3～0.5mm，然后调节离合器拉杆的长短，使离合器制动手柄在“合”的位置，调节自由行程至 25～30mm，将离合器制动手柄放在“离”的位置时，便可可靠分离。

2）将离合器制动手柄放在“合”的位置，挂好制动拉索挂钩，拧紧碟形螺母，在外制动器端使弹簧松开 5～10mm，外制动盘轻松转动，再在制动拉索挂钩端固定钢丝，将离合器制动手柄放在“离”的位置，用手转动外制动器，以手拧不动为宜。

（四）转向操纵调节

采取调节转向拉杆的长度来达到设备可靠的转向。

（五）手油门操纵的调节

手油门应调整到能使发动机达到最大转速及使发动机熄火。调整时拧松半圆头螺钉，将油门手盘顺时针旋至极限位置，并将发动机调整拉索手柄放在槽的最下端位置，然后拧紧半圆头螺钉。

（六）轮距的调节

通过左、右对调驱动轮和将车壳在不同位置，可得四种轮距。轮距的大小视道路情况而定。调整时可拧松车轮壳夹紧螺栓，移动驱动轮至所需位置，然后将轮壳上的调节螺栓拧入轴上所需孔眼内；或拉开驱动固定螺母，左右对调轮胎，以改变钢圈的安装方向。当左右轮胎对调时，应保持轮胎花纹“人”字的方向和前进行方向一致。

（七）重力式自动的刹车调节

当带摩擦面齿轮压紧摩擦片，通过棘爪另一面摩擦片与超越离合器轴承摩擦面接触，此时刹车逆转环和锁紧挡圈拼帽端为 0.4～0.7mm，间隙过大或过小时，须调节锁紧拼帽。

三、手扶机绞磨部分常见故障判定与排除（见表 1–16–1）

表 1–16–1　　手扶机绞磨部分常见故障判定与排除表

故障现象	造成故障的原因	排除方法
三角皮带打滑	1. 皮带（皮带轮）表面粘附油污	1. 应使用干布擦拭干净
	2. 皮带过松或磨损造成皮带过长	（1）将发动机前移，进行皮带的张紧度调整。 （2）如果皮带磨损严重应进行更换皮带
离合器打滑	1. 离合器摩擦片粘附油污	1. 拆开离合器，用汽油清洗摩擦片并晾干
	2. 摩擦片磨损过多	2. 更换摩擦片
	3. 分离杆与分离轴承间隙过大	3. 将分离杠杆和分离轴承的间隙调整到 0.3～0.5mm
	4. 离合器弹簧变弱	4. 更换弹簧
离合器分离不彻底	1. 分离杆与分离轴承间隙过大	1. 将分离杠杆和分离轴承的间隙调整到 0.3～0.5mm
	2. 离合制动手柄自由行程过大	2. 调整离合器拉杆
齿轮箱发热	1. 齿轮油型号不符合要求或不足、变质	1. 更换或添加齿轮油
	2. 轴承磨损严重或损坏	2. 更换损坏轴承
齿轮箱漏油	1. 油封安装方向错误或油封损坏	1. 正确安装油封或更换油封
	2. 纸垫损坏或轴承盖未紧固	2. 更换纸垫或紧固轴承盖
	3. 变速箱加油塞通气孔堵塞	3. 疏通气孔
齿轮箱中有较大杂音或敲击声	1. 齿轮过度磨损或表面有剥落	1. 更换齿轮
	2. 轴承严重磨损	2. 更换轴承
	3. 齿轮油不足	3. 添加齿轮油，使油量符合规定要求
	4. 装配不正确	4. 拆开齿轮箱进行检查，并重新正确安装
挂挡困难或挂不上挡	1. 变速杆弯曲变形	1. 校正变速杆及其在各挡的位置
	2. 齿轮齿端倒角面碰毛	2. 去除倒角面毛刺
变速挂挡后自动跳至空挡或又同时挂上其他挡位	1. 变速操纵系统杠杆与变速杆拨叉所要求的位置不相适应	1. 重新正确安装调整
	2. 变速拨叉轴定位位置不相适应	2. 更换拨叉轴
	3. 定位弹簧变弱	3. 更换定位弹簧
	4. 齿轮内花键、齿轮内套或花键轴过度磨损	4. 更换磨损件
制动失灵	1. 制动空行程过大	1. 调整制动操纵系统
	2. 制动环过度磨损	2. 更换制动环

续表

故障现象	造成故障的原因	排除方法
转向失灵	1. 转向手柄行程不足	1. 调整转发向拉杆长度
	2. 转向拨叉过度磨损	2. 更换转发向拨叉
刹车失灵	1. 刹车片过度磨损	1. 更换刹车片，保证间隙在 0.3～0.5mm
	2. 锁紧片帽未锁紧或损坏	2. 重新锁紧，紧固支头螺钉必要时进行更换
牵引失灵或牵引力不足	1. 分离拨叉杆滑出	1. 拉出分离拨叉杆手柄，使一级减速滑动齿轮同内齿啮合
	2. 离合器打滑	2. 将分离杠杆和分离轴承间隙调整到 0.3～0.5mm
起吊时柴油机突然停车	柴油机发生故障	离合制动手柄拉到“离”的位置，扳动皮带轮，降下重物，排除柴油机故障
在平地行驶时方向自动偏斜	1. 左、右轮胎气压不一致	1. 将左右轮胎气压调至 $2kg/cm^2$
	2. 左、右轮磨损不一致	2. 更换轮胎
	3. 左、右轮胎花纹牙数不一致	3. 更换轮胎

四、手扶机绞磨柴油机常见故障判定与排除（见表 1–16–2）

表 1–16–2　　手扶机绞磨柴油机部分常见故障判定与排除表

故障现象	造成故障的原因	排除方法
起动困难	1. 柴油流通不畅	1. 检查油道及柴油滤芯内有无水分及其他污物，如果滤芯被污物堵塞，应用清洁柴油洗清或更换滤芯；如柴油中有水分时，按规定牌号更换柴油
	2. 输油管道中有空气	2. 放掉空气，并旋紧所有油管接头
	3. 供油提前角不对	3. 拆下高压油管一端的管接螺母，旋松另一端管接螺母，将高压油管旋转一个角度使一端油管向上，再旋紧螺母，盘动飞轮；当柴油从油管口开始冒出时立即停止盘动，检查飞轮上供油刻线是否对准水箱刻线，如果相差很大，调整供油提前角；如出油晚，则减少垫片，出油早则增加垫片
	4. 进排气门间隙不对	4. 按规定进行调整
	5. 天气寒冷不易起动	5. 可在水箱内加热水或将机油预热后注入油底壳或将连接皮带卸下，起动柴油机，待预热后，停车装上皮带再起动
	6. 压缩力不足	6. 进排气门、活塞、活塞环及气缸套的磨损，向进气管内加入 25g 左右的机油，提高压缩力；如气缸盖热片漏气，应复紧气缸盖螺母，垫片破损应及时更换
功率不足	1. 压缩力不足	1. 见“起动困难”之 6，如零件磨损过大，应重新更换
	2. 供油提前角不对	2. 见“起动困难”之 3，按规定进行调整

续表

故障现象	造成故障的原因	排除方法
功率不足	3. 进、排气门间隙不对	3. 按规定调整进、排气门间隙
	4. 转速过低	4. 调整调节螺钉，使之达到规定转速
	5. 空气滤清器堵塞	5. 用清洁柴油清洗空滤芯及空滤内腔
	6. 喷油压力下降	6. 调换喷油嘴或油泵芯套偶件
自行停车	1. 柴油中断	1. 油箱内柴油过少，应及时添加；如输油管道和柴油滤清器堵塞或漏气，应排除空气及污物
	2. 机油不足或润滑系统故障引起零件咬死	2. 检查机油量，不足时应添加；检查机油泵是否正常，润滑油道是否通畅，找出原因进行排除及更换损坏零件
	3. 喷油器偶件咬死	3. 应清洗、研磨，必要时进行更换
排气冒黑烟	1. 柴油机超负荷	1. 适当降低负荷
	2. 喷油器不良	2. 检查并进行更换
	3. 燃烧不完全	3. 主要是喷油器不良、供油提前角不对、气缸盖垫片漏气、压缩力不足等，针对具体原因排除

【思考与练习】

1. 简述手扶机绞磨三角皮带松紧的调节方法。
2. 简述手扶机绞磨离合器分离杠杆和离合及外制动操作的调节方法。
3. 简述手扶机绞磨转向操纵和手油门操纵的调节方法。
4. 简述手扶机绞磨三角皮带打滑的故障原因及排除方法。
5. 简述手扶机绞磨离合器打滑或离合器分离不彻底的故障原因及排除方法。
6. 简述手扶机绞磨齿轮箱发热和齿轮箱漏油的故障原因及排除方法。
7. 简述手扶机绞磨柴油机起动困难的解决方法。
8. 简述手扶机绞磨挂挡困难或挂不上挡故障原因及排除方法。
9. 简述手扶机绞磨制动失灵、转向失灵及刹车失灵的故障原因及排除方法。
10. 简述手扶机绞磨牵引失灵或牵引力不足的故障原因及排除方法。

模块 17　液压机常见故障判定及排除

【模块描述】本模块介绍液压机的常见故障种类及产生原因，通过操作过程详细介绍以及操作技能训练，掌握液压机常见故障的判定排除。

【正文】

一、概述

液压机故障异常主要包括压力异常、速度异常及动作异常。压力异常可使用压力表测出读数，与正常值进行比较分析，即可确定引起压力异常的液压元件。速度异常可通过逐一调节节流阀、调速阀及变量泵等，对应测试执行元件的速度范围值与设计值比较分析。动力异常是通过切换每个换向阀，观察相关执行元件的动作状态是否正常。

作为液压机的修理人员，除了应掌握设备的日常维护保养技能，确保设备的正常有序使用，还应了解设备的常见故障及故障产生的原因，掌握故障排除方法和技能，能第一时间内消除设备常见的各种故障和异常。对于不能排除的故障，应能正确描述故障现象和检查情况，与专业维修人员准确沟通，利于故障的及时排除。

二、液压机常见故障判定及排除（见表 1–17–1）

表 1–17–1　　液压机常见故障判定及排除表

故障现象	造成故障的原因	排除方法
压力不足	1. 高压安全阀开启	1. 调整安全阀弹簧
	2. 高压安全阀磨损过度	2. 清洁安全阀，更换阀座或阀芯
	3. 自动切换阀及密封件磨损	3. 重新调整切换阀体上的低压调节阀和密封件
	4. 压力表损坏	4. 更换新压力表
流量突然减少	1. 单向阀阀线垃圾堵塞或单向阀磨损过大	1. 卸下换向阀，清洗所有零件或更换新的单向阀
	2. 吸油阀（高压、低压）磨损导致密封不良	2. 清洁或更换高、低压吸油阀或更换钢球
	3. 柱塞副磨损，内泄过大	3. 更换柱塞副
	4. 柱塞复位弹簧断裂	4. 更换柱塞弹簧
空行程活塞上升速度突然减慢	1. 高、低压切换阀泄漏	1. 研磨切换阀的阀线
	2. 低压调节阀弹簧刚度不够	2. 更换新的弹簧，将低压压力调整在 20～25MPa
	3. 低压柱塞副磨损或吸油阀漏油	3. 更换新的柱塞副及吸油阀
严重噪声	1. 滤油器堵塞，柱塞副吸真空	1. 清洗滤油器
	2. 油箱不透气	2. 放下通气塞，使通气塞处于工作状态中
	3. 严重缺液压油	3. 添加 N35～N46 号液压油
	4. 柱塞弹簧断裂	4. 更换新的弹簧
活塞复位困难，不能上升或下降	1. 压接机活塞导向孔密封件损坏	1. 更换密封件
	2. 高压胶管及卡套式管接头阻塞	2. 修理或更换
	3. 油泵流量不够	3. 检查修理或更换密封件

续表

故障现象	造成故障的原因	排除方法
发动机不起动	1. 燃油开关未打开	1. 将燃油开关扳至“开”
	2. 阻风门打开	2. 关闭阻风门（汽油机热机不需要）
	3. 汽油机开关未打开	3. 把汽油机开关扳至“开”
	4. 无汽油	4. 加汽油
	5. 汽油变质或加入已变质汽油	5. 排清燃油箱和化油器中的燃油，重新加入添加汽油
	6. 火花塞有破损、脏或不正确间隙	6. 清洁、调整火花塞间隙或更换火花塞
	7. 火花塞受潮或被燃油浸湿	7. 晒干后重新安装，将气门手柄扳到最快位置
	8. 燃油过滤器堵塞，化油器故障、点火装置故障、油管卡住	8. 视需要更换或修理缺陷零件
汽油机动力不足	1. 滤芯堵塞	1. 清洁或更换滤芯
	2. 汽油变质或加入已变质汽油	2. 排清燃油箱和化油器中的燃油，重新加入添加汽油
	3. 燃油过滤器堵塞，化油器故障、点火装置故障、油管卡住	3. 视需要更换或修理缺陷零件

【思考与练习】

1. 简述液压机压力不足的故障原因及排除方法。

2. 简述液压机流量突然减少及空行程活塞上升速度突然减慢的故障原因及排除方法。

3. 简述液压机严重噪声的原因及排除方法。

4. 简述液压机活塞复位困难，不能上升或下降的故障原因及排除方法。

5. 简述液压机发动机不起动的故障原因及排除方法。

6. 简述液压机汽油机动力不足的故障原因及排除方法。

模块 18　发电机常见故障判定与排除

【模块描述】本模块介绍发电机的常见故障种类及产生原因，通过操作过程详细介绍以及操作技能训练，掌握发电机常见故障的判定排除。

【正文】

一、概述

发电机是通常是在应急通信、抢修情况下使用，保证发电机的安全性能完好以及对出现的异常、故障能及时排除便显得尤为重要。由于使用环境、使用频率、违章操作以及维护保养工作不到位等因素，容易造成发电机出现各类异常和故障，不同程度地影响施工作业有序开展。其主要故障包括设备不发电、运转不稳定、输出功率不足、断路器不工作、发动机异常等。

作为发电机的修理人员，除了应掌握设备的日常维护保养技能，确保设备的正常有序使用，还应了解设备的常见故障及故障产生的原因，掌握故障排除方法和技能，能第一时间内消除设备常见的各种故障和异常。对于不能排除的故障，应能正确描述故障现象和检查情况，与专业维修人员准确沟通，利于故障的及时排除。

二、发电机常见故障判定及排除（见表 1–18–1）

表 1–18–1　　发电机常见故障判定及排除表

故障现象	造成故障的原因	排除方法
在连接用电设备后，发电机不工作	1. 断路器关闭	1. 打开断路器至 ON 位置
	2. 输出接线端子和插座接触不良	2. 重新进行连接
	3. 用电设备出现故障	3. 对用电设备进行维修
不发电	1. 转子与发电机连接螺栓松动，发动机工作而转子不转	1. 拧紧转子螺栓
	2. 定子由于超载而烧坏	2. 由专业人员更换定子
断路器不工作	1. 过载	1. 降低负载
	2. 连接至电力输出的负载电路中有短路	2. 对负载电路进行维修
无法得到正常的输出（转子转动过慢、电压降低、断路器跳闸）	1. 初始电流过大	1. 降低负载
	2. 过载	2. 降低负载
不转或转速过慢	1. 起动电池出现故障	1. 更换起动电池
	2. 起动电池电量不足	2. 为起动电池充电
	3. 在寒冷环境下由于机油黏度过高导致转速过慢	3. 将机油更换为适用于寒冷气候的 D5W40 或 D10W30 型机油
	4. 起动电机各连接点连接是否可靠	4. 做可靠连接
转动正常，但无法起动	1. 缺少燃油	1. 添加燃油
	2. 燃油流动不畅	2. 检查燃油滤清器，如果滤清器脏污，将其更换；检查油箱，排除聚集在其中的废液或积水
	3. 燃油管路中有空气或积水	3. 检查燃油管和管路卡箍，如果发生损坏，进行更换和维修；排除空气，排除燃油箱和燃油滤清器中的积水
	4. 由于燃油过脏，造成化油器管路堵塞	4. 清洗化油器

续表

故障现象	造成故障的原因	排除方法
发动机可以起动，但起动后立即停机	机油不足	添加机油至标尺的液位上限
运转不稳定	1. 燃油不足	1. 添加燃油
	2. 燃油流动不畅	2. 检查燃油滤清器，如果滤清器脏污，将其更换；检查油箱，排除聚集在其中的废液或积水
	3. 燃油管路中有空气或积水	3. 检查燃油管和管路卡箍，如果发生损坏，进行更换和维修；排除空气，排除燃油箱和燃油滤清器中的积水
	4. 由于燃油过脏，造成化油器管路堵塞	4. 清洗化油器
发动机突然停机	1. 燃油不足	1. 添加燃油
	2. 机油不足	2. 添加机油至标尺的液位上限
输出功率不足，加载时，发动机转速降低	1. 空气滤清器部件被脏物阻塞	1. 更换空气滤清器部件
	2. 燃油油路堵塞	2. 检查燃油油路
	3. 燃油滤清器部件被脏物堵塞	3. 清洁燃油滤清器的滤芯等部件
	4. 机油劣化变质	4. 更换机油
	5. 过载	5. 降低负载
发动机排气不正常	1. 空气滤清器部件被脏物阻塞	1. 更换空气滤清器部件
	2. 机油加注过量	2. 排除过多机油，使机油液面达到标尺上限
	3. 燃油品质恶劣	3. 更换燃油，使用优质燃油
运转时声音异常，震动过大	1. 防震橡胶垫断裂	1. 更换防震橡胶垫
	2. 其他原因	2. 进行检查和维修
轴承过热	1. 长时间使用致使轴承磨损过度	1. 更换轴承
	2. 润滑油脂质量不好、不同牌号的油脂混杂使用、润滑脂内有杂质或润滑脂装得太多	2. 除去旧油脂，清洗后换新油脂
	3. 与原动机对接不好	3. 严格地对直，找正同心

【思考与练习】

1. 简述发电机不工作故障产生的原因及排除方法。
2. 简述发电机不发电故障产生的原因及排除方法。
3. 简述发电机不起动故障产生的原因及排除方法。
4. 简述发电机输出功率不足，加载时，发动机转速降低故障产生的原因及排除方法。

模块19 卷扬机常见故障及排除方法

【模块描述】本模块介绍卷扬机的常见故障种类及产生原因，通过操作过程详细介绍以及操作技能训练，掌握卷扬机的常见故障判定排除。

【正文】

一、概述

卷扬机在输电线路施工中主要用于重物的起升、下降以及平行拖移作业中。由于使用环境、使用频率、违章操作以及维护保养工作不到位等因素，容易造成卷扬机出现各类异常和故障，不同程度地影响施工作业有序开展。其主要故障包括电动机故障、温升异常、制动不可靠、减速机故障等。

作为卷扬机的修理人员，除了应掌握设备的日常维护保养技能，确保设备的正常有序使用，还应了解设备的常见故障及故障产生的原因，掌握故障排除方法和技能，能第一时间内消除设备常见的各种故障和异常。对于不能排除的故障，应能正确描述故障现象和检查情况，与专业维修人员准确沟通，利于故障的及时排除。

二、卷扬机常见故障判定及排除（见表1–19–1）

表1–19–1 卷扬机常见故障判定及排除表

故障现象	造成故障的原因	排除方法
起动后，电动机不转，不能提起重物	1. 超载	1. 严禁超负荷使用
	2. 电压不稳定	2. 检查电路或等待电压恢复正常
	3. 电器有故障，导线断开或接触不良	3. 检修电器部分与线路部分
	4. 刹车抱死	4. 卸下制动轮，清洗锈蚀表面
	5. 电源引进电缆过细过长，制动轮脱不开	5. 更换电缆
	6. 电动机扫膛	6. 修理或更换电动机
制动不可靠	1. 制动环磨损大或其他原因，使弹簧压力减小	1. 更换制动环
	2. 制动环与后端盖锥面接触不良	2. 拆下修磨
	3. 制动面有油污	3. 拆下清洗
	4. 制动环松动	4. 调整或更换制动环
	5. 压力弹簧疲劳	5. 更换压力弹簧
	6. 联轴器不灵活或卡死	6. 联轴器润滑或更换联轴器

续表

故障现象	造成故障的原因	排除方法
电动机温度过高	1. 超载	1. 严禁超负荷使用
	2. 作业过于频繁	2. 按电动机说明书使用
	3. 制动器轴向间隙太小，转动时制动环未完全脱开	3. 重新调整间隙
减速器声响过大	1. 润滑不良，安装地脚不平	1. 添加润滑油，调整安装水平面
	2. 齿轮过度磨损，齿间间隙过大	2. 调整间隙，更换齿轮
	3. 轴承损坏	3. 更换轴承
起动时电动机发出“嗡”“嗡”声	电源及电动机少相或交流接触器接触不良	检查缺相或更换接触器
重物升至半空中，停车后不能再起动	1. 电压过低或波动大	1. 检查电路或等待电压恢复正常
	2. 电动机缺相	2. 检查缺相原因
起动后，不能停车	1. 交流接触器触头熔焊，脱不开	1. 迅速切断总电源拆卸维修或更换交流接触器
	2. 按钮失效	2. 更换按钮
减速器漏油	油封或密封圈磨损或失效，或连接螺钉未拧紧	拆下检修或更换密封圈，或拧紧螺钉
电动机锥形转子与定子间间隙太小发生碰擦	电动机轴上支撑圈磨损严重，转子铁芯轴向位移，或者定子铁芯位移	拆下更换支撑圈，使定子转子锥面之间有均匀的间隙，每边为0.35～0.55mm
冬季不能起动	润滑油太稠，电动机难以起动，或电压不稳	先从注油孔加0.5kg柴油稀释，然后在减速机外部加开水预热以后即可起动，运转正常后，重新更换润滑油2kg（夏天40号柴机油，冬季30号柴机油）

【思考与练习】

1. 简述卷扬机每班保养项目及要求。
2. 简述卷扬机制动不可靠故障产生的原因及排除方法。
3. 简述卷扬机起动后不能停车故障产生的原因及排除方法。
4. 简述卷扬机减速器声响过大和减速器漏油故障产生的原因及排除方法。
5. 试述冬季如何顺利起动卷扬机。

模块20 空气压缩机常见故障及排除

【模块描述】本模块介绍空气压缩机的常见故障种类及产生原因，通过操作过程详细介绍以及操作技能训练，掌握空气压缩机常见故障的判定排除。

【正文】

一、概述

空气压缩机主要用于气动工具气源的供应。由于使用环境、使用频率、违章操作以及维护保养工作不到位等因素，容易造成空气压缩机出现各类异常和故障，不同程度地影响施工作业有序开展。其主要异常故障包括空气压缩机不运转、压力不上升或上升缓慢、气压不足或排气量减少、气动工具或附件中压力不够等。

作为空气压缩机的修理人员，除了应掌握设备的日常维护保养技能，确保设备的正常有序使用，还应了解设备的常见故障及故障产生的原因，掌握故障排除方法和技能，能第一时间消除设备常见的各种故障和异常。对于不能排除的故障，应能正确描述故障现象和检查情况，与专业维修人员准确沟通，利于故障的及时排除。

二、空气压缩机零部件分解（见图 1–20–1）

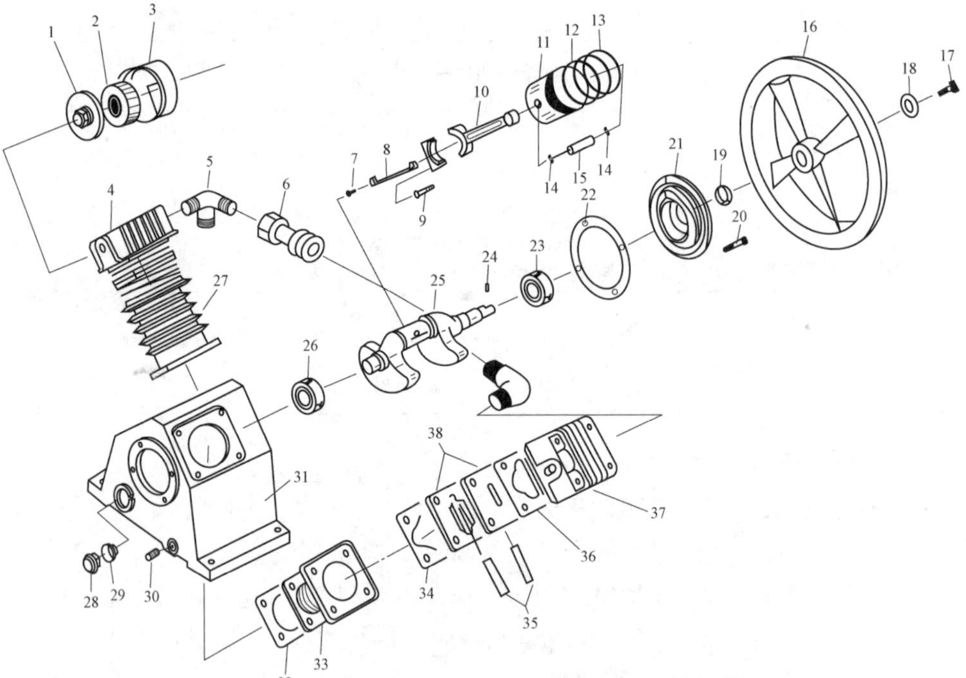

图 1–20–1 空气压缩机零部件分解图

1—滤清器体；2—滤清器滤芯；3—滤清器罩壳；4—气缸盖；5—排气管接头；6—排气管组件；7—溅油针螺栓；8—溅油针；9—连杆螺栓；10—连杆；11—活塞；12—油环；13—压缩环；14—活塞销孔挡圈；15—活塞销；16—皮带轮；17—皮带轮螺栓；18—垫圈；19—油封；20—轴承座螺栓；21—轴承座；22—轴承座纸垫；23—轴承；24—皮带轮定位销；25—曲轴；26—轴承；27—气缸；28—油镜；29—油镜胶垫；30—油塞；31—曲轴箱；32—气缸纸垫；33—气缸；34—阀组纸垫；35—阀片；36—缸盖垫；37—气缸盖；38—阀板

三、空气压缩机的常见故障判定与排除（见表 1–20–1）

表 1–20–1 空气压缩机常见故障判定与排除表

故障现象	造成故障的原因	排除方法
空气压缩机不运转	1. 电源线断路	1. 检查电源线，并接通或更换
	2. 电源开关损坏或熔丝烧坏	2. 更换电源开关或熔丝
	3. 电动机绕组故障	3. 修理电动机绕组或进行更换
	4. 气压自动开关失灵	4. 修理或更换
	5. 电压下降过多	5. 查看电线电缆截面积是否过细
	6. 空气压缩机烧坏	6. 修理空气压缩机
	7. 三相电源断相	7. 查修电源
	8. 温度过低	8. 暖机或使用防冻型润滑油
	9. 通风不良导致室内温度过高	9. 将压缩机移至通风区域
	10. 单相阀故障	10. 修理或更换单相阀
	11. 单相电动机起动电容失效	11. 更换起动电容
压力不上升或上升缓慢	1. 压力表失灵	1. 更换压力表
	2. 转速降低，皮带打滑	2. 对皮带进行张紧度调整
	3. 空气泄漏	3. 检查管路和管路连接部位和压力开关处的排气阀
	4. 吸排气阀片或弹簧片断裂	4. 更换排气阀片或弹簧
	5. 消声器堵塞	5. 清除脏物
	6. 安全阀漏气	6. 更换或拆修安全阀
	7. 活塞环磨损	7. 更换磨损的活塞环
异常音响振动	1. 压缩机组设置不稳	1. 将四只轮脚平稳接触地面
	2. 紧固件松动	2. 将各紧固件进行紧固
	3. 压缩机零件磨损严重	3. 检查磨损严重的零部件并进行更换
	4. 活塞顶缸	4. 对活塞进行检修
	5. 皮带松	5. 对皮带进行张紧度调整
	6. 皮带轮没对齐或太松	6. 调整皮带轮位置或固定
	7. 曲轴弯曲变形	7. 更换曲轴
油耗过大	1. 漏油	1. 检查漏油部位并进行修理
	2. 活塞环、刮油环、扭曲环磨损	2. 更换活塞环、刮油环、扭曲环
	3. 燃油油位太高	3. 保持正确的燃油油位
	4. 呼吸管堵塞	4. 检查并清洗呼吸管

续表

故障现象	造成故障的原因	排除方法
排气温度超过规定温度	1. 排气阀泄漏	1. 检查排气阀泄漏的原因，并进行修理
	2. 吸入温度超过规定值	2. 改善吸入温度，保证吸入温度不超过40℃
	3. 气缸冷却效果不良	3. 检查主机带轮转向是否正确
功率消耗超过规定值	1. 空气泄漏	1. 检查管路是否有泄漏
	2. 吸气压力低	2. 检查进排气压力是否正常及气体排出温度是否增高，并采取相应措施
	3. V 带过紧	3. 调节带轮中心距，V 带松紧度调至适当
主机咬死	1. 润滑油不足造成运动部件烧坏	1. 检查曲轴、轴承、连杆、活塞、活塞环等，必要时进行更换
	2. 运动部件损坏或被异物卡位	2. 检查曲轴、轴承、连杆、活塞、活塞环等，必要时进行更换
气压不足或排气量减少	1. 电动机转动缓慢	1. 检查发动机并进行排除
	2. 空气滤清器堵塞	2. 清洗或更换滤芯
	3. 安全阀漏气	3. 调整或清除杂质，更换阀片
	4. 排气管路漏气	4. 检查或更换
	5. 密封垫片破损	5. 检查更换
	6. 阀片损坏、结碳或卡住	6. 更换或清除
	7. 活塞环、气缸磨损或损坏	7. 修理或更换
回转方向不对	电动机线接错	调换三相电源线的两根线或调换单相电动机接线柱上的连接片
压缩机件过热，电动机过热	1. 使用压力过高，超负荷运转	1. 降低使用压力
	2. 空气滤清器或阀门积碳堵塞	2. 清理或更换
	3. 带轮没对齐或太松	3. 对皮带进行张紧度调整
	4. 通风不良室内温度过高	4. 将压缩机移至通风区域
	5. 电压过低或电线过长、过细	5. 更换大规格的电线
	6. 双电容型单机电动机的运转电容失效	6. 更换电容
	7. 定子与转子扫膛	7. 更换轴承
	8. 电源断相	8. 查修电源或线路
噪声太大	1. 曲轴箱内缺润滑油	1. 检查轴承、油封是否损坏，添加润滑油
	2. 机体松动	2. 对机体进行紧固
	3. 皮带护罩松动	3. 对皮带护罩进行紧固

续表

故障现象	造成故障的原因	排除方法
噪声太大	4. 活塞撞击阀片面	4. 拆下压缩机气缸头检查
	5. 阀门或活塞积碳	5. 拆下压缩机气缸盖检查、清理
	6. 轴承损坏	6. 更换损坏的轴承
润滑油消耗太大或软管内有油	1. 加油量过量	1. 排掉一部分
	2. 润滑油泄漏	2. 检查修理
	3. 活塞环磨损严重	3. 更换活塞环
	4. 气缸出现泄漏	4. 更换气缸
	5. 新机没有进行磨合	5. 重新磨合
空气从进气口吹入	1. 进气阀破	1. 更换进气阀及阀座
	2. 气阀上垫吹破	2. 更换垫片
气动工具或附件中压力不够	1. 漏气	1. 检查并修理
	2. 空气滤清器堵塞	2. 清洗或更换空气滤清器
	3. 皮带打滑	3. 对皮带进行张紧度调整
	4. 软管或接头太小	4. 换用合适规格
	5. 用气量太大	5. 使用用气量小的气动工具或换用更大规格的压缩机
当压缩机停止工作后，压力下降快	1. 有漏气处	1. 查漏并修理
	2. 单向阀故障	2. 清洗或更换
压缩机不停机	1. 压力开关故障	1. 更换
	2. 用气量过多	2. 使用用气量小的气动工具或换用更大规格的压缩机
润滑油乳化	1. 冷凝水进入	1. 更换润滑油
	2. 润滑油使用时间过长	2. 更换润滑油
压力表指示不准确	压力表故障	更换

【思考与练习】

1. 熟悉空气压缩机的零件组成。

2. 简述空气压缩机不运转和压力不上升或上升缓慢故障原因及排除方法。

3. 简述空气压缩机气压不足或排气量减少和当压缩机停止工作后，压力下降快故障原因及排除方法。

4. 简述空气压缩机润滑油消耗太大或软管内有油的故障原因及排除方法。

5. 简述空气压缩机噪声太大的故障原因及排除方法。

模块21 切割机常见故障及排除

【模块描述】本模块介绍切割机的常见故障种类及产生原因，通过操作过程详细介绍以及操作技能训练，掌握切割机的常见故障判定排除。

【正文】

一、概述

切割机主要用于各类型材和石材的切割作业。由于使用环境、使用频率、违章操作以及维护保养工作不到位等因素，容易造成切割机出现各类异常和故障，不同程度地影响作业有序开展和作业质量。其主要异常故障包括电动机异常、砂轮片不转、整机振动大、锯片摆动大等。

作为切割机的修理人员，除了应掌握设备的日常维护保养技能，确保设备的正常有序使用，还应了解设备的常见故障及故障产生的原因，掌握故障排除方法和技能，能第一时间内消除设备常见的各种故障和异常。对于不能排除的故障，应能正确描述故障现象和检查情况，与专业维修人员准确沟通，利于故障的及时排除。

二、型材切割机常见故障判定及排除（见表1–21–1）

表1–21–1　　型材切割机常见故障判定及排除表

故障现象	造成故障的原因	排除方法
电动机发出不正常声音，并且不旋转或转得很慢	1. 电压低	1. 查修电源，注意线径和接头的接触是否可靠
	2. 电源开关触头烧毁	2. 更换电源开关
	3. 转子绕组短路或断路	3. 更换转子绕组
	4. 轴承损坏	4. 更换轴承
	5. 轴向推力过大使工具过载	5. 减小压力
	6. 三相异步电动机断一相或两相	6. 修复接通电源
	7. 单相异步电动机起动电容损坏	7. 更换电容
	8. 锁定推杆活动	8. 检查修理
电动机旋转而砂轮片不转	1. 齿轮轴或半圆键断裂	1. 更换齿轮轴或半圆键
	2. 传动带断裂	2. 更换传动带
	3. 夹板没有拧紧	3. 拧紧固定螺栓
铝合金减速壳体表面发热	1. 缺乏润滑脂或润滑脂变脏	1. 补充或更换润滑脂
	2. 齿轮啮合过紧或有杂物进入	2. 检查齿轮或清除杂物
	3. 轴承损坏	3. 更换轴承

续表

故障现象	造成故障的原因	排除方法
机壳表面发热	1. 电源电压不足	1. 检查电线长度和截面积、电源电压
	2. 绕组受潮	2. 对绕组进行干燥处理
	3. 工作时负荷过大	3. 减轻负荷
	4. 砂轮片有问题	4. 更换符合要求的砂轮片
	5. 装配不准确，使转子运转不灵活	5. 重新装配
	6. 转子与定子扫膛	6. 拧紧定子固定螺栓、更换轴承、检查机壳轴承座是否开裂或磨损严重
	7. 轴承损坏	7. 更换轴承
切割片转动时摆动大，有时碎片	1. 夹板磨损	1. 更换夹板
	2. 输出轴轴承损坏	2. 更换轴承
	3. 切割片质量不符合要求	3. 更换符合质量要求的切割片
运转时整机振动大	1. 切割片没有装好	1. 重新安装
	2. 夹板没有安装好	2. 重新安装
装用的三相异步电动机不能起动	1. 电源断相	1. 查修电源
	2. 开关接触不良	2. 更换开关
	3. 线圈烧毁	3. 更换线圈
装用的单相异步电动机不能起动或机壳发热严重	1. 电源线过细	1. 更换电源线
	2. 起动电容失效	2. 更换起动电源
	3. 线圈烧毁	3. 查修线圈

三、石材切割机常见故障判定及排除（见表 1–21–2）

表 1–21–2　　石材切割机常见故障判定及排除表

故障现象	造成故障的原因	排除方法
电动机转，金刚石切断轮不转或空载转而有载时不转	1. 传动齿轮损坏	1. 更换传动齿轮
	2. 半圆键损坏	2. 更换半圆键
	3. 夹板磨损或没有拧紧	3. 更换夹板或拧紧夹板
金刚石切断轮摆动大	1. 输出轴轴承损坏	1. 更换轴承
	2. 夹板或金刚石切断轮磨损	2. 更换夹板或金刚石切断轮
	3. 金刚石切断轮安装不良	3. 重新安装
	4. 输出轴磨损	4. 更换输出轴

续表

故障现象	造成故障的原因	排除方法
电动机不转	1. 转子轴承损坏，造成定子与转子扫膛	1. 更换轴承
	2. 定子铁芯的固定螺钉松动，定子与转子扫膛	2. 拧紧定子铁芯的固定螺栓
	3. 输出轴轴承抱死不转动	3. 更换轴承
	4. 齿轮损坏	4. 更换齿轮
固定夹板的螺钉拧不动	1. 拧紧方向错误	1. 按顺时针方向旋动是松开
	2. 长期旋转得过紧	2. 用铁锤击打振动后，再按顺时针方向旋动
固定夹板的螺钉拧断	拧的方向错误	用小冲子顺时针方向冲松断在轴内的螺钉或更换输出轴

【思考与练习】

1. 简述型材切割机电动机发出不正常声音、不旋转或转得很慢的故障原因及排除方法。

2. 简述型材切割机电动机旋转而砂轮片不转的故障原因及排除方法。

3. 简述型材切割机切割片转动时摆动大，有时碎片的故障原因及排除方法。

4. 简述石材切割机电动机转，金刚石切断轮不转或空载转而有载时不转的故障原因及排除方法。

5. 简述石材切割机金刚石切断轮摆动大的故障原因及排除方法。

模块 22 电焊机常见故障及排除方法

【模块描述】本模块介绍电焊机的常见故障种类及产生原因，通过操作过程详细介绍以及操作技能训练，掌握电焊机的常见故障判定排除。

【正文】

一、概述

电焊机主要用于施工现场金属材料的焊接工作。由于使用环境、使用频率、违章操作以及维护保养工作不到位等因素，容易造成电焊机出现各类异常和故障，不同程度地影响施工作业有序开展和作业质量。其主要故障包括焊机噪声大、焊机电流偏小或引弧困难、冷却风机不转、焊机无焊接电流输出等。

作为电焊机的修理人员，除了应掌握设备的日常维护保养技能，确保设备的正常有序使用，还应了解设备的常见故障及故障产生的原因，掌握故障排除方法和技能，能第一时间内消除设备常见的各种故障和异常。对于不能排除的故障，应能正确描述故障现象和检查情况，与专业维修人员准确沟通，利于故障的及时排除。

二、电焊机常见故障判定及排除

（一）同体式交流电焊机的常见故障与排除方法（见表 1–22–1）

表 1–22–1　　电焊机常见故障判定及排除表

故障现象	造成故障的原因	排除方法
焊机不起弧	1. 电源没有电压	1. 检查电源开关、熔断器及电源电压，修复故障
	2. 焊机接线错误	2. 检查变压器一次绕组和二次绕组接线是否错误，如有接错应按正确接法重新接线
	3. 输出电压过低	3. 可用大功率调压器或改变一次侧组成抽头接线，以提高二次电压
	4. 电源线或焊接电线截面太小	4. 正确选用截面足够的导线
	5. 接线和工件接触不良	5. 使接地和工件接触良好
焊机线圈过热	1. 焊机长时间过载	1. 按负载持续率及焊接电流正确使用
	2. 焊机线圈短路或接地	2. 重绕线圈，更换绝缘
	3. 通风机工件不正常	3. 如反转应改变接线端使风机正转，不转检查风机是否损坏，更换损坏
	4. 线圈通风道堵塞	4. 清理线圈通风道，以利散热
焊机铁芯过热	1. 电源电压超过额定电压	1. 检查电源电压，并与焊机铭牌电压相对照，给输入电压降低，选择合适挡位，进行调压，使之相符
	2. 铁芯硅钢片短路，铁损增加	2. 清洗硅钢片，并重刷绝缘漆
	3. 铁芯夹紧螺杆及夹件的绝缘损坏	3. 修复或更换绝缘
	4. 重绕一次绕组后，绕组匝数不足	4. 检查绕组匝数，并验算有关技术参数，添加绕组
电源侧熔体经常熔断	1. 电源有短路或接地	1. 检查更换
	2. 一次端子板有短路现象	2. 清理修复或更换
	3. 一次绕组对地短路	3. 检查绕组接地处，修复并增加绝缘
	4. 一、二次绕组之间短路	4. 查找短路点，撬开加好绝缘
	5. 焊机长期过载，绝缘老化以致短路	5. 涂绝缘漆或重绕线圈
	6. 大修后绕组接地错误	6. 检查绕组接线，并改正错误接线

续表

故障现象	造成故障的原因	排除方法
焊机电流过小	1. 焊接电缆截面不足或距离过长，使电流过小	1. 正确选用电缆截面，重新确定长度，应在焊机要求的距离内工作
	2. 二次接线端子接线过热烧焦	2. 修复或更换端子板和接线螺栓，并应紧固
	3. 电源电压不符，例如应接 380V 的焊机，错接在 220V 的电源上	3. 检查电源电压，并与焊机铭牌上的规定相符
	4. 地线与工件接触不良	4. 将接地与工件搭接好
	5. 焊接电缆盘成线圈状	5. 尽量将焊接电缆放直
焊接电流不可调	电抗器线圈重绕后与原匝数不对（匝数少）	按原有匝数绕制
焊接外壳漏电	1. 线圈对地绝缘不良	1. 测量各线圈对地绝缘电阻，加热绝缘
	2. 电源线不慎碰机壳	2. 检查碰触地，并断开触点
	3. 一、二次绕组碰地	3. 检查碰触地，并断开触点
	4. 焊机外壳无接地线，或有接地线，但接触不良	4. 查找碰地点撬开，加热绝缘
焊接过程中电流不稳	1. 电源电压波动太大	1. 如测量结果确属电网电压波动太大，可避开用电高峰使用焊机；如果是输入线接不良，应重新接线
	2. 可动铁芯松动	2. 紧固松动处
	3. 电路连接处螺栓松动，使焊接时接触电阻时大时小	3. 检查焊机，拧紧松动螺栓
焊机振动过大及响声过大	1. 动铁芯上的螺杆或拉紧弹簧松动、脱落	1. 加固动铁芯、拉紧弹簧
	2. 铁芯摇动手柄等损坏	2. 修复摇动机构，更换损坏零件
	3. 线圈有短路	3. 找到短路点，并加热绝缘或重绕绕组
调节手柄摇不动或动铁芯、动线圈不能移动	1. 调节机构上油垢太多或已锈住	1. 清洗或除锈
	2. 移动线路上有障碍	2. 清除障碍物
	3. 调节机构已磨损	3. 检修传动机构，更换已磨损零件
焊机线圈绝缘电阻太低	1. 线圈太脏或受潮	1. 彻底清除灰尘、积垢或烘干
	2. 线圈长期过热，绝缘老化	2. 浸漆或更换绝缘或重绕线圈

（二）同体式交流电焊机的常见故障与排除方法（见表 1–22–2）

表 1–22–2　　同体式交流电焊机常见故障判定及排除表

故障现象	造成故障的原因	排除方法
焊机无焊接电流输出	1. 焊机输入端无电压输入	1. 检查配电箱到焊机输入端的开关、熔丝等是否完好，各连接处是否接线牢固
	2. 内部接线脱落或断路	2. 检查焊机内部开关，绕组的接线是否完好
	3. 内部绕组烧坏	3. 更换烧坏的绕组
焊机电流偏小或引弧困难	1. 网络电压过低	1. 待网络电压恢复到额定值后再使用
	2. 电源输入线截面积太小	2. 按照焊机的额定输入电流配备足够截面积的电源线
	3. 焊接电缆过长或截面积太小	3. 加大焊接电缆截面积或减少焊接电缆长度，一般不超过 15m
	4. 工件上有油漆等污物	4. 清除焊缝处的污物
	5. 焊机输入电缆与工件接触不良	5. 使输出电缆与工件接触良好
焊机发烫、冒烟或有焦味	1. 焊机超负载使用	1. 严格按照焊机的负载持续率工作，避免过载使用
	2. 输入电压过高或接错电压（对于可用 220V 和 380V 两种电压的焊机，错把 380V 电压按 220V 接入）	2. 按实际输入电压接线和操作
	3. 线圈内部短路	3. 检查线圈，排除短路故障
	4. 风机不转（新焊机初次使用时，有轻微绝缘漆味冒出属于正常）	4. 检查风机，排除风机故障
焊机噪声大	1. 线圈短路	1. 检查线圈，排除短路处
	2. 线圈松动	2. 检查线圈，紧固松动处
	3. 动铁芯振动	3. 调整动铁芯顶紧螺钉
	4. 外壳或底架紧固螺钉松动	4. 检查紧固螺钉，消除松动现象
冷却风机不转	1. 风机接线脱落、断线或接触不良	1. 检查风机接线处，排除故障
	2. 风门被卡死	2. 轻轻拨动风叶，排除故障
	3. 风机上的电动机坏	3. 更换电动机或整个风机
外壳带电	1. 电源线或焊接电缆线碰外壳	1. 检查风机接线处，排除碰外壳现象
	2. 焊接电缆绝缘破损处碰工件	2. 检查焊接电缆，用绝缘带包好破损处
	3. 绕组松动或碰铁芯	3. 检查绕组，调整和紧固好松动的绕组
	4. 内部裸导线碰外壳或机架	4. 检查内部导线，排除碰外壳处

续表

故障现象	造成故障的原因	排除方法
使用时焊接电流忽大忽小	1. 电网供电电压波动太大	1. 电网电压是否波动可用电压表测量得出，若确属电网电压波动的原因，可避开用电高峰使用焊机
	2. 电流细调节机构的丝杠与螺母之间因磨损间隙过大，使动铁芯振幅度增大，导致动、静铁芯相对位置频繁变动	2. 调节丝杠与螺母的间隙，可用正、反摇动调节手柄方法检查。因有空挡，用手能感觉出间隙的大小。确实间隙过大不能使用时，应更换新件
	3. 动铁芯与静铁芯两边间隙不等，即 $\delta_1 \neq \delta_2$，使焊接时动铁芯所受的电磁力不等，产生振动过大，也同样使动、静铁芯的相对位置经常变动	3. 对动铁芯与静铁芯的间隙进行调整
	4. 电路连接处有螺栓松动，使焊接时接触电阻时大时小地变化	4. 将螺栓拧紧接牢

（三）单相硅整流二极管直流电焊机的常见故障判定及排除（见表 1–22–3）

表 1–22–3　单相硅整流二极管直流电焊机常见故障判定及排除表

故障现象	造成故障的原因	排除方法
无输入	1. 弧焊变压器损坏	1. 重新绕制变压器
	2. 电抗器损坏	2. 查修电抗器
	3. 滤波电感损坏	3. 查修滤波电感
开机烧熔断器	1. 弧焊变压器短路	1. 修复
	2. 整流管击穿短路	2. 更换整流管
	3. 保护电容损坏	3. 更换保护电容
焊接时，电压突然降低	主回路短路或整流元件击穿，控制回路断线	更换元件修复线路，并检查保护线路，检修控制回路
电流调节不良	控制线圈匝间短路，电流控制器接触不良，控制整流回路击穿	消除短路，包括重绕线圈，使电流控制器接触良好，更换已损元件
空载电压太低	电网电压太低，变压器一次绕组匝间短路，磁力起动器接触不良	调整电压值，消除短路，包括重绕线圈，使磁力起动器接触良好
风扇电动机不转	熔体烧断，电动机绕组断线或按钮开关触点接触不良	更换熔体，重焊或重绕线圈，修复或更换按钮开关

（四）整流二极焊机常见故障判定及排除（见表 1–22–4）

表 1–22–4　整流二极焊机常见故障判定及排除表

故障现象	造成故障的原因	排除方法
箱壳漏电	1. 电源线接线不慎碰箱壳	1. 找到碰触点断开即可
	2. 变压器、磁放大器（饱和电抗器）、电源开关以及其他电气元件或接线碰箱壳	2. 找到碰触点断开即可
	3. 未接地线或接触不良	3. 接妥接地线
空载电压太低	1. 电源电压过低	1. 调整电压额定值
	2. 变压器一次侧绕组匝间短路	2. 找到短路点撬开加绝缘
	3. 测量起动器接触不良	3. 清理触点使接触良好
焊接电流调节失灵或调节过程中电流突然降低	1. 磁放大器控制线圈 KF 匝间短路或烧断	1. 短路可撬开加绝缘，如断路则应找到断点重新焊接，并加绝缘
	2. 焊接电流控制器接触不良	2. 修复或更换
	3. 稳压变压器线圈短路或烧断	3. 修复或更换
	4. 电感损坏	4. 修复或更换
	5. 电容器损坏	5. 更换
	6. 硅整流元件中有击穿现象	6. 更换击穿之硅整流元件
焊接电流调节范围小	1. 控制电流值未达到要求	1. 检查线路是否检查不良，如有修复
	2. 控制线圈 FK 极性接反	2. 更换极性
	3. 磁放大器（饱和电抗器）铁芯受振性能变坏	3. 调换铁芯
焊接时焊接电流不稳定，有较大波动现象	1. 稳压线路接触不良	1. 修复稳压线路
	2. 交流接触器抖动	2. 修复或更换
	3. 风压开关抖动	3. 修复或更换
	4. 控制线圈接触不良	4. 查找接触不良点修复
	5. 线路中接触不良	5. 查找接触不良点修复
通风电动机不转	1. 熔体熔断	1. 更换熔体
	2. 电动机绕组断线	2. 修复电动机或更换
	3. 按钮开关触头接触不良	3. 更换或修复按钮开关
	4. 电动机离心开关触头接触不良	4. 调整离心开关触点或更换

（五）弧焊发电机式直流电焊机常见故障判定与排除（见表 1–22–5）

表 1–22–5　　弧焊发电机式直流电焊机常见故障判定与排除表

故障现象	造成故障的原因	排除方法
电刷下火花过大	1. 电刷与换向器接触不良	1. 仔细观察接触表面，清除污物
	2. 个别电刷刷绳线接触不良，引起同组其他电刷过载	2. 紧固无火花电刷刷绳线节点
	3. 电刷在盒中卡住或跳动	3. 重新研磨或减小负载试运行
	4. 换向器片间云母凸出	4. 磨小电刷或调整电刷弹簧压力及检查电刷与刷盒间隙应不超过 0.3mm
	5. 刷架歪曲或松动	5. 进行换向器拉槽
	6. 换向器分离，即个别换向片凸出或凹进	6. 重新调整或紧固
剩磁消失	1. 弧焊机长期不使用	用 6～12V 直流电源，通入励磁绕组数秒钟，使其磁化，如无效，可将电源极性对调，重新磁化
	2. 使用前受过激烈振动	
	3. 发电机反转	
	4. 焊机修理或保养后出现	
发电机电压不能建立	1. 自励式发电机剩磁消失	1. 充磁
	2. 励磁电路断路	2. 检查励磁电路与变阻器连接是否松脱，如松脱应紧固
	3. 励磁线圈出线接反	3. 调换两出线头
	4. 励磁线圈短路	4. 用电桥测量电阻并排除
	5. 旋转方向错误	5. 改变发电机转向
	6. 励磁电路中电阻过大	6. 检查变阻器，将它短路后再试
	7. 换向器脏污	7. 用干净抹布蘸汽油擦净换向器
	8. 至少一组电刷磨损过度或与换向器接触不良	8. 更换相同牌号的新电刷
	9. 电枢线圈或换向片间短路	9. 用片间降压法检查，并排除短路点
	10. 电路中有两点接地造成短路	10. 用校验灯或绝缘电阻表检查，并排除短路点
发电机电压达不到额定值	1. 转速太低	1. 用转速表测量提高发电机转速至额定值
	2. 励磁线圈中（以并为主）	2. 用电桥或降压法检测每一线圈，修理或调换电阻、压降小的绕组
	3. 刷架（或电刷）位置不当	3. 调整筛杆座位置到输出电压最高处
	4. 串、并励线圈相互接反	4. 用指南针法分别检查后纠正

续表

故障现象	造成故障的原因	排除方法
发电机电压达不到额定值	5. 换向极线圈接反	5. 同指南针法分别检查纠正，换向极与主磁极极性关系为，顺发电机旋转方向为n–N–s–S
	6. 过负载或调节不当	6. 减少过载部分或重新调节
	7. 4 只复励的串励线圈接反	7. 互换串励线圈两个接线头

（六）交直流两用电焊机常见故障判定及排除（见表 1–22–6）

表 1–22–6　　交直流两用电焊机常见故障判定及排除表

故障现象	造成故障的原因	排除方法
焊机输出端不引弧，无电流输出	1. 输入端电源无电压输入	1. 检查输入电源断路器或熔丝是否完好
	2. 开关损坏或内部接线脱落	2. 拆去外壳检查有否脱落或脱焊，并焊接或旋紧螺钉
焊机引弧困难或易断弧	1. 网络电压过低或输入电压低于额定输入电压	1. 按要求输入额定电压
	2. 输出电缆线过长或截面积过小	2. 按输出电流大小配置足够截面积的电缆线且一般电缆长度不宜超过 10m，并保护搭铁电缆线与工件接触良好
焊机工作后发烫、温升高或有不正常气味冒出	1. 未按额定负载持续率工作或焊机选型过小	1. 按铭牌上所标负载率掌握焊机工作时间，不宜大电流长时间连续焊接
	2. 新焊机初次工作有轻微的绝缘漆气味	2. 属正常
	3. 绕组短路	3. 二次侧绕组匝间短路处剥拨开后包扎，线圈短路损坏严重需返厂检查修复
冷却风扇不转	1. 风机电源插线脱落或接触不良	1. 重新插上或夹紧
	2. 风机损坏	2. 更换新风机
焊机噪声过大	1. 外壳或底架螺钉松	1. 重新紧固螺钉
	2. 动铁芯振动	2. 调整动铁芯螺钉，使弹簧片压力增大
	3. 线圈或铁芯夹紧紧固螺栓不紧	3. 压紧铁芯紧固螺栓或线圈紧固螺栓
机箱内发出很响的嗡……短路声	一般判定为 VD1～VD4 中的二极管损坏	脱开二极管的连接线，用万用表欧姆挡测量正反向电阻，正向电阻几百欧姆，反向电阻几千欧姆。若正反向都为几百欧姆，则应更换二极管
焊机电流无法达到最大	1. 输入电源线截面积过小	1. 按铭牌一次侧电流选择足够大的电源线
	2. 输出电缆过小或过长	2. 加大焊接电缆线或减短过长的焊接电缆线
	3. 动铁芯无法摇出来	3. 检查机械运动部分排除机械故障

续表

故障现象	造成故障的原因	排除方法
外壳带电	1. 电源接线处有碰壳	1. 检查接线是否安全
	2. 焊机内部有线碰壳	2. 拆除外壳检查是否有线与外壳相碰
	3. 线圈搭铁	3. 找到搭铁短路点，修复
	4. 过分潮湿	4. 将外壳良好接地
	5. 焊钳潮湿或地面潮湿	5. 输出为安全电压，有轻微麻感属正常，穿绝缘鞋、戴绝缘手套

【思考与练习】

1. 简述电焊机使用与维护保养方法。
2. 简述电焊机电流偏小或引弧困难故障的原因及排除方法。
3. 简述电焊机发烫、冒烟或有焦味故障的原因及排除方法。
4. 简述电焊机冷却风机不转故障的原因及排除方法。
5. 简述电焊机外壳带电故障的原因及排除方法。

模块 23　电缆输送机常见故障判定及排除

【模块描述】本模块介绍电缆输送机的常见故障种类及产生原因，通过操作过程详细介绍以及操作技能训练，掌握电缆输送机常见故障的判定排除。

【正文】

一、概述

电缆输送机是铺设高压电缆的主要机具。由于使用环境、使用频率、违章操作以及维护保养工作不到位等因素，容易造成电缆输送机出现各类异常和故障，不同程度地影响施工作业有序开展和铺设质量。其主要异常故障包括电动机、齿轮箱不转、电动机转动时摆动大或无法转动、轴承及电缆输送带损坏。

作为电缆输送机的修理人员，除了应掌握设备的日常维护保养技能，确保设备的正常有序使用，还应了解设备的常见故障及故障产生的原因，掌握故障排除方法和技能，能第一时间内消除设备常见的各种故障和异常。对于不能排除的故障，应能正确描述故障现象和检查情况，与专业维修人员准确沟通，利于故障的及时排除。

二、电缆输送机常见故障判定及排除方法（见表 1–23–1）

表 1–23–1　　电缆输送机常见故障判定及排除方法表

故障现象	造成故障的原因	排除方法
电动机异响、不旋转或转得很慢	1. 电压低	1. 查修电源，注意线径和接头的接触是否可靠
	2. 电源开关触头烧毁	2. 更换电源开关
	3. 转子绕组短路或断路	3. 更换转子绕组
	4. 轴承损坏	4. 更换轴承
	5. 三相异步电动机断一相或两相	5. 修复接通电源
齿轮箱异响或不转动，输送带不转动	1. 齿轮轴或轴承断裂	1. 更换齿轮轴或轴承
	2. 传动轴断裂	2. 更换传动轴
	3. 电缆输送带与链条驱动轮脱齿	3. 将电缆输送带与链条驱动轮吻合对齐、拧紧固定螺栓
电缆输送带表面与高压电缆打滑	1. 电缆输送带表面损坏、掉落	1. 补充或更换电缆输送带
	2. 电缆输送带与高压电缆夹紧度不够	2. 根据电缆规格及技术要求调整输送带压力
齿轮箱油及油位异常	1. 齿轮箱油损耗	1. 通过油位孔检查、添加
	2. 齿轮箱进水	2. 清洗齿轮箱更换润滑油

【思考与练习】

1. 简述电缆输送机电动机发出不正常声音，并且不旋转或转得很慢的故障原因及排除方法。

2. 简述电缆输送机电动机旋转而齿轮箱不转的故障原因及排除方法。

3. 简述电缆输送带表面与高压电缆的故障原因及排除方法。

4. 简述电缆输送机齿轮箱保养方法。

模块 24　冲击夯常见故障及排除方法

【模块描述】本模块介绍冲击夯的常见故障种类及产生原因，通过操作过程详细介绍以及操作技能训练，掌握冲击夯常见故障的判定排除。

【正文】

一、概述

冲击夯在混凝土施工中主要用于混凝土的夯实工作。由于使用环境、使用频率、违章操作以及维护保养工作不到位等因素，容易造成冲击夯出现各类异常和故障，不同程度地影响施工作业有序开展和混凝土夯实的质量。其主要故障包括发动机不能起动、冲击夯不做功、冲击夯运转无规律、发动机起动困难，不能加速或运转无规律等。

作为冲击夯的修理人员，除了应掌握设备的日常维护保养技能，确保设备的正常有序使用，还应了解设备的常见故障及故障产生的原因，掌握故障排除方法和技能，能第一时间内消除设备常见的各种故障和异常。对于不能排除的故障，应能正确描述故障现象和检查情况，与专业维修人员准确沟通，利于故障的及时排除。

二、冲击夯的常见故障判定及排除（见表 1–24–1）

表 1–24–1　　冲击夯常见故障判定及排除方法表

故障现象	造成故障的原因	排除方法
发动机不能起动	1. 油箱没油	1. 打开油箱加油至规定位置
	2. 油门开关没有打开	2. 打开油门开关
	3. 化油器没进油	3. 使化油器进油
	4. 火花塞严重积碳或损坏	4. 清除积碳或更换
	5. 燃油滤网堵塞	5. 清洗燃油滤网
发动机起动困难，不能加速或运转无规律	1. 火花塞严重积碳	1. 清除积碳或更换火花塞
	2. 空滤器堵塞	2. 清除空滤器，防止堵塞
	3. 化油器供油不畅	3. 检查化油器
	4. 活塞环、进排气门磨损	4. 更换磨损部件
发动机运转冲击夯不做功	1. 离合器严重磨损	1. 更换
	2. 连杆或弹簧断裂	2. 更换
发动机运转冲击夯运转无规律	1. 发动机连接盘处螺钉松动	1. 紧固螺钉
	2. 工作弹簧断裂	2. 更换弹簧
	3. 发动机转速不正常	3. 检查发电机的各部件

【思考与练习】

1. 简述冲击夯发动机不能起动的故障原因及排除方法。

2. 简述冲击夯发动机起动困难，不能加速或运转无规律的故障原因及排除方法。

3. 简述冲击夯发动机运转冲击夯不做功和发动机运转冲击夯运转无规律的故障原因及排除方法。

模块 25　平板振动器常见故障判定及排除

【模块描述】本模块介绍平板振动器的常见故障种类及产生原因，通过操作过程详细介绍以及操作技能训练，掌握平板振动器常见故障的判定排除。

【正文】

一、概述

平板振动器是混凝土振动捣实的主要机具之一。由于使用环境、使用频率、违章操作以及维护保养工作不到位等因素，容易造成冲击夯出现各类异常和故障，不同程度地影响施工作业有序开展和混凝土夯实的质量。其主要异常故障包括电动机不转动、不振动、振动过大或过小、外壳过热麻人等。

作为平板振动器的修理人员，除了应掌握设备的日常维护保养技能，确保设备的正常有序使用，还应了解设备的常见故障及故障产生的原因，掌握故障排除方法和技能，能第一时间内消除设备常见的各种故障和异常。对不能排除的故障，应能正确描述故障现象和检查情况，与专业维修人员准确沟通，利于故障的及时排除。

二、平板振动器常见故障判定及排除（见表 1–25–1）

表 1–25–1　　平板振动器常见故障判定及排除表

故障现象	造成故障的原因	排除方法
电动机不转动	1. 电动机内引出的电缆线折断	1. 更换电缆线
	2. 三相异步电动机断相	2. 查找原因，保证不断相
	3. 单向异步电动机二次绕组或起动电容损坏	3. 修理或更换电容
	4. 电源开关损坏	4. 更换电源开关
不振动	1. 偏心块紧固螺栓松脱	1. 拆卸电动机端盖，重新紧固偏心块，使其在轴上固定牢靠
	2. 振动轴弯曲，偏心块卡死	2. 拆卸电动机端盖，校正振动轴，重新安装偏心块
振动过大或过小	1. 电动机两轴端的偏心块位置变动	1. 重新调整
	2. 偏心块损坏	2. 更换
电动机线圈烧毁	1. 过载	1. 适当停机休息
	2. 工作时的砂土过硬	2. 砂土过硬时减少用量
	3. 单相 220V 异步电动机误接入 380V 电源	3. 由专业电工重新正确接线
	4. 三相异步电动机在运转过程中电缆折断或断相运行	4. 装配电动机保护电路，避免断相或烧坏线圈

续表

故障现象	造成故障的原因	排除方法
外壳过热	1. 定子与转子扫膛	1. 更换轴承
	2. 过载	2. 适当调整工作量
	3. 线圈故障	3. 检查修理
	4. 电动外壳粘有灰浆，使散热不良	4. 清除灰浆结块，保持电动机外壳清洁
外壳麻人	1. 线圈内部进水	1. 烘干线圈
	2. 线圈接地	2. 查修接地故障
电动机“嗡嗡”叫，但不能起动	1. 三相异步电动机断相	1. 查修电源
	2. 轴承抱死	2. 更换轴承
	3. 电源线过细	3. 更换电源线
	4. 单相异步电动机起动电容损坏	4. 更换起动电容

【思考与练习】

1. 简述平板振动器电动机不转动的故障现象及排除方法。
2. 简述平板振动器不振动、振动过大或过小的故障现象及排除方法。
3. 简述平板振动器外壳过热、外壳麻人的故障现象及排除方法。
4. 简述平板振动器不能起动的故障现象及排除方法。

模块 26 插入振动器常见故障判定及排除

【模块描述】本模块介绍插入振动器的常见故障及产生原因，通过操作过程详细介绍以及操作技能训练，掌握插入振动器常见故障的判定排除。

【正文】

一、概述

插入式振动器是混凝土振动捣实的主要机具之一。由于使用环境、使用频率、违章操作以及维护保养工作不到位等因素，容易造成冲击夯出现各类异常和故障，不同程度地影响施工作业有序开展和混凝土捣实的质量。其主要故障包括电动机故障、振捣棒振动困难、电动机或把手有电、软轴不旋转或缓慢转动等。

作为插入式振动器的修理人员，除了应掌握设备的日常维护保养技能，确保设备的正常有序使用，还应了解设备的常见故障及故障产生的原因，掌握故障排除方法和技能，能第一时间内消除设备常见的各种故障和异常。对不能排除的故障，应能正确描述故障现象和检查情况，与专业维修人员准确沟通，利于故障的及时排除。

二、插入式振动器常见故障判定及排除（见表 1–26–1）

表 1–26–1 插入式振动器常见故障判定及排除表

故障现象	造成故障的原因	排除方法
电动机定子过热，机体温度过高（超过额定温度）	1. 工作时间过久	1. 应停止作业，让其冷却
	2. 定子受潮，绝缘程度降低	2. 应立即干燥
	3. 负荷过大	3. 检查原因，调整负荷
	4. 电源电压过大、过低、时常变动及三相不平衡	4. 用电压表测定，并进行调整
	5. 导线绝缘不良，电流流入地中	5. 用绝缘布缠好损坏处
	6. 线路接头不紧	6. 重新接紧线头
电动机有强烈的钝音，同时发生转速降低、振动力减小现象	1. 定子磁铁松动	1. 应拆卸检修
	2. 一相熔丝断开或内部断线	2. 更换熔丝和修理断线处
电动机绕组烧坏	1. 定子过热	1. 必须部分或全部重绕定子绕组
	2. 绝缘严重潮湿	2. 必须部分或全部重绕定子绕组
	3. 相间短路，内部混线或接线错误	3. 必须部分或全部重绕定子绕组
电动机或把手有电	1. 导线绝缘不良，漏电，尤其在开关盒接头处	1. 用绝缘胶布包好有破裂处
	2. 定子的一相绝缘破坏	2. 检修绕组
开关冒火花，开关熔丝易断	1. 线间短路或漏电	1. 检查修理
	2. 绝缘受潮、绝缘强度降低	2. 进行干燥
	3. 负荷过大	3. 调整负荷
电动机滚动轴承损坏，转子、定子相互摩擦	1. 轴承缺油或油质不好	1. 重新进行润滑
	2. 轴承磨损而致损坏	2. 更换滚动轴承
电动机旋转，软轴不旋转或缓慢转动	1. 电动机转向反了	1. 需改变接线（交换任意两相）
	2. 防逆装置失灵	2. 修复防逆装置，使之正常工作
	3. 软轴和机体振动子之间的接头没有接合好	3. 将接头接好
	4. 钢丝软轴扭断	4. 重新用锡焊焊接或更换软轴
	5. 行星式振动子柔性铰链损坏或滚子与滚道间有油污	5. 检修柔性铰链和清除滚子与滚道间的油污，必要时更换橡胶油封
	6. 软管过长	6. 软轴软管接头一端对齐，另一端要使软轴接头比软管接头长 55mm，多余软管要锯去

续表

故障现象	造成故障的原因	排除方法
振捣棒振动困难	1. 电动机的电压与电源电压不符	1. 调整电源电压
	2. 振动棒外壳磨损，漏入水泥浆	2. 更换振动棒外壳，清洗滚动轴承和加注润滑脂，更换外壳密封
	3. 振动棒顶盖未拧紧或磨坏，漏入灰浆使滚动轴承损坏	3. 清洗或更换滚动轴承，更换或拧紧顶盖
	4. 行星式振动子起振困难	4. 摇晃榔头或将棒尖对地面轻轻一碰
	5. 滚子与滚道间有油污	5. 清除油污，必要时更换油封
	6. 软管衬簧和钢丝软轴之间摩擦太大	6. 修理钢丝软轴，并使软轴与软管衬簧的长短相适应
胶皮套管破裂	弯曲半径过小或使用时间过久	割去一段重新连接或更换新的胶皮套管
振动棒轴承太热	1. 轴承润滑脂过多或过少	1. 相应增减润滑剂
	2. 轴承型号不对，游隙过小	2. 更换符合要求的大间隙轴承
	3. 轴承外圈配合不好	3. 更换套管
开启电动机，软管抖振剧烈	1. 软轴过长	1. 软轴软管接头一端对齐，多余的软轴锯去
	2. 软轴损坏，软管压坏或软管衬簧不平	2. 更换合适的软轴软管
有尖叫、杂音	1. 棒内有杂物	1. 清除杂物
	2. 振动棒轴承损坏	2. 更换轴承
电动机转速降低，停机再起动时不转	1. 定子磁铁松动	1. 拆卸检修
	2. 一相熔丝烧断或一相断线	2. 更换熔丝、检查、接熔断线
滚道处过热	滚锥与滚道安装相对尺寸不对	重新装配

【思考与练习】

1. 简述插入式振动器电动机定子过热、机体温度过高的故障原因及排除方法。

2. 简述插入式振动器电动机或把手有电和开关冒火花，开关熔丝易断的故障原因及排除方法。

3. 简述插入式振动器电动机旋转，软轴不旋转或缓慢转动的故障原因及排除方法。

4. 简述插入式振动器振捣棒振动困难的故障原因及排除方法。

5. 简述插入式振动器振捣棒开启电动机，软管抖振剧烈的故障原因及排除方法。

6. 简述插入式振动器振捣棒有尖叫、杂音和滚道处过热的故障原因及排除方法。

模块27 马路切割机常见故障判定及排除

【模块描述】本模块介绍马路切割机的常见故障种类及产生原因，通过操作过程详细介绍以及操作技能训练，掌握马路切割机常见故障的判定排除。

【正文】

一、概述

马路切割机是混凝土切缝的主要机具。由于使用环境、使用频率、违章操作以及维护保养工作不到位等因素，容易造成马路切割机出现各类异常和故障，不同程度地影响施工作业有序开展和切割质量。其主要异常故障包括电动机、砂轮片不转、切割片转动时摆动大或无法切割、切割边缘不整齐等。

作为马路切割机的修理人员，除了应掌握设备的日常维护保养技能，确保设备的正常有序使用，还应了解设备的常见故障及故障产生的原因，掌握故障排除方法和技能，能第一时间内消除设备常见的各种故障和异常。对于不能排除的故障，应能正确描述故障现象和检查情况，与专业维修人员准确沟通，利于故障的及时排除。

二、马路切割机常见故障判定及排除方法（见表1–27–1）

表1–27–1 马路切割机常见故障判定及排除方法表

故障现象	造成故障的原因	排除方法
电动机发出不正常声音，并且不旋转或转得很慢	1. 电压低	1. 查修电源，注意线径和接头的接触是否可靠
	2. 电源开关触头烧毁	2. 更换电源开关
	3. 转子绕组短路或断路	3. 更换转子绕组
	4. 轴承损坏	4. 更换轴承
	5. 轴向推力过大使工具过载	5. 减小压力
	6. 三相异步电动机断一相或两相	6. 修复接通电源
	7. 单相异步电动机起动电容损坏	7. 更换电容
	8. 锁定推杆活动	8. 检查修理
电动机旋转而砂轮片不转	1. 齿轮轴或半圆键断裂	1. 更换齿轮轴或半圆键
	2. 传动带断裂	2. 更换传动带
	3. 夹板没有拧紧	3. 拧紧固定螺栓
铝合金减速壳体表面发热	1. 缺乏润滑脂或润滑脂变脏	1. 补充或更换润滑脂
	2. 齿轮啮合过紧或有杂物进入	2. 检查齿轮或清除杂物
	3. 轴承损坏	3. 更换轴承

续表

故障现象	造成故障的原因	排除方法
机壳表面发热	1. 电源电压不足	1. 检查导线长度和截面积、电源电压
	2. 绕组受潮	2. 对绕组进行干燥处理
	3. 工作时负荷过大	3. 减轻负荷
	4. 装配不准确，使转子运转不灵活	4. 重新装配
	5. 转子与定子扫膛	5. 拧紧定子固定螺栓、更换轴承、检查机壳轴承座是否开裂或磨损严重
	6. 轴承损坏	6. 更换轴承
切割片转动时摆动大或无法切割	1. 夹板磨损	1. 更换夹板
	2. 输出轴轴承损坏	2. 更换轴承
	3. 切割片损坏、无齿牙	3. 更换切割片
运转时整机振动大	1. 切割片没有装好	1. 重新安装
	2. 夹板没有安装好	2. 重新安装
装用的三相异步电动机不能起动	1. 电源断相	1. 查修电源
	2. 开关接触不良	2. 更换开关
	3. 绕组烧毁	3. 更换绕组
装用的电动机不能起动或机壳发热严重	1. 电源线过细	1. 更换电源线
	2. 起动电容失效	2. 更换起动电源
	3. 运转电容失效	3. 更换运转电源
	4. 绕组烧毁	4. 查修绕组
切割样片移位	1. 传送带老化、磨损严重	1. 更换传送带
	2. 同步齿轮掉齿或磨损严重	2. 更换同步齿轮
切割边缘不整齐	1. 检查刀片是否坏	1. 更换刀片
	2. 刀座里面的刀是否不能自如转动	2. 加润滑油
	3. 切割的速度是否过快	3. 调整切割或移动速度到合适状态
线宽不均匀	1. 刀套轴承摆动是否过大	1. 更换刀套
	2. 同步皮带是否松动或老化掉齿	2. 紧固或更换皮带
	3. 切割头是否松动，包括切割头与行车架连接部位，刀架部位	3. 紧固松动部位
	4. 同步带与齿轮有间隔引起移位	4. 调整同步带适度松紧

【思考与练习】

1. 简述马路切割机电动机发出不正常声音，并且不旋转或转得很慢的故障原因及排除方法。

2. 简述马路切割机电动机旋转而砂轮片不转的故障原因及排除方法。

3. 简述马路切割机电动机切割片转动时摆动大或无法切割和运转时整机振动大的故障原因及排除方法。

4. 简述马路切割机切割边缘不整齐的故障原因及排除方法。

模块 28　道路抹平机常见故障判定及排除

【模块描述】本模块介绍道路抹平机的常见故障种类及产生原因，通过操作过程详细介绍以及操作技能训练，掌握道路抹平机常见故障的判定排除。

【正文】

一、概述

道路抹平机用于混凝土路面的压实、抹平、抹光。道路抹平机采用平面齿轮调节机构，传动扭矩大、使用寿命长、维护很方便。由于使用环境、使用频率、违章操作以及维护保养工作不到位等因素，容易造成道路抹平机出现各类异常和故障，不同程度地影响施工作业有序开展和切割质量。其主要故障包括减速箱异响、叶片反转、发电机不运行、抹平机运转不稳定、离合器打滑、抹地不均匀等。

作为道路抹平机的修理人员，除了应掌握设备的日常维护保养技能，确保设备的正常有序使用，还应了解设备的常见故障及故障产生的原因，掌握故障排除方法和技能，能第一时间内消除设备常见的各种故障和异常。对于不能排除的故障，应能正确描述故障现象和检查情况，与专业维修人员准确沟通，利于故障的及时排除。

二、道路抹平机的常见故障及排除（见表 1–28–1）

表 1–28–1　道路抹平机常见故障及排除表

故障现象	造成故障的原因	排除方法
减速箱异响	1. 纸垫破损而漏油	1. 更换破损纸垫
	2. 油位不在规定位置	2. 添加至规定位置
叶片反转	叶片反转	打开查看叶片的旋转方向
发电机不发电	1. 转子螺栓松动，发动机工作而转子不转	1. 拧紧转子螺栓
	2. 定子由于超载而烧坏	2. 由专业人员更换定子

续表

故障现象	造成故障的原因	排除方法
抹平机运转不稳定	1. 燃油不足	1. 添加燃油
	2. 燃油流动不畅	2. 检查燃油滤清器，如果滤清器脏污，将其更换；检查油箱，排除聚集在其中的废液或积水
	3. 燃油管路中有空气或积水	3. 检查燃油管和管路卡箍，如果发生损坏，进行更换和维修；排除空气，排除燃油箱和燃油滤清器中的积水
	4. 由于燃油过脏，造成化油器管路堵塞	4. 清洗化油器
离合器打滑	离合器片磨损	更换离合器片
抹地不均匀	1. 抹刀变形	1. 校正抹刀
	2. 抹刀磨损、断裂	2. 更换磨损、断裂的刀片
	3. V 带磨损、断裂、松弛	3. 更换 V 带
输出功率不足，加载时，发动机转速降低	1. 空气滤清器部件被脏物阻塞	1. 更换空气滤清器部件
	2. 燃油油路堵塞	2. 检查燃油油路
	3. 燃油滤清器部件被脏物堵塞	3. 清洁燃油滤清器的滤芯等部件
	4. 机油劣化变质	4. 更换机油
	5. 过载	5. 降低负载
抹平机运转无规律	1. 紧固螺钉松动	1. 紧固螺钉
	2. 工作弹簧断裂	2. 更换弹簧

【思考与练习】

1. 简述道路抹平机减速箱异响的故障原因及排除方法。
2. 简述道路抹平机叶片反转的故障原因及排除方法。
3. 简述道路抹抹平机运转不稳定的故障原因及排除方法。
4. 简述道路抹抹平机运抹地不均匀和抹平机运转无规律的故障原因及排除方法。

模块 29 机动绞磨试验检验

【模块描述】本模块介绍机动绞磨的试验方法及检验要求，通过操作过程详细介绍以及操作技能训练，掌握机动绞磨的试验检验方法。

【正文】

一、概述

机动绞磨的试验检验工作，主要是模拟机动绞磨的实际使用工况，使机动绞磨带有试验允许的载荷，带动重物做上升、下降以及静载试验，从而检验机动绞磨的各项性能是否满足使用要求。试验人员要熟练掌握机动绞磨的操作方法、使用前检查要求、空载试验要求以及荷载试验要求等，并能通过试验，检查设备性能是否良好。

由于试验是采用模拟实际工况方式，试验过程和现场实际使用过程基本一致，因此试验人员应严格遵守设备的安全操作规程，杜绝安全隐患，确保人员和设备的安全。

二、机动绞磨安全操作规程

（1）机动绞磨应放置平稳，锚固可靠，受力前方不得有人。

（2）拉磨尾绳不应少于 2 人且应位于锚桩后面、绳圈外侧，不得站在绳圈内。

（3）机动绞磨锚固应有防滑动措施。

（4）机动绞磨受力时，不得采用松尾绳的方法卸荷。

（5）钢丝绳应从卷筒的下方卷入，与卷筒垂直并排列整齐，缠绕不得少于 5 圈。

三、机动绞磨试验检验

（一）机动绞磨试验数据（见表 1–29–1）

表 1–29–1　　机动绞磨试验数据表

型号	额定载荷（kN）	试验载荷（kN）	持荷时间	试验周期
3t	30	37.5	10min	1 年
5t	50	62.5		

（二）试验前检查项目

机动绞磨在空载试验前，应对机动绞磨的外观、各组成件、各种油类以及各类安全防护装置等进行检查，进一步确保试验工作的安全、有序开展。其外观检查项目见表 1–29–2。

表 1–29–2　　机动绞磨外观检查项目表

检查项目	合格标准	检查项目	合格标准
油箱	无严重变形、裂纹、漏油	空滤	齐全、清洁
熄火开关	齐全、功能正常	机体	清洁、无破损
燃油开关	功能正常	磨筒	无磨损严重现象
阻风门	齐全、功能正常	磁电盘外罩	齐全、紧固
挡位球	齐全	皮带轮防护罩	齐全、紧固
起动绳	齐全、功能正常	油管	无漏油、严重变形现象
汽油机防护罩	齐全、紧固	汽油	有
起动盘	齐全、功能正常	机油	充足、无变质

续表

检查项目	合格标准	检查项目	合格标准
离合操作杆	齐全、功能正常	机油尺	齐全
速度控制杆	齐全、功能正常	油箱盖	齐全
皮带	无断裂、磨损，张紧度符合要求	齿轮油	充足、无变质
皮带盘	齐全	其他	无缺件现象

（三）空载试验

机动绞磨起动后，应进行正、反转各不少于15min空载试验，并检查：① 运转和声响情况；② 操作系统、离合器、制动器、制动器动作情况；③ 各紧固连接部分情况；④ 润滑和密封情况。

（四）载荷试验

1. 试验依据

（1）DL/T 875—2004《输电线路施工机具设计、试验基本要求》。

（2）《国家电网公司电力安全工作规程（线路部分）》。

（3）《电力建设安全工作规程　第2部分：电力线路》

2. 试验方法

（1）连接工具。试验桁架、起重滑车、钢丝绳、配重、地锚、卸扣。

（2）试验连接如图1–29–1所示。

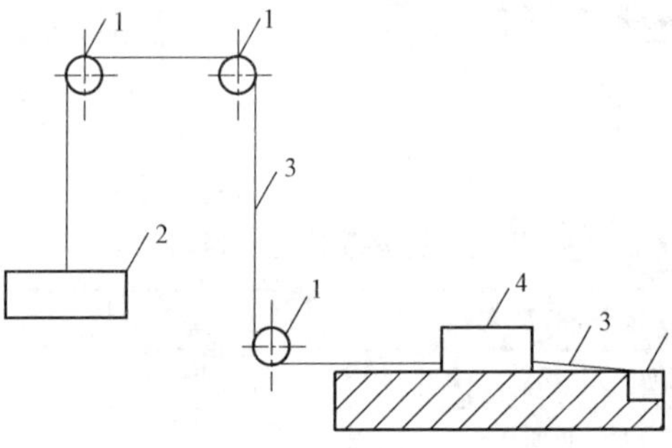

图1–29–1　机动绞磨试验示意图

1—起重滑车；2—配重；3—钢丝绳；4—机动绞磨；5—地锚

（五）检验要求

1）满足试验数据要求（1.25倍试验载荷，持荷时间10min）。

2）起升过程中动力充沛，发动机无熄火、停顿及抖动，变速箱无异响等现象。

3）试验不少于三次，起升高度在100mm以上。进行起升、下降和制动试验，检验制动器工作情况，部件及连接有无松动和破坏。

4）起升至离地面大于 100mm 高度处，停留时间不少于 10min。静载荷时间内，发动机应运行平稳，制动性能应良好，无自动卸荷现象。卸载后绞磨不得出现裂纹、永久变形、连接处松动及对性能与安全有影响的损坏。

【思考与练习】

1. 简述机动绞磨安全操作规程。
2. 简述机动绞磨外观检查的主要内容以及要求。
3. 简述机动绞磨空载试验检查的内容。
4. 简述机动绞磨的试验依据。
5. 简述机动绞磨的试验方法以及试验工具。
6. 简述机动绞磨的检验要求。

模块 30　手扶机绞磨试验检验

【模块描述】本模块介绍手扶机绞磨的试验方法及检验要求，通过操作过程详细介绍以及操作技能训练，掌握手扶机绞磨的试验检验方法。

【正文】

一、概述

手扶机绞磨的试验检验工作，主要是模拟手扶机绞磨的实际使用工况，使手扶机绞磨带有试验允许的载荷，带动重物做上升、下降以及静载试验，从而检验手扶机绞磨的各项性能是否满足使用要求。试验人员要熟练掌握手扶机绞磨的操作方法、使用前检查要求、空载试验要求以及荷载试验要求等，并能通过试验，检查设备性能是否良好。

由于试验是采用模拟实际工况方式，试验过程和现场实际使用过程基本一致，因此试验人员应严格遵守设备的安全操作规程，杜绝安全隐患，确保人员和设备的安全。

二、手扶机安全操作规程

（1）手扶机绞磨应放置平稳、锚固可靠，受力前方不得有人。

（2）拉磨尾绳不应少于两人且应位于锚桩后面、绳圈外侧，不得站在绳圈内。

（3）手扶机绞磨锚固应有防滑动措施。

（4）机动绞磨受力时，不得采用松尾绳的方法卸荷。

（5）钢丝绳应从卷筒的下方卷入，与卷筒垂直并排列整齐，缠绕不得少于 5 圈。

三、手扶机绞磨试验检验

（1）手扶机绞磨试验数据见表 1–30–1。

表 1–30–1　　手扶机绞磨试验数据表

型号	额定载荷（kN）	试验载荷（kN）	持荷时间	试验周期
3t	30	37.5	10min	1 年
5t	50	62.5		

（2）试验前应进行外观检查。手扶机绞磨在空载试验前，应对手扶机绞磨的外观、各组成件、各种油类以及各类安全防护装置等进行检查，进一步确保试验工作的安全、有序开展。其外观检查项目见表 1–30–2。

表 1–30–2　　手扶机绞磨外观检查项目表

检查项目	合格标准	检查项目	合格标准
机体	清洁、无破损	水箱	无严重变形、裂纹、漏水
齿轮箱	清洁、无破损	皮带	无断裂、磨损，张紧度符合要求
油箱	无严重变形、裂纹、漏油	消声器	齐全、功能正常
左右操控把	齐全、功能正常	内外胎	齐全、气压充足
罩壳组合件	齐全、功能正常	空滤	齐全、清洁
扶手	齐全、功能正常	柴油滤芯	齐全、清洁
油门拉线	齐全、功能正常	柴油	有
手油门开关	齐全、功能正常	齿轮油	充足、无变质
油门调速总承	齐全、功能正常	机油	充足、无变质
磨筒	无严重磨损、裂纹	其他	无缺件现象

（3）手扶机绞磨起动后，应进行正、反转各不少于 15min 空载试验，并检查：① 运转和声响情况；② 操作系统、离合器、制动器、制动器动作情况；③ 各紧固连接部分情况；④ 润滑和密封情况；⑤ 行走部分运行正常良好。

四、载荷试验

1. 试验依据

（1）DL/T 875—2004《输电线路施工机具设计、试验基本要求》。

（2）《国家电网公司电力安全工作规程（线路部分）》。

（3）DL 5009—2013《电力建设安全工作规程　第 2 部分：电力线路》。

2. 试验方法

（1）连接工具。试验桁架、起重滑车、钢丝绳、配重、地锚、卸扣。

（2）试验连接如图 1–30–1 所示。

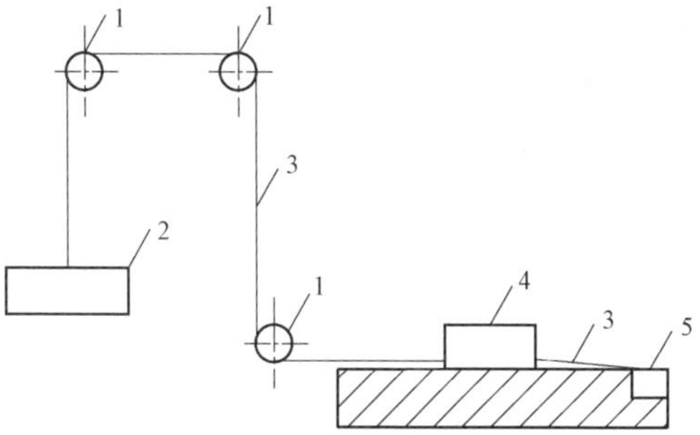

图 1–30–1 手扶机绞磨试验示意图

1—起重滑车；2—配重；3—钢丝绳；4—手扶机绞磨；5—地锚

五、检验要求

（1）满足试验数据要求（1.25 倍试验载荷，持荷时间 10min）。

（2）起升过程中动力充沛，无熄火、停顿及抖动、异响等现象。

（3）试验不少于三次，起升高度在 100mm 以上。进行起升、下降和制动试验，检验制动器工作情况，部件及连接有无松动和破坏。

（4）起升至离地面大于 100mm 高度处，停留时间不少于 10min。静载荷时间内，发动机应运行平稳，无自动卸荷现象。绞磨卸载后不得出现裂纹、永久变形、连接处松动及对性能与安全有影响的损坏。

【思考与练习】

1. 简述手扶机绞磨安全操作规程。
2. 简述手扶机绞磨外观检查的主要内容以及要求。
3. 简述手扶机绞磨空载试验检查的内容。
4. 简述手扶机绞磨的试验依据。
5. 简述手扶机绞磨的试验方法以及试验工具。
6. 简述手扶机绞磨的检验要求。

模块 31 液压机试验检验

【模块描述】本模块介绍液压机的试验方法及检验要求，通过操作过程详细介绍以及操作技能训练，掌握液压机的试验检验方法。

【正文】

一、概述

液压机的试验检验工作，主要是模拟液压机的实际使用工况，使液压机带有试验允许的载荷，做液压钳上升、下降以及压接管压接工作，从而检验液压机的各项性能是否满足使用要求。试验人员要熟练掌握液压机的操作方法、使用前检查要求、空载试验要求以及荷载试验要求等，并能通过试验，检查设备性能是否良好。

由于试验是采用模拟实际工况方式，试验过程和现场实际使用过程基本一致，因此试验人员应严格遵守设备的安全操作规程，杜绝安全隐患，确保人员和设备的安全。

二、液压机的安全操作规程

（1）运输时应防止挤压、倾斜。挤压会造成机械损坏、影响美观；倾斜会导致汽油流进滤芯器内，难以起动。

（2）使用前检查汽油、机油、液压油是否充足。不足会导致难以起动、缸体拉缸、压力不足等故障。

（3）严禁超时使用。使用时间过长会产生液压油过热、变稀、压力不足等现象。

（4）安全阀不可自行调节。液压机的额定输出压力为80MPa，液压时压力过高或时间超过3s，会导致高压油管爆裂伤人。

（5）使用完毕后，要将快速接头包扎好。灰尘进入会导致快速接头损坏或不进油；做好过夜、防雨工作，雨水流入会使液压油变质、油泵损坏。

三、液压机的试验检验

（一）外观检查

液压机在空载试验前，应对液压机的外观、各组成件、各种油类以及各类安全防护装置等进行检查，进一步确保试验工作的安全、有序开展。其外观检查项目见表1–31–1。

表1–31–1　　液压机外观检查项目表

检查项目	合格标准	检查项目	合格标准
机体	清洁、无破损	起动盘	齐全、功能正常
防护罩	齐全、紧固	油箱	无严重变形、裂纹、漏油
磁电盘外罩	齐全、紧固	油箱盖	齐全
高压油管	无漏油、裂纹、断裂	汽油	有
防尘帽	齐全、无漏油	液压油	充足、无变质现象
快速接头	齐全、无漏油	机油	充足、无变质现象
燃油开关	齐全、功能正常	齿轮油	充足、无变质现象
熄火开关	齐全、功能正常	机油尺	齐全
液压表	齐全、功能正常	其他	无缺件现象，功能有效

（二）空载试验

在导线液压钳和液压机连接之前，必须用清洁的纱布擦拭干净管接头，然后衔接管路（用泵上的卡套式管接头插入液压钳上的接头，拧紧螺套，再往外拔稍有间隙为宜）。接好后先把活塞上下往复几次空行程，观察一下有无漏油及活塞上下是否平稳，即可正常工作。

起动动力源，空转 3～5min 后，操作换向阀，在无载荷状态下，装上压模，使压接钳活塞往复运动数次，活塞行程在规定范围内。检查液压系统无阻塞、活塞运动平稳，各密封部位无渗油、漏油。空载试验时间不少于 10min。

（三）载荷试验

油缸活塞下腔进油，驱动活塞杆带动下压模向上运动，直到液压系统压力达到额定值且模具合模后，保持 3～5min；油缸活塞上腔进油使活塞向下运动，回到初始位置，开启液压缸的进油口，关闭回油口，驱动活塞杆带动下压模向上运动，直到液压系统压力达到额定值且模具合模后，保持 3～5min；关闭进油口，开启回油口，使活塞向下运动，回到初始位置，关闭回油口。

在额定压力作用下，液压机的工作次数为 5～10 次。试验过程中，正常工作压力为 80MPa，应满足在额定压力下，液压系统应无渗油、漏油；压接钳活塞杆上升、下降应平稳，不应有阻滞、爬行等现象。活塞行程应不小于标定值的要求。

（四）检验要求

（1）在额定压力下，液压系统应无渗油、漏油；压接钳活塞杆上升、下降应平稳，不应有阻滞、爬行等现象。活塞行程应不小于标定值。

（2）在 1.25 倍额定压力的作用下，固定密封处应无渗油、漏油，运动密封处宜有油膜存在。压接钳活塞杆上升、下降应平稳，不应有阻滞、爬行等现象。卸荷后，各部件不应有永久变形，承压头的转动应灵活。

【思考与练习】

1. 简述液压机的安全操作规程。
2. 简述液压机外观检查项目及要求。
3. 简述液压机空载试验要求。
4. 简述液压机荷载试验要求。
5. 简述液压机试验检验要求。

模块 32　发电机试验检验

【模块描述】本模块介绍发电机的试验方法及检验要求，通过操作过程详细介绍以及操作技能训练，掌握发电机的试验检验方法。

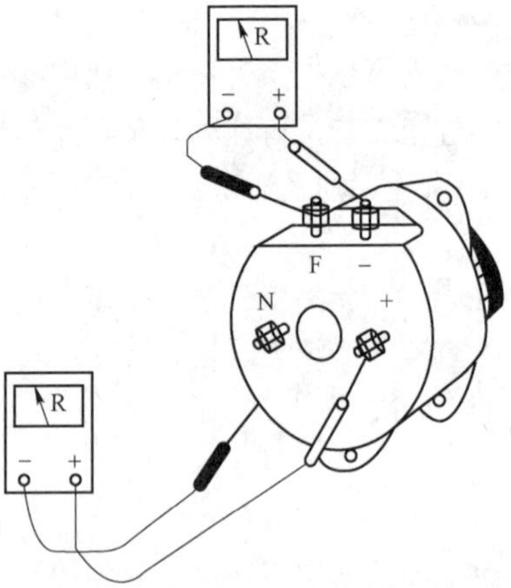

图 1–32–1 各接线柱之间电阻的测量

【正文】

一、交流发电机的整机测试

（一）测量各接线柱之间的电阻（见图 1–32–1）

（1）测量发电机的输出端子 B+和搭铁端 E 之间的阻值（壳体或搭铁接线柱）。通过测量可判定交流发电机整流器是否有故障，如有故障应将发电机解体进一步检测。

（2）测量发电机正电刷 F 接线柱和负电刷 E 之间的阻值。通过测量各接线柱之间的阻值，不能确定交流发电机是否有无故障时，应进行试验台试验。

（二）试验台试验

（1）空载试验。空载试验是在交流发电机不带任何负载（不对外输出电流）情况下的一种试验。空载试验的目的是：初步测定发电机是否有故障。

（2）负载试验。负载试验就是在交流发电机带有负载（对外输出电流）情况下的一种试验。负载试验的目的是：进一步测定发电机是否有故障。

交流发电机的有些故障，在没有电流输出的情况下是表现不出来的，所以如果交流发电机空载试验正常情况下，应再负载试验。

（三）用示波器观察输出电压波形（有条件的情况下）

当交流发电机有故障时，其输出电压的波形将出现异常，因此，在有条件的情况下，可用示波器观察发电机的输出电压波形，根据输出电压波形可用判断交流发电机内部故障是整流器故障还是定子绕组故障，如图 1–32–2 所示。

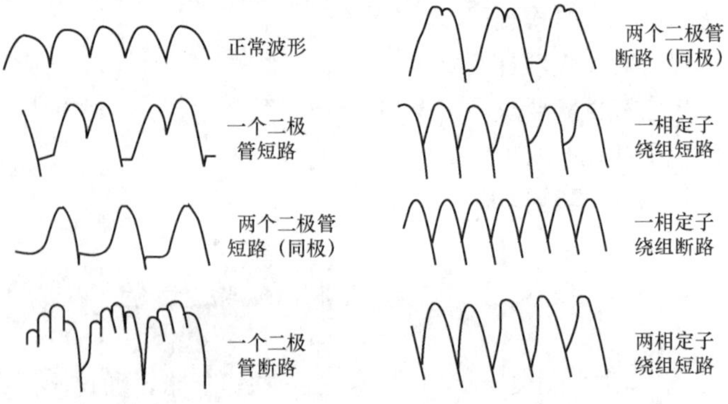

图 1–32–2 交流发电机各种故障时的电压波形

二、发电机的检测

（一）转子的检测

1. 励磁绕组的检测（见图 1–32–3）

（1）用万用表检测励磁绕组是否短路、断路。用万用表测量励磁绕组的电阻，应符合标准。如用万用表测量励磁绕组的电阻，应符合标准。如果阻值低于标准值，则说明励磁绕组短路；如果阻值为无穷大，则说明励磁绕组断路。

（2）用万用表检测励磁绕组是否搭铁，如图 1–32–4 所示。每个集电环与转子轴之间，其阻值都是无穷大，如果阻值很低，说明励磁绕组搭铁。

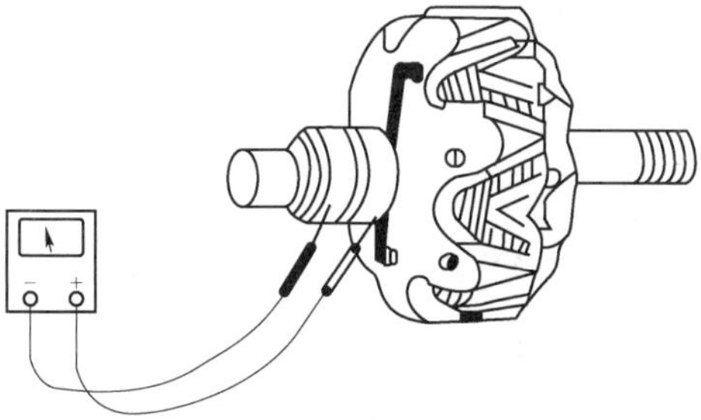

图 1–32–3　励磁绕组短路、断路的检测

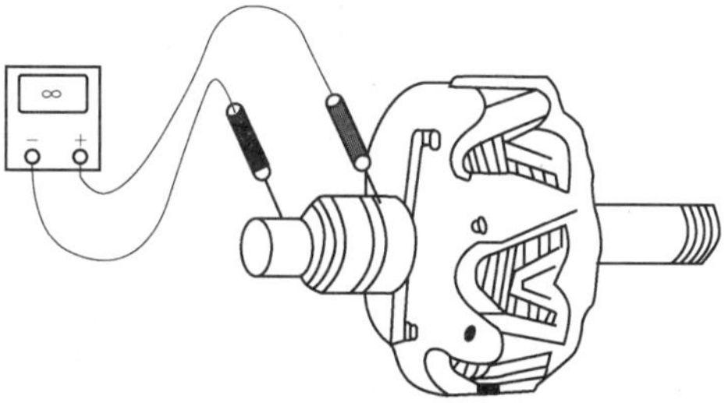

图 1–32–4　用万用表检测励磁绕组是否搭铁

说明：无论励磁绕组是短路、断路还是搭铁，都必须更换转子。但是，更换转子的费用与更换发动机的费用接近，所以一般情况下，当励磁绕组需要更换时，就可用直接更换发电机总成。

2. 转子轴和滑环的检测（见图 1–32–5）

转子轴的弯曲会造成转子和定子之间间隙过小而摩擦或碰撞，如发现发电机运转阻力过大或有异响，应检查转子轴是否有弯曲。

滑环应表面光滑，无烧蚀，厚度应大于 1.5mm。

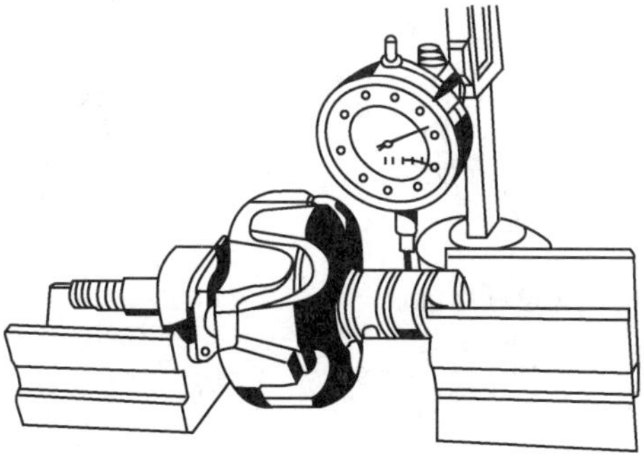

图 1–32–5　转子轴径向摆差的检测

3. 轴承的检测

如发现发电机运转时有异响，应仔细检查是否因轴承的损坏而造成。

（二）定子的检测

（1）定子绕组的断路故障检测，如图 1–32–6（a）所示。

（2）定子绕组的搭铁故障检测，如图 1–32–6（b）所示。

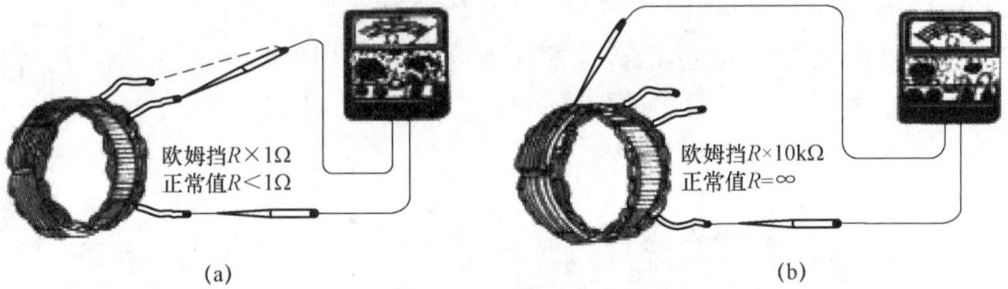

图 1–32–6 电阻绕组搭铁的检查

（a）定子绕组的检查；（b）定子绕组的绝缘检查

说明：定子绕组短路很难检测。因为一个正常定子绕组的阻值非常低。如果所有其他部件的检测均属正常，但输出电压却很低，其原因可能是定子绕组匝间短路。无论定子绕组是断路、短路还是搭铁，均需更换定子总成。

（三）整流器的检测（见图 1–32–7）

用万用表两个表笔分别接到二极管的引线与壳体上，测二极管的正向与反向电阻。正向电阻应在 8～10Ω，反向电阻应在 1000Ω 以上。若正、反向电阻均为 0，说明二极管短路；若正、反向电阻均为无穷大，说明二极管断路。

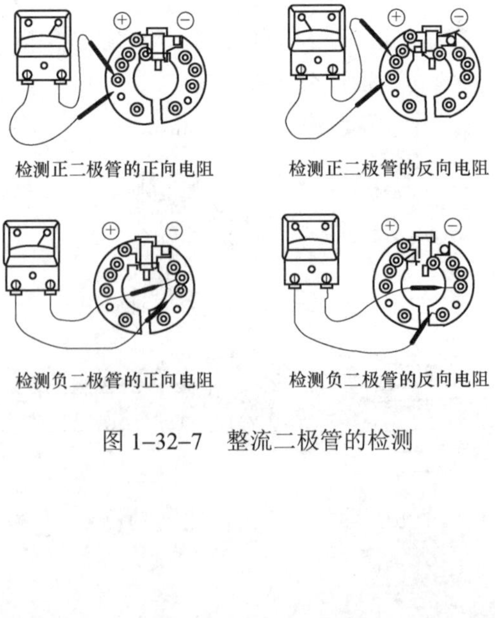

图 1–32–7 整流二极管的检测

（四）电刷组件的检测（见图 1–32–8）

电刷和电刷架应无破损或裂纹，电刷在电刷架中应活动自如，不得出现卡滞现象。电刷露出电刷架部分的长度称为电刷长度，电刷长不应超出磨损极限（原长的 2/3），否则更换。

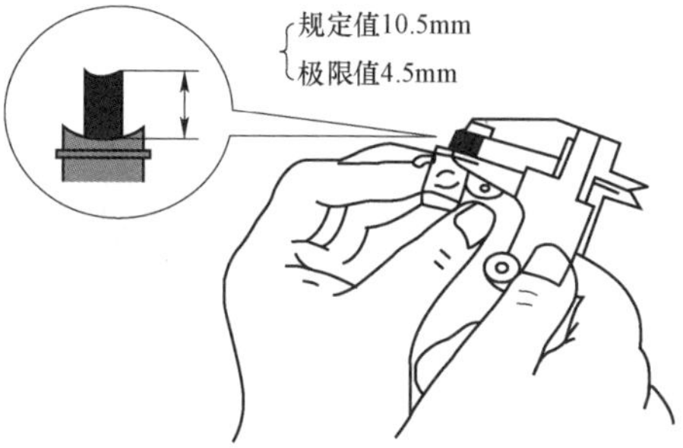

图 1–32–8　检测电刷高度示意图

电刷弹簧压力应符合标准，一般为 2～3N，弹簧自由高度一般为 30mm。弹簧压力或高度过小应更换。

三、电压调节器的检测（见图 1–32–9）

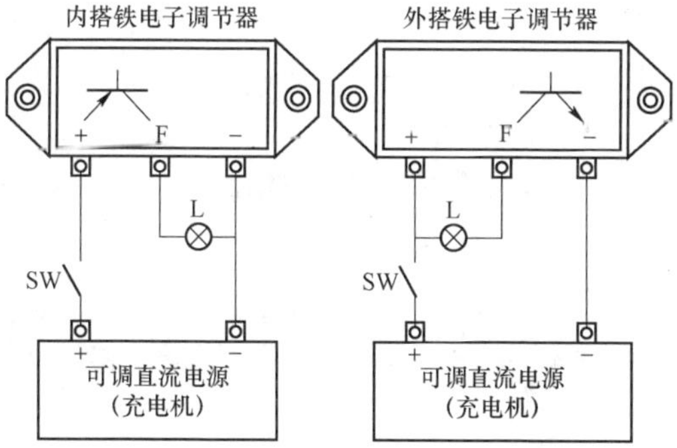

图 1–32–9　电压调节器的检测示意图

（一）晶体管式调节器的性能检测

对晶体管式电压调节器进行性能检测时，要区分其搭铁极性，采用不同的检测方法。

1）内搭铁式晶体管电压调节器的测试。

2）外搭铁式晶体管电压调节器的测试。

（二）集成电路电压调节器的性能检测

集成电路电压调节器一般为内装式，检测前应先将其从发电机内拆下。

集成电路电压调节器一般有 3 引线和 4 引线两种。3 引线的集成电路电压调节器采用发电机检测法，4 引线的集成电路电压调节器采用电池电压检测法。

四、交流发电机的性能指标

（一）额定电压

交流发电机的电压受电压调节器控制，一般比较稳定，只是在发动机起动阶段略有变化，发动机达到怠速转速时，发电机的输出电压应能达到一个稳定值，这个电压值称为发电机的额定电压（12V 系统的发电机电压为 14V，24V 系统的发电机额定电压为 28V）。

（二）空载转速

交流发电机不带负载，能达到额定电压时的初始转速值定为空载转速，空载转速在发电机出厂时通过试验确定，列入产品说明书。空载转速是汽车设计发动机和发电机速比的主要依据，也是发电机使用过程中性能是否下降的评价指标之一。

（三）额定电流和额定转速

交流发电机受结构、转速等条件的限制，对外输出电流的能力有限，为了评价发电机的对外输出电流能力，把发电机输出最大电流的 2/3 定为发电机的额定电流，达到额定电流时的转速定为额定转速。发电机出厂时，通过试验确定额定转速和额定电流，并列入产品说明书，发电机的额定转速和额定电流是评价发电机性能的重要指标。

【思考与练习】

1. 简述交流发电机整机测试的内容和方法。
2. 简述发电机的检测内容和方法。
3. 简述发电机电压调节器的检测内容和方法。
4. 简述交流发电机的性能指标要求。

模块 33 卷扬机试验检验

【模块描述】本模块介绍卷扬机的试验方法及检验要求，通过操作过程详细介绍以及操作技能训练，掌握卷扬机的试验检验方法。

【正文】

一、概述

卷扬机的试验检验工作，主要是模拟卷扬机的实际使用工况，使卷扬机有试验允许的载荷，带动重物做上升、下降以及静载试验，从而检验卷扬机的各项性能是否满足使用要求。试验人员要熟练掌握卷扬机的操作方法、使用前检查要求、空载试验要求以及荷载试验要求等，并能通过试验，检查设备性能是否良好。

由于试验是采用模拟实际工况方式，试验过程和现场实际使用过程基本一致，因此试验人员应严格遵守设备的安全操作规程，杜绝安全隐患，确保人员和设备的安全。

二、卷扬机的安全操作规程

（1）卷扬机应安装在平整、坚实、视野良好的地点，机身和地锚必须牢固。卷扬筒与导向滑轮中心线应对正，卷扬机距滑轮一般应不少于15m。

（2）试验前应检查钢丝绳、离合器、制动器、保险棘轮、传动滑轮等，确认安全可靠，方能进行操作。

（3）钢丝绳在卷筒上必须排列整齐，作业中最少需保留五圈。

（4）试验时，不准有人跨越卷扬机的钢丝绳。

（5）吊运重物需在空中停留时，除使用制动器外，并应用保险棘轮卡牢。

（6）试验中，严禁擅自离开岗位。

（7）试验过程中要听从指挥人员的信号，信号不明或可能引起事故时，应暂停操作，待弄清情况后方可继续试验。

三、卷扬机试验检验

（一）卷扬机试验数据（见表1–33–1）

表1–33–1　　卷扬机试验数据表

型号	额定载荷（kN）	试验载荷（kN）	持荷时间（min）	试验周期（年）
3t	30	37.5	10	1
5t	50	62.5		

（二）试验前检查项目

卷扬机在空载试验前，应对卷扬机的外观、各组成件、各种油类以及各类安全防护装置等进行检查，进一步确保试验工作的安全、有序开展。

1）卷扬机是否设置在地势较高、坚实处。

2）卷扬机的操作位置是否良好。

3）卷扬机的旋转方向是否和控制器上标明的方向一致。

4）卷扬机制动操纵杆在最大操作范围内是否触及地面或其他障碍物。

5）钢丝绳卷入是否符合要求。

6）卷筒上的钢丝绳是否排列整齐。

7）卷筒上的钢丝绳工作时最少圈数符合要求（应保留5圈）。

8）接地是否可靠。

9）防护设施、电气、绝缘、离合器、制动装置、保险棘轮、导向滑轮、索具等是否合格。

（三）空载试验

卷扬机起动后，应进行正、反转各不少于15min空载试验，并检查：① 运转和声响情况；② 操作系统、制动器、止动器动作情况；③ 各紧固连接部分情况；④ 润滑和密封情况。

（四）载荷试验

1. 试验依据

（1）DL/T 875—2004《输电线路施工机具设计、试验基本要求》。

（2）《国家电网公司电力安全工作规程（线路部分）》。

（3）《电力建设安全工作规程　第2部分：电力线路》。

2. 试验方法

（1）连接工具。试验桁架、起重滑车、钢丝绳、配重、地锚、卸扣。

（2）试验连接如图1–30–1所示。

（五）检验要求

1）满足试验数据要求（1.25倍试验载荷，持荷时间10min）。

2）试验不少于三次，起升高度100mm以上。进行起升、下降和制动试验时，吊物应起升平稳，各操作部分工作正常，减速箱无异响，走绳器工作正常，钢丝绳缠绕整齐，制动性能应良好，各部件及连接应无松动和破坏。

3）进行降电压起动试验。将额定载荷吊在空中，在试验电压为额定电压的90%时，必须能从这种状态进行提升。试验应不少于三次。

4）静载荷过程中，起升至离地面大于100mm，停留时间不少于10min，无自动卸荷现象。

5）卸载后卷扬机不得出现裂纹、永久变形、油漆剥落、连接处松动及对性能与安全有影响的损坏。

【思考与练习】

1. 简述机卷扬机的安全操作规程。

2. 简述卷扬机外观检查的主要内容以及要求。

3. 简述卷扬机空载试验检查的内容。

4. 简述卷扬机的试验依据。

5. 简述卷扬机的试验方法以及试验工具。

6. 简述卷扬机的检验要求。

第二章

常规受力工器具修理

模块1　双钩紧线器使用方法及检修保养

【模块描述】本模块介绍双钩紧线器的种类及工作原理，通过原理讲解、功能介绍以及操作技能训练，掌握双钩紧线器的使用方法及日常保养。

【正文】

一、双钩紧线器的组成

双钩紧线器包括钩形丝杆、丝母、套筒、安全销、棘轮、手把组件、锁片。钩形丝杆端部设有安全销，防止钩形丝杆旋出时脱开丝母；钩形丝杆头部设有锁片，防止挂接时钢绞线或钢丝绳从钩中弹出，如图2-1-1所示。

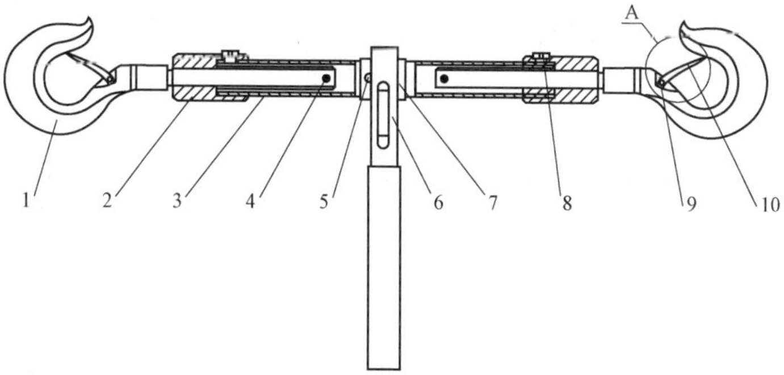

图2-1-1　双钩紧线器外形结构示意图

1—钩形丝杆；2—丝母；3—套筒；4—安全销；5—铆钉；6—手把组件；7—棘轮；8—螺钉；9—销轴；10—销片

二、双钩紧线器的用途

双钩紧线器适用于电力施工中架设导线时收紧导线及杆塔临时锚线时收紧拉线，可在架空线路上收紧绝缘子串，更换绝缘子等。

三、双钩紧线器技术参数（见表 2–1–1）

表 2–1–1 双钩紧线器主要技术参数表

型号	额定负荷（kN）	最小中心距（mm）	调节距离（mm）	操作力（N）	质量（kg）
SJGG–32	32	735	500	≤350	5.0
SJHH–32		685			4.4
SJGH–32		710			4.7
SJGG–50	50	874	600		9.5
SJHH–50		840			8.5
SJGH–50		857			9.0
SJGG–80	80	950	630		14.6
SJHH–80		910			13.4
SJGH–80		930			14.0
SJGG–100	100	1026	700		17.8
SJHH–100		960			16.2
SJGH–100		995			17.0
SJHH–160	160	1140	800		31.5

注 GG 表示两端为钩子，HH 表示两端为圆环，GH 表示一端为钩子，一端为圆环。

四、双钩紧线器的使用

将双钩紧线器两端吊钩与被紧物连接，手把组件内安装有可改变方向的棘爪，扳动手把可通过棘轮带动套筒旋转，改变棘爪与棘轮的啮合位置使棘轮正转或反转，使得钩形丝杆旋入或旋出套筒，从而实现张紧或松开的目的。

五、双钩紧线器维护保养

（1）使用前应对双钩紧线器进行检查，有裂纹、显著变形、严重腐蚀、磨损以及卡涩现象时严禁使用。

（2）使用后应及时进行清洁工作，对存在锈蚀现象的应进行除锈、润滑；丝杆部分使用黄油进行润滑，确保转动灵活。

（3）双钩紧线器应存放在干燥、通风的室内。

六、双钩紧线器试验检验

（一）试验数据（见表 2–1–2）

表 2–1–2　　双钩紧线器试验数据表

型号	额定负荷（kN）	试验载荷（kN）	持荷时间	试验周期
SJGG–32	32	40	10min	一年
SJHH–32				
SJGH–32				
SJGG–50	50	62.5		
SJHH–50				
SJGH–50				
SJGG–80	80	100		
SJHH–80				
SJGH–80				
SJGG–100	100	125		
SJHH–100				
SJGH–100				
SJHH–160	160	200		

（二）试验依据

（1）DL/T 875—2004《输电线路施工机具设计、试验基本要求》。

（2）《国家电网公司电力安全工作规程（线路部分）》。

（3）《电力建设安全工作规程　第 2 部分：电力线路》。

（三）试验方法

（1）检测设备。卧式拉力机。

（2）连接工具为卸扣。

（3）试验连接如图 2–1–2 所示。

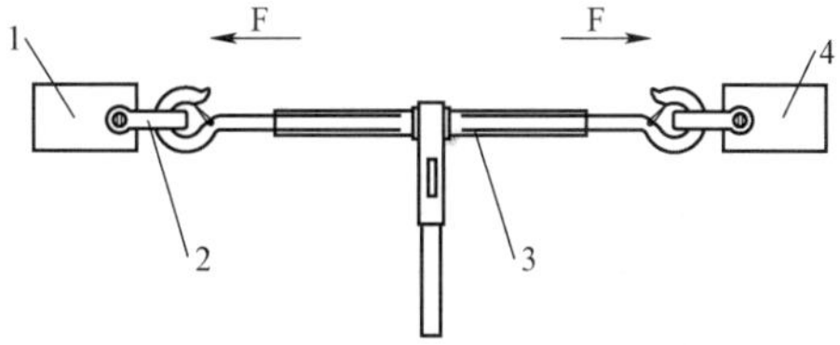

图 2–1–2　双钩紧线器试验示意图

1—拉力机固定端；2—卸扣；

3—双钩紧线器；4—拉力机油缸

（4）检验要求

1）满足试验数据要求（1.25 倍试验载荷，持荷时间 10min）。

2）无裂纹或显著变形等。

3）转动部分灵活、无卡涩现象。

【思考与练习】

1. 简述双钩紧线器的种类及使用方法。

2. 简述双钩紧线器维护保养要求。

3. 简述双钩紧线器试验方法以及检验要求。

模块2 网套连接器使用方法及检修保养

【模块描述】本模块介绍网套连接器的种类及工作原理，通过原理讲解、功能介绍以及操作技能训练，掌握网套连接器的使用方法及日常保养。

【正文】

一、概述

网套连接器又称电缆网套、中间网套、导线网套、拉线网套、电力网套、光缆网套等，主要用于电力施工放线时连接各种钢芯铝绞线以及绝缘导线、地线、光纤、光缆、电缆，能通过各类型的放线滑车，具有自重轻、拉力负荷大、不损线、使用方便等优点。

二、常用网套连接器技术参数（见表2–2–1）

表2–2–1 网套连接器主要技术参数表

型号	额定载荷（kN）	适用导地线型号	主要尺寸（mm）		质量（kg）	网丝直径（mm）	钢丝绳直径（mm）
			总长	网套长			
SWL–1.2G	12	GJ70–80	1200	920	0.5	ϕ2mm	ϕ11
SWL–2	20	LGJ95–150	1380	1070	1.0	ϕ2mm	ϕ11
SWL–2.5	25	LGJ185–240	1540	1206	1.3	ϕ2mm	ϕ11
SWL–3	30	LGJ300–400	1693	1325	1.95	ϕ2mm	ϕ11～13
SWL–5	50	LGJ630	2360	1975	3.9	ϕ2mm	ϕ15.5
SWL–5	50	LGJ720	2360	1975	3.9	ϕ2mm	ϕ15.5
SWL–6	60	GIA–800/55	2460	2160	4.6	ϕ2mm	ϕ16
SWL–8	80	LJ/G2A–900/75	2560	2230	5.9	ϕ2.5mm	ϕ19
SWL–2B	20	LGJ95–150	2700	2160	2.0	ϕ2mm	ϕ11
SWL–2.5B	25	LGJ185–240	3130	1290	2.9	ϕ2mm	ϕ11
SWL–3B	30	LGJ300–400	3560	1530	4.1	ϕ2mm	ϕ11～13
SWL–5B	50	LGJ630	4261	1970	5.6	ϕ2mm	ϕ15.5
SWL–5B	50	LGJ720	4261	1970	5.6	ϕ2mm	ϕ15.5

三、网套连接器的使用

（1）网套连接器按使用方式分为单头网套连接器和双头网套连接器两种（见图2–2–1）。

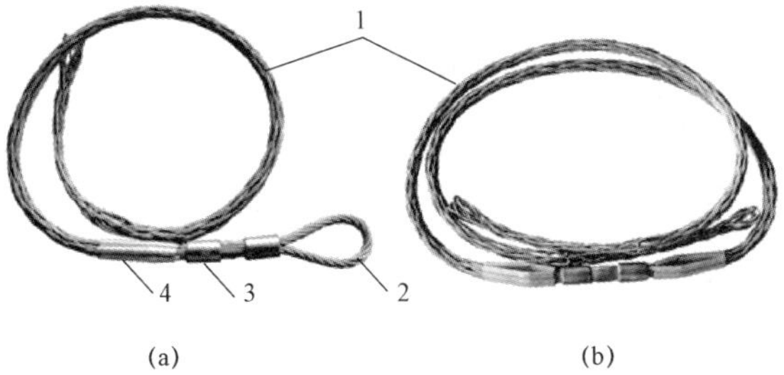

图 2–2–1　网套连接器

（a）单头网套连接器；（b）双头网套连接器

1—网丝；2—钢丝绳；3—钢丝绳压接环；4—网丝保护套管

（2）单头网套连接器用于导线、地线、光缆等展放时与牵引绳的连接，双头网套连接器可用于导线、地线、光缆等之间的连接。

（3）使用前应仔细检查，网丝出现断丝、断股、严重锈蚀、磨损等现象时不得使用。

（4）钢丝绳出现变形、扭结、弯折、断丝断股以及锈蚀磨损严重时严禁再使用。

（5）导线、地线、光缆等入网套应到位，被夹持物端头应在网丝保护套管内。

（6）网丝保护套管应为薄壁金属材质，防止被夹持物磨损损伤网丝。

（7）网套夹持长度不准少于被夹持物直径的 30 倍，网套末端应以铁丝绑扎且不少于 20 圈（见图 2–2–2）。

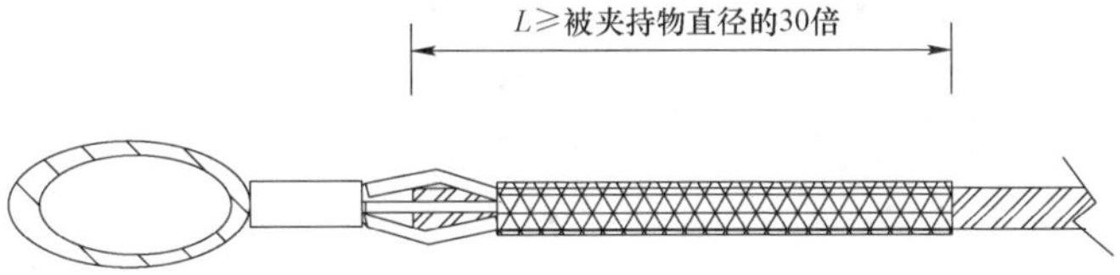

图 2–2–2　网套夹持长度要求示意图

（8）按网套连接器规定要求使用，严禁超负荷使用。

四、网套连接器维护与保养

（1）使用后应及时清理网套连接器上的污物并晒干，防止网丝、钢丝绳锈蚀。

（2）钢丝绳定期润滑，防止锈蚀损坏，网丝部分不得沾染油脂。

（3）对出现的锈蚀应及时进行除锈处理，锈蚀严重时应做载荷试验，达不到使用要求的及时进行报废处理。

（4）网丝保护套管出现变形现象时，应进行校正。

（5）维护保养后，应对网套连接器进行捆扎并存放在干燥、通风的室内。

【思考与练习】

1. 简述网套连接器的分类以及其用途。
2. 简述网套连接器的安全使用要求。
3. 简述网套连接器的维护与保养方法及要求。

模块3 旋转（抗弯）连接器使用方法及检修保养

【模块描述】本模块介绍旋转（抗弯）连接器的种类及工作原理，通过原理讲解、功能介绍以及操作技能训练，掌握旋转（抗弯）连接器的使用方法及日常保养。

【正文】

旋转连接器是展放导线或牵引绳时释放扭力的最佳工具。旋转连接器的好坏决定着释放扭紧时扭矩的大小，因此，旋转连接器正确的保养，可确保旋转连接器在受力时轻松自如旋转，使其正常的工作运行。

旋转（抗弯）连接器在使用过程中，由于施工环境及使用方法等原因，容易造成旋转连接器出现各种故障和异常，如连接间隙过大、附件丢失及卡滞现象等；而抗弯连接器在使用过程中，容易出现附件丢失现象。

一、旋转连接器

（一）旋转连接器组成结构（见图 2–3–1）

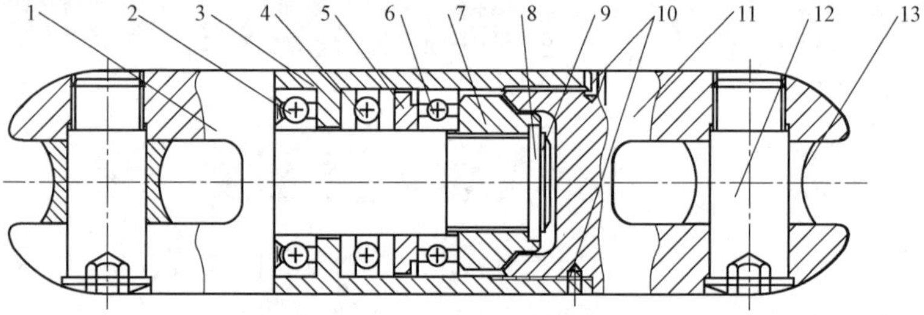

图 2–3–1 旋转连接器解剖图

1—雌接头；2—轴承；3—中间接头；4—推力轴承；5—垫块；6—轴承；7—螺母；8—键；9—挡圈；10—螺钉；11—雄接头；12—横销；13—滚轮

（二）旋转连接器技术参数（见表 2–3–1）

表 2–3–1 旋转连接器主要技术参数表

型号	额定负荷（kN）	外径（mm）	槽宽（mm）	质量（kg）
SLX–30	30	36	12	0.6
SLX–50	50	52	16	1.5

续表

型号	额定负荷（kN）	外径（mm）	槽宽（mm）	质量（kg）
SLX-80	80	56	24	2.7
SLX-130	130	62	26	3.8
SLX-180	180	75	28	6
SLX-250	250	80	30	9

（三）日常维护保养

（1）每次使用前必须进行认真检查，使用结束后，应将旋转连接器擦拭干净，存放于通风干燥的库房。

（2）使用后出现锈蚀现象的，应将旋转连接器浸泡在干净的机油里（不少于 2h），然后取出擦拭干净入库保管。

（四）常见故障判定及排除

（1）连接间隙过大。拆下旋转连接器的螺钉，将雄接头卸下，通过调整螺母“7”得到适当的间隙。

（2）附件缺失。旋转连接器易缺失的附件主要有销和滚轮。对于出现缺失附件的，应及时采购原生产厂家附件进行安装。

（3）卡滞（转动不灵活）。可将旋转连接器浸泡在干净的机油内（2h 以上），擦拭干净后，检查是否还存在卡滞现象；如果卡滞现象未消除，可进行报废处理；如果转动灵活，将转动部分拆下进行润滑。

二、抗弯连接器

（一）抗弯连接器（见图 2-3-2）

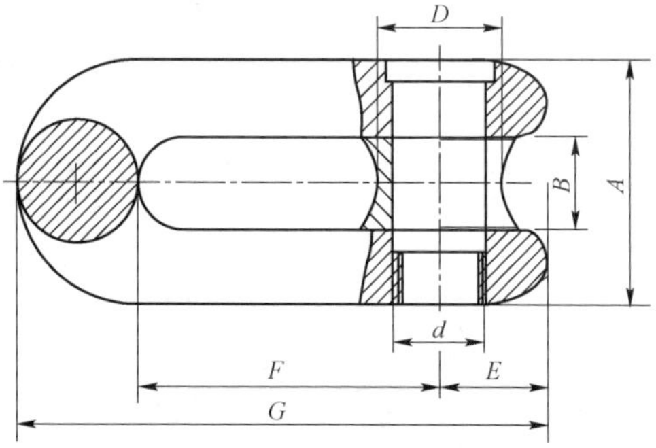

图 2-3-2　抗弯连接器外形结构示意图

（二）抗弯连接器技术参数（见表 2–3–2）

表 2–3–2　　抗弯连接器主要技术参数表

型号	额定负荷（kN）	外径（mm）	槽宽（mm）	质量（kg）
DHG–30	30	35	15	0.5
DHG–50	50	48	20	0.8
DHG–80	80	54	25	1.0
DHG–130	130	60	26	1.2
DHG–150	150	64	27	1.8
DHG–180	180	70	28	2.0
DHG–250	250	80	30	3.0

（三）日常维护保养

（1）每次使用前必须进行认真检查，使用结束后，应将抗弯连接器擦拭干净，存放于通风干燥的库房。

（2）使用后出现锈蚀现象的，应将抗弯连接器浸泡在干净的机油里（不少于 2h），然后取出擦拭干净入库保管。

（四）常见故障及处理

附件缺失：抗弯连接器易缺失的附件主要有销和滚轮。对于出现缺失附件的，应及时采购原生产厂家或生产厂家认可的附件进行安装。

【思考与练习】

1. 简述旋转连接器和抗弯连接器常见故障种类及排除方法。
2. 简述旋转连接器和抗弯连接器试验方法及检验要求。
3. 简述旋转连接器和抗弯连接器的报废标准。

模块 4　卡线器使用方法及检修保养

【模块描述】本模块介绍卡线器的种类及工作原理，通过原理讲解、功能介绍以及操作技能训练，掌握卡线器的使用方法及日常保养。

【正文】

一、概述

卡线器适用于电力线路施工中导线调整弧垂及锚线、杆塔拉线紧线等，是输变电线路施工中一种理想的紧线工具。卡线器材质选用高强度铝合金及高强度合金结构钢制造而成，具有自重轻、夹紧效果好、不伤线、不打滑、装卸方便等特点。为了能使卡线器延长使用寿命，并在施工中确保安全，选用卡线器时一定要根据导线的型号选择相同型号的卡线器。

二、卡线器的分类

卡线器根据使用对象材质不同可分为：导线卡线器、地线卡线器、防捻钢丝绳卡线器、光缆卡线器、铝包钢导线卡线器等几种。

（一）导线卡线器

1. 导线卡线器具技术参数（见表 2–4–1）

表 2–4–1　　导线卡线器主要技术参数表

型号	额定负荷（kN）	最大开口（mm）	连接环环腔（mm）	适用导线	质量（kg）
KLQ–8	8	17	23	LGJ25–70	1.2
KLQ–16	16	20	23	LGJ95–120	1.6
KLQ–30	30	24	30	LGJ150–240	2.8
KLQ–45	45	31	38	LGJ300–400	5
KLQ–65	60	36	46	LGJ500–630	7
KLQ–75	65	38	50	LGJ720	10
KLQ–80	75	42	50	LGJ800	18
KLQ–80	75	42	50	LGJ900	18
KLQ–85	80	44	50	LGJ1000	18

2. 导线卡线器的结构形式（见图 2–4–1）

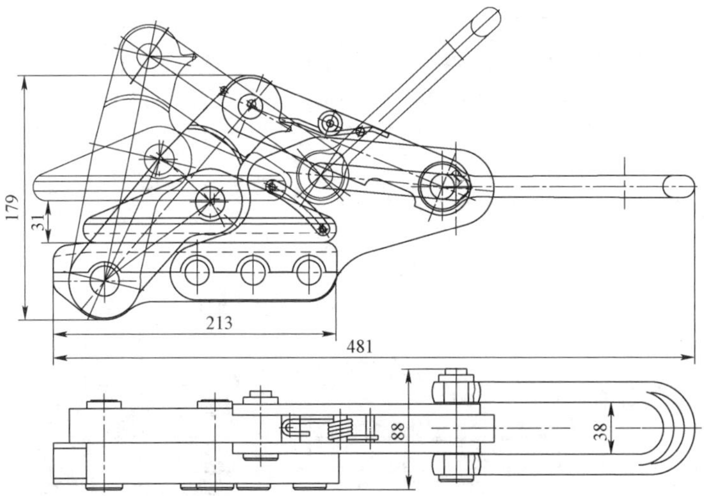

图 2–4–1　导线卡线器结构示意图

（二）地线卡线器

1. 地线卡线器技术参数（见表 2–4–2）

表 2–4–2　　地线卡线器主要技术参数表

型号	额定负荷（kN）	最大开口（mm）	连接环环腔（mm）	适用导线	质量（kg）
KQ–20–Ⅰ	20	17	23	GJ35–50	3.5
KQ–20–Ⅱ				GJ35	
				GJ50	
KQ–30–Ⅰ	30	31	38	GJ70–100	4.7
KQ–30–Ⅱ				GJ70	
				GJ100	
KQ–45–Ⅱ	45	18	32	GJ120–130	5.4
KQ–70–Ⅱ	70	22	36	GJ150–196	8.2
KQ–120–Ⅱ	120	24	40	GJ215–300	11.5

2. 地线卡线器的结构形式（见图 2–4–2）

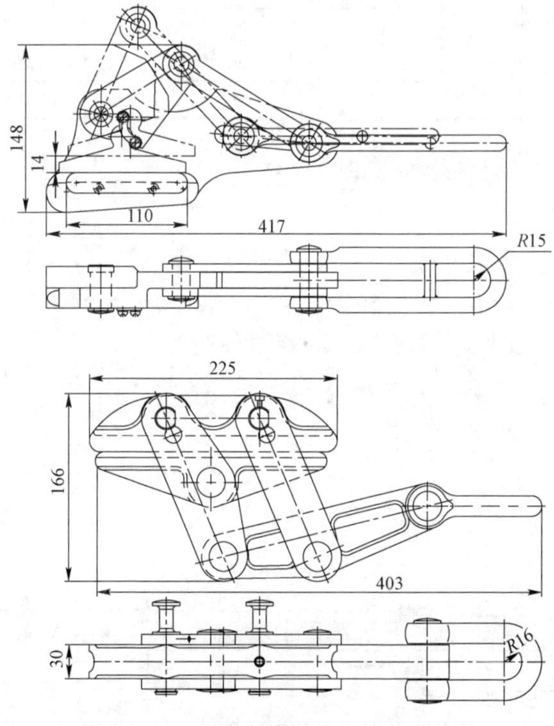

图 2–4–2　地线卡线器外形结构示意图

（三）防捻钢丝绳卡线器

1. 防捻钢丝绳卡线器技术参数（见表 2–4–3）

表 2–4–3　　防捻钢丝绳卡线器主要技术参数表

型号	额定负荷（kN）	最大开口（mm）	连接环环腔（mm）	适用防捻钢丝绳	质量（kg）
KQ–30	30	10	26	6～10	4.3
KQ–50	50	12	30	11～15	7.2
KQ–70	70		32	16～18	
KQ–135	135	18	41	19～22	11.3
			41	24	
KQ–220	220	24	46	25～28	23
			50	30	

2. 防捻钢丝绳卡线器的结构形式（见图 2–4–3）

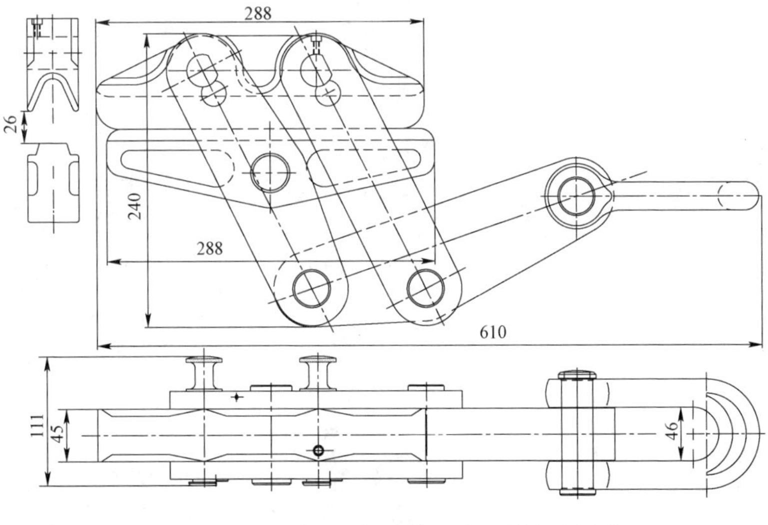

图 2–4–3　防捻钢丝绳卡线器外形结构示意图

（四）光缆卡线器

1. 光缆卡线器技术参数（见表 2–4–4）

表 2–4–4　　光缆卡线器主要技术参数表

型号	额定负荷（kN）	最大开口（mm）	连接环环腔（mm）	适用光缆线直径	质量（kg）
KG LQ–16	16	22	35	ϕ9～10.5/ϕ11～15	5.0
KG LQ–30	30	22	35	ϕ16～17	
KGLQ–60	60	28	50	ϕ18～26	10

2. 光缆卡线器的结构形式（见图 2–4–4）

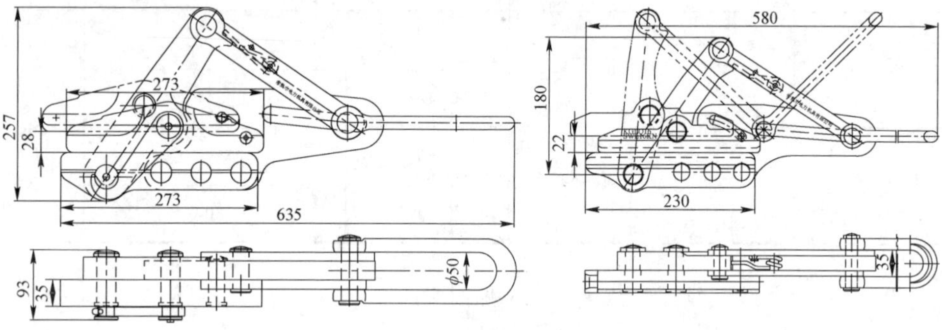

图 2–4–4　光缆卡线器外形结构示意图

（五）铝包钢卡线器

1. 铝包钢卡线器技术参数（见表 2–4–5）

表 2–4–5　　铝包钢卡线器主要技术参数表

型号	额定负荷（kN）	最大开口（mm）	连接环环腔（mm）	适用铝包钢线	质量（kg）
KLGQ–30	30	18	30	JLB1A.1B.JLB$_2$50～100	2.8
KLGQ–35	40	20	36	JLB1A.JLB1B120	3.4
KLGQ–40	45	23	36	JLB$_2$150　LBGJ150	5.0
KLGQ–60	60	24	36	LBGJ170～185	5.4
KLGQ–80	80	24	40	LBGJ210～240	6.6
KLGQ–90	90	26	40	LBGJ300	6.8
KLGQ–100	100	26	40	LBGJ465	8.1
KLGQ–150	150	26	40	JLB1A.JLB1B300	9.0
KLGQ–200	200	32	45	JLB$_2$452	15.0

2. 铝包钢卡线器的结构形式（见图 2–4–5）

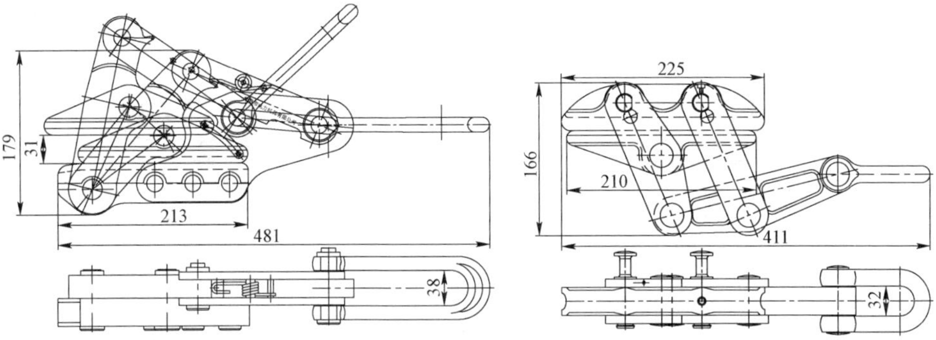

图 2–4–5 铝包钢卡线器外形结构示意图

三、使用方法

（一）推拉式卡线器

两手分别握住下夹紧钳口和拉环，然后用力推拉环推至上下钳口为最大开口，然后将导线嵌入钳口内后拉环往后拉一下即可。有加强钩的必须将加强钩扣上，如图 2–4–6 所示。

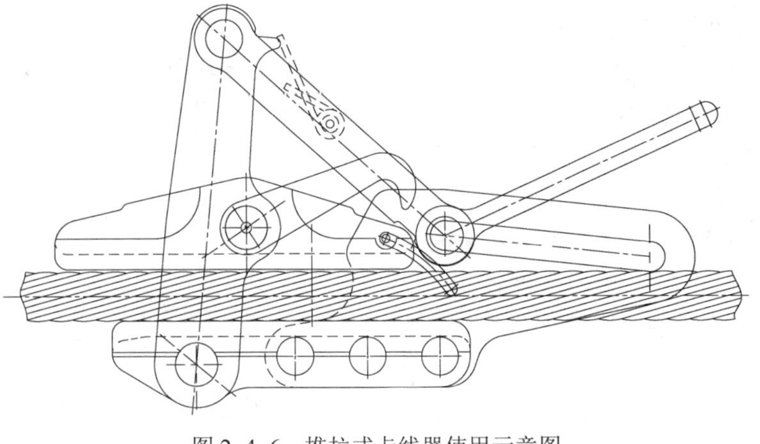

图 2–4–6 推拉式卡线器使用示意图

（二）横销插装式卡线器

使用示意图如图 2–4–7 所示，分别拔出两横销 1，搬起链板 2 和活动钳口 3 至钳口腔最大，然后将导线嵌入钳口腔内，先把链板复位并插入一横销后旋转 90° 锁定链板，然而将活动钳口复位插入另一横销后旋转 90° 锁定活动钳口，将拉环往后拉一下即可。

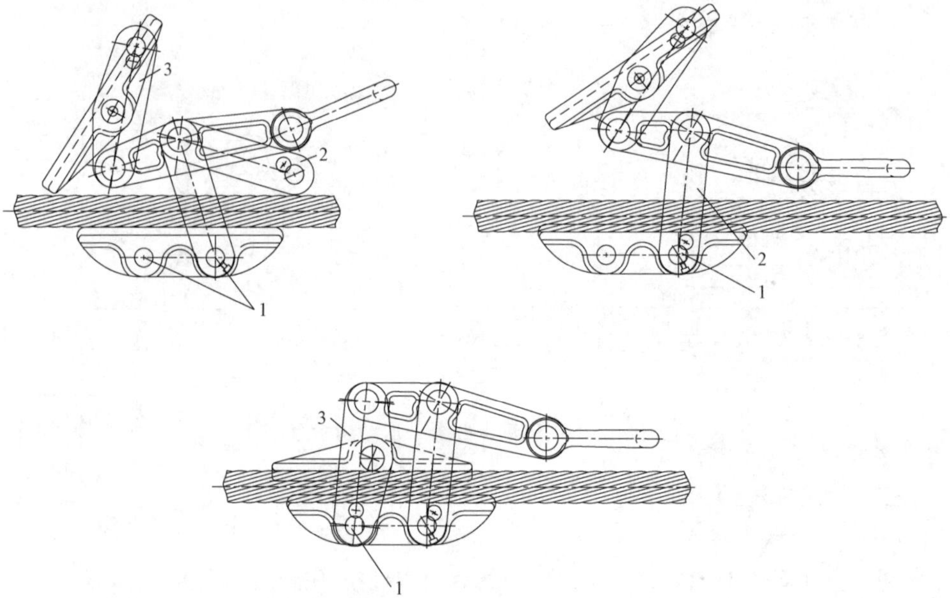

图 2–4–7 横销插装式卡线器使用示意图

1—横销；2—链板；3—活动钳口

四、卡线器的维护与保养

（1）使用后应及时清除卡线器上的油污、泥土以及钳口中的毛刺、铁屑等。

（2）对各连接转动处进行除锈、润滑。

（3）应存放在通风干燥的地方。

【思考与练习】

1. 简述卡线器的分类以及适用范围。
2. 简述卡线器的使用方法。
3. 简述卡线器维护保养要求。

模块 5 钻桩使用方法及检修保养

【模块描述】本模块介绍钻桩的种类及工作原理，通过原理讲解、功能介绍以及操作技能训练，掌握钻桩的使用方法及日常保养。

【正文】

钻桩适用于电力线路施工中临时锚线用地桩。只能承受横向的力或与地面夹角小于 30° 拉力，不可作为垂直受力的地桩使用。

一、钻桩的使用

（1）使用时将钻桩旋入泥土中，旋至环腔与地面平即可；旋好后在受力方向挖一600mm×200mm 长方形槽放入挡土地锚，使钻桩与地面增大受力面。如钻桩受力较大时可多钻几个钻桩，用双头紧线器或手搬葫芦串起来即可。

（2）钻桩与挡土地锚的配合。挡土地锚应放置于钻桩的受力侧，上平面与地面平齐，挡土面与受力方向垂直，其半圆槽紧靠钻桩主杆，钻桩环腔的端头背受力方向，如图 2–5–1 所示。

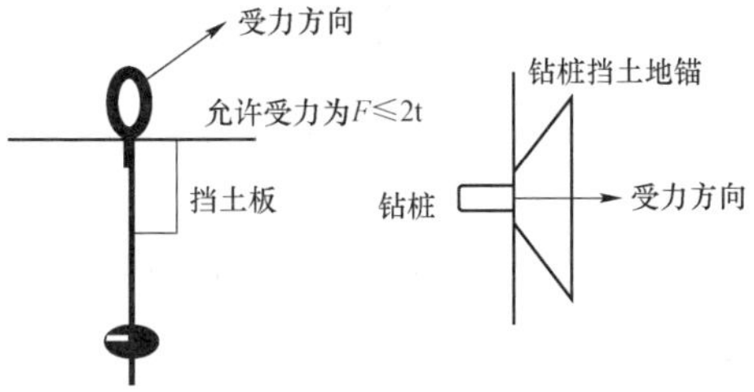

图 2–5–1　钻桩与挡土地锚布置示意图

（3）钻桩旋转时，推力不得超过 4 个人的合力（按每人 80kg 力计算，水平推力应≤320kg），以防钻桩受扭力过大而损伤。

二、钻桩的规格型号（见表 2–5–1，示意见图 2–5–2）

表 2–5–1　钻桩的主要技术参数表

序号	名称	规格（mm）	直径（mm）	叶片直径 *d*（mm）	环腔宽 *H*（mm）	质量（kg）
1	钻桩	1500	32	300	55	12
2	钻桩	1800	36			13.5

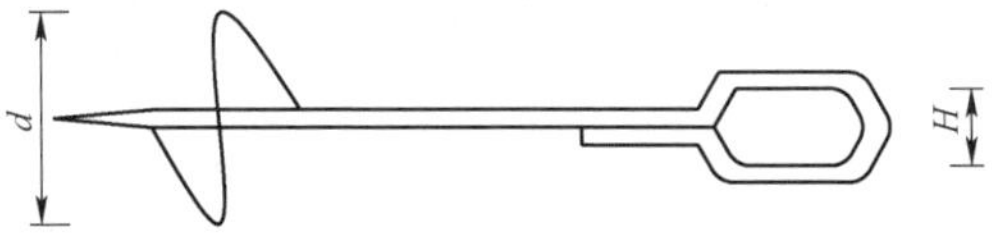

图 2–5–2　钻桩示意图

三、钻桩的维护保养

（1）使用结束后，旋出钻桩，清除钻桩表面的泥土，然后在钻桩表面均匀涂一防锈油漆。

（2）堆放在阴凉干燥处，防止日晒雨淋，防止锈蚀，延长使用寿命。

四、钻桩的报废标准

（1）钻桩出现严重变形、断裂、严重锈蚀时不得使用。

（2）环腔、钻盘焊接处开焊时不得补焊，应进行报废处理。

（3）为防止反复校正造成钻桩疲劳损伤，校正三次后应进行报废处理。

【思考与练习】

1. 简述钻桩使用方法及要求。
2. 简述钻桩的维护保养要求。
3. 简述钻桩的报废标准。

模块 6 走板使用方法及检修保养

【模块描述】本模块介绍走板的种类及工作原理，通过原理讲解、功能介绍以及操作技能训练，掌握走板的使用方法及日常保养。

【正文】

一、概述

走板是展放导线中牵引导线的重要机具之一。走板与旋转连接器配套后，在牵引过程中能自由释放导线展放中自身产生的扭力。导线与走板的固定牵引能有效防止导线的缠绕，并能顺利通过滑车。

二、走板的分类

走板按牵引导线数量可分为一牵二走板、一牵三走板、一牵四走板、一牵六走板以及二牵八走板等。

（1）一牵二走板。适用于双分裂导线展放（见图 2–6–1）。

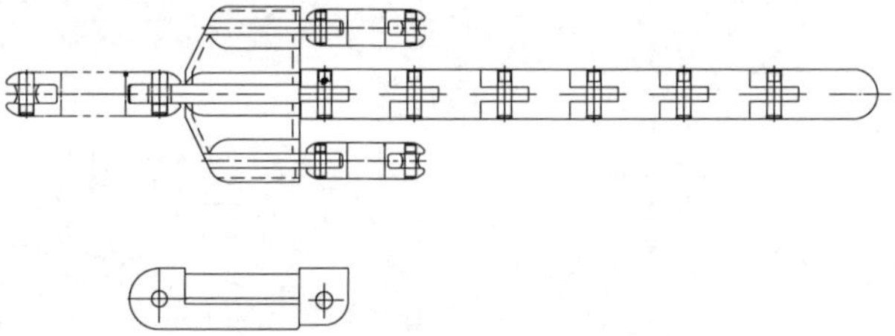

图 2–6–1　一牵二走板结构示意图

（2）一牵三走板。适用于六分裂导线展放（见图 2–6–2）。

（3）一牵四走板。适用于四分裂导线展放（见图 2–6–3）。

（4）一牵六走板。适用于六分裂导线展放（见图 2–6–4）。

（5）二牵八走板。适用于八分裂导线展放（见图 2–6–5）。

三、走板安全使用注意事项

（1）走板使用时要按标牌上的要求安装旋转连接器，并保证旋转连接器要转动灵活。

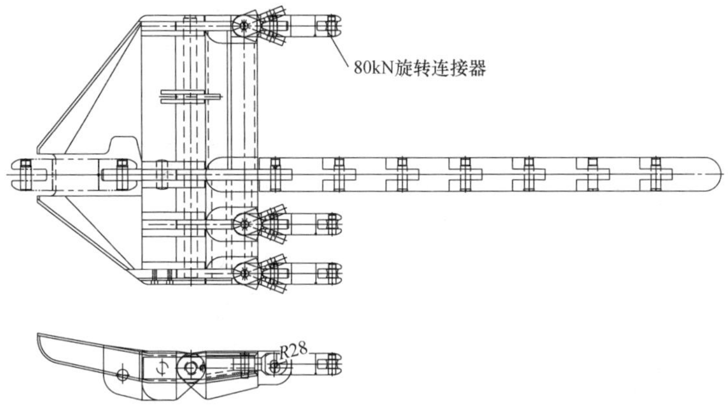

图 2–6–2　一牵三走板结构示意图

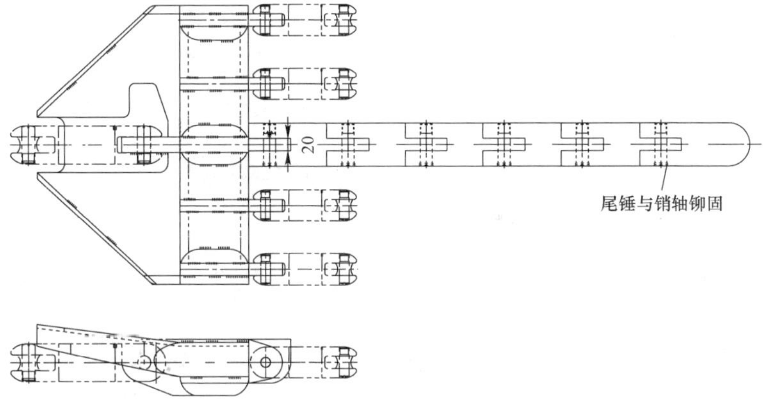

图 2–6–3　一牵四走板结构示意图

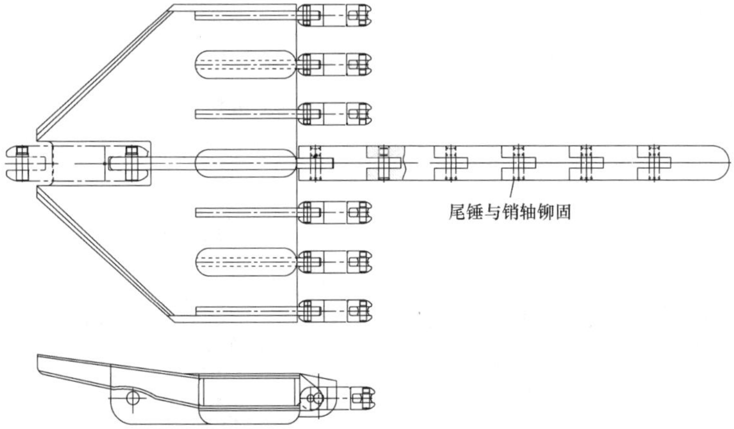

图 2–6–4　一牵六走板结构示意图

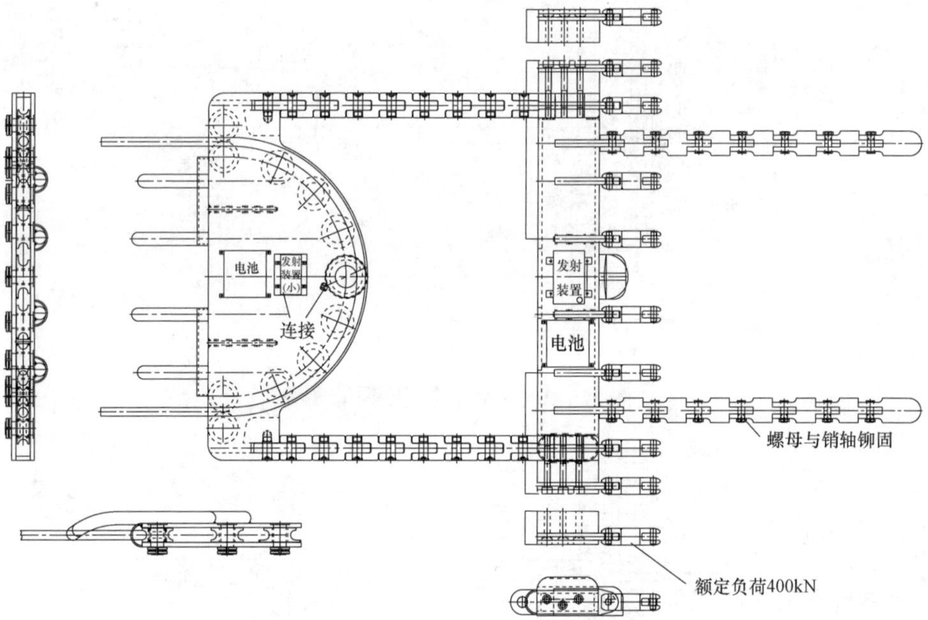

图 2–6–5　二牵八走板结构示意图

（2）走板装配旋转连接器时，旋转连接器的销轴要拧紧并与走板连接后摆动要灵活。

（3）平衡锤与走板安装时，销轴拧紧后套上止退垫，拧紧螺母后锁固。平衡垂与走板要摆动灵活，并要注意方向，只能向滑轮方向摆动（绝不能装反）。

（4）牵引一次后，要检查旋转连接器及平衡垂的销轴有无松动，应给予调整。

四、走板的维护与保养

（1）检查走板外观是否出现锈蚀、保护层脱落等现象，如有应及时进行防锈处理。

（2）铰链式走板在铰链处要进行润滑，确保铰链处的摆动灵活。

（3）配套使用的旋转连接器按《旋转（抗弯）连接器使用方法及检修保养》中要求进行。

（4）使用后应及时清除走板上的污物，并存放于通风良好、干燥的室内。

【思考与练习】

1. 简述走板的种类以及使用方法。

2. 简述走板的维护和保养方法。

模块 7 放线滑车使用方法及检修保养

【模块描述】本模块介绍放线滑车的种类及工作原理，通过原理讲解、功能介绍以及操作技能训练，掌握放线滑车的使用方法及日常保养。

【正文】

一、概述

放线滑车是展放导、地线的主要工具之一，在悬挂滑车时，要根据导线的型号及直径正确选用滑车，然后根据转角的大小考虑转角处挂双滑车还是单滑车。

二、放线滑车主要技术参数（见表 2–7–1）

表 2–7–1　　放线滑车主要技术参数表

型号	额定负荷（kN）	轮径（mm）		滑车高度（mm）	滑车滑轮数	滑轮外缘宽度（mm）	挂板连接孔直径（mm）	质量（kg）
		外径	底径					
WQDK–308	20	408	308	700	单轮	80	φ26	20
WQS–308	40				三轮			36
WQDK–400	20	508	408	830	单轮	75、95	φ26	28
WQS–400	40				三轮			50
WQD–560	20	660	560	1058	单轮	85、90、110	φ26	40
WQS–560	40				三轮			80
WQH–560	60				五轮			118
								168（钢轮）
WQQ–560	90				七轮		φ32	143
WQD–710	40	822	710	1440	单轮	110	φ32	60
WQS–710	80				三轮			120
WQH–710	120				五轮		φ44	225
WQD–800	50	916	800	1476	单轮	110	φ32	65
WQS–800	100				三轮		φ44	140
WQH–800	150				五轮			250
	200							360（钢轮）
WQS–900	150	1040	900	1617	三轮	125	φ44	285
WQH–900	200			1695	五轮			357

三、放线滑车外形结构（见图 2–7–1）

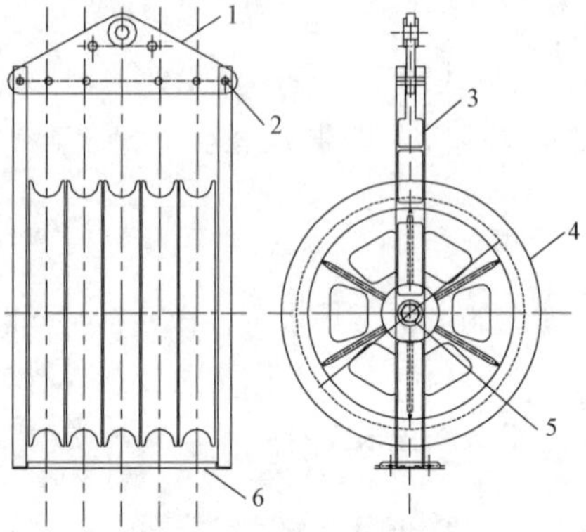

图 2–7–1 放线滑车外形结构示意图

1—联板；2—联板销；3—立柱；4—轮片；5—大轴；6—立柱支撑

四、外观检查及检修保养

（1）滑车整体框架不得有变形、裂纹和脱焊等现象，支脚存在变形时应及时进行校正。

（2）站柱应平直，出现变形时应及时进行更换，不得进行校正。

（3）轮片应完好、无破损、转动灵活、平稳，不得有跑圈、抖动、卡死现象；轮片与轮片之间要保证 3～5mm 的间隙，防止轮片受热后变形造成轮片间的摩擦；检查轮片轮槽表面有无明显的压痕、磨损或损坏，如有要更换。

（4）滑车配备的连板、轴销、垫片以及螺丝等应齐全、有效，不得缺失。轴销必须使用钢丝压头进行连接。

（5）检查连板主受力孔和轴销磨损情况，磨损严重时应及时进行更换。

（6）挂胶轮片挂胶应完好、有效，轮片存在挂胶脱落现象时应及时进行更换。

（7）滑车整体应整洁、无油污，出现锈蚀现象时应时进行防腐处理，转动的轴承部分应定期加注润滑油，对所有螺纹连接部位应检查并拧紧。

（8）放线滑车要放置在通风良好、防潮防晒防腐蚀的地方。

【思考与练习】

1. 简述放线滑车种类和用途。
2. 简述放线滑车检查项目及要求。
3. 简述放线滑车维护与保养要求。

模块8　链条葫芦试验检验

【模块描述】本模块介绍链条葫芦的试验方法及检验要求，通过操作过程详细介绍以及操作技能训练，掌握链条葫芦的试验检验方法。

【正文】

一、概述

链条葫芦是一种使用简易、携带方便、高效率及多用途的手动起重机械，适用于小型设备安装、物品起吊、机械牵引、线路架设、货物紧固等，尤其适用于场地狭小、高空作业、野外及无电源作业。

链条葫芦的特点：安全可靠、使用方便；维修简单、经久耐用；工作输入力小、劳动效率高；体积小、自重轻等；施工现场使用的链条葫芦分为手拉葫芦、手扳葫芦。

二、链条葫芦主要技术参数

（一）手拉葫芦主要技术参数（见表2–8–1和图2–8–1）

表2–8–1　　手拉葫芦技术参数表

型号		HSZ–1K	HSZ–1.5K	HSZ–3K	HSZ–5K	HSZ–10K
起重量（kN）		10	15	30	50	100
起升高度（mm）		2500	2500	3000	3000	3000
试验载荷（kN）		12.5	18.75	37.5	62.5	125.0
两钩间最小距离（mm）		390	460	610	720	900
满载时的手链拉力（N）		360	370	390	440	470
起重链条数		1	1	2	2	4
主要尺寸	A	156	178	220	262	380
	B	132	146	146	170	170
	C	27	31	39	45	57
	C1	30	34	42	48	65
净重（kg）		11.5	17.5	26	38	74

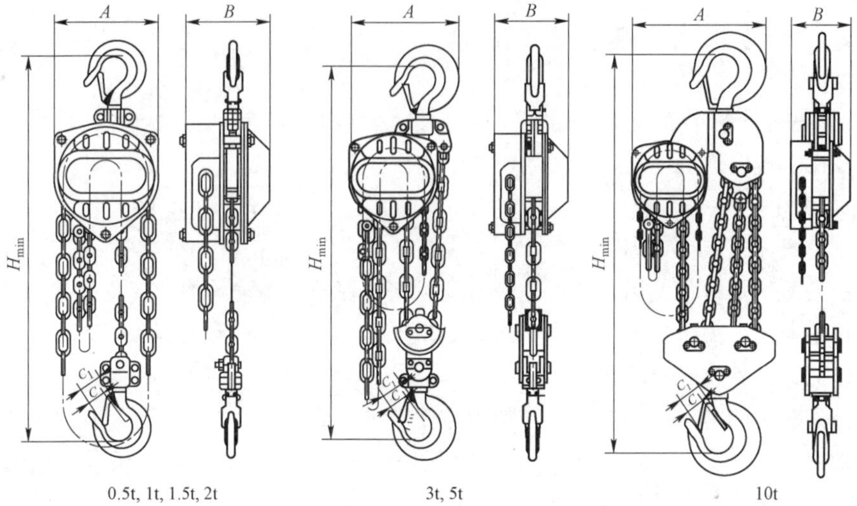

图 2–8–1 手拉葫芦外形结构示意图

（二）手扳葫芦主要技术参数（见表 2–8–2、图 2–8–2）

表 2–8–2 **手扳葫芦技术参数表**

型号		HSH–30	HSH–60	HSH–90	JXH–6L	JXH–10L
起重量（kN）		30	60	90	60	10
起升高度（mm）		1500	1500	1500	1500	1500
试验载荷（kN）		37.5	75	112.5	75	125
两钩间最小距离（mm）		435	550	700	535	650
满载时的手链拉力（N）		280	310	320	310	300
起重链条数		1	2	3	2	4
主要尺寸	A	137	252	252	175	275
	B	155	195	195	180	180
	C	38	48	54	39	45
	D	364	364	364	450	450
净重（kg）		18	28.5	43	16.6	32.3

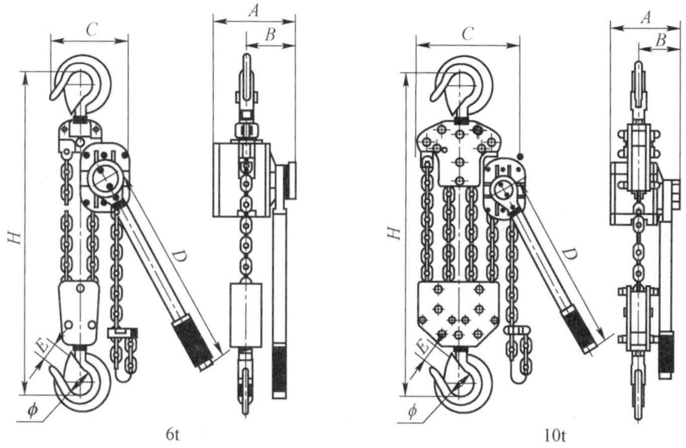

图 2-8-2　手扳葫芦外形结构示意图

三、链条葫芦的试验原理

采用模拟实际使用工况的方式进行试验。将手拉葫芦的上吊钩悬挂在支架上，下吊钩连接配重砝码，通过人工（或减速电机）加力的方式，使手拉葫芦带动配重砝码起升、下降，从而检查手拉葫芦的起升和制动性能完好性（如图 2-8-3 所示）。

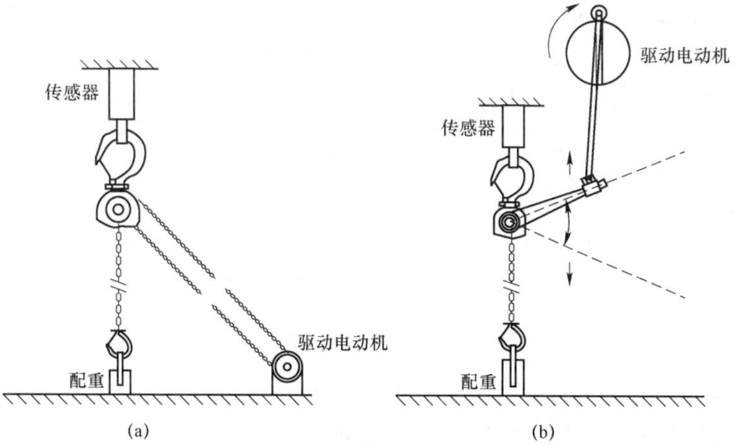

图 2-8-3　链条葫芦试验示意图

（a）手拉葫芦试验示意图；（b）手扳葫芦试验示意图

四、链条葫芦检查

（一）日常项目检查方法和评判标准（见表 2–8–3）

表 2–8–3 链条葫芦日常检查项目表

项目	检查方法	评判标准	措施
提升（手拉葫芦）	顺时针拉动手拉链条，能够进行提升作业	配重上升，棘爪处应发出“滴答”声	必要时进行修理
提升（手扳葫芦）	拨块拨至“up”时，上下扳动手柄，能够进行提升作业		
吊钩	目视检查	无变形、无裂纹、无严重磨损，能够平滑旋转	更换
吊销	目视检查	无变形、无裂纹	更换
起重链条	目视检查	无严重锈蚀，表面应涂有润滑油脂，无变形、无裂纹	更换清洁、润滑
其他	目视检查	螺母、开口销、拨块或螺纹处应不松动或空缺，不应有裂纹或损坏，连接于无载侧的链条限位应不变形或空缺，有多行链条模式下底部吊钩不应翻转	更换

（二）经常检查项目

1. 功能检查（见表 2–8–4）

表 2–8–4 链条葫芦功能检查项目表

项目	检查方法	评判标准	措施
提升	将配重提升 200～300mm	提升时应有当前滴答声，降落时应无滴答声	必要时进行修理或更换
降落	将配重降落 200～300mm		
异常声音	听觉检查	应无衰减的滴答声或不规则声音	必要时进行修理或更换
拉力	功能检查	不应过重	必要时进行修理或更换
制动	功能检查	不应打滑	必要时进行修理或更换

2. 钩架组件检查（见表 2–8–5）

表 2–8–5 链条葫芦钩架组件检查项目表

吊钩延伸	测量检查	测量新购吊钩的尺寸	更换
吊钩磨损	测量检查	比新购测量值减少 5%或更多应进行报废	更换
吊钩变形、划伤	目视检查	应无明显的扭曲或变形，吊钩的颈部应是均匀磨损，不应有裂缝，铆钉、螺栓或螺母不应有松动或丢失，不应有焊接疤痕	更换

续表

吊钩延伸	测量检查	测量新购吊钩的尺寸	更换
吊钩旋转	目视检查	吊钩应能正常旋转	更换
吊钩卡索板	目视检查	吊销应固定于吊钩的尖端位置（丢失时严禁使用）	更换
	功能检查	应能正常工作	
下钩架组件	目视检查	确保不会夹手，应能平稳旋转，否则游轮或游轮轴、钩架孔可能变形或磨损	更换
	功能检查		

（三）定期检查项目（见表2–8–6）

表2–8–6　　链条葫芦定期检查项目表

<table>
<tr><th>项目</th><th>检测方法</th><th colspan="3">评判标准</th><th>措施</th></tr>
<tr><td>摩擦表面</td><td>目视检查</td><td colspan="3">制动器、摩擦片、棘轮和螺纹表面应无划伤、划沟和磨损</td><td>更换</td></tr>
<tr><td rowspan="4">摩擦片</td><td rowspan="4">测量检查</td><td colspan="3">厚度应一致，无裂纹和划伤，外部比内部薄时摩擦片应废弃</td><td rowspan="4">更换</td></tr>
<tr><td rowspan="2">规格（t）</td><td colspan="2">摩擦片厚度</td></tr>
<tr><td>标准</td><td>报废</td></tr>
<tr><td>0.5～30</td><td>3.0mm</td><td>≤2.5mm</td></tr>
<tr><td rowspan="5">制动棘轮</td><td rowspan="5">测量棘轮外径
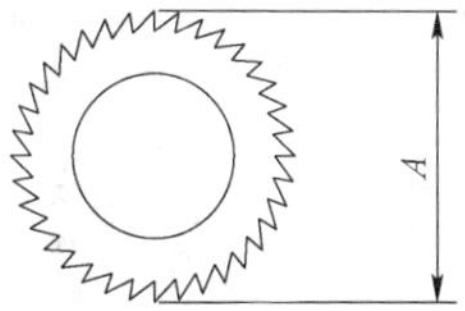</td><td>规格（t）</td><td colspan="2">A（mm）</td><td rowspan="5">更换</td></tr>
<tr><td>0.5</td><td>54.5</td><td>≤52.5 报废</td></tr>
<tr><td>1、2　S</td><td>74.5</td><td>≤71.5 报废</td></tr>
<tr><td>1.5、2、3</td><td>85.0</td><td>≤83.0 报废</td></tr>
<tr><td>5、7.5、10、20、30</td><td>94.0</td><td>≤91.0 报废</td></tr>
<tr><td>制动棘爪</td><td>目视检查</td><td colspan="3">棘爪的工作平面应无磨损</td><td>更换</td></tr>
<tr><td>棘爪弹簧</td><td>目视检查</td><td colspan="3">应无变形和划伤</td><td>更换</td></tr>
<tr><td>制动器座多头螺纹</td><td>目视检查</td><td colspan="3">应无明显的变形</td><td>更换</td></tr>
<tr><td>起重链轮</td><td>目视检查</td><td colspan="3">链环槽突出部分应无磨损，表面应无划伤</td><td>更换</td></tr>
<tr><td>齿轮</td><td>目视检查</td><td colspan="3">无碎裂、无不均匀磨损或划伤</td><td>更换</td></tr>
<tr><td>外墙板</td><td>目视检查</td><td colspan="3">应无明显变形或划伤，短轴支撑孔应无变形</td><td>更换</td></tr>
<tr><td>导链板</td><td>目视检查</td><td colspan="3">不应有损坏或明显的变形</td><td>更换</td></tr>
<tr><td>挡链板</td><td>目视检查</td><td colspan="3">不应有损坏或明显的变形</td><td>更换</td></tr>
<tr><td>尾链环</td><td>目视检查</td><td colspan="3">不应有损坏或明显的变形</td><td>更换</td></tr>
</table>

五、链条葫芦常见故障判定及排除（见表 2–8–7）

表 2–8–7　　　　链条葫芦常见故障判定及排除表

故障现象	造成故障的原因	排除方法
吊钩延伸、扭曲、裂纹	过载或使用不当	更换
负载不下降	制动部分生锈造成过紧	更换生锈部件
重物打滑	摩擦副间有异物或油污	取出异物，进行清洁
	摩擦片装配错误	重新正确装配
	过载造成摩擦片破裂	更换摩擦片
	摩擦片磨损	更换摩擦片
起重链条锈蚀	缺少润滑，长期暴露在露天作业场所	进行润滑
起重链条断裂	过载或使用不当	更换
不能提升，轻微滴答声	棘轮安装不正确	重新安装棘轮和棘爪
不能提升，无滴答声	棘轮与棘爪接触不良	重新安装棘轮和棘爪
	棘爪或棘爪销上沾有灰尘或油污	拆下清洁
	棘爪弹簧故障	更换棘爪弹簧
不能提升，链轮不工作	齿轮“0”位装配不正确 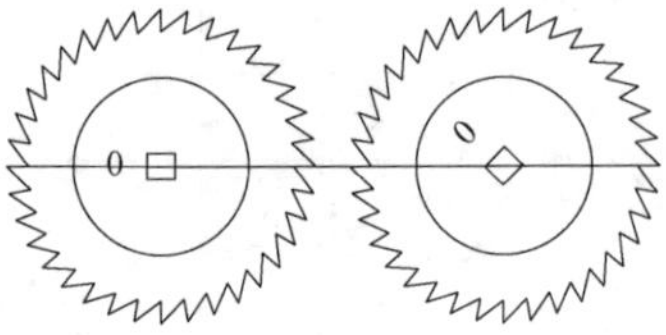	重新正确装配，齿轮“0”位必须在一条直线上 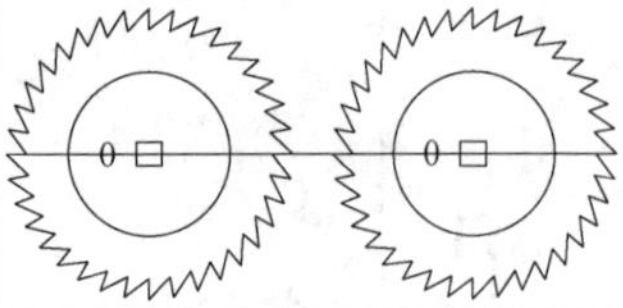
间断提升，轻微或不规律的滴答声	由棘爪弹簧故障造成的棘爪运行不良或棘爪弹簧装配错误	定期检查，重新装配
空转或负载移动缓慢	起重链条穿过起重链轮方式不正确，造成起重链轮与起重链条接触不良	重新装配
不能全程提升	吊钩倒装或链条扭转	重新装配倒装的吊钩

【思考与练习】

1. 简述链条葫芦的分类及其工作原理。
2. 简述链条葫芦的试验原理。
3. 简述链条葫芦日常检查项目及要求。
4. 简述链条葫芦钩架组件检查项目及要求。
5. 简述链条葫芦定期检查项目及要求。

6. 简述链条葫芦作业中出现重物打滑故障的原因及排除方法。
7. 简述链条葫芦作业中不能提升故障的原因及排除方法。

模块 9　抱杆试验检验

【模块描述】本模块介绍抱杆的试验方法及检验要求，通过操作过程详细介绍，掌握抱杆的试验检验方法。

【正文】

一、概述

抱杆系统在施工线路上主要用于杆塔组立时塔材的吊装、就位作业。抱杆的组成结构主要有抱杆主体、起升装置、稳定系统以及承托提升装置等组成。

主体部分包括抱杆顶节、抱杆标准节、抱杆底座以及连接螺栓等。根据材质不同分为金属抱杆和圆木抱杆，根据截面形状不同分为“□”形抱杆、“○”形抱杆和“△”形抱杆等，如图 2–9–1 所示。

(a)　(b)　(c)

图 2–9–1　抱杆主体部分分类图

(a)“□”形抱杆；(b)“○”形抱杆；(c)“△”形抱杆

起升装置包括动力设备、起重滑车、钢丝绳及连接件等，应根据被吊物的质量等合理选择，主要用于实现被吊物的起升和下降。

稳定系统多采用现场设置钻桩或地锚配合浪风绳使用，用于保证抱杆系统在作业过程中的稳定性。

二、抱杆的试验检验

抱杆试验包括抱杆系统各组成件分别试验和现场抱杆系统整体模拟工况试验两种。

抱杆系统整体模拟工况试验是根据施工现场实际情况，将抱杆系统所有的组成件组合，按照实际使用方式进行试验，主要用于检验抱杆系统的整体性能是否满足使用要求，具体如图 2–9–2 所示。

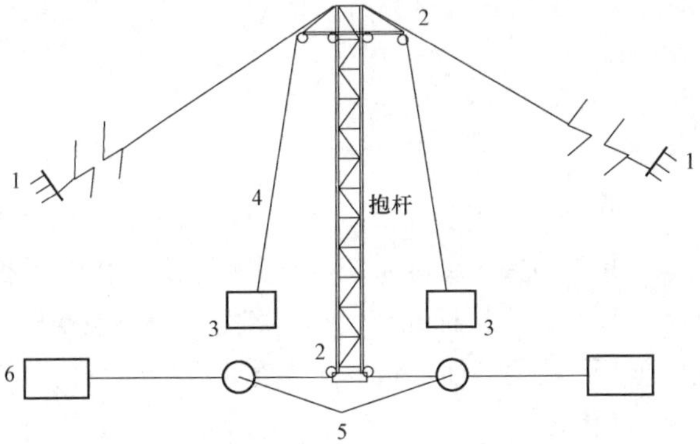

图 2–9–2 抱杆系统整体性能试验连接示意图

1—锚固部分；2—转向滑车；3—吊物；4—钢丝绳；5—拉力表；6—动力机械

抱杆系统各组成件分别试验是指对各组成件分别进行试验，如动力设备的模拟使用试验，滑车、卸扣、钢丝绳、地锚、钻桩等的静载荷试验等，适用于无大型试验场地时进行，主要对抱杆系统各个组成件进行强度试验和性能检验。

抱杆的其他组成部分试验在本教材相关模块已进行介绍，包括起重滑车、卷扬机、地锚、钻桩、卸扣、钢丝绳等，本模块主要介绍抱杆主体部分的载荷试验，包括抱杆顶节、标准节等。

（一）抱杆试验方式及试验参数

抱杆顶节、标准节的试验，主要是轴向挤压试验。试验数据满足额定载荷的 1.25 倍，并进行静载荷试验，持荷时间 10min，试验周期 1 年。

（二）抱杆的试验检验

1. 试验依据

（1）《国家电网公司电力安全工作规程（线路部分）》。

（2）《电力建设安全工作规程　第 2 部分：电力线路》。

（3）《电力建设安全工作规程　第 2 部分：电力线路》。

2. 试验

（1）检测设备。卧式拉力机。

（2）连接工具。钻桩试验辅具、钢丝绳、卸扣。

（3）试验方法。

1）将抱杆试验辅具 1 与拉力机通过轴销进行连接固定（靠近油缸侧）。

2）将抱杆试验辅具 2 放至拉力机尾侧，利用滑轮可在机架上平行滑动。

3）用两根钢丝绳分别与辅具两个受力拉耳进行连接，并通过辅具 1 导向轮与拉力机油缸进行连接。

4）通过油缸的收缩，带动辅具 2 向油缸侧平行滑动，产生轴向挤压力，具体如图 2–9–3 所示。

3. 抱杆检验要求

（1）满足试验数据要求（1.25 倍试验载荷，持荷时间 10min）。

（2）抱杆无弯曲变形、焊口无开焊。

（3）弯曲长度不得超过杆长的 1/600。

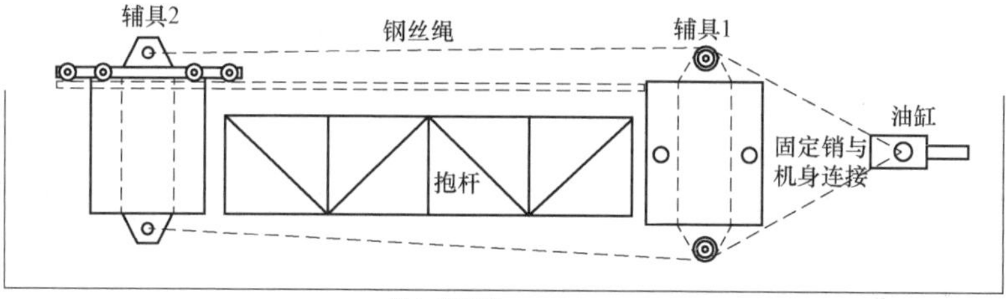

图 2–9–3　抱杆荷载试验示意图

【思考与练习】

1. 简述抱杆的分类及组成。
2. 简述抱杆的试验方法。
3. 简述抱杆的检验要求。

模块 10　网套连接器试验检验

【模块描述】本模块介绍网套连接器的试验方法及检验要求，通过操作过程详细介绍以及操作技能训练，掌握网套连接器的试验检验方法。

【正文】

一、概述

网套连接主要用于牵引绳索与导线之间的连接，其试验方法主要是选择适用的导线模拟实际使用工况，进行静载荷拉力试验，以检测网套连接器在试验许用载荷以及静载时的受力情况，是否满足使用要求。

二、网套连接器试验参数（见表 2–10–1）

表 2–10–1 网套连接器试验参数表

型号	额定载荷（kN）	试验载荷（kN）	适用导地线型号	持荷时间	试验周期
SWL–1.2	12	15	GJ70–80	10min	1 年
SWL–2	20	25	LGJ95–150		
SWL–2.5	25	31.25	LGJ185–240		
SWL–3	30	37.5	LGJ300–400		
SWL–5	50	62.5	LGJ630		
SWL–5	50	62.5	LGJ720		
SWL–6	60	75	GIA–800/55		
SWL–8	80	100	LJ/G2A–900/75		
SWL–2B	20	25	LGJ95–150		
SWL–2.5B	25	31.25	LGJ185–240		
SWL–3B	30	37.5	LGJ300–400		
SWL–5B	50	62.5	LGJ630		
SWL–5B	50	62.5	LGJ720		

三、试验检验

（一）试验

1. 单头网套连接器

（1）试验依据。

1）DL/T 875—2004《输电线路施工机具设计、试验基本要求》。

2）《国家电网公司电力安全工作规程（线路部分）》。

3）《电力建设安全工作规程　第 2 部分：电力线路》。

（2）试验方法。

1）检测设备为卧式拉力机。

2）连接工具为导线、地线、光缆等被夹持物。

3）试验连接如图 2–10–1 所示。

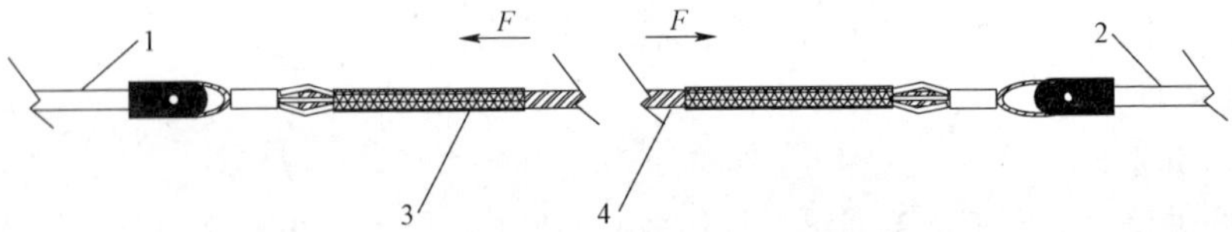

图 2–10–1　单头网套连接器试验示意图

1—拉力机固定端；2—拉力机油缸；3—单头网套连接器；4—被夹持物

2. 双头网套连接器

（1）试验依据。

1）DL/T 875—2004《输电线路施工机具设计、试验基本要求》。

2）《国家电网公司电力安全工作规程（线路部分）》。

（2）试验方法。

1）检测设备为卧式拉力机。

2）连接工具。单头网套器或卡线器；导线、地线、光缆等被夹持物。

3）试验连接如图 2–10–2 所示。

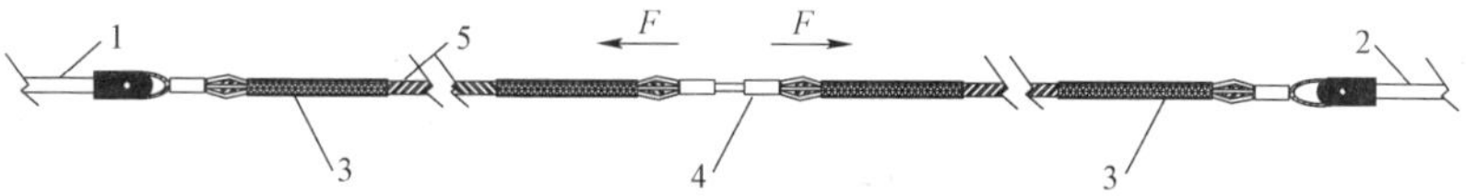

图 2–10–2 单头网套连接器试验示意图

1—拉力机固定端；2—拉力机油缸；3—单头网套连接器；4—双头网套连接器；5—被夹持物

（二）检验

（1）满足试验数据要求（1.25 倍试验载荷，持荷时间 10min）。

（2）试验过程中，网套连接器不得打滑。

（3）网丝、钢丝绳不得出现断丝、断股等现象。

【思考与练习】

1. 简述单头网套连接器和双头网套连接的试验方法及区别。

2. 简述网套连接器检验要求。

模块 11 卸扣试验检验

【模块描述】本模块介绍卸扣的试验方法及检验要求，通过操作过程详细介绍以及操作技能训练，掌握卸扣的试验检验方法。

【正文】

一、概述

目前较好的卸扣一般都是采用合金钢材质，改变了过去使用普碳钢的历史。卸扣包括一般起重用卸扣、船用卸扣和普通卸扣；选择卸扣时应注意安全系数，使用时一定要严格遵守额定载荷，不得超载使用。

其试验方法主要是进行许用试验载荷的拉力试验，以检验卸扣是否满足使用要求。

二、卸扣的技术参数（见表 2-11-1 和图 2-11-1）

表 2-11-1　　卸扣主要技术参数表

型号	额定载荷（kN）	W	D	d	E	P	S	L	质量（kg）
DG-1	10	20	12	11	25	11	43	54	0.2
DG-2	20	25	16	14	34	14	71	70	0.6
DG-3	30	35	22	19	45	19	77	94	1
DG-4	40	40	24	17	48	26	86	100	1.25
DG-5	50	44	22	20	46	27	108	110	1.5
DG-6.3	63	50	30	21	60	32	100	132	2.5
DG-8	80	45	27	24	54	24	90	118	2
DG-10	100	42	30	24	62	33	125	119	3
DG-16	160	64	37	30	76	42	140	154	5
DG-20	200	70	42	34	86	46	158	172	7
DG-25	250	99	60	40	120	60	198	224	16
DG-30	300	72	45	40	94	52	142	188	9
DG-32	320	112	68	45	136	68	224	255	22
DG-40	400	125	75	50	150	75	250	277	30
DG-50	500	140	85	56	170	84	280	314	40

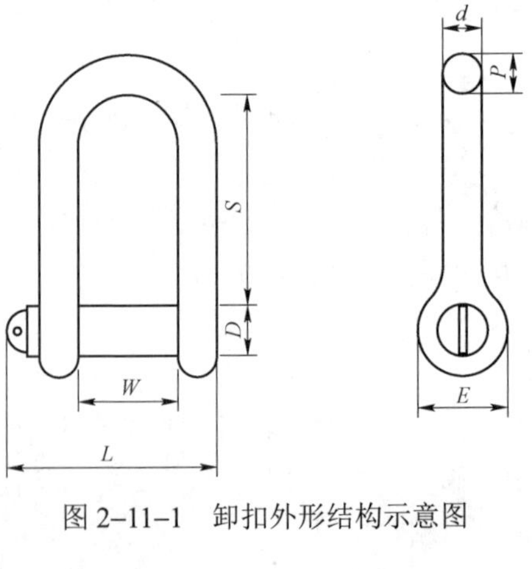

图 2-11-1　卸扣外形结构示意图

三、卸扣的使用要求

（1）卸扣应光滑平整，不得有裂纹、锐边、过烧等缺陷。

（2）严禁使用铸铁或铸钢的卸扣。

（3）不应在卸扣上钻孔或焊接修补，扣体和轴销永久变形后，不得进行修复。

（4）使用时，应检查扣体和插销，不得严重磨损、变形和疲劳裂纹。螺帽或轴的螺纹部分应拧紧，应考虑轴销拆卸方便，以防拉出落下伤人。

（5）使用时，横向间距不得受拉力。

（6）轴销应正确装配，扣体内宽不得明显减少，螺纹连接良好。

（7）不得超负荷使用。工作完毕后，要将卸扣收回，擦干净后放在干燥处，防止表面生锈影响以后的使用。

四、卸扣试验检验

（一）试验数据（见表 2–11–2）

表 2–11–2　　卸扣试验数据表

型号	额定载荷（kN）	试验载荷（kN）	持荷时间	试验周期（年）
DG–1	10	20	10min	1
DG–2	20	40		
DG–3	30	60		
DG–4	40	80		
DG–5	50	100		
DG–6.3	63	126		
DG–8	80	160		
DG–10	100	200		
DG–16	160	320		
DG–20	200	400		
DG–25	250	500		
DG–30	300	600		
DG–32	320	640		
DG–40	400	800		
DG–50	500	1000		

（二）试验依据

（1）DL/T 875—2004《输电线路施工机具设计、试验基本要求》。

（2）《国家电网公司电力安全工作规程（线路部分）》。

（3）DL 5009.2—2013《电力建设安全工作规程　第 2 部分：电力线路》。

（三）试验方法

（1）检测设备为卧式拉力机。

（2）连接工具为连接板、卸扣。

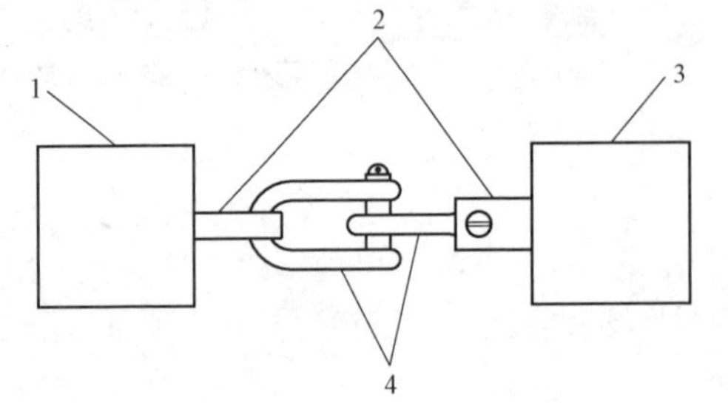

图 2–11–2 卸扣试验示意图

1—拉力机固定端；2—连接板；3—拉力机油缸；4—卸扣

（3）试验连接如图 2–11–2 所示。

1）将卸扣 U 形部分与拉力机一端进行连接。

2）将卸扣另一端与拉力机油缸侧连接，并旋紧活动销（应在旋紧后回转一圈，防止受力活动销难以拆卸）。

3）通过油缸的收缩动力，产生横向拉力，完成卸扣的试验工作，具体如图 2–11–2 所示。

（四）检验要求

（1）满足试验数据要求（2 倍试验载荷，持荷时间 10min）。

（2）扣体不得出现断裂。

（3）轴销不得有永久变形且在拧松后可自由转动。

（4）扣体长度尺寸的增量不得超过原尺寸的 0.25%或 0.5mm。

【思考与练习】

1. 简述卸扣的使用要求。
2. 简述卸扣的试验方法。
3. 简述卸扣的检验要求。

模块 12 旋转（抗弯）连接器试验检验

【模块描述】本模块介绍旋转（抗弯）连接器试验方法、要求及常见故障种类及排除方法，通过学习，掌握旋转（抗弯）连接器的试验检验方法。

【正文】

一、旋转连接器试验检验

（一）试验数据（见表 2–12–1）

表 2–12–1 旋转连接器主要技术参数表

型号	额定负荷（kN）	试验负荷（kN）	持荷时间（min）	试验周期
SLX–5	5	6.25	10	1 年
SLX–20	20	25	10	
SLX–30	30	37.5	10	

续表

型号	额定负荷（kN）	试验负荷（kN）	持荷时间（min）	试验周期
SLX–50	50	62.5	10	1 年
SLX–80	80	100	10	
SLX–130	130	162.5	10	
SLX–180	180	225	10	
SLX–250	250	312.5	10	
SLX–280	280	350	10	
SLX–320	320	400	10	

（二）试验依据

（1）DL/T 875—2004《输电线路施工机具设计、试验基本要求》。

（2）《国家电网公司电力安全工作规程（线路部分）》。

（3）《电力建设安全工作规程　第 2 部分：电力线路》。

（三）试验方法

（1）检测设备为卧式拉力机。

（2）连接工具为钢丝绳。

（3）试验连接如图 2–12–1 所示。

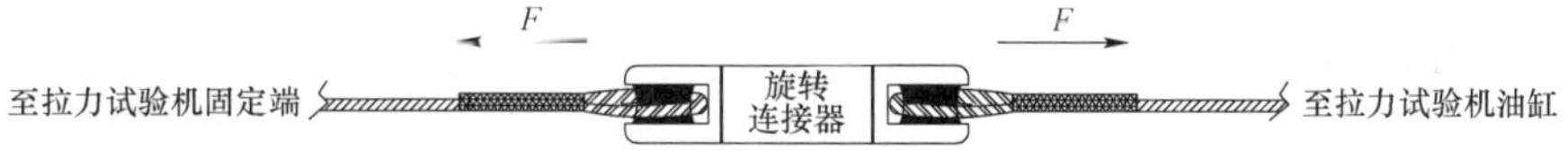

图 2–12–1　旋转连接器试验连接示意图

（四）检验要求

（1）满足试验数据要求（1.25 倍试验载荷，持荷时间 10min）。

（2）经试验后，旋转连接器无裂纹、变形等异常。

（3）旋转连接器转动灵活，连接件拆卸方便。

（4）旋转连接器有裂纹、弯曲、连接件拆卸不灵活时严禁使用。

二、抗弯连接器试验检验

（一）试验数据（见表 2–12–2）

表 2–12–2　　抗弯连接器主要技术参数表

型号	额定负荷（kN）	试验负荷（kN）	持荷时间（min）	试验周期
DHG–5	5	6.25	10	每年一次

续表

型号	额定负荷（kN）	试验负荷（kN）	持荷时间（min）	试验周期
DHG-20	20	25	10	每年一次
DHG-30	30	37.5	10	
DHG-50	50	62.5	10	
DHG-80	80	100	10	
DHG-130	130	162.5	10	
DHG-150	150	187.5	10	
DHG-180	180	225	10	
DHG-250	250	312.5	10	
DHG-280	280	350	10	
DHG-320	320	400	10	

（二）试验依据

（1）DL/T 875—2004《输电线路施工机具设计、试验基本要求》。

（2）《国家电网公司电力安全工作规程（线路部分）》。

（三）试验方法

（1）检测设备为卧式拉力机。

（2）连接工具为钢丝绳。

（3）试验连接如图 2-12-2 所示。

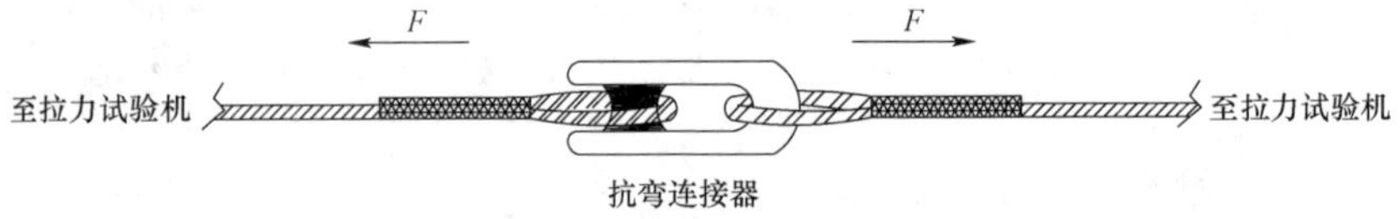

图 2-12-2 抗弯连接器试验连接示意图

（四）检验要求

（1）满足试验数据要求（1.25 倍试验载荷，持荷时间 10min）。

（2）经试验后，无裂纹、变形等异常。

（3）连接件拆卸方便。

（4）抗弯连接器有裂纹、弯曲、连接件拆卸不灵活时严禁使用。

【思考与练习】

1. 简述旋转连接器试验方法及检验要求。

2. 简述抗弯连接器试验方法及检验要求。

模块 13 走板试验检验

【模块描述】本模块介绍走板的试验方法及检验要求，通过操作过程详细介绍以及操作技能训练，掌握走板的试验检验方法。

【正文】

一、走板主要技术参数（见表 2–13–1）

表 2–13–1 走板主要技术参数表

型号	额定负荷	配用旋转连接器（kN）		适用导线	质量（kg）
		主牵	连接导线		
SZ2–60	60	80	30	LGJ400 及以下	18
SZ4–120	120	130	50	LGJ400 及以下	56
SZ6–120	120	130	50	LGJ400 及以下	100
SZa2–180	180	180	130	LGJ720 及以下	60
SZa4–180	180	180	80	LGJ630 及以下	83
SZa4–250	250	250	80	LGJ720 及以下	115
SZa6–250	250	250	50	LGJ630 及以下	122
TJSZa3–250	250	250	80	LGJ900 及以下	137
JSZa4–250	250	250	80	LGJ720 及以下	122
JSZa6–250	250	250	50	LGJ400 及以下	125
JSZa2–280	280	280	130	LGJ1000 及以下	106
JSZa4–320	320	320	80	LGJ1000 及以下	156
SZa8–2–400	400	2×280	80	LGJ800 及以下	412

二、试验检验

（一）试验数据（见表 2–13–2）

表 2–13–2 走板试验数据表

型 号	额定负荷（kN）	试验载荷（kN）	持荷时间	备注
SZ2–60	60	75	10min	每年进行一次
SZ4–120	120	150		
SZ6–120	120	150		

续表

型　号	额定负荷（kN）	试验载荷（kN）	持荷时间	备注
SZa2–180	180	225	10min	每年进行一次
SZa4–180	180	225		
SZa4–250	250	312.5		
SZa6–250	250	312.5		
TJSZa3–250	250	312.5		
JSZa4–250	250	312.5		
JSZa6–250	250	312.5		
JSZa2–280	280	350		
JSZa4–320	320	400		
SZa8–2–400	400	500		

（二）试验依据

（1）DL/T 875—2004《输电线路施工机具设计、试验基本要求》。

（2）《国家电网公司电力安全工作规程（线路部分）》。

（三）试验方法

检测设备为卧式拉力机。连接工具为钢丝绳或吊装带、旋转连接器、卸扣。

（1）取一块走板，将尾部各旋转连接器点安装卸扣，并将卸扣与连接件进行连接，牵引端与拉力机固定端进行连接。

（2）取一块走板，将尾部各旋转连接器点安装卸扣，并将卸扣与连接件进行连接，牵引端与拉力机油缸侧进行连接。

（3）通过油缸的收缩动力，产生横向拉力，完成走板的试验工作，具体如图 2–13–1 所示。

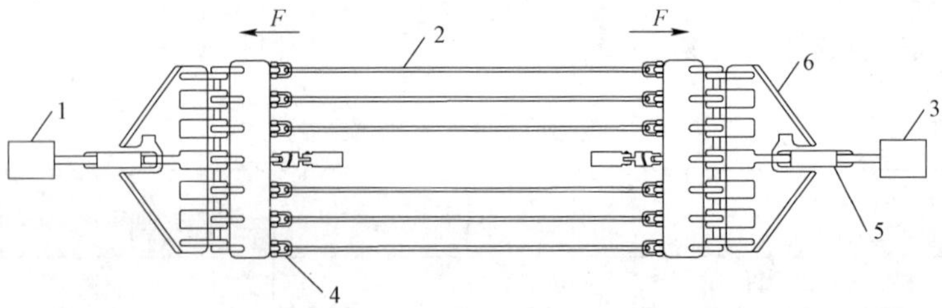

图 2–13–1　走板试验示意图

1—拉力机固定端；2—钢丝绳或吊装带；3—拉力机油缸；4—卸扣；5—旋转连接器；6—走板

（四）检验要求

（1）满足试验数据要求（1.25 倍试验载荷，持荷时间 10min）。

（2）各连接部位转动灵活无变形、裂纹、断裂等异常。

（3）走板整体无变形、断裂。

【思考与练习】

1. 简述走板的试验方法。

2. 简述走板试验检验要求。

模块 14　卡线器试验检验

【模块描述】本模块介绍卡线器的试验方法及检验要求，通过操作过程详细介绍以及操作技能训练，掌握卡线器的试验检验方法。

【正文】

一、试验数据

（一）导线卡线器（见表 2–14–1）

表 2–14–1　导线卡线器试验参数表

型号	额定负荷（kN）	试验负荷（kN）	持荷时间	试验周期
KLQ–8	8	12	10min	1 年
KLQ–16	16	24		
KLQ–30	30	45		
KLQ–45	45	67.5		
KLQ–65	60	90		
KLQ–75	65	97.5		
KLQ–80	75	112.5		
KLQ–85	80	120		

（二）地线卡线器（见表 2–14–2）

表 2–14–2　地线卡线器试验参数表

型号	额定负荷（kN）	试验负荷（kN）	持荷时间	试验周期
KQ–20–Ⅰ	20	30	10min	1 年
KQ–20–Ⅱ	20	30		

续表

型号	额定负荷（kN）	试验负荷（kN）	持荷时间	试验周期
KQ–30–Ⅰ	30	45	10min	1 年
KQ–30–Ⅱ	30	45		
KQ–45–Ⅱ	45	67.5		
KQ–70–Ⅱ	70	105		
KQ–120–Ⅱ	120	180		

（三）防捻钢丝绳卡线器（见表 2–14–3）

表 2–14–3　防捻钢丝绳卡线器试验参数表

型号	额定负荷（kN）	试验负荷（kN）	持荷时间	试验周期
KQ–30	30	45	10min	1 年
KQ–50	50	75		
KQ–70	70	105		
KQ–135	135	202.5		
KQ–220	220	330		

（四）光缆卡线器（见表 2–14–4）

表 2–14–4　光缆卡线器试验参数表

型号	额定负荷（kN）	试验负荷（kN）	持荷时间	试验周期
KG LQ–16	16	24	10min	1 年
KG LQ–30	30	45		
KGLQ–60	60	90		

（五）铝包钢卡线器（见表 2–14–5）

表 2–14–5　铝包钢卡线器试验参数表

型号	额定负荷（kN）	试验负荷（kN）	持荷时间	试验周期
KLGQ–30	30	45	10min	1 年
KLGQ–35	40	60		

续表

型号	额定负荷（kN）	试验负荷（kN）	持荷时间	试验周期
KLGQ–40	45	67.5	10min	1 年
KLGQ–60	60	90		
KLGQ–80	80	120		
KLGQ–90	90	135		
KLGQ–100	100	150		
KLGQ–150	150	225		
KLGQ–200	200	300		

二、试验检验

（一）试验依据

（1）DL/T 875—2004《输电线路施工机具设计、试验基本要求》。

（2）《国家电网公司电力安全工作规程（线路部分）》。

（二）试验方法

（1）检测设备为卧式拉力机。

（2）连接工具为导线、地线、钢丝绳等。

（3）试验方法。

1）取一只卡线器与连接件进行连接，拉耳部分与拉力机固定端进行连接。

2）取另一只同规格卡线器与连接件进行连接，拉耳部分与拉力机油缸侧进行连接。

3）通过油缸的收缩动力，产生横向拉力，完成卡线器的试验工作，具体如图 2–14–1 所示。

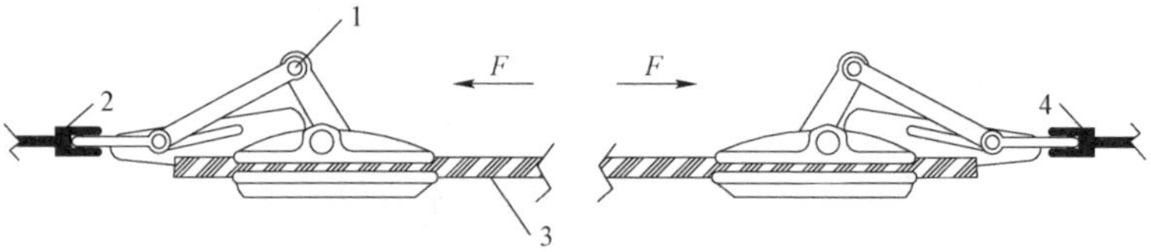

图 2–14–1　卡线器试验示意图

1—卡线器具；2—拉力机固定端；3—连接件（导线、地线、钢丝绳等）；4—拉力机油缸

（三）检验要求

（1）满足试验数据要求（1.25 倍试验载荷，持荷时间 10min）。

（2）试验后，卡线器应无裂纹、弯曲、转轴不灵活等现象。

（3）钳口斜纹应无缺陷，无压伤连接件现象。

【思考与练习】

1. 简述卡线器试验方法。

2. 简述卡线器试验检验要求。

模块 15 地锚试验检验

【模块描述】本模块介绍地锚的试验方法及检验要求，通过操作过程详细介绍以及操作技能训练，掌握地锚的试验检验方法。

【正文】

一、概述

地锚试验包括单体载荷试验和现场使用试验两种。单体载荷试验适用于后勤基地无大型试验场地，只进行地锚自身的强度检验；现场使用试验是根据施工现场实际工况，对地锚的使用载荷进行检验，包括地锚对现场土壤的抗拔试验等。本模块主要介绍地锚单体载荷试验。

二、地锚试验参数（见表 2–15–1）

表 2–15–1 地锚试验参数表

序号	名称	规格（mm）	额定载荷（kN）	试验载荷（kN）	持荷时间	试验周期
1	地锚	3t	30	37.5	10min	1 年
2	地锚	5t	50	62.5		

三、地锚试验检验

（一）试验依据

（1）DL/T 875—2004《输电线路施工机具设计、试验基本要求》。

（2）《国家电网公司电力安全工作规程（线路部分）》。

（3）《电力建设安全工作规程　第 2 部分：电力线路》。

（二）试验方法

（1）检测设备为卧式拉力机。

（2）连接工具为钢丝绳、地锚试验辅具、卸扣。

（3）试验方法。

1）将地锚试验辅具通过轴销与拉力机机架进行固定。

2）将地锚放置在辅具上，拉耳侧向下。

3）将试验专用钢丝绳一侧与地锚通过卸扣进行连接，另一侧通过导向滑轮与拉力机油缸进行连接。

4）通过油缸的收缩动作，产生横向的拉力，经过导向滑轮，使地锚受到向下的拉力，从而完成地锚的试验工作，具体如图 2–15–1 所示。

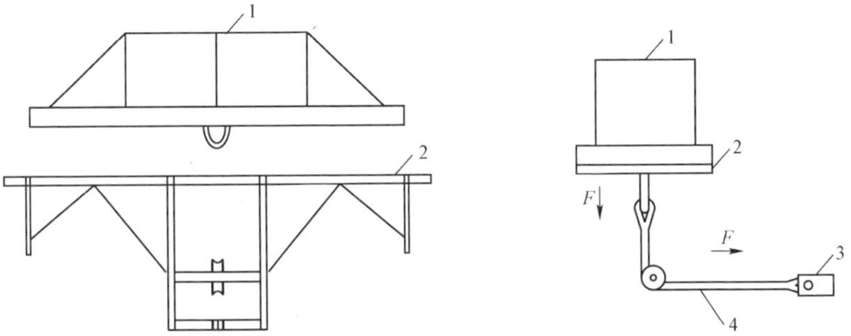

图 2–15–1　地锚试验示意图

1—地锚；2—地锚试验辅具；3—拉力机油缸；4—钢丝绳

（三）检验要求

（1）满足试验数据要求（1.25 倍试验载荷，持荷时间 10min）。

（2）地锚受力面应平整不得有变形、断裂。

（3）吊耳部分不得变形、断裂、脱焊。

【思考与练习】

1. 简述地锚的试验方法。

2. 简述地锚的试验检验要求。

模块 16　钻桩试验检验

【模块描述】本模块介绍钻桩的试验方法及检验要求，通过操作过程详细介绍以及操作技能训练，掌握钻桩的试验检验方法。

【正文】

一、概述

钻桩试验和地锚试验相似，包括单体载荷试验和现场使用试验两种。单体载荷试验适用于后勤基地无大型试验场地，只进行钻桩自身的强度检验；现场使用试验是根据施工现场实际工况，对钻桩的使用载荷进行检验，包括钻桩对现场土壤的抗拔试验等。本模块主要介绍钻桩单体载荷试验。

二、钻桩受力参数（见表 2–16–1）

表 2–16–1 钻桩受力参数表

序号	名称	规格（mm）	额定垂直载荷（kN）	试验载荷（kN）	持荷时间	试验周期
1	钻桩	1500	30	37.5	10min	1 年
2	钻桩	1800	50	62.5		

三、钻桩试验检验

1. 试验依据

试验依据为《国家电网公司电力安全工作规程（线路部分）》。

2. 试验方法

（1）检测设备为卧式拉力机。

（2）连接工具为钻桩试验辅具。

3. 试验方法

（1）将钻桩试验辅具 U 形连接环与拉力机固定端进行连接。

（2）将钻桩的拉耳与拉力的油缸进行连接，钻盘部分与试验辅具连接盘进行连接。

（3）通过油缸的收缩动力，产生横向拉力，完成钻桩的试验工作，具体如图 2–16–1 所示。

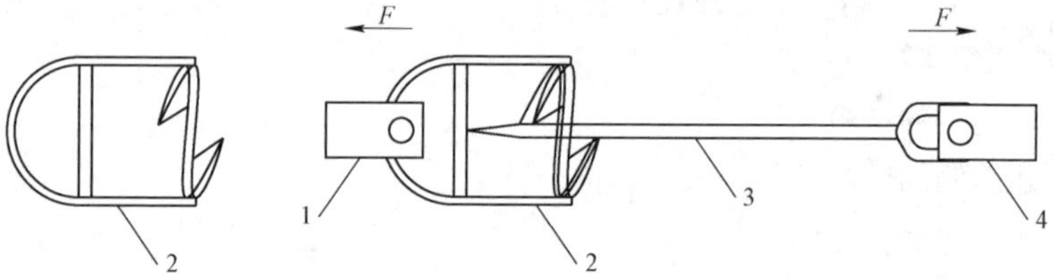

图 2–16–1 钻桩试验示意图

1—拉力机固定端；2—钻桩试验辅具；3—钻桩；4—拉力机油缸侧

4. 检验要求

（1）满足试验数据要求（1.25 倍试验载荷，持荷时间 10min）。

（2）钻桩钻盘受力面不得有变形、断裂。

（3）钻桩拉耳部分不得变形、断裂、脱焊。

【思考与练习】

1. 简述钻桩的试验方法。

2. 简述钻桩的试验检验要求。

模块 17　起重滑车试验检验

【模块描述】本模块介绍起重滑车的试验方法及检验要求，通过操作过程详细介绍以及操作技能训练，掌握起重滑车的试验检验方法。

【正文】

一、起重滑车的维护与保养

（一）高强度起重滑车的维护与保养

（1）起重滑车在起吊之前首先要检查滑车滑轮转动是否灵活，滑轮与轴的径向间隙是否过大（一般的径向间隙不超 0.3～0.4 ㎜），允许有轴向滑移，在油杯孔内加注润滑油；其次检查头子、铰链、钢索保险扣等是否完好无损，并在转动部位注入些机油或其他润滑油。

（2）起重滑车使用工况较差，一般多为野外作业，并使用时间较长，因此，要不定期观察检查滑车的运转情况，以便及时发现问题排除故障。

（3）对于使用一个工程的滑车，工程结束后应对滑车进行一次保养。首先卸下滑车，清除灰尘然后检查滑车的磨损情况，对径向间隙大的（超过 0.5 ㎜）要更换轴承。滑轮轴承内注足润滑油。有条件的可把整个滑车在润滑油中浸 1 天左右使轴承吸足油液，减少磨损。调整轴承的径向及轴向间隙。

（二）高速起重滑车的维护与保养

（1）高速起重滑车在起吊之前首先要检查滑车滑轮转动是否灵活，其次检查头子、铰链、钢索保险扣等是否完好无损，并在转动部位注入机油或其他润滑油。

（2）高速起重滑车选用的轴承为特制双排滚柱轴承，轴承为密封防尘。滑车使用一般多为野外作业，使用工况较差，并使用时间较长，因此，要不定期观察检查滑车的运转情况，以便及时发现问题排除故障。

（3）对于使用一个工程的滑车，工程结束后应对滑车进行一次保养。首先卸下滑车，清除灰尘然后检查滑车的磨损情况，检查滑轮是否转动活及轮槽的磨损情况，磨损过大要更换滑轮。

二、起重滑车的安全使用

（1）使用前应进行检查，发现有裂纹、轮沿破损等情况者，不准使用。滑车组使用中，两滑车滑轮中心间的最小距离不准小于表 2–17–1 的要求。

表 2–17–1　　滑车组两滑车滑轮中心最小允许距离表

滑车起质量（t）	1	5	10～20	32～50
滑轮中心最小允许距离（mm）	700	900	1000	1200

（2）滑车不准拴挂在不牢固的结构物上。线路作业中使用的滑车应有防止脱钩的保险装置，否则必须采取封口措施。使用开门滑车时，应将开门勾环扣紧，防止绳索自动跑出。

（3）拴挂固定滑车的桩或锚，应按土质不同情况加以计算，使之埋设牢固可靠。如使用的滑车可能着地，则应在滑车底下垫以木板，防止垃圾窜入滑车。

三、起重滑车技术参数

（一）HG起重滑车（轴套）（见表2–17–2）

表2–17–2　　HG轴套式起重滑车技术参数表

<table>
<tr><th rowspan="2">型号</th><th colspan="2">滑车形式</th><th rowspan="2">额定负荷（kN）</th><th rowspan="2">滑轮直径（mm）</th><th rowspan="2">适用钢丝绳ϕ（mm）</th><th rowspan="2">质量（kg）</th></tr>
<tr><th>轮数</th><th>形式</th></tr>
<tr><td>HGG（L）K–1</td><td rowspan="2">单轮</td><td>开口式</td><td rowspan="2">10</td><td rowspan="2">92</td><td rowspan="2">7.1～11.0</td><td>2.0</td></tr>
<tr><td>HGG（L）–1</td><td>闭口式</td><td>1.8</td></tr>
<tr><td>HGG（L）K–2</td><td rowspan="2">单轮</td><td>开口式</td><td rowspan="3">20</td><td rowspan="2">116</td><td>11.0～14.0</td><td>3.4</td></tr>
<tr><td>HGG（L）–2</td><td rowspan="2">闭口式</td><td rowspan="2">7.1～11.0</td><td>3.0</td></tr>
<tr><td>HGG（L、D）2–2</td><td>双轮</td><td>92</td><td>3.4</td></tr>
<tr><td>HGG（L）K–3.2</td><td rowspan="2">单轮</td><td>开口式</td><td rowspan="4">32</td><td rowspan="2">136</td><td rowspan="2">12.5～15.5</td><td>5.0</td></tr>
<tr><td>HGG（L）–3.2</td><td rowspan="3">闭口式</td><td>4.2</td></tr>
<tr><td>HGG（L、D）2–3.2</td><td>双轮</td><td rowspan="2">116</td><td rowspan="2">11.0～14.0</td><td>5.1</td></tr>
<tr><td>HGG（L、D）3–3.2</td><td>三轮</td><td>6.5</td></tr>
<tr><td>HGG（L）K–5</td><td rowspan="2">单轮</td><td>开口式</td><td rowspan="4">50</td><td rowspan="2">165</td><td rowspan="2">15.5～18.5</td><td>9.3</td></tr>
<tr><td>HGG（L）–5</td><td rowspan="3">闭口式</td><td>8.8</td></tr>
<tr><td>HGG（L、D）2–5</td><td>双轮</td><td rowspan="2">136</td><td rowspan="2">12.5～15.5</td><td>9.0</td></tr>
<tr><td>HGG（L、D）3–5</td><td>三轮</td><td>11.2</td></tr>
<tr><td>HGG（L）K–8</td><td rowspan="2">单轮</td><td>开口式</td><td rowspan="4">80</td><td rowspan="2">195</td><td rowspan="2">17.0～20.0</td><td>16.5</td></tr>
<tr><td>HGG（L）–8</td><td rowspan="3">闭口式</td><td>14.0</td></tr>
<tr><td>HGG（L、D）2–8</td><td>双轮</td><td rowspan="2">165</td><td rowspan="2">12.5～15.5</td><td>15.3</td></tr>
<tr><td>HGG（L、D）3–8</td><td>三轮</td><td>19.5</td></tr>
<tr><td>HGG（L）K–10</td><td rowspan="2">单轮</td><td>开口式</td><td rowspan="5">100</td><td rowspan="2">220</td><td rowspan="2">20.0～23.0</td><td>22.5</td></tr>
<tr><td>HGG（L）–10</td><td rowspan="4">闭口式</td><td>20.5</td></tr>
<tr><td>HGG（L、D）2–10</td><td>双轮</td><td rowspan="3">195</td><td rowspan="3">17.0～20.0</td><td>22.0</td></tr>
<tr><td>HGG（L、D）3–10</td><td>三轮</td><td>24.0</td></tr>
<tr><td>HGGD4–10</td><td>四轮</td><td>28.0</td></tr>
</table>

续表

型号	滑车形式		额定负荷（kN）	滑轮直径（mm）	适用钢丝绳ϕ（mm）	质量（kg）
	轮数	形式				
HGLK–16	单轮	开口式	160	255	23.0～24.5	34.0
HGL–16		闭口式				27.0
HGL（D）2–16	双轮			220	20.0～23.0	35.5
HGD3–16	三轮			195	17.0～20.0	36.0
HGD4–16	四轮					45.0
HGD2–20	双轮		200	255	23.0～24.5	44.0
HGD3–20	三轮			220	20.0～23.0	52.0
HGD4–20	四轮					61.0
HGD3–32	三轮		320	255	23.0～24.5	82.5
HGD4–32	四轮			220	20.0～23.0	100.0
HGD4–40			400	255	23.0～24.5	110.0
HGD5–40	五轮					130.5
HGD5–50			500			140.0

（二）HGS 高速起重滑车（轴承）（见表 2–17–3）

表 2–17–3　　HGS 轴承式高速起重滑车技术参数表

型号	滑车形式		额定负荷（kN）	滑轮直径（mm）	适用钢丝绳ϕ（mm）	质量（kg）
	轮数	形式				
HGSG（L）K–1	单轮	开口式	10	92	7.1～11.0	2.2
HGSG（L）–1		闭口式				2.0
HGSG（L）K–2	单轮	开口式	10	116	11.0～14.0	3.8
HGSG（L）–2		闭口式				3.4
HGSG（L、D）2–2	双轮			92	7.1～11.0	4.0
HGSG（L）K–3.2	单轮	开口式	32	136	12.5～15.5	5.5
HGSG（L）–3.2		闭口式				4.7
HGSG（L、D）2–3.2	双轮			116	11.0～14.0	5.8
HGSG（L、D）3–3.2	三轮					7.2
HGSG（L）K–5	单轮	开口式	50	165	15.5～18.5	10.0
HGSG（L）–5		闭口式				9.5
HGSG（L、D）2–5	双轮			136	12.5～15.5	9.8
HGSG（L、D）3–5	三轮					12.2

续表

型号	滑车形式		额定负荷（kN）	滑轮直径（mm）	适用钢丝绳ϕ（mm）	质量（kg）
	轮数	形式				
HGSG（L）K-8	单轮	开口式	80	195	17.0～20.0	17.5
HGSG（L）-8		闭口式				15.0
HGSG（L、D）2-8	双轮			165	15.5～18.5	16.3
HGSG（L、D）3-8	三轮					22.5
HGSG（L）K-10	单轮	开口式	100	220	20.0～23.0	24.0
HGSG（L）-10		闭口式				23.0
HGSG（L、D）2-10	双轮			195	17.0～20.0	24.0
HGSG（L、D）3-10	三轮					25.0
HGSLK-16	单轮	开口式	160	255	23.0～24.5	36.0
HGSL-16		闭口式				29.0
HGSL（D）2-16	双轮			220	20.0～23.0	37.5
HGSD3-16	三轮			195	17.0～20.0	38.0
HGSD4-16	四轮					47.0
HGSD2-20	双轮		200	255	23.0～24.5	48.0
HGSD3-20	三轮			220	20.0～23.0	57.0
HGSD4-20	四轮					66.0
HGSD3-32	三轮		320	255	23.0～24.5	89.5
HGSD4-32	四轮			220	20.0～23.0	105.0
HGSD4-40			400	255	23.0～24.5	115.0
HGSD5-40	五轮					136.5
HGSD5-50			500			147.0

（三）双开口起重滑车（见表 2-17-4）

表 2-17-4　　双开口起重滑车技术参数表

型号	额定负荷（kN）	轮径（mm）		滑车高度（mm）	滑轮外缘宽度（mm）	挂板连接孔直径（mm）	质量（kg）
		外径	底径				
HGDK-2-50	50	136	106	358	26	45	9
HGDK-2-80	80	165	132	420	33	52	16
HGDK-2-100	100	195	155	490	37.5	60	22.5
HGDK-3-160	160			598			46

四、起重滑车试验检验

1. 试验依据

DL/T 875—2004《输电线路施工机具设计、试验基本要求》、《国家电网公司电力安全工作规程（线路部分）》、DL 5009.2—2013《电力建设安全工作规程　第 2 部分：电力线路》。

2. 试验设备

（1）检测设备为卧式拉力机。

（2）连接工具为钢丝绳、抗弯连接器。

3. 试验方法

（1）取一只起重滑车，将连接件缠绕至滑轮上，拉耳端与拉力机固定端进行连接。

（2）取一只起重滑车，将连接件缠绕至滑轮上，拉耳端与拉力机油缸侧进行连接。

（3）通过油缸的收缩动力，产生横向拉力，完成起重滑车的试验工作，具体如图 2–17–1 所示。

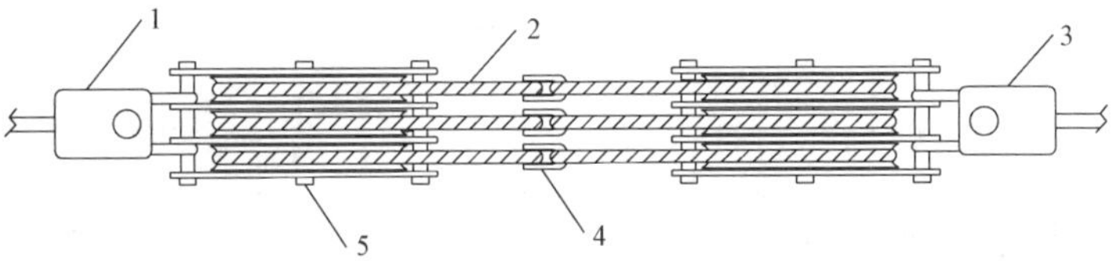

图 2–17–1　起重滑车试验示意图

1　拉力机固定端；2—钢丝绳；3—拉力机油缸；4—抗弯连接器；5—起重滑车

4. 检验要求

（1）满足试验数据要求（1.25 倍试验载荷，持荷时间 10min）。

（2）不得出现裂纹、塑性变形、松动损坏现象。

（3）各转动部位动作灵活。

5. 报废标准

（1）不得超负荷使用，出现吊钩或吊环变形、轮缘破损或严重磨损、轴承变形缺损、轴瓦磨损以及滑轮转动不灵等现象严禁使用。

（2）滚动轴承的壁厚磨损量达到原壁厚的 20%不得使用。

（3）吊钩口开口超过实际尺寸的 15%不得使用。

【思考与练习】

1. 简述起重滑车的种类及使用要求。
2. 简述起重滑车安全使用要求。
3. 简述起重滑车维护与保养要求。

4. 简述起重滑车试验及检验要求。

模块 18 放线滑车试验检验

【模块描述】本模块介绍放线滑车的试验方法及检验要求，通过操作过程详细介绍以及操作技能训练，掌握放线滑车的试验检验方法。

【正文】

一、概述

本模块介绍的放线滑车是指大直径轮片的放线滑车，如ϕ660、ϕ822、ϕ916 以及ϕ1040 等，包括单轮、三轮、五轮以及七轮。各种规格型号的放线滑车试验方法基本一致，主要是通过连接件将放线滑车轮片、连板分别与卧式拉力机连接，通过卧式拉力的静拉力检验放线滑车的载荷是否能够达到使用要求。中轮和边轮组分别单独试验。

二、放线滑车试验数据（见表 2–18–1）

表 2–18–1 放线滑车试验数据表

型号	滑车滑轮数	额定负荷（kN）	试验负荷（kN）	持荷时间	试验周期
WQDK–308	单轮	20	25	10min	1 年
WQS–308	三轮	40	50		
WQDK–400	单轮	20	25		
WQS–400	三轮	40	50		
WQD–560	单轮	20	25		
WQS–560	三轮	40	50		
WQH–560	五轮	60	75		
WQq–560	七轮	90	112.5		
WQD–710	单轮	40	50		
WQS–710	三轮	80	100		
WQH–710	五轮	120	150		
WQD–800	单轮	50	62.5		
WQS–800	三轮	100	125		
WQH–800	五轮	150	187.5		
	五轮（中钢）	200	250		
WQS–900	三轮	150	187.5		
WQH–900	五轮	200	250		

（一）试验依据

（1）DL/T 875—2004《输电线路施工机具设计、试验基本要求》。

（2）《国家电网公司电力安全工作规程（线路部分）》。

（3）《电力建设安全工作规程　第 2 部分：电力线路》。

（二）试验方法

（1）检测设备为卧式拉力机。

（2）连接工具为钢丝绳或吊装带、卸扣。

（3）试验连接如图 2–18–1 和图 2–18–2 所示。

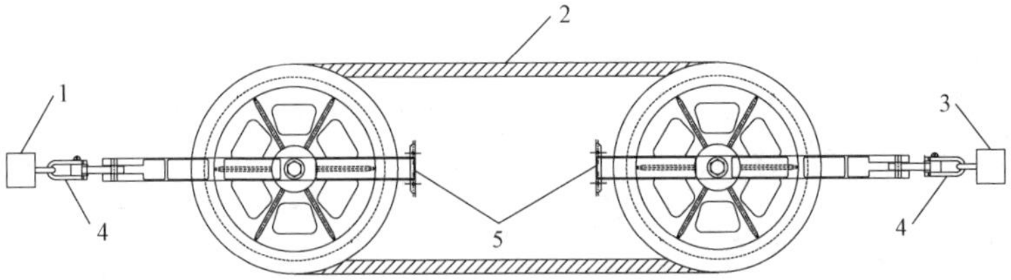

图 2–18–1　放线滑车试验连接示意图

1—拉力机固定端；2—钢丝绳或吊装带；3—拉力机油缸；4—卸扣；5—放线滑车

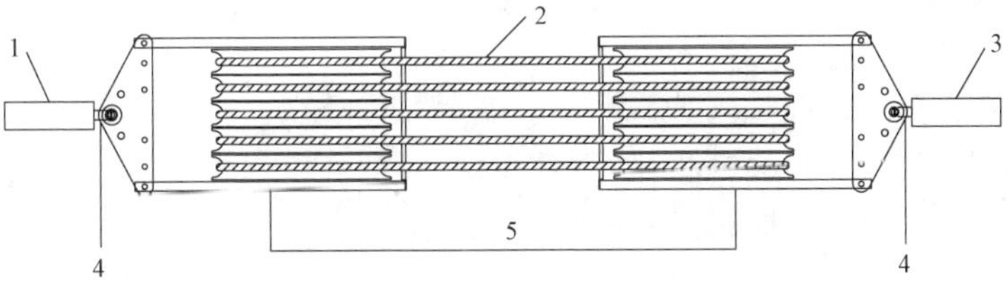

图 2–18–2　五轮放线滑车试验连接示意图

1—拉力机固定端；2—钢丝绳或吊装带；3—拉力机油缸；4—卸扣；5—放线滑车

三、检验要求

（1）满足试验数据要求（1.25 倍试验载荷，持荷时间 10min）。

（2）经试验后，轮片转动灵活，无变形、断裂及压伤。

（3）滑车无变形、断裂现象。

（4）连板轴销转动灵活，无变形现象。

【思考与练习】

1. 简述放线滑车试验方法。

2. 简述放线滑车试验检验要求。

第三章

绳索类工器具修理

模块1　非金属绳索

【模块描述】本模块介绍非金属绳索的种类及使用方法，通过原理讲解、功能介绍以及操作技能训练，掌握非金属绳索的使用要求。

【正文】

一、杜邦丝绳

（一）概述

（1）杜邦丝绳具有力强、轻便快捷、安全高效、耐磨、防霉、防蛀、使用周期长等特点。

（2）彩芯杜邦丝捻成股，绳芯外层使用护套进行保护。护套有单层护套和双层护套，采用双层护套时，第一层采用杜邦丝编织，第二层由杜邦丝 1×3 捻线纺织双股花纹，形成拉力，其耐磨率提高了 3 倍。

（3）联结编织处由手工进行编织，多面织制双护套涂胶加双层绝缘套，增强了拉力，其耐磨率提高了 4 倍。

（4）联结扣采用双层护套加注塑，增强拉力，提高耐磨率，如图 3–1–1 所示。

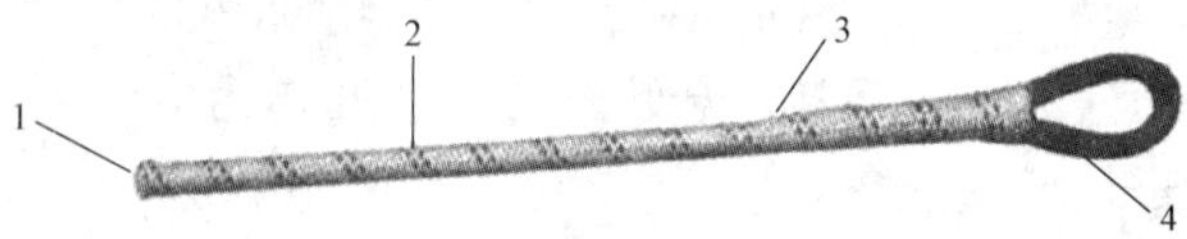

图 3–1–1　杜邦丝绳外形结构示意图

1—绳芯采用杜邦丝捻制而成；2—护套采用杜邦丝编织；3—连扣处由手工编织；
4—连接扣采用双层护套加注塑

（二）杜邦丝绳技术参数（见表 3–1–1）

表 3–1–1　杜邦丝绳主要技术参数表

名称	规格型号	最小破断力（kg）	每米净重（kg/m）	延伸率
杜邦丝绳	ϕ2mm（单护套）	300	0.006 6	<2%
	ϕ3mm（单护套）	600	0.012	
	ϕ4mm（单护套）	920	0.016 5	
	ϕ5mm（单护套）	1230	0.021 6	
	ϕ6mm（单护套）	2150	0.038	
	ϕ8mm（单护套）	3800	0.075	
	ϕ8mm（双护套）	3800	0.080	
	ϕ10mm（单护套）	4800	0.090	
	ϕ10mm（双护套）	4800	0.104	
	ϕ12mm（单护套）	7500	0.130	
	ϕ12mm（双护套）	7500	0.140	
	ϕ14mm（单护套）	9300	0.175	
	ϕ14mm（双护套）	9300	0.192	
	ϕ15mm（单护套）	10 800	0.198	
	ϕ15mm（双护套）	10 800	0.210	
	ϕ16mm（单护套）	12 500	0.243	
	ϕ16mm（双护套）	12 500	0.260	
	ϕ17mm（单护套）	13 600	0.278	
	ϕ17mm（双护套）	13 600	0.290	
	ϕ18mm（单护套）	14 800	0.300 2	
	ϕ18mm（双护套）	14 800	0.312 8	

二、迪尼玛绳

（一）概述

迪尼玛绳主要采用高分子聚乙烯纤维编织而成，其特点是高强度、高模量、耐冲击、耐磨损、耐水、耐化学药品、自润滑性好、无毒、耐热性好以及重量轻、断裂强度大、性能好、使用周期长等。

（二）迪尼玛绳主要技术参数（见表 3–1–2）

表 3–1–2　　迪尼玛绳主要技术参数表

内直径（mm）	含护套直径（mm）	质量（g/m）	最小破断力（kN）
$\phi6$	$\phi9$	32	33.3
$\phi7$	$\phi11$	42	44.1
$\phi8$	$\phi12$	55	54.9
$\phi9$	$\phi13$	65	69.2
$\phi10$	$\phi14$	75	87.2
$\phi11$	$\phi15$	100	108.8
$\phi12$	$\phi16$	117	127
$\phi13$	$\phi17$	130	145
$\phi14.5$	$\phi19$	165	179

三、锦纶绝缘绳

（一）概述

锦纶绝缘绳主要由彩白色聚丙酰胺（锦纶 66）高强长绳纤维丝制成。

（二）锦纶绝缘绳主要技术参数（见表 3–1–3）

表 3–1–3　　锦纶绝缘绳主要技术参数表

型号直径（mm）	线密度（g/m）	断裂负荷（kN）
$\phi6$	22±0.2	5.4
$\phi8$	44±0.5	8.0
$\phi10$	63±1.0	11.0
$\phi12$	93±1.0	15.0
$\phi14$	117±1.5	20.2
$\phi16$	157±1.5	26.0
$\phi18$	193±2.0	32.0
$\phi20$	222±3.0	38.0
$\phi22$	266±3.0	44.0
$\phi24$	318±4.0	50.0

四、蚕丝绝缘绳

（一）概述

主要用于带电作业高空起吊传递工具，分编制、绞制、机制三种，主要原料为蚕丝，经过特殊工艺处理，具有防潮功能。

（二）蚕丝绝缘绳主要技术参数（见表 3–1–4）

表 3–1–4　　蚕丝绝缘绳主要技术参数表

型号直径（mm）	线密度（g/m）	断裂负荷（kN）
$\phi 6$	19±0.3	4.5
$\phi 8$	42±0.5	6.9
$\phi 10$	61±1.0	9.2
$\phi 12$	90±1.0	12.4
$\phi 14$	115±1.5	16.0
$\phi 16$	155±1.5	20.0
$\phi 18$	190±2.0	25.0
$\phi 20$	220±3.0	30.0
$\phi 22$	266±3.0	36.0
$\phi 24$	315±4.0	41.0

五、非金属绳索的安全使用与维护保养

（1）使用前应进行外观检查，对于存在断丝、断股、护套破损等现象的不得使用。

（2）严格按照规定要求的载荷使用，严禁超载使用。

（3）使用后应清除绳索表面的污物，避免沾染油污、含有腐蚀性的化学药品。

（4）非金属绳索日常应存放在干燥、通风的室内。

【思考与练习】

1. 掌握非金属绳索的分类以及主要技术参数。
2. 简述非金属绳索的使用以及维护保养要求。

模块 2　绳索类工器具试验检验

【模块描述】本模块介绍绳索类工器具的试验方法及检验要求，通过操作过程详细介绍以及操作技能训练，掌握绳索类工器具的试验检验方法。

【正文】

一、概述

绳索类工器具的试验检验，主要是指绳索工器具的静载荷拉力试验，目前使用的试验设备多数为卧式拉力机。绳索类工器具的试验应包括新购时的破断拉力试验和许用荷载的 2 倍静力试验，试验时应根据实际情况正确选择试验参数。对于有绝缘要求的绳索，还应选择有检测资质的单位进行绝缘性能检测。

二、绳索类工器具试验检验数据

（一）钢丝绳主要技术参数

1. 技术参数

目前施工现场使用的钢丝绳主要有 6×19+FC 和 6×37+FC 两种，其主要技术参数详见表 3–2–1 和表 3–2–2。

表 3–2–1　　6×19+FC 系列钢丝绳主要技术参数表

钢丝绳直径	参考质量			钢丝绳公称抗拉强度（MPa）							
				1570		1670		1770		1870	
				钢丝绳最小破断拉力							
d	天然纤维芯钢丝绳	合成纤维芯钢丝绳	钢芯钢丝绳	纤维芯钢丝绳	钢芯钢丝绳	纤维芯钢丝绳	钢芯钢丝绳	纤维芯钢丝绳	钢芯钢丝绳	纤维芯钢丝绳	钢芯钢丝绳
（mm）	（kg/100m）			（kN）							
3	3.16	3.10	3.60	4.34	4.69	4.61	4.99	4.89	5.29	5.17	5.59
4	5.62	5.50	6.40	7.71	8.34	8.20	8.87	8.69	9.40	9.19	9.93
5	8.78	8.60	10.0	12.0	13.0	12.8	13.9	13.6	14.7	14.4	15.5
6	12.6	12.4	14.4	17.4	18.8	18.5	20.0	19.6	21.2	20.7	22.4
7	17.2	16.9	19.6	23.6	25.5	25.1	27.2	26.6	28.8	28.1	30.4
8	22.5	22.0	25.6	30.8	33.4	32.8	35.5	34.8	37.6	36.7	39.7
9	28.4	27.9	32.4	39.0	42.2	41.6	44.9	44.0	47.6	46.5	50.3
10	35.1	34.4	40.0	48.2	52.1	51.3	55.4	54.4	58.8	57.4	62.1
11	42.5	41.6	48.4	58.3	63.1	62.0	67.1	65.8	71.1	69.5	75.1
12	50.5	50.0	57.6	69.4	75.1	73.8	79.8	78.2	84.6	82.7	89.4
14	68.8	67.4	78.4	94.5	102	100	109	107	115	113	122
16	89.9	88.1	102	123	133	131	142	139	150	147	159
18	114	111	130	156	169	166	180	176	190	186	201
20	140	138	160	193	208	205	222	217	235	230	248
22	170	166	194	233	252	248	268	263	284	278	300
24	202	198	230	278	300	295	319	313	338	331	358

续表

钢丝绳直径	参考质量			钢丝绳公称抗拉强度（MPa）							
				1570		1670		1770		1870	
				钢丝绳最小破断拉力							
d	天然纤维芯钢丝绳	合成纤维芯钢丝绳	钢芯钢丝绳	纤维芯钢丝绳	钢芯钢丝绳	纤维芯钢丝绳	钢芯钢丝绳	纤维芯钢丝绳	钢芯钢丝绳	纤维芯钢丝绳	钢芯钢丝绳
（mm）	（kg/100m）			（kN）							
26	237	233	270	326	352	346	375	367	397	388	420
28	275	270	314	378	409	402	435	426	461	450	487
30	316	310	360	434	469	461	499	489	529	517	559
32	359	352	410	494	534	525	568	557	602	588	636
34	406	398	462	557	603	593	61	628	679	664	718
36	455	446	518	625	676	664	719	704	762	744	805
38	507	497	578	696	753	740	801	785	849	829	896
40	562	550	640	771	834	820	887	869	940	919	993
42	619	607	706	850	919	904	978	959	1040	1010	1100
44	680	666	774	933	1010	993	1070	1050	1140	1110	1200
46	743	728	846	1020	1100	1080	1170	1150	1240	1210	1310

表 3–2–2　　　　6×37+FC 系列钢丝绳主要技术参数表

钢丝绳直径	参考质量			钢丝绳公称抗拉强度（MPa）							
				1570		1670		1770		1870	
				钢丝绳最小破断拉力							
d	天然纤维芯钢丝绳	合成纤维芯钢丝绳	钢芯钢丝绳	纤维芯钢丝绳	钢芯钢丝绳	纤维芯钢丝绳	钢芯钢丝绳	纤维芯钢丝绳	钢芯钢丝绳	纤维芯钢丝绳	钢芯钢丝绳
（mm）	（kg/100m）			（kN）							
5	8.65	8.43	10.0	11.6	12.5	12.3	13.3	13.1	14.1	13.8	14.9
6	12.5	12.1	14.4	16.7	18.0	17.7	19.2	18.8	20.3	19.9	21.5
7	17.0	16.5	19.6	22.7	24.5	24.1	26.1	25.6	27.7	27.0	29.2
8	22.1	21.6	25.6	29.6	32.1	31.5	34.1	33.4	36.1	35.3	38.2
9	28.0	27.3	32.4	37.5	40.6	39.9	43.2	42.3	45.7	44.7	48.3
10	34.6	33.7	40.0	46.3	50.1	49.3	53.3	52.2	56.5	55.2	59.7
11	41.9	40.8	48.4	56.0	60.6	59.6	64.5	63.2	68.3	66.7	72.2
12	49.8	48.5	57.6	66.7	72.1	70.9	76.7	75.2	81.3	79.4	85.9
13	58.5	57.0	67.6	78.3	84.6	83.3	90.0	88.2	95.4	93.2	101

续表

钢丝绳直径	参考质量			钢丝绳公称抗拉强度（MPa）							
				1570		1670		1770		1870	
				钢丝绳最小破断拉力							
d	天然纤维芯钢丝绳	合成纤维芯钢丝绳	钢芯钢丝绳	纤维芯钢丝绳	钢芯钢丝绳	纤维芯钢丝绳	钢芯钢丝绳	纤维芯钢丝绳	钢芯钢丝绳	纤维芯钢丝绳	钢芯钢丝绳
（mm）	（kg/100m）			（kN）							
14	67.8	66.1	78.4	90.8	98.2	96.6	104	102	111	108	117
16	88.6	86.3	102	119	128	126	136	134	145	141	153
18	112	109	130	150	162	160	173	169	183	179	193
20	138	135	160	185	200	197	213	209	226	221	239
22	167	163	194	224	242	238	258	253	273	267	289
24	199	194	230	267	288	284	307	301	325	318	344
26	234	228	270	313	339	333	360	353	382	373	403
28	271	264	314	363	393	386	418	409	443	432	468
30	311	303	360	417	451	443	479	470	508	496	537
32	354	345	410	474	513	504	546	535	578	565	611
34	400	390	462	353	579	570	616	604	653	638	690
36	448	437	518	600	649	638	690	677	732	715	773
38	500	487	578	669	723	711	769	754	815	797	861
40	554	539	640	741	801	788	852	835	903	883	954
42	610	594	706	817	883	869	940	921	996	973	1050
44	670	652	774	897	970	954	1030	1010	1090	1070	1150
46	732	713	846	980	1060	1040	1130	1100	1190	1170	1260
48	797	776	922	1070	1150	1140	1230	1200	1300	1270	1370
50	865	843	1000	1160	1250	1230	1330	1300	1410	1380	1490
52	936	911	1080	1250	1350	1330	1440	1410	1530	1490	1610
54	1010	983	1170	1350	1460	1440	1550	1520	1650	1610	1740
56	1090	1060	1250	1450	1570	1540	1670	1640	1770	1730	1870
58	1160	1130	1350	1560	1680	1660	1790	1760	1900	1860	2010
60	1250	1210	1440	1670	1800	1770	1920	1880	2030	1990	2150

2. 试验数据

（1）新购钢丝绳的试验检验，应按照出厂技术资料提供的试验数据进行破断拉力试验，试验数据符合要求。

（2）钢丝绳的周期性检验试验，应按照钢丝绳折减安全系数后许用载荷（见表 3–2–3）的 2 倍做静载试验，持荷时间 10min。

表 3–2–3　　钢丝绳安全系数表

钢丝绳用途			安全系数 K
缆风绳及拖拉绳			3.5
驱动方式	人力		4.5
	机械	轻级	5
		中级	5.5
		重级	6
千斤绳	有绕曲		6～8
	无绕曲		5～7
地锚绳			5～6
捆绑绳			10
载人升降机			14

（二）杜邦丝绳（见表 3–2–4）

表 3–2–4　　杜邦丝绳试验检验数据表

名称	规格型号	最小破断力（kg）	新购试验载荷（kg）	日常试验检验载荷	持荷时间	试验周期
杜邦丝绳	ϕ2mm（单护套）	300	300	许用载荷的 2 倍	10min	1 年
	ϕ3mm（单护套）	600	600			
	ϕ4mm（单护套）	920	920			
	ϕ5mm（单护套）	1230	1230			
	ϕ6mm（单护套）	2150	2150			
	ϕ8mm（单护套）	3800	3800			
	ϕ8mm（双护套）	3800	3800			
	ϕ10mm（单护套）	4800	4800			
	ϕ10mm（双护套）	4800	4800			
	ϕ12mm（单护套）	7500	7500			
	ϕ12mm（双护套）	7500	7500			
	ϕ14mm（单护套）	9300	9300			
	ϕ14mm（双护套）	9300	9300			

续表

名称	规格型号	最小破断力（kg）	新购试验载荷（kg）	日常试验检验载荷	持荷时间	试验周期
杜邦丝绳	ϕ15mm（单护套）	10 800	10 800	许用载荷的 2 倍	10min	1 年
	ϕ15mm（双护套）	10 800	10 800			
	ϕ16mm（单护套）	12 500	12 500			
	ϕ16mm（双护套）	12 500	12 500			
	ϕ17mm（单护套）	13 600	13 600			
	ϕ17mm（双护套）	13 600	13 600			
	ϕ18mm（单护套）	14 800	14 800			
	ϕ18mm（双护套）	14 800	14 800			

（三）迪尼玛绳（见表 3–2–5）

表 3–2–5　　迪尼玛绳试验检验数据表

直径（mm）	最小破断力（kN）	新购试验载荷（kN）	日常试验检验载荷	持荷时间	试验周期
ϕ6	33.3	33.3	许用载荷的 2 倍	10min	1 年
ϕ7	44.1	44.1			
ϕ8	54.9	54.9			
ϕ9	69.2	69.2			
ϕ10	87.2	87.2			
ϕ11	108.8	108.8			
ϕ12	127	127			
ϕ13	145	145			
ϕ14.5	179	179			

（四）锦纶绳（见表 3–2–6）

表 3–2–6　　锦纶绳试验检验数据表

直径（mm）	最小破断力（kN）	新购试验载荷（kN）	日常试验检验载荷	持荷时间	试验周期
ϕ6	5.4	5.4	许用载荷的 2 倍	10min	1 年
ϕ8	8.0	8.0			
ϕ10	11.0	11.0			
ϕ12	15.0	15.0			

续表

直径（mm）	最小破断力（kN）	新购试验载荷（kN）	日常试验检验载荷	持荷时间	试验周期
ϕ14	20.2	20.2	许用载荷的 2 倍	10min	1 年
ϕ16	26.0	26.0			
ϕ18	32.0	32.0			
ϕ20	38.0	38.0			
ϕ22	44.0	44.0			
ϕ24	50.0	50.0			

（五）蚕丝绳（见表 3–2–7）

表 3–2–7　　蚕丝绳试验检验数据表

直径（mm）	最小破断力（kN）	新购试验载荷（kN）	日常试验检验载荷	持荷时间	试验周期
ϕ6	4.5	4.5	许用载荷的 2 倍	10min	1 年
ϕ8	6.9	6.9			
ϕ10	9.2	9.2			
ϕ12	12.4	12.4			
ϕ14	16.0	16.0			
ϕ16	20.0	20.0			
ϕ18	25.0	25.0			
ϕ20	30.0	30.0			
ϕ22	36.0	36.0			
ϕ24	41.0	41.0			

三、试验检验

（1）试验依据为《国家电网公司电力安全工作规程（线路部分）》。

（2）试验方法。

1）检测设备为卧式拉力机。

2）试验连接如图 3–2–1 所示。

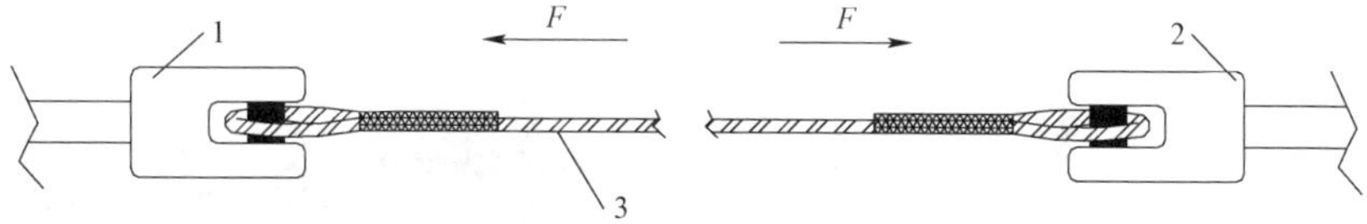

图 3–2–1　绳索类工器具试验连接示意图

1—拉力机固定端；2—拉力油缸；3—绳索类工器具（钢丝绳、杜邦丝绳、迪尼玛绳、锦纶绳、蚕丝绳）

（3）检验要求。

1）满足试验数据要求（2 倍试验载荷，持荷时间 10min）。

2）经试验后，绳索的延伸率应符合生产标准要求。

3）无断丝、断股、护套破损坏现象。

【思考与练习】

1. 简述新购绳索的试验检验与绳索日常试验检验方法的区别。

2. 简述绳索试验方法。

3. 简述绳索试验检验要求。

第二部分

牵张设备修理

第四章

牵引机修理

模块1　牵引机常见故障判断及排除

【模块描述】本模块介绍牵引机常见故障判断及处理方法。通过对牵引机常见故障特征的讲解，熟悉牵引机的常见故障原因判断和排除方法。

【正文】

一、牵引机故障判断的一般思路及原则

牵引机一般常年野外露天作业，工作环境比较恶劣，保养条件有限，机械故障难以难免。作为设备的操作人员，了解设备的常见故障及其原因，掌握排除方法和技能。对于操作人员不能排除的故障，应能正确描述设备故障现象，与专业维修人员准确沟通，以利于故障原因的判断和故障的排除。

故障的判断是以故障症状的外部表现为依据的。比如动力下降，容易熄火或不能起动，仪表指示异常、异响、渗漏、温度过高等。判断故障时，要通过看、听、摸、闻等各种手段来发现各种症状。在进行牵引机机故障判断和处理前，还应掌握一定的基本知识。

（1）要了解构造原理。牵引机是由许多零部件组成的一个整体。判断故障，应熟悉该型牵引机的构造与工作原理，然后结合所出现的现象进行分析、检查，才能迅速、准确地将故障查出。

（2）查找原因时，还要考虑其他因素的影响。

1）要考虑设计制造的影响。由于设计制造方面存在的缺陷，以致在某一时期某一部件损坏数量较多。

2）要考虑配件质量的影响。同一时期购买的配件，产品质量不一定相同。

3）要考虑燃油、机油品质的影响。使用规格不符合要求的燃油、机油也是引起故障的原因之一。例如发动机在夏季使用低于规定牌号的机油，由于油质较稀，容易从机件配合表面的缝隙处漏掉，造成机油压力过低。

4）要考虑环境条件的影响。例如在灰尘较大的环境下工作，空气滤清器就容易堵塞，液压油也容易被污染。

5）要考虑人为因素的影响。由于操作人员错误操作或在维修保养过程中，技术不够熟练或疏忽大意，给有关机件的运转带来不良后果，造成人为故障。判断这种故障时，要回忆或询问当事人有关工作的过程，并结合原理分析可能出错的原因和部位，以便顺利查出故障。

（3）在寻找故障时，一时不能做出准确判断的，要按照合理的顺序进行检查。一般牵引机故障判断的一般原则是：结合原理、联系实际、通过现象、按部分段、从简到繁、由表及里、先小后大、先易后难。

二、发动机故障现象及一般判断方法

发动机的故障原因是多方面的，不同故障所表现的现象也是不同的，要排除故障，就要求我们通过表面现象，利用看、听、摸、闻等手段，结合原理和经验，查明故障的确切原因。

发动机的故障表现有以下几种：

（1）异常声响。异常敲击声、摩擦声。

（2）动作异常。功率不足、工作不稳、不易起动、加速缓慢等。

（3）排烟异常。发动机冒白烟、黑烟、蓝烟。

（4）温度异常。冷却水温度过高或过低，缸温和机油温度过高。

（5）气味异常。胶皮烧糊味和烟味等。

（6）压力异常。机油压力过高或过低。

（7）外观异常。如漏油、漏水、漏电、漏气等。

当发动机出现上述现象，不可在未查清故障原因之前，盲目拆卸，以致重新装配时造成新的故障。往往一种故障有几种现象，或是一种现象由几种故障造成的。我们必须仔细分析判断，遵循原则，找出故障原因和部位。在实际工作中，我们可通过一些经验的方法，简便、快速、准确地找出故障原因。

（1）听诊法。利用自制的听诊器来判别异常响声。用一根半米左右的细钢棍，一头磨尖，触到需检查部位表面，另一头做成圆形，贴在耳朵上，可以清晰地听到异响产生的部位。有时，也可以用较长的螺丝刀来当听诊器。

（2）部分停止法。如果经分析怀疑某一部位有问题，可使该部位局部停止工作，看故障是否消失，从而判别故障原因。

（3）比较法。如怀疑故障是由某一零部件引起的，可将新的零部件换上，然后比较前后工作状况是否有变化，从而找出故障原因。

（4）试探法。用改变部分工作状态和技术标准的方法，来观察发动机工作性能的变化，判别故障原因。

三、液压系统的故障特点和一般诊断方法

1. 液压系统中常见的不利现象

液压系统大部分故障并非突然发生，总有一些预兆，如污染、泄漏、振动和噪声、冲击、气穴、爬行和温升等。它们发展到一定程度即产生故障。如果这些不利现象能及时发现，并加以控制和排除，系统的故障就可相对减少。

2. 液压传动故障特点

在液压系统中，液压部件的机构和油液几乎都在封闭的壳体和管道内，这就造成液压故障诊断不同于其他传动故障的特点。当故障发生后，不能像机械故障那样直接观察到，而要测量液压系统的故障参数和性能又不如电气故障检测那样方便，液压管路的拆装常是一件麻烦的事；此外，一个故障的出现可以有多个原因，一个原因又可以引起多个故障现象。因此，“状态不易观察，参数不易检测，故障不易分离”的特点，使得液压故障诊断成为液压维修中的一个难题。

3. 故障类型

从故障发生部位来分，可分为管路故障和元件故障两类。管路故障发生次数较多，大部分由外部原因引起，如工作中外来物体碰砸等，少部分由安装不当引起。元件故障发生次数相对较少，多是由于污染、密封失效和元件内在原因引起。

从故障性质分，可分为机械性故障、电气性故障、流体性故障。其中流体性故障是液压故障的主要类型，它又分为容腔性故障和阻滞性故障。容腔性故障是因工作容腔密封性破坏引起的故障。它的主要现象是压力失常。阻滞性故障是因流通通道阻塞而引起的故障。它的表现是流量失常。两种故障有时往往交织在一起，如溢流阀因主阀小孔阻塞形成的阻滞性故障又会使阀处于常开状态而出现容腔性故障。

4. 故障产生的主要原因

故障尽管表现形式多种多样，产生原因也多是许多因素的综合影响所致。但是，一般可归纳为三个主要原因：① 维护保养不当；② 零部件损坏；③ 设计不完善或不合理。

5. 故障诊断的主要方法

（1）“四觉”诊断法。这是运用视觉、听觉、嗅觉、触觉获取故障信息，进而分析诊断故障的方法。我们有一种感受，一些看来很复杂的问题，其实不过是一些普通的故障，关键在于能否觉察到故障系统所提供的明显征兆。尽管有些现象是难以捉摸的，需要进一步使用仪表检测，但许多故障信息能通过感官清晰地感觉到。

（2）压力检测诊断法。这是一种故障源诊断方法。这种方法要求主机停止工作，根据系统故障现象，判断故障源所在位置范围，把故障源缩小到最小范围，然后按油路连接关系进行必要的压力检测，分析推理，判断故障所在。

（3）仪器仪表检测法。它是通过故障测试器、流量计、压力计等先进设备诊断故障的。

（4）计算机系统诊断法，它通过一种专家系统诊断程序，利用各种信息来判断故障。

四、牵引机常见故障及排除

牵引机常见故障现象、可能原因及处理方法见表 4–1–1。

表 4–1–1　　牵引机常见故障现象、可能原因及处理方法

故障现象	可能原因	处理方法
发动机起动困难、运行不稳、运转无力等。	（1）低压油路供油不畅。油箱无油、油路中混有空气、堵塞、输油泵失效、熄火电磁阀损坏。 （2）高压油路供油不畅。喷油泵损坏。 （3）蓄电池故障。 （4）起动电路线路松脱	（1）检查柴油箱油位。 （2）使用手油泵排出柴油机吸油管路中的空气，重新发动。 （3）检查是否使用了劣质的含水柴油，如是应立即予以更换。 （4）疏通油路。 （5）更换输油泵。 （6）检查停车电磁阀上推杆是否已回位。 （7）检查机载蓄电池电压是否达到 24V 及接线柱是否紧固。 （8）检查起动电路线路是否松脱
牵引力增大时导致柴油机转速不稳或熄火	1. 吸油管路密封故障	1. 检查吸油管路密封
	2. 柴油机柴油滤芯堵塞	2. 检查柴油机柴油滤芯是否堵塞，必要时更换
	3. 空气滤芯堵塞	3. 检查空气滤芯是否堵塞，必要时进行处理或更换
发动机对应仪表无显示或显示不正常	1. 接线松动	1. 检查仪表后接线有无松动
	2. 传感器故障	2. 检查对应的传感器有无故障
仪表箱内指示灯无显示	保险盒接线松脱或保险故障	1. 检查保险盒接线。 2. 更换对应保险
液压支腿失灵	1. 千斤顶支管堵塞	1. 清除阻塞物
	2. 闭锁阀故障	2. 换闭锁阀
	3. 液压缸故障	3. 修理或更换液压缸
	4. 方向控制阀故障	4. 换方向控制阀
牵引机牵引无力	1. 预调阀卡滞	1. 将预调阀隔断，观察牵引力情况，故障消失，预调阀故障；相反，进一步判断

续表

故障现象	可能原因	处理方法
牵引机牵引无力	2. 制动器卡滞，没有完全释放	2. 观察发动机功率使用情况，发动机出现明显的功率不足，且制动器壳体部位温度高，说明制动器卡滞
	3. 马达、泵内漏大	3. 拆开马达泄油管，观察马达泄油量，泄油量偏大，说明马达损坏。相反，则是泵内漏大
补油压力过低	1. 风扇马达、支腿换向阀泄漏大	1. 拆除支腿换向阀泄油管，观察换向阀泄油口出油情况，若溢流油量很小，正常；若出现大量油液溢出，说明该阀卡滞或严重磨损，应将该阀清洗，重新安装，若仍有大量油液溢出，予以更换。拆除风扇马达泄油管，观察马达泄油量，若泄漏油量很小，正常，否则，予以更换
	2. 补油背压阀卡滞	2. 拆除主马达泄油管，观察马达泄漏油量，若泄漏油量很小，正常，否则，予以更换
	3. 主马达泄漏大	3. 拆卸补油背压阀，清洗或更换
	4. 补油泵泄漏大	4. 若以上故障全部排除，补油压力仍然过低，观察风扇旋转情况，若出现旋转速度低、旋转无力，更换补油泵
牵引力预调故障：该故障表现为不使用牵引力预调功能的情况下设备工作正常，而当准备使用预调功能时无法通过正常的操作预置牵引力	具体分以下几种情况： 1. 在将刹车选择开关置于“刹车关”位后，将主泵控制手柄置于“牵引”位时卷筒仍可转动，则该故障由刹车控制部分引起	取下刹车控制电磁换向阀上电源插头，使用万用表进行测量，如果在刹车选择开关切换时电源插头上测量得到的控制电压正常，则应为电磁换向阀故障，应予以更换；如果测得的控制电压不正常，应仔细检查刹车选择开关及对应电路
	2. 在将刹车选择开关置于“刹车关”位后，将预调开关置于“预调开”后进行牵引力预置且预调阀已经调至较小位置，而当将主泵控制手柄置于“牵引”位时，主压力表指针直接跳至最高，则该故障由预调选择控制部分引起	取下预调选择控制电磁换向阀上电源插头，使用万用表进行测量，如果在刹车选择开关切换时电源插头上测量得到的控制电压正常，则应为电磁换向阀故障，应予以更换；如果测得的控制电压不正常，应仔细检查刹车选择开关及对应电路
	3. 在将刹车选择开关置于“刹车关”位后，将预调开关置于“预调开”后进行牵引力预置，而当将主泵控制手柄置于“牵引”位时，无论怎样调节预调阀，主压力表指针都处于较小位置，因此无法对牵引力进行预置，则该故障由预调阀失压引起	将预调阀拆下清洗处理或将其更换

续表

<table>
<tr><th>故障现象</th><th>可能原因</th><th>处理方法</th></tr>
<tr><td rowspan="6">尾架无动作</td><td>1. 尾架换向阀无动作</td><td rowspan="6">1. 将尾架换向阀扳至“卷扬”位，调节尾架溢流阀，观察尾架压力表指示，若有压力且随着溢流阀的调节，压力变化，检查电路、制动器；否则溢流阀卡滞或齿轮泵损坏、马达损坏。
（1）用万用表检查控制卷扬的电磁阀得电情况 24～28V 正常，否则不正常；测量电磁铁阻值，20～36Ω（大小电磁铁阻值不同）正常，否则损坏，更换电磁铁。
（2）若电路完全正常，尾架仍不转动且有压力，并随着溢流阀的调节，压力变化，则尾架制动器卡死或换向阀卡死。
（3）将马达进油管拆松，扳动尾架换向阀扳至“卷扬”位，观察出油情况，出油有力，换向阀正常，制动器卡滞，维修或更换制动器；否则换向阀故障，更换换向阀。
2. 将尾架换向阀扳至“油缸升”位，调节尾架溢流阀，观察油缸动作、尾架压力表指示，若有动作，油缸升至最高位时，尾架压力表指示达 100bar 以上，尾架齿轮泵、尾架溢流阀完好，尾架马达损坏；相反尾架齿轮泵、尾架溢流阀故障。
3. 快速将发动机有低速提到高速，观察压力表变化情况，压力波动较大，尾架溢流阀故障，无波动或波动很小尾架齿轮泵损坏，更换齿轮泵</td></tr>
<tr><td>2. 尾架溢流阀卡滞</td></tr>
<tr><td>3. 尾架马达损坏</td></tr>
<tr><td>4. 尾架制动器卡死</td></tr>
<tr><td>5. 尾架齿轮泵损坏</td></tr>
<tr><td>6. 电控部分线路部分故障</td></tr>
<tr><td rowspan="2">牵引轮抱死但主泵有压力输出：
该故障表现为无法进行正常的牵引操作，无论预调开关置于“预调开”还是“预调关”位，在将主泵控制手柄置于“牵引”位时，卷筒静止不动且在主压力表上能观察到压力的升高</td><td>1. 仪表箱内继电器和手柄的相关电路的连接松脱</td><td>1. 在主泵手柄在“中位”和“牵引”位切换时，测量刹车控制油管路的输入压力是否也在零压力和补油压力之间正常切换；如果不是（无控制压力的输入，该压力始终为零），检查仪表箱内继电器和手柄的相关电路的连接是否有松脱现象，对于继电器的检查可通过其上的指示灯观测到，同时测量手柄上的输出端，如主泵控制手柄上无正确的输出，应更换手柄，如手柄上输出正常，如是继电器问题，则应更换继电器</td></tr>
<tr><td>2. 传动环节故障</td><td>2. 如果控制油路正常的话，则故障原因应为传动环节上的某一点，具体包括液压马达、制动器、减速机、齿轮和卷筒轴承。应根据具体情况排除检查</td></tr>
<tr><td>牵引轮抱死而且主泵无压力输出：表现为无论空载或负载时，无论将主泵控制手柄置于“牵引”位还是“松线”位时，牵引轮静止不动，而主压力表上的压力仍为补油压力左右，感觉到控制手柄完全失去作用</td><td>一般由主泵手柄的输入出现问题导致，通过万用表测量主泵控制手柄的输入可进一步确认</td><td>1. 检查夹紧装置处行程开关触点是否已经完全压紧到位，如果不是，则故障由此引起；如果已经压紧到位，则应确认此时行程开关是否处于连通状态，可通过万用表测量，也可直接将其进出线短接后调试设备，如果行程开关出现故障同样将导致上述故障。
2. 如果行程开关正常，仔细检查相关电路连接即可</td></tr>
</table>

续表

故障现象	可能原因	处理方法
牵引轮无抱死现象但不能正常牵引：表现为空载时，将主泵控制手柄置于“牵引”位时，牵引轮静止不动，而主压力表上的压力仍为补油压力左右。负载时，将主泵控制手柄置于“牵引”位时，牵引轮在外力的作用下反向转动（松线方向），主压力表上显示的压力明显小于实际所需牵引力	由于主泵没有压力油输出导致，一般都是因为主泵排量控制相关系统造成	1. 首先使用测量控制主泵排量的电磁换向阀输入电流是否正常。如果正常，应是该电磁换向阀出现故障导致，应更换该电磁换向阀。 2. 如果输入电流不正常，测量主泵控制手柄 A 口的输出电流大小，如果输出电流大小正常，仔细检查从手柄输出到电磁换向阀输入端之间的电路连接，故障应为某处电路的松脱和虚接引起。 3. 如果控制手柄的输出电流不正常，则故障由主泵控制手柄引起，应更换主泵控制手柄
散热系统压力失调：表现为在柴油机油门较大的情况下，无论怎样调节相应远程调压阀，压力始终保持在补油压力（2.5MPa）左右，导致无法满足设备的散热要求	一般均由液压油污染引起的压力控制阀失灵造成，无论远程调压阀失灵或对应插装主阀失灵均可造成上述情况，因此首先应确认故障阀。由于仪表箱内的辅助压力远程调压阀同散热系统远程调压阀完全相同，可更换这两阀的控制油管进行试验，如故障依旧，则基本确定为插装主阀失灵，如故障转移（散热系统压力调节恢复正常而辅助回路压力调节失灵），则基本确定为远程调节阀失灵	拆下故障阀，使用清洁的煤油对其进行仔细的清洗
辅助系统压力失调：表现为无论怎样调节相应远程调压阀，辅助压力表所示压力始终保持在补油压力（2.6MPa）左右，导致尾绳张力不能满足使用要求或油缸起升力不够	与“散热系统压力失调”原因相同，均由液压油污染引起的压力控制阀失灵造成。判断和解决方法可参考“散热系统压力失调”所述	拆下故障阀，使用清洁的煤油对其进行仔细清洗
牵引过程中牵引轮有异响	1. 异响声同当前牵引力大小无关，随牵引轮转动有规律和周期性，声音类型近似于摩擦声。 2. 异响声同当前牵引力大小有关，表现为空载时无，牵引力增大到一定数值时出现，随牵引轮转动有规律和周期性，声音类型近似于敲击声。 3. 异响声同当前牵引力大小有关，随牵引轮转动无规律和周期性，声音刺耳	1. 检查齿轮与齿轮罩是否有干涉。 2. 检查牵引轮与齿轮连接的螺栓是否出现松动，将松动螺栓可靠紧固。 3. 检查卷筒轴承是否损坏
卡紧油缸不能动作	1. 尾绳压力不足	1. 调高尾绳压力到 5MPa 以上
	2. 按钮或电磁换向阀故障	2. 检查扳动按钮时电磁换向阀是否得电或失电，如无反应，检查或更换按钮；如得失电正常而电磁换向阀不动作，更换电磁换向阀
	3. 调整尾绳节流阀未开启	3. 检查和调整尾绳节流阀的开启度
牵引钢绳非本身质量问题而在牵引轮处经常断裂	牵引轮槽磨损太大且磨损量不同	修理各轮槽至尺寸一致

续表

故障现象	可能原因	处理方法
主泵轴头处泄漏	主泵轴头处骨架油封损坏，一般因回油压力过高导致	更换主泵轴头处骨架油封，并对油封损坏原因进行分析，采取必要措施予以解决
管接头与液压胶管连接处渗漏	胶管接头有松动或密封垫圈损坏	1. 如胶管接头有松动情况，则应对其进行紧固。 2. 如胶管接头无松动现象，则需检查液压胶管接头上的密封垫圈是否损坏，必要时进行更换
液压胶管接头与胶管连接处渗漏	胶管扣压不牢或老化	拆下胶管后重新扣压或更换该液压胶管
管接头旋入端渗漏	管接头松动或密封垫圈损坏	1. 如管接头有松动情况，则应对其进行紧固，必要时需先拆下与管接头相连的液压胶管进行。 2. 如管接头已经上紧，则需检查接头连接面密封垫圈是否损坏，必要时进行更换

【思考与练习】

1. 试简述牵引轮抱死无法工作的可能原因及处理方法。
2. 试简述尾车收线盘不动作的可能原因及处理方法。
3. 试简述液压支腿失灵的可能原因及处理方法。
4. 试简述牵引力正常增大时发动机熄火的可能原因及处理方法。

模块 2 牵引机试验原理及检查

【模块描述】本模块介绍牵引机的试验方法及检验要求，通过操作过程详细介绍以及操作技能训练，掌握牵引机的试验检验方法。

【正文】

一、概述

牵引机在出库、投入施工前，应进行性能鉴定，以确保设备性能完好，满足施工使用要求。

性能鉴定包括检查传动系统、操纵系统、润滑系统、电气系统以及其他部分，性能鉴定的直接依据是空载检查和负载试验。

二、牵引机检查及试验

（一）外观检查

（1）机容机貌是否清洁（无泥污、无脱漆、无变形损坏）。

（2）外罩面板有无损坏。

（3）支架及固定螺钉是否齐全。

（4）钥匙是否齐全（电源、起动、油箱、面板等钥匙）。

（5）指示灯是否齐全完好。

（6）仪表是否齐全完好。

（7）操作手柄（油门、支腿、收放、制动、冷却、尾车升降等手柄）是否完好。

（8）阀调节旋钮、工况选择开关等是否完好。

（9）保险盒内熔丝是否齐全完好。

（二）结构件部分

（1）外罩是否损坏（变形、裂损、脱漆、缺失）。

（2）拖杆及连接销是否完好。

（3）机架等钢结构是否有裂损变形。

（4）轮胎完好（气压正常，花纹符合要求，无硬伤）。

（5）轮制动器完好（手柄、拉条、制动器齐全完好）。

（6）机桥轴头是否完好。

（7）各总成件与机架连接的螺栓是否齐全完好（缺失、松动、损坏）。

（8）支腿及其连接销是否齐全完好（变形、裂损、漏油）。

（三）进出线机构

（1）辊轮及支架是否完好（缺失、转动不灵、磨损、变形、松动）。

（2）牵引卷筒槽是否完好（磨损）。

（3）牵引卷筒支撑轴承是否完好。

（4）牵引绳夹紧装置（油缸、行程开关）是否完好。

（5）牵引卷筒传动链条、传动齿轮完好。

（四）尾车部分

（1）排线机构是否完好（丝杆是否磨损变形，滑块是否过度磨损，导向杆是否变形，排线器支撑铜套是否过度磨损，手动排线装置是否完好）。

（2）尾车支架是否完好（结构件无变形、裂损，锁止机构齐全无缺损）。

（3）尾车支撑油缸及调节阀是否完好（油缸不漏油、无损伤、升降自如）。

（4）绳轮轴是否完好（传动销无脱焊、变形、丢损，附件齐全）。

（五）液压电气

（1）液压油箱是否完好（漏油、变形、箱盖完好无缺损）。

（2）液压油滤芯及其堵塞压力表、报警器是否完好。

（3）液压管路是否完好（漏油、老化）。

（4）液压管路布置是否整齐、保护措施是否得当。

（5）减速器油标及呼吸阀完好（无损坏不漏油）。

（6）液压开关、阀、泵、马达是否完好（漏油、损坏）。

（7）电气线路布置是否整齐、保护措施是否得当。

（六）滤芯、油液、润滑、电瓶

（1）空滤、燃油滤芯、机油滤芯是否完好。

（2）液压油、机油、齿轮油、燃油、冷却液等液位（数量）及质量是否合格。

（3）润滑脂润滑点润滑是否良好。

（4）黄油泵（润滑脂泵）和润滑脂管路是否完好（泵完好，管路无老化、断损）。

（5）水箱、燃油箱是否完好（无漏油、无变形、箱盖完好无缺失）。

（6）水箱开关是否完好（开关自如不漏水）。

（7）电瓶是否完好（电瓶液液位合格，桩头连接牢固、无脏污腐蚀，性能合格）。

三、空载试验

空载检查是指设备开机检查时空载试车，其检查项目和方式类似于“整机检查”和“设备使用前性能检查”，具体检查项目如下：

1. 发动机部分

（1）发动机运转是否正常、无异响。

（2）发动机机油压力是否正常。

（3）发动机温度是否正常（水温、机油温度）。

（4）发动机故障指示灯是否指示。

（5）发动机工作时间表是否正常。

（6）充电系统是否正常。

2. 液压传动机构

（1）液压泵、马达运转是否正常（无异响、温度不高）。

（2）补油压力是否正常。

（3）支腿升降机构是否完好。

（4）液压油冷却系统是否完好（温控系统正常、冷却强度符合要求）。

（5）牵引卷筒正反转是否正常。

（6）牵引卷筒制动系统是否完好。

（7）液压油滤芯堵塞指示灯是否正常。

（8）牵引力预设是否正常。

（9）尾车马达头是否完好（无漏油，制动可靠，减速器完好，油马达完好，传动链条及链轮完好）。

四、牵引机负载试验

负载试验是指设备开机检查时负载试车，既检查设备的完好性，又检查设备实际可用的牵引力是否满足使用需求。牵引机的负载试验，是检查牵引机的最大牵引力、最大持续牵引力及其状态下的牵引速度，以及其他机构的性能，确保牵引机各项性能指标符合规定。

1. 试验目的

（1）测试牵引机最大牵引力及最大牵引速度。

（2）测试牵引机在连续工况时的各项工作性能。

（3）测试牵引机牵引力与压力表读数的关系。

（4）测试牵引机静态制动性能。

2. 试验方法

（1）最大牵引力由张力机和地锚提供阻力进行试验，制动性能采用在牵引轮制动状态下，用链条葫芦使拉力表升至试验载荷进行试验。

（2）连续牵引工况采用张力机提供张力，进行场试验，具体如图 4–2–1 所示。

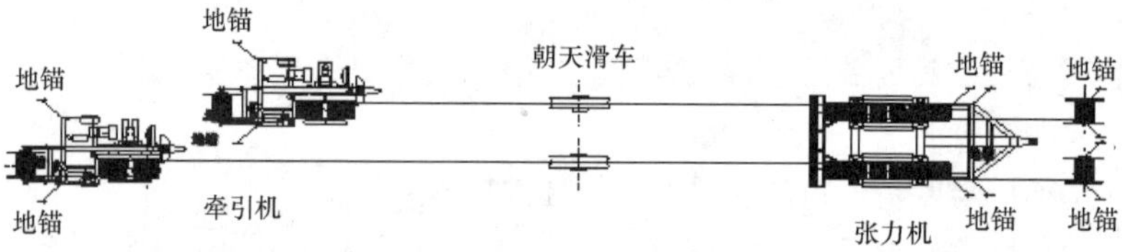

图 4–2–1　牵引机试验布置图

（3）采用拉力表对牵引力进行测量。

（4）牵引机其他工作性能参数，借助设备自身安装的监控仪表进行检测，如发动机水温、机油压力与温度、液压液温度、系统压力等。

3. 试验用主要设备及工器具（见表 4–2–1）

表 4–2–1　牵引机试验用主要设备及工器具表

名称	规格型号	数量
张力机	适用	1 台
牵引绳	适用	2 盘
地锚	适用	8 只
拉力表	适用	1 块
手拉葫芦	适用	1 只

4. 检验要求

(1) 经反复试验，实测牵引力符合规定要求。

(2) 通过试验，牵引机的最大持续牵引力和最大牵引速度符合规定要求。

(3) 牵引机在最大持续牵引力和最大牵引速度连续工作时，各仪表读数正常，各项性能稳定可靠。

(4) 通过静态制动试验，制动性能可靠，无打滑现象，符合规定要求。

(5) 发动机、主泵、主马达、减速机、制动器工作均正常。

【思考与练习】

1. 简述牵引机外观检查项目及要求。
2. 简述牵引机空载试验检查项目及要求。
3. 简述牵引机负载试验方法及检测目的。
4. 简述牵引机负载试验检验要求。

模块3 张力机常见故障及排除

【模块描述】本模块介绍张力机常见故障判断及处理方法。通过对张力机常见故障特征的讲解，熟悉张力机的常见故障原因判断和排除方法。

【正文】

一、张力机故障判断的一般思路及原则

张力机一般常年野外露天作业，工作环境比较恶劣，保养条件有限，机械故障难以避免。作为设备的操作人员，了解设备的常见故障及其原因，掌握排除方法和技能。对于操作人员不能排除的故障，应能正确描述设备故障现象，与专业维修人员准确沟通，以利于故障原因的判断和故障的排除。

故障的判断，是以故障症状的外部表现为依据的。比如动力下降、容易熄火或不能起动、仪表指示异常、异响、渗漏、温度过高等。判断故障时，要通过看、听、摸、闻等各种手段来发现各种症状。在进行张力机故障判断和处理前，还应掌握一定的基本知识。

(1) 要了解构造原理。张力机是由许多零部件组成的一个整体。判断故障，应熟悉该型张力机的构造与工作原理，然后结合所出现的现象进行分析、检查，才能迅速准确地将故障查出。

(2) 查找原因时，还要考虑其他因素的影响。

1) 要考虑设计制造的影响。由于设计制造方面存在的缺陷，以致在某一时期某一部件损坏数量较多。

2）要考虑配件质量的影响。同一时期购买的配件，产品质量不一定相同。

3）要考虑燃油、机油品质的影响。使用规格不符合要求的燃油、机油也是引起故障的原因之一。例如发动机在夏季使用低于规定牌号的机油，由于油质较稀，容易从机件配合表面的缝隙处漏掉，造成机油压力过低。

4）要考虑环境条件的影响。例如在灰尘较大的环境下工作，空气滤清器就容易堵塞，液压油也容易被污染。

5）要考虑人为因素的影响。由于操作人员错误操作或在维修保养过程中，技术不够熟练或疏忽大意，给有关机件的运转带来不良后果，造成人为故障。判断这种故障时，要回忆或询问当事人有关工作的过程，并结合原理分析可能出错的原因和部位，以便顺利地查出故障。

（3）在寻找故障时，一时不能做出准确判断的，要按照合理的顺序进行检查。一般张力机故障判断的一般原则是：结合原理，联系实际，通过现象，按部分段，从简到繁，由表及里，先小后大，先易后难。

二、发动机故障现象及一般判断方法

发动机的故障原因是多方面的，不同故障所表现的现象也是不同的。要排除故障，就要求我们通过表面现象，利用看、听、摸、闻等手段，结合原理和经验，查明故障的确切原因。

发动机的故障表现有以下几种：

（1）异常声响。异常敲击声、摩擦声。

（2）动作异常。功率不足、工作不稳、不易起动、加速缓慢等。

（3）排烟异常。发动机冒白烟、黑烟、蓝烟。

（4）温度异常。冷却水温度过高或过低，缸温和机油温度过高。

（5）气味异常。胶皮烧煳味、烟味等。

（6）压力异常。机油压力过高或过低。

（7）外观异常。如漏油、漏水、漏电、漏气等。

当发动机出现上述现象，不可在未查清故障原因之前，盲目拆卸，以致重新装配时造成新的故障。往往一种故障有几种现象，或是一种现象由几种故障造成的。我们必须仔细分析判断，遵循原则，找出故障原因和部位。在实际工作中，我们可通过一些经验的方法，简便、快速、准确地找出故障原因。

（1）听诊法。利用自制的听诊器来判别异常响声。用一根半米左右的细钢棍，一头磨尖，触到需检查部位表面，另一头做成圆形，贴在耳朵上，可以清晰地听到异响产生的部位。有时，也可以用较长的螺丝刀来当听诊器。

（2）部分停止法。如果经分析怀疑某一部位有问题，可使该部位局部停止工作，看故障是否消失，从而判别故障原因。

（3）比较法。如怀疑故障是由某一零部件引起的，可将新的零部件换上，然后比较前后工作状况是否有变化，从而找出故障原因。

（4）试探法。用改变部分工作状态和技术标准的方法，来观察发动机工作性能的变化，判别故障原因。

三、液压系统的故障特点和一般诊断方法

1. 液压系统中常见的不利现象

液压系统大部分故障并非突然发生，总有一些预兆，如污染、泄漏、振动和噪声、冲击、气穴、爬行和温升等。它们发展到一定程度即产生故障。如果这些不利现象能及时发现，并加以控制和排除，系统的故障就可相对减少。

2. 液压传动故障特点

在液压系统中，液压部件的机构和油液几乎都在封闭的壳体和管道内，这就造成液压故障诊断不同于其他传动故障的特点。当故障发生后，不能像机械故障那样直接观察到，而要测量液压系统的故障参数和性能又不如电气故障检测那样方便，液压管路的拆装常是一件麻烦的事；此外，一个故障的出现可以有多个原因，一个原因又可引起多个故障现象。因此，“状态不易观察，参数不易检测，故障不易分离”的特点，使得液压故障诊断成为液压维修中的一个难题。

3. 故障类型

从故障发生部位来分，可分为管路故障和元件故障两类。管路故障发生次数较多，大部分由外部原因引起，如工作中外来物体碰砸等，少部分由安装不当引起。元件故障发生次数相对较少，多是由于污染、密封失效和元件内在原因引起。

从故障性质分，可分为机械性故障、电气性故障、流体性故障。其中流体性故障是液压故障的主要类型，它又分为容腔性故障和阻滞性故障。容腔性故障是因工作容腔密封性破坏引起的故障。它的主要现象是压力失常。阻滞性故障是因流通通道阻塞而引起的故障。它的表现是流量失常。两种故障有时往往交织在一起，如溢流阀因主阀小孔阻塞形成的阻滞性故障又会使阀处于常开状态而出现容腔性故障。

4. 故障产生的主要原因

故障尽管表现形式多种多样，产生原因也多是许多因素的综合影响所致。但是，一般可归纳为三个主要原因：① 维护保养不当；② 零部件损坏；③ 设计不完善或不合理。

5. 故障诊断的主要方法

（1）“四觉”诊断法。就是运用视觉、听觉、嗅觉、触觉获取故障信息，进而分析诊断故障的方法。我们有一种感受，一些看来很复杂的问题，其实不过是一些普通的

故障，关键在于能否觉察到故障系统所提供的明显征兆。尽管有些现象是难以捉摸的，需要进一步使用仪表检测，但许多故障信息能通过感官清晰地感觉到。

（2）压力检测诊断法，是一种故障源诊断方法。这种方法要求主机停止工作，根据系统故障现象，判断故障源所在位置范围，把故障源缩小到最小范围，然后按油路连接关系进行必要的压力检测，分析推理，判断故障所在。

（3）仪器仪表检测法，它是通过故障测试器、流量计、压力计等先进设备诊断故障的。

（4）计算机系统诊断法，它通过一种专家系统诊断程序，利用各种信息来判断故障。

四、张力机常见故障及排除

张力机常见故障现象、可能原因及处理方法见表 4–3–1。

表 4–3–1　　张力机常见故障现象、可能原因及处理方法表

故障现象	可能原因	处理方法
发动机起动困难、运行不稳、运转无力等	1. 低压油路供油不畅：油箱无油、油路中混有空气、堵塞、输油泵失效、熄火电磁阀损坏。 2. 高压油路供油不畅：喷油泵损坏。 3. 蓄电池故障。 4. 起动电路线路松脱	1. 检查柴油箱油位。 2. 使用手油泵排出柴油机吸油管路中的空气，重新发动。 3. 检查是否使用了劣质的含水柴油，如是应立即予以更换。 4. 疏通油路。 5. 更换输油泵。 6. 检查停车电磁阀上推杆是否已回位。 7. 检查机载蓄电池电压是否达到24V及接线柱是否紧固。 8. 检查起动电路线路是否松脱
发动机对应仪表无显示或显示不正常	1. 接线松动	1. 检查仪表后接线有无松动
	2. 传感器故障	2. 检查对应的传感器有无故障
仪表箱内指示灯无显示	保险盒接线松脱或保险故障	1. 检查保险盒接线。 2. 更换对应保险
支腿自动缩回	1. 液压锁单向阀密封失效。 2. 活塞油封失效。 3. 液压缸内有气	1. 若出现自动缩腿一段后，故障消失，再次使用还出现同样故障，考虑液压缸内有气，对液压缸进行排气，方法为：将油缸的活塞杆全部伸出，彻底收回，反复几次，可将液压缸内气体排除。 2. 将液压锁连接油管松开，如果有油不断流出，说明液压锁单向阀密封失效，如果无油流出，表示活塞油封失效

续表

故障现象	可能原因	处理方法
补油压力过低	1. 风扇马达、支腿换向阀泄漏大。 2. 补油背压阀卡滞。 3. 主电动机泄漏大。 4. 补油泵泄漏大	1. 拆除支腿换向阀泄油管，观察换向阀泄油口出油情况，若溢流油量很小，正常；若出现大量油液溢出，说明该阀卡滞或严重磨损，应将该阀清洗，重新安装，若仍有大量油液溢出，予以更换。拆除风扇电动机泄油管，观察电动机泄油量，若泄漏油量很小，正常，否则，予以更换。 2. 拆除主电动机泄油管，观察电动机泄油量，若泄漏油量很小，正常，否则，予以更换。 3. 拆卸补油背压阀，清洗或更换。 4. 若以上故障全部排除，补油压力仍然过低，观察风扇旋转情况，若出现旋转速度低、旋转无力，更换补油泵
张力机一个轮调不上张力	1. 张力阀卡滞。 2. 液压马达损坏，内泄量大	1. 首先从原理上得知，张力机的张力调节阀是采用遥控来调节，即操纵箱内的张力调节阀遥控主张力阀，结合实际故障现象判断，引起没有张力的故障有一组溢流阀（主阀和遥控阀），此时从简单的入手，将另外一个轮的遥控阀与其对调，观察故障是否消失，从而判断遥控阀的好坏；遥控阀对调后故障依然存在，就可判断出主阀故障，确定故障所在，可将张力阀旋松，向前传动，依靠油液的流动冲洗张力阀，或将张力阀拆洗后，问题可解决，说明是油液中有杂质，需要清洗液压系统，如果液压油变质，还要换油。 2. 如果向前打传动，张力轮不会动，可把液压马达泄油管松开，再向前打传动，观察马达泄油口出油情况，如果出油量很大（正常出油量很小）可断定马达损坏
全部张力轮不向前转动	1. 油箱液压油位过低。 2. 回油过滤器被污物阻塞（检查液压油箱回油过滤指示器确定是否需要更换）。 3. 大轮刹车带粘住刹车轮（因锈）。 4. 刹车压力低（使车带不完全释放）。 （1）刹车压力控制阀失调。 （2）刹车压力控制阀故障。 （3）第 3 联泵损坏。 5. 传动压力低（压力不够，不能转动大轮）	1. 加液压油到正常油位。 2. 更换回油过滤器滤芯。 3. 用锤子敲松刹车带，清除刹车轮上的锈。 4. 检查四位表位置，查明压力读数是否达到规定的最小值。 5. 当控制装置在向前驱动位置，检查四位表第 3、4 位压力读数随着大轮负载变动。如明显无压力，更换相应的主系统释放阀，试验相应联泵（1 或 2）
全部张力轮不反向转动（回牵）	1. 油箱液压油面低。 2. 回油过滤器污物堵塞（在液压油箱检查回油过滤指示器，确定是否需要更换）。 3. 大轮刹车带粘住刹车轮（因锈）。 4. 张力控制手柄位置不对。 5. 张力控制释放阀故障。 6. 液压马达不正常	1. 加液压油到正常油位。 2. 换回油过滤器。 3. 用锤子敲松刹车带，清除刹车轮的锈。 4. 控制手柄放在“反转”位置检查四位表 3、4 位压力读数随大轮负载变动情况。 5. 修理或更换相应轮组张力控制释放阀。 6. 换液压马达

续表

故障现象	可能原因	处理方法
无张力（全部导线放出不能控制）	1. 油箱液压油位低。 2. 回油过滤器污物堵塞（在液压油箱检查回油过滤指示装置，确定是否需要更换）。 3. 负载压力低。 （1）油冷却器有空气。 （2）负载压力调整释放阀故障。 （3）负载压力过压释放阀故障。 （4）冷却器安全释放阀故障。 （5）主系统释放阀故障。 （6）第1、2号联泵故障	1. 加液压油至正常油位。 2. 更换回油过滤器芯。 3. 查明发动机转速1200r/min。 （1）打开油冷却器顶上放气口，放出冷却器中的空气（控制手柄在“张力”位置）。 （2）将负载压力控制阀转到“驱动”位置（其他所有控制装置仍保持“张力”位置）如负载压力回升，更换负载压力释放阀。 （3）在（2）条试验中，如负载压力不变（不回升），则更换负载压力过压释放阀。 （4）更换冷却器安全释放阀。 （5）更换主系统释放阀。 （6）试验联泵1、2号
无张力（个别导线放出无控制）	1. 张力控制故障。 2. “防止失控”单向阀故障。 3. 液压马达故障	1. 更换故障轮组张力控制释放阀。 （1）如发现更换有故障的张力控制元件以后故障仍继续重复出现，整个液压系统要将油放出，进行冲洗，除去污物。 （2）也可将张力控制释放阀拆开清洗除去污物。 2. 换单向阀。 3. 换液压马达
散热系统压力失调：表现为在柴油机油门较大的情况下，无论怎样调节相应远程调压阀，压力始终保持在补油压力（2.5MPa）左右，导致无法满足设备的散热要求	一般均由液压油污染引起的压力控制阀失灵造成	拆下故障阀，使用清洁的煤油对其进行仔细的清洗
张力轮异响	1. 异响随张力轮转动有规律和周期性，声音类型近似于摩擦声。 2. 异响声在两张力轮有相对运动时出现，比如说使用一轮而另外一轮静止时，声音类似冲击声。 3. 大齿轮的啮合差	1. 检查齿轮与齿轮罩是否有干涉。 2. 打开观察孔检查并轮销是否完全脱离，一般此故障由此引起，将并轮销完全脱离并可靠紧固锁紧螺帽即可。 3. 在不拆下大齿轮罩的情况下，可通过拆卸计数器或顶部的上盖板观察到犬齿轮或大齿轮和减速机小齿轮的啮合情况
辅助系统压力失调	与“散热系统压力失调”原因相同，均由液压油污染引起的压力控制阀失灵造成。判断和解决方法可参考“散热系统压力失调”所述	拆下故障阀，使用清洁的煤油对其进行仔细的清洗
尾线张力故障（线盘不能保持尾线张力）	1. 张力机辅助空气系统故障。 2. 张力机与线盘车之间空气软管断裂或被夹住。 3. 线盘车或张力机上的快速分合接头故障。 4. 刹车调整不当。 5. 刹车垫有油。 6. 刹车轴销卡住。 7. 气力传动装置故障	1. 检修张力机辅助空气系统。 2. 检查及更换气管。 3. 检查或更换快速分合接头。 4. 调刹车。 5. 换刹车垫。 6. 松动并加润滑油。 7. 修理或更换气力传动装置

续表

故障现象	可能原因	处理方法
管接头旋入端渗漏	管接头松动或密封垫圈损坏	如管接头有松动情况，则应对其进行紧固，必要时需先拆下与管接头相连的液压胶管进行。 如管接头已经上紧，则需检查接头连接面密封垫圈是否损坏，必要时进行更换
管接头与液压胶管连接处渗漏	胶管接头有松动或密封垫圈损坏	如胶管接头有松动情况，则应对其进行紧固。 如胶管接头无松动现象，则需检查液压胶管接头上的密封垫圈是否损坏，必要时进行更换
液压胶管接头与胶管连接处渗漏	胶管扣压不牢或老化	拆下胶管后重新扣压或更换该液压胶管
主泵轴头处泄漏	主泵轴头处骨架油封损坏，一般因回油压力过高导致	更换主泵轴头处骨架油封，并对油封损坏原因进行分析，采取必要措施予以解决

【思考题】

1. 试简述张力机张力轮抱死的可能原因及处理方法。
2. 试简述张力机液压冷却风扇不转的可能原因及处理方法。
3. 试简述张力机补油压力不正常的可能原因及处理方法。
4. 试简述张力机尾线张力不稳定的可能原因及处理方法。

模块 4　张力机试验原理及检查

【模块描述】本模块介绍张力机的试验方法及检验要求，通过操作过程详细介绍以及操作技能训练，掌握张力机的试验检验方法。

【正文】

一、概述

张力机在出库、投入施工前，应进行性能鉴定，以确保设备性能完好，满足施工使用要求。

张力机性能鉴定包括检查传动系统、操纵系统、润滑系统、电气系统以及其他部分，性能鉴定的直接依据是空载检查和负载试验。

二、张力机的检查及试验

（一）张力机外观检查

（1）机容机貌整洁，无泥污、脱漆、变形损坏。

（2）操作柜部分。

1）外罩面板完好，无损坏。
2）支架及固定螺钉完整、齐全，无缺损。
3）电源、起动、油箱、面板等钥匙齐全，无缺损。
4）指示灯齐全完好，无缺损。
5）仪表齐全完好，无缺损。
6）操作手柄（油门、支腿、收放线、制动、冷却等手柄）完好，无缺损。
7）阀调节旋钮、工况选择开关等完好，无缺损。
8）保险盒熔丝齐全完好，无缺损。
（3）结构件部分。
1）外罩完好，无损坏（变形、裂损、脱漆、缺失）。
2）拖杆及连接销齐全、完好，无缺损。
3）机架等钢结构完好，无裂损、变形。
4）轮胎气压正常，花纹符合要求，无硬伤。
5）机桥轴头完好无损。
6）轮制动器手柄、拉条（或拉杆）、制动器齐全完好。
7）总成件与机架连接螺栓齐全完好，无松动、缺损。
8）支腿及其连接销齐全完好，无变形、裂损。
（4）进出线机构。
1）进出线辊轮及支架完好，无缺失、转动不灵、损坏、变形、松动。
2）张力轮并轮附件（连接销）完好，无缺损。
3）张力轮槽完好，无异常磨损、变形。
4）张力轮轮缘板完好，无缺失、变形，连接螺栓无松动或缺损。
5）计数器及其传动机构完好，无损坏。
6）张力轮传动链条、传动齿轮完好，无损坏。
（5）液压电气。
1）液压油箱完好，无漏油、变形、箱盖缺损。
2）液压油滤芯及其堵塞压力表、报警器完好，无损坏。
3）液压管路完好，无漏油、老化。
4）液压管路布置整齐、保护措施得当，无凌乱、磨损。
5）尾架输出接头完好，无漏油、损坏。
6）减速器油标及呼吸阀完好，无损坏、漏油。
7）液压开关、阀、泵、马达、油缸完好，无漏油、损坏。
8）电气线路布置整齐、保护措施得当，无凌乱、磨损。

（6）滤芯、油液、润滑、电瓶。

1）空滤、燃油滤芯、机油滤芯完好。

2）液压油、机油、齿轮油、燃油、冷却液等液位（数量）及质量合格，无缺少、变质超标。

3）润滑脂泵和润滑脂管路完好，管路无老化、断损。

4）滑脂润滑点润滑良好，不缺脂。

5）水箱、燃油箱完好，无渗漏、变形、箱盖缺失。

6）水箱开关完好，开关自如不渗漏。

7）电瓶完好，电瓶液位合格、桩头连接牢固、无脏污腐蚀、性能合格。

（二）张力机空载检查

空载检查是指设备开机检查时空载试车，其检查项目和方式类似于“整机检查”和“设备使用前性能检查”。具体检查项目如下：

1. 发动机部分

（1）发动机运转正常，无抖动、异响。

（2）发动机机油压力正常。

（3）发动机温度（水温、机油温度）正常。

（4）发动机故障指示灯指示正常。

（5）充电系统正常，发动后指示灯灭。

（6）发动机工作时间表正常指示。

2. 液压传动机构

（1）液压泵、马达运转正常，无异响、温度不高。

（2）支腿升降机构升降平稳，无卡滞、泄压自降。

（3）液压油冷却系统完好，温控系统和冷却强度正常可控。

（4）张力轮正反转正常，张力轮制动系统正常。

（5）补油压力正常。

（6）智能化张力机液晶控制面板完好，能正常显示、设置。

（7）液压油滤芯堵塞指示灯指示正常（滤芯堵塞，灯亮）。

（8）张力预设正常，可正常设置。

（三）张力机负载试验

负载试验是指设备开机检查时负载试车，既检查设备的完好性，又检查设备实际可用的张力是否满足使用需求。

1. 张力机试验目的

（1）测试张力机双泵工况最大张力及最大持续速度。

（2）测试张力机单泵工况最大张力及最大持续速度。

（3）测试张力机在连续工况时的各项工作性能。

（4）测试张力与压力表读数的关系。

（5）测试张力机静态制动性能。

2. 张力机试验方法

（1）由牵引机提供牵引力，进行场地试验，具体如图 4–2–1 所示。

（2）张力及牵引力用拉力表直接测出。

（3）放线速度由速度表直接显示。

（4）其他性能数据借助张力机自身安装的监控仪表读出，如液压油温度、系统压力等。

3. 张力机试验用主要设备工器具（见表 4–4–1）

表 4–4–1　　张力机试验用主要设备及工器具表

名称	规格型号	数量
牵引机	适用	1 台
张力机	适用	1 台
牵引绳	适用	1 盘
地锚	适用	4 只
拉力表	适用	1 块

4. 检验要求

（1）经试验观察，张力机单泵及双泵在最大张力和最高放线速度下工作情况良好，在最大持续张力工况下工作情况良好。

（2）张力机机械系统满足工作要求。

（3）液压系统、制动系统等系统均工作正常。

（4）实测张力值与张力计算值基本吻合。

【思考与练习】

1. 简述张力机外观检查项目及要求。

2. 简述张力机空载试验检查项目及要求。

3. 简述张力机负载试验方法及检测目的。

4. 简述张力机负载试验检验要求。

第五章

牵张机辅助设备修理

模块 1　油马达工作原理及故障排除

【模块描述】本模块介绍油马达的工作原理和常见故障种类及产生原因，通过原理讲解、功能介绍以及操作过程详细介绍和操作技能训练，掌握油马达常见故障的判定排除。

【正文】

一、概述

油马达是张力机导线尾车产生尾车张力的装置，在作业中与导线展放线配合使用，其与导线展放架组装如图 5-1-1 所示。

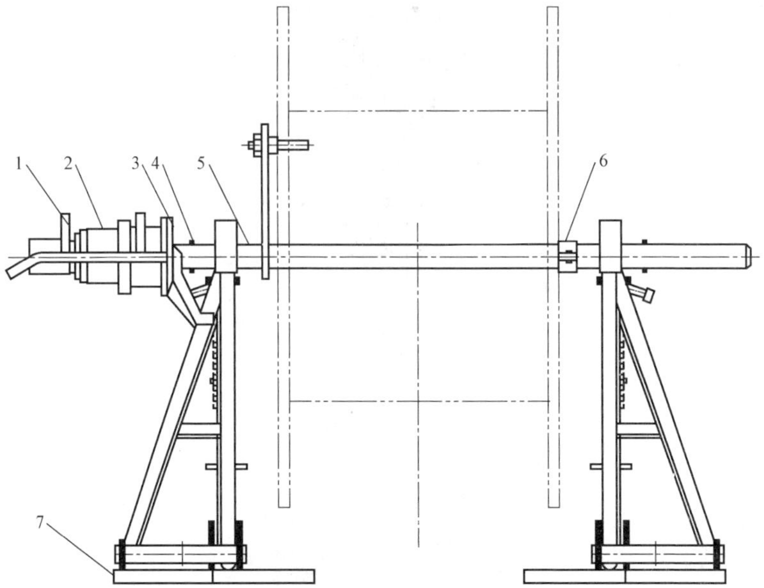

图 5-1-1　油马达在导线展放架上的组装示意图

1—尾车马达支架；2—尾车马达减速器；3—尾车马达卡盘；4—定位销；5—支撑轴总成；6—锥套、隔套；7—导线展放架总成

二、油马达的结构组成

油马达是由主马达、制动器、减速器等组成，如图 5–1–2 所示。

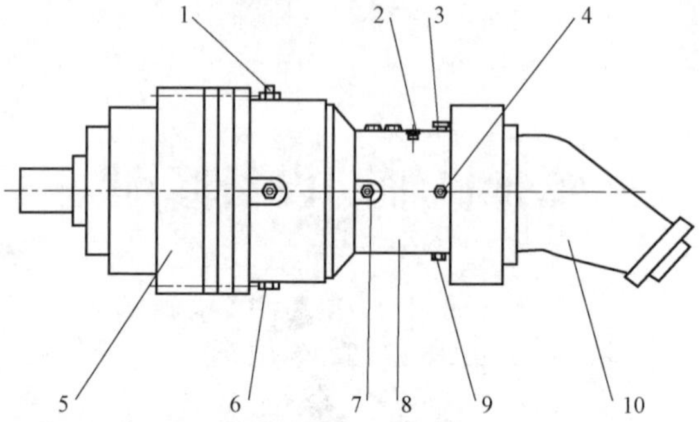

图 5–1–2 油马达结构组成示意图

1—齿轮油注入口；2—制动口（接控制液压油）；3—液压油注入口；4—制动器油标；5—减速机；6—减速机放油口；7—减速机油标；8—制动器；9—制动器放油口；10—主马达

三、液压马达尾车张力装置的工作原理

液压马达和张力机的液压动力口连接，张力机为油马达提供液压动力。当张力机为油马达提供一定压力的动力源时，油马达输出轴通过行星减速器减速增扭，驱动导线盘轴，产生与导线展放方向相反的阻力矩，即产生尾车张力。在张力机动力头为主马达输入液压动力源的同时，也为制动器输入解除制动的液压动力源，使常闭式制动器自动打开。尾车张力的大小和制动器的工作状态由张力机的尾车压力调整阀控制，如图 5–1–3 所示。

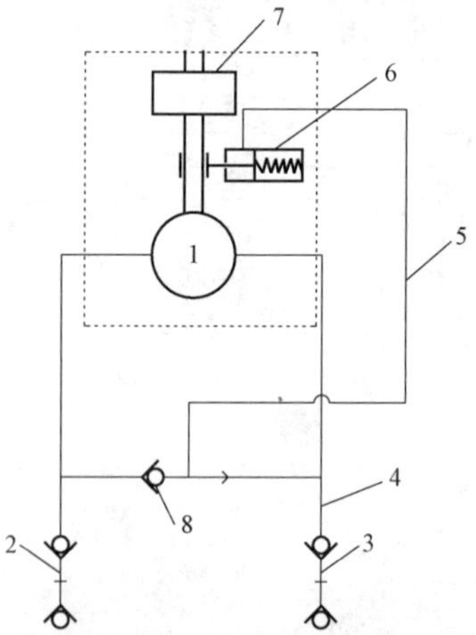

图 5–1–3 液压马达工作原理示意图

1—主马达；2—进油快速接头；3—出油快速接头；4—油管；5—刹车油路；6—制动器；7—减速器；8—制动单向阀

四、液压马达的维护和保养

（1）使用后应及时清洗油马达表面的油污、脏物。

（2）油马达减速器使用齿轮油润滑，每次使用前，应检查减速器齿轮油是否充足。

（3）清洁并润滑呼吸阀，保持呼吸阀功能有效。

（4）使用前检查液压快速接头是否漏油。

（5）存放和保管要求。

五、液压马达常见故障判定与排除（见表 5–1–1）

表 5–1–1　　液压马达常见故障判定与排除表

故障现象	造成故障的原因	排除方法
液压马达漏油	1. 快速接头漏油	1. 更换快速接头
	2. 减速器漏油	2. 更换密封件或呼吸阀
	3. 制动器漏油	3. 更换密封件或呼吸阀
液压马达不转	1. 刹车抱死制动器打不开	1. 检修制动器
	2. 主马达损坏检修或更换	2. 检修或更换
液压马达制动失灵	1. 制动器损坏	1. 检修制动器
	2. 摩擦片磨损	2. 更换摩擦片

【思考与练习】

1. 简述液压马达的结构组成。
2. 简述液压马达的工作原理。
3. 简述液压马达日常维护与保养方法。
4. 简述液压马达常见故障判定与排除方法。

模块 2　导线架工作原理及故障排除

【模块描述】本模块介绍导线架的工作原理和常见故障种类及产生原因，通过原理讲解、功能介绍以及操作过程详细介绍和操作技能训练，掌握导线架常见故障的判定排除。

【正文】

一、导线架的作用

导线架是通过导线轴稳定支撑导线盘的装置。在放线时，导线架置于张力机后面一定距离，通过导线轴稳定支撑导线盘，从而配合张力机稳定展放导线。

二、导线架的结构组成及工作原理

在张力放线施工中，最常使用的导线架是组装式，它是由左右分开的两个支撑架组成，成对使用。每个支撑架是由底座、支撑主架、支撑缸、轴托等组成。底座、主架和顶升装置两两铰支连接，构成刚性三角形支撑。其优点是单件质量小、体积小、可折叠收放、便于人工搬运等，如图 5–2–1 所示。

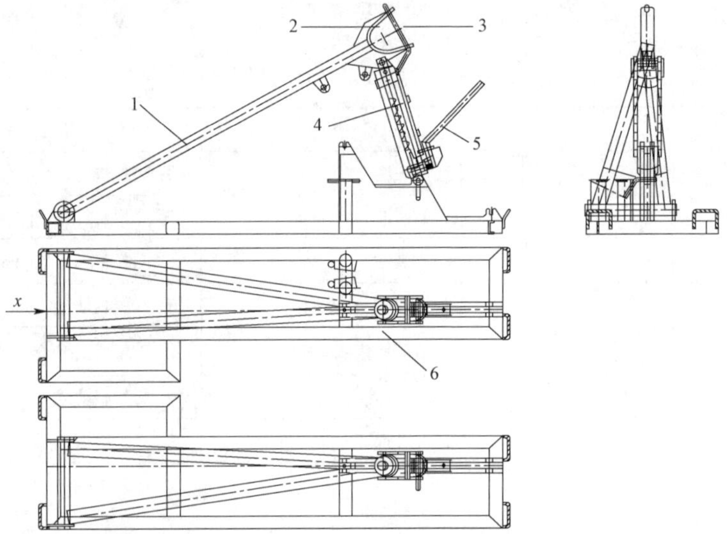

图 5–2–1 导线架外形结构示意图

1—主架；2—轴托；3—锁销；4—支撑缸；5—手动泵；6—底座

导线架的支撑缸有固定式和可伸缩式两种。固定式支撑缸长度不变。可伸缩式支撑缸根据需要进行轴托支撑高度的调整。在施工现场没有起吊设备的情况下，组装式导线架的可伸缩式支撑缸可调整导线架轴托的高度，实现导线盘的升降。亦可用它分别调整左、右两支撑架的中心高度，使导线盘处于水平位置。

常用的可伸缩式支撑缸有螺杆顶升式和液压顶升式两种。

1. 螺杆顶升式

简单的螺旋杆式顶升装置的结构和螺旋千斤顶相似。为减轻操作强度，可把顶升装置的操作机构由原来的棘轮操作，改成采用圆锥齿轮减速或蜗轮减速装置操作。这种顶升装置是导线架上使用最早的一种形式，结构简单、加工维护方便、工作也比较可靠。由于螺旋副效率低（30%～40%），操作劳动强度大、不方便。

2. 液压顶升式

它由专用的手动液压泵向液压缸压油达到顶升目的。当把导线盘顶升到要求高度后，只要打开手动液压泵的回油阀，使液压缸回油，载荷通过锯齿形支承夹板，自动转移到缸体外壁支撑销。如要使液压缸重新顶起导线盘时，随着导线盘顶起，锯齿形夹板能自动和支撑销分离。液压缸顶升装置使用方便，但必须配备手动液压泵，故结构较为复杂。

3. 轴托

轴托由U形轴承座加衬轴瓦组成，轴托在支撑架上使U形中心线倾斜一定角度（一般为45°），轴托和支撑架一般直接焊接在一起，也可做成组装式的。

4. 主架和底座

主架和底座是钢结构焊接件，它是导线架的基础件，其强度和稳定性应满足导线盘支撑需要。主架和底座之间铰支连接，能折叠收放，便于导线架的搬运。

三、导线架的维护和保养

（1）使用后应进行清洗，保持外观清洁无污物。

（2）检查连接销、锁销是否缺损，定期对检查连接销进行润滑。

（3）支撑装置的维护保养

1）螺旋式支撑缸。定期进行清理，清除支撑缸内部的污物，防止污物过多造成无法旋转或转动不灵活，使用润滑脂对螺杆及丝扣进行润滑，防止锈蚀。

2）液压顶升式。定期检查液压缸是否漏油。液压油是否充足以及液压油是否变质，检查手动泵的功能是否正常。

（4）对钢结构部分进行清洗，对出现锈蚀严重的应进行防腐处理，对出现变形严重及裂纹现象时应及时进行校正及补焊加强。

（5）导线架应存放在干燥、通风的室内。

四、导线架常见故障判定及排除（见表5–2–1）

表5–2–1　导线架常见故障判定及排除表

故障现象	造成故障的原因	排除方法
线盘无法顶升或下降	1. 液压顶升支撑缸损坏或手动泵损坏	1. 更换密封件，必要时更换支撑缸油泵总成
	2. 螺旋式顶升缸损坏或磨损严重、污物及多死	2. 清除污物，磨损严重时应进行更换
主架无法顶升	1. 主架变形严重或断裂	1. 校正主架，开焊时进行补焊，必要时进行更换
	2. 主架与底座连接销丢失、变形	2. 校正，重新安装

【思考与练习】

1. 简述导线架的结构组成及工作原理。
2. 简述导线架支撑缸的种类及工作原理。
3. 简述导线架导线架的维护和保养。
4. 简述导线架常见故障判定及排除。

模块 3 刹车盘工作原理及故障排除

【模块描述】本模块介绍刹车盘的工作原理和常见故障种类及产生原因，通过原理讲解、功能介绍以及操作过程详细介绍和操作技能训练，掌握刹车盘常见故障的判定排除。

【正文】

一、概述

刹车盘是配合张力机展放导线或牵引绳的装置，使用时安装于导线架或牵引绳架上，起着产生尾车张力的作用。刹车盘理想的工作状态为：绳盘既能顺利转动，又能产生合适的尾绳张力，停机时，又能稳妥刹车。

二、刹车盘的结构组成及工作原理

（1）刹车盘主要由框架、传动轴、衬套、刹车盘、摩擦片、调整螺栓等部件组成，如图 5–3–1 所示。

图 5–3–1　刹车盘结构示意图

1—刹车盘；2—传动轴；3—与尾架连接的卡槽；4—调整螺栓；5—摩擦片

（2）刹车盘的工作原理。使用时，钳盘式尾车张力装置通过卡槽与尾架连接，摩擦片与尾架固定不动。传动轴与穿过绳盘的主轴相连接，绳盘主轴带动传动轴和刹车盘一起转动。当张力机向前吐线时，相对转动的刹车盘与摩擦片一直保持接触状态，产生摩擦阻力，从而形成尾车张力。当张力机停止吐线时，起到刹车的作用。

三、刹车盘的使用

刹车盘上有一处调整螺栓，当螺栓向内（右旋）旋转时，刹车盘与摩擦片的接触就更紧密，尾车张力增大，刹车效果增强；反之，向外（左旋）旋转时，尾车张力减小，刹车效果减弱。

四、刹车盘的保养和维护

（1）使用后应及时清洗刹车盘表面的油污、脏物。

（2）检查调整螺栓是否缺失、损坏。

（3）定期或使用前检查刹车片是否磨损过度。

（4）检查传动轴及衬套是否磨损过度，并定期对传动轴进行润滑。

（5）对钢结构部分进行清洗，对出现锈蚀严重的应进行防腐处理；对出现变形严重及裂纹现象时，应及时进行校正及补焊加强。

（6）刹车盘应存放在干燥、通风的室内。

五、刹车盘常见故障判定及排除（见表 5–3–1）

表 5–3–1　　刹车盘常见故障判定及排除表

故障现象	造成故障的原因	排除方法
制动力不足	1. 刹车片磨损严重	1. 更换刹车片
	2. 制动盘磨损严重，出现深沟	2. 拆下进行堆焊、修复磨损面，必要时进行更换
传动轴与衬套配合松旷	1. 传动轴磨损严重	1. 对传动轴进行加衬套修复，必要时进行更换
	2. 衬套磨损严重	2. 更换衬套

【思考与练习】

1. 简述刹车盘的结构组成及工作原理。
2. 简述刹车盘的维护和保养。
3. 简述刹车盘常见故障判定及排除方法。

模块 4　线盘轴工作原理及故障排除

【模块描述】本模块介绍线盘轴的工作原理和常见故障种类及产生原因，通过原理讲解、功能介绍以及操作过程详细介绍和操作技能训练，掌握线盘轴常见故障的判定排除。

【正文】

一、线盘轴的作用及组成

（一）线盘轴的作用

线盘轴通过导线架和牵引绳架，支撑导线盘或牵引绳盘，与张力机配合展放导线或牵引绳的装置。

（二）线盘轴的组成

线盘轴主要由轴杆、轴承、轴套、隔套、锁紧螺母、拨动组合件（拨动臂和拨叉）等组成，其结构具体如图 5–4–1 所示。

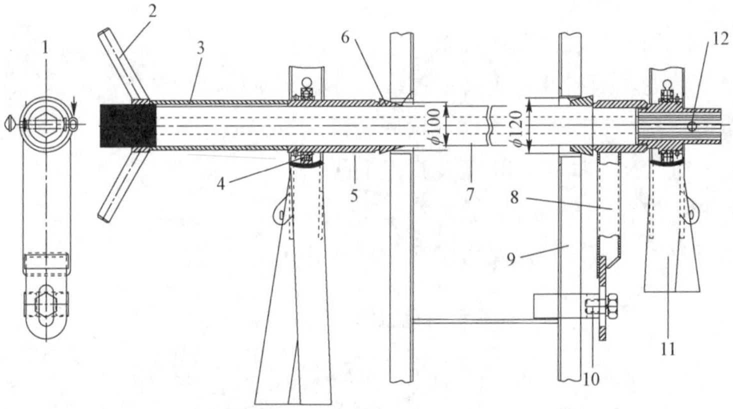

图 5–4–1 线盘轴结构示意图

1—锁销；2—锁紧螺母；3—隔套；4—轴承；5—轴套；6—锥套；7—轴杆；8—拨动臂；9—线盘；10—拨叉；11—支撑架；12—驱动连接螺孔

二、线盘轴的工作原理

轴杆与拨动臂焊接连接，拨动臂与拨叉使用螺栓连接。轴杆上靠近拨动臂一端固定安装一支撑滚动轴承，另一端的轴承安装在活动支撑座上。轴杆两端的轴承放置在导线架的轴托上。轴杆通过锥套、隔套、锁紧螺母来夹紧、固定、支撑线盘。

拨动臂组合件与线盘连接（拨叉与线盘固定连接），使尾车张力装置产生的阻力矩通过线盘轴传递至线盘，形成尾车张力。轴杆及其支撑轴承是支撑线盘质量，并保证线盘的灵活转动。线盘轴上面的锥套、隔套和锁紧螺母用于轴杆与线盘紧密可靠连接。

三、线盘轴的保养和维护

（1）使用后应进行清洗，保持外观清洁无污物。

（2）定期对锁紧螺母、轴杆的螺纹、轴承部分进行润滑保养。

（3）对钢结构部分进行清洗，对出现锈蚀严重的应进行防腐处理；对出现变形严重及裂纹现象时应及时，进行校正及补焊加强。

（4）线盘轴应存放在干燥、通风的室内。

四、线盘轴的常见故障判定及排除（见表 5–4–1）

表 5–4–1　　线盘轴常见故障判定及排除表

故障现象	造成故障的原因	排除方法
锁紧螺母不能正常工作	1. 锁紧螺母丝扣损坏	1. 拆下重新加工
	2. 锁紧螺母丝扣内污物过多	2. 清洗、润滑
	3. 轴杆螺纹损坏	3. 重新加工轴杆螺纹
线盘转动不灵活	1. 轴承锈蚀严重	1. 拆下清洗润滑
	2. 轴承磨损严重、裂损	2. 更换轴承
线盘无法夹紧	1. 隔套磨损严重	1. 更换隔套
	2. 衬套磨损严重	2. 更换衬套
拨动臂、拨动拨叉无法固定线盘	拨动臂、拨动拨叉变形、断裂开焊	对变形部分进行校正，对断裂开焊处进行补焊，必要时更换
轴杆弯曲	超负荷使用	严格按照规定要求使用，对弯曲部分进行校正，必要时进行更换

【思考与练习】

1. 简述线盘轴的作用及其组成。
2. 简述线盘轴的工作原理。
3. 简述线盘轴的维护和保养。
4. 简述线盘轴的常见故障判定及排除方法。

模块 5　主牵架工作原理及故障排除

【模块描述】本模块介绍液压马达的工作原理和常见故障种类及产生原因，通过原理讲解、功能介绍以及操作过程详细介绍和操作技能训练，掌握液压马达常见故障的判定排除。

【正文】

一、概述

主牵架是支撑牵引绳盘的装置。在放线时，主牵架置于张力机后面一定距离，与尾车张力装置和张力机配合，实现牵引绳具有一定张力稳定展放。

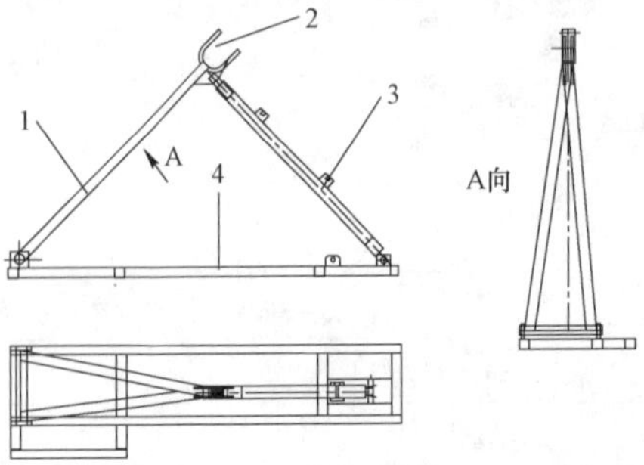

图 5–5–1 主牵架结构示意图

1—主架；2—轴托；3—支撑缸；4—底座

二、主牵架的结构组成及工作原理

主牵架是由支撑架和主牵绳轴组成。

支撑架成对使用。每个支撑架是由底座、支撑主架、支撑缸、轴托等组成。底座、主架和顶升装置两两铰支连接，构成刚性三角形支撑。其优点是单件质量小、体积小、可折叠收放、便于人工搬运等，如图 5–5–1 所示。

主牵架的支撑缸是固定式的。固定式支撑缸由无缝钢管焊接而成，主牵架的支撑高度满足牵引绳展放需要。

轴托由U形轴承座加衬轴瓦组成，轴托在支撑架上使U形中心线倾斜一定角度（一般为 45°），轴托和主架直接焊接在一起，也可做成组装式的。

主架和底座是钢结构焊接件，它是主牵架的基础件，其强度和稳定性应满足导线盘支撑需要。主架和底座之间铰支连接，能折叠收放，便于搬运。

主牵绳轴主要由轴杆、十字架、隔套、锥套、锁紧螺母、轴承、拨动臂等组成，如图 5–5–2 所示。轴杆与拨动臂焊接连接。轴杆上靠近拨动臂一端固定安装一支撑滚动轴承，另一端的轴承安装在活动支撑座上。轴杆两端的轴承放置在主牵架的轴托上。轴杆通过十字架、锥套、隔套、锁紧螺母来夹紧、固定、支撑线盘。

拨动臂通过十字架与线盘连接，使尾车张力装置产生的阻力矩通过主牵绳轴传递至线盘，形成尾车张力。轴杆及其支撑轴承支撑线盘质量，并保证线盘的灵活转动。线盘轴上面的锥套、隔套和锁紧螺母用于轴杆与线盘紧密可靠连接。

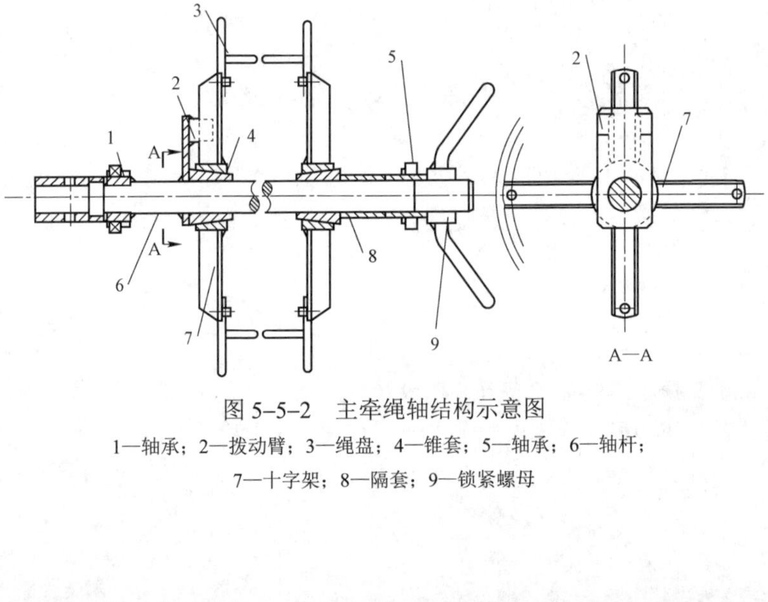

图 5–5–2 主牵绳轴结构示意图

1—轴承；2—拨动臂；3—绳盘；4—锥套；5—轴承；6—轴杆；
7—十字架；8—隔套；9—锁紧螺母

拨动臂通过十字架与线盘连接，使尾车张力装置产生的阻力矩通过主牵绳轴传递至线盘，形成尾车张力。轴杆及其支撑轴承支撑线盘质量，并保证线盘的灵活转动。线盘轴上面的锥套、隔套和锁紧螺母用于轴杆与线盘紧密可靠连接。

三、主牵架的维护和保养

（1）使用后应进行清洗，保持外观清洁无污物。

（2）定期对锁紧螺母、轴杆的螺纹、轴承部分进行润滑保养。

（3）检查连接销、锁销是否缺损，定期对检查连接销进行润滑。

（4）对钢结构部分进行清洗，对出现锈蚀严重的应进行防腐处理；对出现变形严重及裂纹现象时，应及时进行校正及补焊加强。

（5）检查十字架连接线盘螺栓是否缺失。

（6）检查支撑装置是否变形、脱焊、裂纹。

四、主牵架常见故障判定与排除（见表 5–5–1）

表 5–5–1　　导线架常见故障判定及排除表

故障现象	造成故障的原因	排除方法
主架无法顶升	1. 主架变形严重或断裂	1. 校正主架，开焊时进行补焊，必要时进行更换
	2. 主架与底座连接销丢失、变形	2. 校正，重新安装
锁紧螺母不能正常工作	1. 锁紧螺母丝扣损坏	1. 拆下重新加工
	2. 锁紧螺母丝扣内污物过多	2. 清洗、润滑
	3. 轴杆螺纹损坏	3. 重新加工轴杆螺纹
线盘转动不灵活	1. 轴承锈蚀严重	1. 拆下清洗润滑
	2. 轴承磨损严重、裂损	2. 更换轴承
线盘无法夹紧	1. 隔套磨损严重	1. 更换隔套
	2. 衬套磨损严重	2. 更换衬套
拨动臂、拨动拨叉无法固定线盘	拨动臂、拨动拨叉变形、断裂开焊	对变形部分进行校正，对断裂开焊处进行补焊，必要时更换
轴杆弯曲变形	超负荷使用	严格按照规定要求使用，对弯曲部分进行校正，必要时进行更换
支撑杆弯曲变形	超负荷使用	严格按照规定要求使用，对弯曲部分进行校正，必要时进行更换

【思考与练习】

1. 简述主牵架的组成及工作原理。
2. 简述主牵架的维护和保养。
3. 简述主牵架主架无法顶升的故障原因与排除方法。
4. 简述主牵架主架线盘转动不灵活的故障原因与排除方法。
5. 简述主牵架主架线盘线盘无法夹紧的故障原因与排除方法。

第三部分

建筑机械及加工设备修理

第六章

建筑机械设备修理

模块1 压路机工作原理及故障判定排除

【模块描述】本模块介绍压路机的工作原理和常见故障种类及产生原因，通过原理讲解、功能介绍以及操作过程详细介绍和操作技能训练，掌握压路机常见故障的判定以及排除方法。

【正文】

一、概述

压路机在工程机械中属于道路设备的范畴，广泛用于高等级公路、铁路、机场跑道、大坝、体育场等大型工程项目的填方压实作业，可以碾压沙性、半黏性及黏性土壤、路基稳定土及沥青混凝土路面层。

其主要特点有：采用铰接式车架、液压行走、液压振动、全液压转向系统；具有两种振频、两级振幅，可适应于不同厚度铺层和各种材料的压实；采用进口液压泵、液压马达、振动轴承，保证了整机的可靠性；车架及机罩采用优化设计，保养和维修方便；具有三级减振，驾驶室采用密封隔音措施，驾驶更加舒适。

二、压路机的组成及工作原理

（一）压路机的组成

压路机是由动力装置、车架、驾驶室与操作装置、行走与传动系统、振动轮、液压系统、电控系统及空调装置组成，如图6–1–1所示。

（1）车架是机器的骨架，它把机器的所有部件连成一个整体。采用铰接机架使机器转向灵活、转弯半径小、操纵方便，并具有一定的隔振能力。

（2）动力装置是机器的心脏，向行走驱动及振动等提供动力，由柴油机及其附件组成。

（3）驾驶室与操纵装置是机器的神经中枢，是操作人员工作的地方。

（4）行走与传动系统的作用是最终用来驱动机器前进与后退。采用由液压泵与液压马达组成的液压传动系统，全轮驱动，后轮由一个液压马达通过驱动桥把动力分传给左右驱动轮，前轮则由液压马达经减速器直接驱动钢轮。

图 6–1–1　压路机外形结构示意图

1—前车架；2—振动轮；3—中心铰接架；4—驾驶室；5—驱动轮；6—动力装置及后车架

（5）振动轮是压路机的压实工作装置，能产生两种幅度的振动，利用自身的质量或加上钢轮振动的激振力对作业对象进行压实。

（6）液压系统是操控机器的臂膀，它包括有行驶液压、转向液压、振动液压、制动液压等子系统。操作人员通过液压系统对压路机实行控制与操作。

（7）电控系统则是压路机的神经，可对压路机工作状态进行实时监控，操作人员也通过电控面板来完成对压路机的部分操纵。空调装置用来给驾驶员提供一个舒适的工作环境，减轻驾驶员的劳动强度，提高驾驶员的工作效率。

（8）前车架与振动轮之间、驾驶室与后车架之间装有起减振缓冲作用的减振块，减少振动产生的激振力对操作人员的不利影响，大大提高压路机的性能与工作效率。

（二）压路机的分类及工作原理

压路机以机械本身的重力作用，适用于各种压实作业，使被碾压层产生永久变形而密实，又分钢轮式和轮胎式两类。

碾轮构造有光碾、槽碾和羊足碾等。光碾应用最普遍，主要用于路面面层压实。采用机械或液压传动，能集中力量压实突起部分，压实平整度高，适于沥青路面压实作业。

按轮轴布置有单轴单轮、双轴双轮、双轴三轮和三轴三轮等。以内燃机为动力，采用机械传动或液压传动，一般前轮转向，机动性好，后轮驱动。为改善转向及碾压性能，宜采用铰接式转向结构和全轮驱动。前轮框架和机架铰接，以减少路面不平时的机身摆动。后轮和机架为刚性连接。采用液压操纵，用液压缸控制转向。前后碾轮均装有刮板以清除碾轮上粘结物；还装有喷水系统，用于压实沥青路面时，对碾轮洒水以防沥青混合料粘附。为增大作用力还可在碾轮内加装铁、砂、水等加大压重。

钢轮式压路机的主要技术参数是机重和线压力。20 世纪 80 年代各种钢轮式压路机机重范围约为：两轮压路机 2～13t，三轮压路机 1～15t，按需要可加压重 1～3t，三轴三轮压路机 13～14t，加压重后为 18～19t。

碾轮采用充气轮胎，一般装前轮 3～5 个，后轮 4～6 个。如改变充气压力可改变接地压力，压力调节范围为 0.11～1.05MPa。轮胎式压路机采用液压、液力或机械传动系统，单轴或全轴驱动，宽基轮胎铰接式车架结构三点支撑。压实过程有揉搓作用，使压实层颗粒不破坏而相嵌，均匀密实。机动性好，行速快（可达 25km/h），用于道路、飞机场等工程垫层的压实。

拖式振动压路机可有效地压实各类土壤及岩石填方，适用于现代高速公路、机场、路堤填方、海港、堤坝、铁路、矿山等工程建设施工。在滚筒上装置许多凸块的压路碾。由于凸块形似羊足故称羊足碾，亦称羊脚碾。凸块形状有羊足形、圆柱形及方柱形等。滚筒轴支撑于牵引机架轴承上，扩大使用范围。滚筒内可装水、砂或铁砂以增加碾压质量。在滚筒前后的机架下方装有梳状刮板，以清除凸块间粘嵌的泥块。

拖式羊足碾由牵引机拖行。自行式羊足碾也称捣实压路机。羊足碾单位压力大，使填料均匀，有捣实作用，压实度大，尤其对于硬性黏土，适用于压实黏性土壤及碎石层。尤其对于硬性黏土，凸块有搅拌、揉搓和捣实作用，有捣实作用，使填料均匀，上下铺层粘结好避免分层，广泛用于路基、垫层和堤坝等工程的压实。

自行式羊足碾在滚筒中还可装激振装置，制成振动捣实压路机，利用激振力增大压实效果，滚筒内可装水、砂或铁砂以增加碾压质量，扩大使用范围。

羊足碾的主要技术参数为机重和单位压力。由于凸块形似羊足故称羊足碾。可用于：

（1）公路、铁路、水坝、飞机场、楼房、工厂、住宅的地基压实。

（2）水泥厂废料、灰类、煤等散状物堆放场地的压实。

（3）含水量比较宽的土石方压实。

（4）岩石、黏土、膨胀土的压实。

（5）露天煤层的阻燃压实。

三、压路机的安全操作规程

（1）作业时，压路机应先起步后才能起震，内燃机应先置于中速，然后再调制高速。

（2）变速与换向时应先停机，变速时应降低内燃机转速。

（3）严禁压路机在坚实的地面上进行振动。

（4）碾压松软路基时，应先在不振动的情况下碾压 1～2 遍，然后再振动碾压。

（5）先调好振动频率后再进行作业，碾压时，振动频率应保持一致，不得在没有起振的情况下调整振动频率。

（6）换向离合器、起震离合器和制动器的调整，应在主离合器脱开后进行。

（7）上、下坡时，不能使用快速挡。在急转弯时，包括铰接式振动压路机在小转弯绕圈碾压时，严禁使用快速挡。

（8）压路机在高速行驶时不得接合振动。

（9）停机时应先停振，然后将换向机构置于中间位置，变速器置于空挡，最后拉起手制动操纵杆，内燃机怠速运转数分钟后熄火。

（10）其他。

1）无论是上坡还是下坡，沥青混合料底下一层必须清洁干燥，而且一定要喷洒沥青结合层，以避免混合料在碾压时滑移。

2）无论是上坡碾压还是下坡碾压，压路机的驱动轮均应在后面。这样做有以下优点：上坡时，后面的驱动轮可承受坡道及机器自身所提供的驱动力，同时前轮对路面进行初步压实，以承受驱动轮所产生的较大的剪切力；下坡时，压路机自重所产生的冲击力是靠驱动轮的制动来抵消的，只有经前轮碾压后的混合料才有支撑后驱动轮产生剪切力的能力。

3）上坡碾压时，压路机起步、停止和加速都要平稳，避免速度过高或过低。

4）上坡碾压前，应使混合料冷却到规定的低限温度，而后进行静力预压，待混合料温度降到下限（120℃）时，才采用振动压实。

5）下坡碾压应避免突然变速和制动。

6）在坡度很陡的情况下进行下坡碾压时，应先使用轻型压路机进行预压，而后再用重型压路机或振动压路机进行压实。

四、压路机的故障判定排除（见表 6–1–1）

（一）压路机振动系统故障判定及排除

振动系统是振动压路机的主要工作系统，压路机通过该系统来完成施工作业，因此分析并排除振动系统的故障，对提高作业效率、延长机器的使用寿命具有重要意义。

振动系统常见故障主要有：振动轮不起振、振动轮的振动时有时无、振动轮发出异响。究其原因可从电气系统、液压系统、振动轮这 3 个部分进行分析。

表 6–1–1　　压路机振动系统故障判定及排除表

故障现象	造成故障的原因	排除方法
振动轮不起振	电气系统一般情况下，振动开关本身质量有问题或操作力度有问题，会导致振动开关出现接触不良的现象	如果振动轮不起振，应首先查看振动开关是否完好，接触是否良好，否则应对其进行修复或更换；其次，检查电气线路是否存在继电器损坏、熔丝烧坏、线路短接或断路（重点检查振动开关至振动泵控制电磁阀的电路）等现象，如有，应予以排除

续表

故障现象	造成故障的原因	排除方法
振动轮的振动时有时无	若液压系统的压力没有达到要求，或振动系统中没有足够的流量时，可使振动马达不旋转或转速很低，振动轮将不振动或振动很微弱	其产生的原因及排除方法是： 1. 柴油机转速过低。当液压泵的流量、压力达不到设定值时，应检查油门操纵拉杆是否在正确位置，或请专业人员检修柴油机，使柴油机达到正常的转速。 2. 液压泵、油压马达严重磨损。液压元件的尺寸精度、加工工艺和材质等不符合技术要求而引起早期磨损；液压系统中的机械磨损物等杂质使柱塞与柱塞孔、滑履与斜盘、配流盘与缸体端面这三对摩擦副出现早期磨损导致内泄，对此，应使用机外循环过滤装置将液压系统中的机械磨损物和杂质排除干净；维修人员在检修泵或马达之后忘记给壳体加油，使摩擦副在没有润滑的情况下运行，导致泵和马达在短时间内因严重磨损而产生内泄。在此提醒维修人员，应注意对壳体加油，以免造成不必要的损失。 3. 阀、管接头等液压附件出现故障时，如振动开关阀损坏，将导致斜盘不能偏转，即振动泵的排量为零，马达也就不能转动，振动轮也不振动了；压力切断阀损坏会导致它过早地开启，使斜盘控制回路泄压，斜盘回到零位，使系统压力达不到要求，造成振动系统液压油压力过低，使振动马达不旋转或转速过低，因而出现没有振动或振动微弱的情况；溢流阀若损坏，将使其过早地开启溢流泄压，使系统压力达不到设定值，振动系统因液压油压力过低导致振动马达不旋转或转速过低，振动轮不振动或振动很弱；此外，接头处的O形圈损坏，导致密封不严而破损；接头没有拧到位，使油液不能导通等，可导致振动轮不起振或振动很弱。 当液压阀等元件出现故障时，应请专业人员进行维修，必要时需更换破损坏件，以确保设备正常作业；如液压油滤油器的过滤精度比较低，或滤油器损坏，应清洗液压系统，换用干净的液压油和高精度的滤油器
振动轮发出异响	振动轮振动系统的故障大多数出现在机械部分	以下几个部分是最容易发生故障的地方。 1. 连接振动马达与偏心装置的联轴器。首先振动马达与联轴器连接的花键轴被折断，这种情况极少见，一般出现在新机上，主要是由于振动轮零部件之间的同轴度、垂直度严重超差，或是由于振动轮零部位的固定螺栓断裂或松动而造成的；其次是尼龙套严重磨损，联轴器的尼龙套若在材质上、强度上有问题，或偏心装置的同轴度严重超差，均可导致尼龙套早期损坏，引起振动系统没有振动、振动微弱或振动时有时无的故障。 2. 振动轴承的润滑、散热、间隙状况将直接影响轴承的使用寿命，轴承如果润滑不良可在极短的时间内出现严重磨损，同时还伴有噪声。 振动轴承出现早期损坏，往往是由于轴承自身的质量问题及装配不当造成的。如轴承的耐磨性能、硬度、尺寸精度以及制造 工艺不符合要求；没有按照规程进行装配，装配时轴承受到损伤；轴承的轴向间隙太小等，故轴承安装时的间隙必须符合其规定要求。 与普通高速、重载荷轴承相比，对振动轴承的性能要求更高，在选择振动轴承时，应选用厂家提供或认可的品牌、规格。 3. 调幅装置现有的振动压路机一般采用双频双幅且可调整的结构，如果振动轮调幅装置损坏，在进行振动作业时将会产生很大的撞击声，在起动振动或停止振动的过程中会听到清晰、连续的撞击声，振动时出现振幅杂乱无章、振动时有时无、时大时小的症状，此时，必须更换已损坏的零部件

（二）压路机液压系统故障判定排除（见表 6–1–2）

振动压路机的液压系统工作好坏，集中表现在振动频率和振幅。如果振动轮不振动或振动频率和振幅低于初始值，说明是液压系统发生了故障。

表 6–1–2　　压路机液压系统故障判定排除表

故障现象	造成故障的原因	排除方法
接通电磁阀的电路时，振动轮不振动	振动压路机激振液压马达的油路是通过电磁阀的电磁线圈通电后产生磁力，驱动铁芯使控制阀的滑阀移动，以接通液压马达与油泵的压力油路和回油路。液压马达在压力油的作用下转动，并带动振子激振。如果接通电路开关后振轮不振动，可能是液压马达的压力油路没有接通之故，其原因是： （1）电路故障。电磁阀的电源电路断路或电磁线圈损坏，不能驱动换向阀的滑阀与阀体相对滑移，故不能接通液压马达的压力油路，从而不振动。 （2）换向阀故障。滑阀被机械杂质卡死在关闭位置，使电磁阀难以驱动，造成液压马达不能将油路接通，则压路机不振动	检查电路，另用一根导线，一端搭接在电源，另一端触动电磁阀线圈相线接柱，若电磁阀动作或振动轮起振，说明电源电路中断，应逐段回退检查，查出后予以排除。 如果通过上述搭接振动轮还不振动，再将电磁阀拆下用手推动滑阀，其振动轮起振，说明电磁阀线圈损坏，也可用一根带电的导线与电磁阀火线接柱刮火，若无火花，说明电磁线圈断路或线圈的搭铁线断路。若出现小蓝色火花，说明电磁线圈正常，如果仍不振动，可能是滑阀被机械杂质卡死所致，应进一步查明并对症排除
振动压路机振动时，感觉振动力不如初始	由振动原理可知，振动压路机能引起振动，主要是由液压马达带着一个失去静平衡的回转零件转动，即零件的重心与转动中心不重合，产生偏心距，转动时进行跳动的结果。当偏心矩一定时，其振动幅度和振动频率也只有随液压马达的转速降低而减小。液压马达的平均转矩可按理论求出。液压马达的转矩和转速与输入的油液压力、流量、容积效率、机械效率均成正比关系，如果其中有一项减小，则液压马达转速也相应减小。引起进入液压马达的油液压力或流量减少的原因，多数是由于液压泵效率和传输效率降低所致	检查液压泵泄漏量、机械摩擦力大小、传输管道的泄漏和堵塞，调节阀的调定压力和流量正确与否，查明后，应对症排除。 另外，再检查液压马达的本身的容积效率，机械摩擦阻力和背压力。 如果液压马达因磨损或密封件密封不良而泄漏量增大，或机械摩擦阻力过大，则多是因为液压马达转速低、转矩小，应进而查明并对症排除。 液压马达回油不畅，会造成背压增大。根据液压马达的转矩与其进、出口压力差成正比关系，所以在进口压力为一定时，当背压增大必然使液压马达的进出口压力差减小，所以液压马达转动无力，应进而查明背压增大的原因，并予以排除
起动发动机工作时，切断液压马达的电磁阀电路，压路机的振动轮仍振动	由振动压路机振动部分的组成和工作原理可知，振动轮激振是靠输入液压马达的工作油液压力能量来带动转子激振。液压马达能带动转子激振是受电磁控制阀的控制。电路接通时，操纵阀的滑阀在电磁力的作用下位移而接通液压马达的油路，使液压马达转动而激振，切断电磁阀的电流滑阀在弹簧的作用下回位，而切断液压油路，液压马达停止激振。发动机工作时，如果在切断控制阀的电路，振动轮仍振动，说明操纵阀的滑阀是处在接通油路位置，不能将油路切断所致。进而分析，通向液压马达的油路没有切断的原因有： 1. 操纵阀的滑阀移动是靠电磁阀的磁力，而回位是靠弹簧的弹力。滑阀没有回位，必然是弹簧弹力小于滑阀的摩擦阻力或摩擦阻力大于弹簧的弹力所致。 2. 当电磁阀遇有短路时，即未经电路开关而与其他电源电路接通使滑阀处在油路导通位置。 3. 油液中有机械杂质将滑阀卡在油路导通位置，则振动轮仍在振动	1. 拆下电磁火线接柱上的导线，若滑阀回位，说明电磁的电路有短路现象，应进而逐段查明短路处并予以排除。 2. 若拆下电磁阀线圈相线后，压路机仍在振动，或拆下电磁阀滑阀仍不回位，说明该阀的复位弹簧折断或滑阀被机械杂质卡死在接通回路位置，应再进一步解体查明，并对症排除

【思考与练习】

1. 熟悉压路机的种类及工作原理。

2. 简述压路机振动轮不起振时的故障原因及排除方法。

3. 简述压路机振动轮发出异响时的故障原因及排除方法。

4. 简述压路机起动发动机工作时，切断液压马达的电磁阀电路，压路机的振动轮会振动的原因。

模块 2 推土机工作原理及故障判定排除

【模块描述】本模块介绍推土机的工作原理和常见故障种类及产生原因，通过原理讲解、功能介绍以及操作过程详细介绍和操作技能训练，掌握推土机常见故障的判定排除。

【正文】

一、概述

推土机是一种自行式铲土运输机械，分为履带式推土机和轮胎式推土机。利用其前端的推土板（统称铲刀）主要进行短距离推运土方、石渣等作业和局部碾压，还可配置其他工作装置进行松土、除根、清除石块，以及铲运和牵引各种拖式施工机械等，是土方工程中广泛使用的施工机械。

作为推土机的修理人员，应了解设备的常见故障及其原因，掌握排除方法和技能。对自我不能排除的故障，应能正确描述故障现象和检查情况，与专业维修人员准确沟通，及时排除故障。

二、履带式推土机的结构简述

在引进新技术和不断改革发展中，国产推土机已从结构陈旧的小功率机械传动型，发展为大、中、小功率齐全，采用国外先进结构的液力传动，液压操纵的新型推土机。

推土机由发动机、传动系统、行走机构和工作装置等组成，其结构如图 6–2–1 所示。

（一）发动机

国产推土机多采用有废气涡轮增压装置的 6135 型或康明斯型柴油发动机，功率大、性能好，不仅在平原地区能提高功率，在高原地区也能保持原有功率。

（二）传动系统

传动系统包括主离合器、变速器、中央传动、转向离合器、最终传动机构等。

（1）主离合器。一般大、中型推土机采用液力变矩器来代人力操纵的多片式离合器。它和动力换挡变速器相配合，能减轻机械作业时的冲击力，使发动机在变速中保持运转平稳不熄火，操作灵便，提高工效。

图 6–2–1　推土机外形结构示意图

1—推土工作装置；2—控制装置；3—发动机；
4—驾驶室；5—行走系统

（2）变速器。采用定轴式或行星式动力换挡变速器来替代人工换挡变速器可实现不停车换挡，使动力能平稳变速，结构紧凑，操纵轻便，作业效率高。

（3）中央传动。中央传动主要由大小圆锥齿轮及圆锥齿轮轴组成。

（4）转向离合器。采用湿式多片离合器和湿式浮动带制动器，使用可靠、寿命长。转向和制动均为液压操纵并可联动，因而能以较小的操作力获得较大的制动力矩。

（5）最终传动装置。采用二级直齿传动，其内外密封均为浮动式油封。最终传动装置全部依靠飞溅润滑。

（三）行走机构

行走机构主要由左、右台车和履带组成。台车由台车架、支重轮、托带轮、引导轮以及张紧装置等组成。各轮均采用浮动油封，这种结构可实现四轮旋转摩擦副的稀质油润滑，从而减少摩擦，提高各轮的使用寿命，减少保养时间。张紧装置是为采用注入润滑油的形式来调整履带松紧度的，操作方便。

（四）工作装置

工作装置包括推土和松土两种装置，铲刀和松土齿的升降，都是通过液压缸的伸缩来实现的。

（1）推土装置。推土装置由铲刀和顶推架能组成，按顶推架结构又可分为直铲和角铲两种形式。

1）直铲式。铲刀与底盘的纵向轴线构成直角，铲刀切削角可调，适用于一般推土作业。

2）角铲式。铲刀可调节切削角度，并可在水平方向回转一定角度（一般为±25°）及侧向卸土，适用于填筑半挖、半填的傍山坡作业。

（2）松土装置。松土器为三齿轮式，由上下支架用轴销与支架、悬梁连接，平行四边形连杆机构安装在推土机架后部。通过液压缸的伸缩，控制松土的入土量。为提高松土能力，可根据土壤坚硬程度或含砾程度，相应地以三齿、二齿拆去中间的一齿，或单齿拆去两边齿进行松土。

三、轮台式推土机的结构简述

轮台式推土机由于使用面窄，国产主要是 TL180、SL–210、TL220 型，其结构是由发动机、传动系统、行走机构和工作装置等组成。

（1）发动机。发动机为具有涡轮增压装置的 6135 型。

（2）传动系统。传动系统由液压变矩器、变速器、前后桥、轮边减速器和车轮等组成。

1）液力变矩器。为单级四元件式，由变矩器、锁紧离合器和齿轮箱组成。接合锁紧离合器能使变矩器泵轮和涡轮成为一体，以减少高速行驶时的传动损失。

2）变速器。采用液压动力换挡，通过液压操纵，接合不同的离合器，可输出不同的速度，传给前后驱动桥。

3）前后桥。前后桥都是驱动桥。前桥装有液压助力式转向机构，由液压操纵转向，后桥为固定桥。

4）车轮。前后轮都装有行星齿轮的轮边减速器。车轮为超宽系列低压轮胎和整体式轮辋组成，以适用于调整气压来适应行驶和工作工况。前后轮均采用气压制动。

（3）工作装置。工作装置由推土铲刀和液压操纵系统组成。铲刀可变换切削角度，铲刀升降是通过液压缸伸缩来完成。

四、推土机的安全操作规程

（1）推土机在Ⅲ、Ⅳ类土或石土地作业时，应进行爆破或用松土机疏松。

（2）不得用推土机推石灰、烟灰等粉尘和用作碾碎石块的工作。

（3）牵引其他机械设备时，必须有专人负责指挥。钢丝绳的连接必须牢固可靠。在坡道及长距离牵引时，应用牵引杆连接。

（4）调整液压系统压力，可转动溢流阀的调整螺母，顺时针方向转动时压力升高，反向旋转则压力降低。

（5）履带张紧度需调整时，应将推土机停在平坦处，用黄油枪从张紧液压缸上部的注油嘴压入油脂到张力合适为止。如需放松时，只需将放油塞拧松一圈，见油脂从下部溢出即可。切不可多松或全松，以免高压油脂喷出伤人。更不准拧开上部油嘴来放松履带。

（6）运行中变速应停机进行，若齿轮啮合不顺时，不得强行接合齿轮。

（7）在石子和黏土路面高速行驶或上下坡时，不得急转弯。需要原地旋转或急转就弯时，必须用低速行驶。

（8）越过障碍物时，必须低速行驶，不得采用斜行或脱开单方向转向离合器越过。

（9）在浅水地带行驶或作业时，必须查明水深，应以冷却风扇叶不接触水面为限。下水前，应对行走装置各部注满润滑脂。

（10）推土机上下坡应用低速挡行驶，上坡不得换挡，下坡不得脱挡滑行。下陡坡时可将铲刀放下接触地面，并倒车行驶。横向行驶坡度不得超过 10°。如需在陡坡上推土时，应先进行挖填，使机身保持平衡，方可作业。

（11）在上坡中，如发动机熄火，应立即放下铲刀，踏下锁住制动踏板，切断主离合器，方可重新起动。

（12）机械操纵式推土机下坡或牵引重载下坡时，应选用低速挡，严禁空挡滑行。如由于惯性使牵引物产生推动作用时，方向杆的操纵应与推土机平地行走时操纵的方向相反，同时不应使用制动器。

（13）无液力变矩器的推土机在作业中有超载趋势时，应稍为提高铲刀或变换低速挡。

（14）填沟作业驶近边坡时，铲刀不能超出边缘。后退时应先换挡后再提升铲刀进行倒车。

（15）在深沟、基坑或陡坡地区作业时，必须有专人指挥，其垂直边坡深度一般不超过 2m，否则应放出安全边坡。

（16）推房屋的围墙或旧房墙面时，其高度一般不超过 2.5m。严禁推带有钢筋或与地基基础连接的混凝土桩等建筑物。

（17）在电杆附近推土时，应保持一定的土堆，其大小可根据电杆结构、土质、埋入深度等情况确定。用推土机推倒树干时，应注意树干倒向和高空架设物。

（18）两台以上推土机在同一地区作业时，前后距离应大于 8m，左右相距应大于 1.5m。

五、推土机的维护保养

（一）履带式推土机

1. 履带式推土机的日常维护（见表 6–2–1）

表 6–2–1 履带式推土机日常维护保养项目表

保养项目	要 求
检查主离合器	主离合器工作性能应正常可靠，不得有打滑、过热、冒烟、发响等现象，否则应及时调整或排除故障。操纵杆拉力应符合出厂说明书规定
检查传动和制动操纵机构	推土机直线行驶时，不得有跑偏现象，分离转向离合器，应能实现行驶转向，踏下制动板时，应能原地转向，否则应及时排除故障。转向操纵杆和制动踏板行程应符合规定，否则应及时调整
检查传动和行走机构	检查变速箱、托链轮、支重轮、驱动轮、引导轮等，工作中应注意有无不正常的响声，各轴轮外壳温度以不烫手为宜，否则应进行调整或排除故障
检查工作装置液压元件和管路	工作装置的操纵性能应良好，各元件的油封和密封环应无渗漏，软管无破损，否则应检查或更换
检查各部螺栓的紧固情况	机体各部固定螺栓应齐全紧固，如有松动和缺损，应补齐并紧固
检查各仪表和灯光	各种仪表、灯光应齐全完整，工作正常，灵敏有效
清洁工作	工作后清除机体各部灰尘、泥土和油污
润滑工作	按润滑规定进行（参照使用说明书 ）

2. 履带式推土机每工作 50h 后维护保养项目（见表 6–2–2）

表 6–2–2 履带式推土机维护保养项目表（每工作 50h 后）

保养项目	要 求
检查各传动箱的油量	检查各变速箱、中央传动箱、终传动箱的油量，不足时添加，如发现渗漏情况，应及时排除
检查液压油箱的油量	柴油机停机 5min 后，检查油尺或油面指示孔，不足时添加
检查履带张紧程度	履带张紧度不符合要求时应予调整
主离合器壳内和转向离合器箱内的油污	从主离合器壳和转向离合器下部排放沉积的油污和水分

（二）轮胎式推土机

1. 轮胎式推土机的日常维护（见表 6–2–3）

表 6–2–3 轮胎式推土机的日常维护保养项目表

保养项目	要 求
检查液压油箱、转向助力油箱的油量	不足时应添加，发现渗漏情况及时排除
检查转向系统	拉杆、球销等各连接部位间障应正常，螺栓、锁销应紧固、完好
检查脚、手制动器	制动器均应灵敏可靠，发现异常或失效应及时修复

续表

保养项目	要　求
检查轮胎	轮胎应无严重损坏现象，左右轮气压应一致，保持正常气压为0.2～0.28MPa
检查各仪表、喇叭和灯光	应齐全完好，仪表指示值正常，否则应找出原因，及时排除
清洁工作	工作结束后，应清除各部尘土和油污
润滑工作	应按出厂说明书润滑规定进行

2. 轮胎式推土机的日常维护（见表6–2–4）

表6–2–4　　轮胎式推土机维护保养项目表（每工作50h后）

保养项目	要　求
检查制动液及管路	不足时应添加，检查制动管路，如发现渗漏现象，应及时排除
排放储气筒和油水分离器内的油污和积水	柴油机停机5min后，检查油尺或油面指示孔，不足时添加
检查履带张紧程度	放尽油污和积水。当有大量机油排出时，应检查空压机是否严重上油，查明原因后及时排除
检查蓄电池、各仪表、灯光、刮水器等	清洁蓄电池表面及其桩头，疏通气孔，电液平面应高出极板10～15mm，不足时应添加蒸馏水，桩头接线应紧固，各仪表指示值正确，灯光齐全有效，刮水器、喇叭应工作正常。全机线路排列整齐，固定牢靠
紧固工作	重点检查轮胎、传动轴、转向系统、驱动桥、机身各部和工作装置等的连接螺栓、螺帽应紧固可靠

六、推土机的常见故障及排除

（一）履带式推土机的常见故障及排除方法（见表6–2–5）

表6–2–5　　履带式推土机的常见故障及排除表

故障现象	造成故障的原因	排除方法
主离合器打滑	1. 摩擦片间隙过大	1. 调整间隙，如摩擦片磨损超过原厚度1/3时，应更换摩擦片
	2. 离合器摩擦片沾油	2. 清洗、更换油封
	3. 压盘弹簧性能减弱	3. 进行修护或更换
主离合器分离不彻底或不能分离	1. 钢片扭曲或飞轮表面不平	1. 校正修复
	2. 前轴承因缺油咬死	2. 更换轴承，定期加油
	3. 压脚调整不当或磨损严重	3. 重新调整或更换压脚
主离合器发抖	1. 离合器失圆太大	1. 进行修复
	2. 松放圈固定螺栓松动	2. 紧固固定螺栓
主离合器操纵杆沉重	1. 调整盘调整过量	1. 松回调整盘，重新调整
	2. 油量不足使助力器失灵	2. 补充油量
液力变矩器过热	1. 油冷却器堵塞	1. 清洗或更换
	2. 齿轮泵磨损，油循环不足	2. 更换齿轮泵

续表

故障现象	造成故障的原因	排除方法
变速器挂挡困难	1. 连锁机构调整不当	1. 重新调整
	2. 惯性制动失灵	2. 调整
	3. 齿轮或花键轴磨损	3. 修复，严重时更换
变速杆挂挡后不起步	1. 液压变矩器和变速器的油压不上升	1. 检查修理
	2. 液压管路有空气或漏油	2. 排除空气，紧固管路接头
	3. 变速器滤清器堵塞	3. 清洗滤清器
中央传动啮合异常	1. 齿轮啮合不正常或轴承损坏	1. 调整齿轮间隙，更换轴承
	2. 大圆锥齿轮紧固螺栓松动或第二轴上齿轮轮毂磨损	2. 紧固螺栓或旋紧第二轴前锁紧螺母后用开口销锁牢
转向离合器打滑使推土机跑偏	1. 操纵杆没有自由行程	1. 调整后达到规定
	2. 离合器片沾油或磨损过大	2. 清洗或更换
操纵杆拉到底不能急转弯	1. 操纵杆沾油或磨损过度	1. 调整
	2. 制动带间隙或操纵杆自由行程过大	2. 校正或更换
推土机不能急转弯	1. 制动带沾油或磨损过度	1. 清洗或更换
	2. 主从动片翘曲，分离不开	2. 调整至规定值
液压转向离合器不分离	1. 转向油填压、油量不足	1. 清洗漏清器，补充油量
	2. 活塞上密封环损坏，漏油	2. 更换密封环
制动器失灵	1. 制动摩擦片沾油或磨损过度	1. 清洗或更换
	2. 踏板行程过大	2. 调整
引导轮、支重轮、托带轮漏油	1. 浮动油封及O形圈损坏	1. 更换
	2. 装配不当或加油过量	2. 重新装配，更换油封
驱动轮漏油	1. 接触面磨损或有裂纹	1. 更换或重新研磨
	2. 装配不当或油封损坏	2. 重新装配，调整油封
引导轮、支重轮、托带轮过度磨损	1. 三轮的中心不在一条直线上	1. 校正中心
	2. 台车架变形，斜撑轴磨损	2. 校正修理，调整油封
履带经常脱出	1. 履带太松	1. 调整履带张力
	2. 支重轮、引导轮的凸缘磨损	2. 修理或更换
	3. 三轮中心未对准	3. 校正中心
液压操纵系统油温过高	1. 油量不足	1. 添加至规定量
	2. 滤清器滤网堵塞	2. 清洗滤清器
	3. 油箱加油口空气孔堵塞	3. 重新装配

续表

故障现象	造成故障的原因	排除方法
液压操纵系统作用慢或不起作用	1. 油箱中油量过多或过少	1. 使油量达到规定值
	2. 油路中吸入空气	2. 排除空气，拧紧油管接头
	3. 油箱加油口空气孔堵塞	3. 清洗通气孔及填料
铲刀提升缓慢或不能提升	1. 油箱中油量不足	1. 加油至规定油面
	2. 分配器回油阀卡住或阀的配合面上沾有油污	2. 用木棒轻敲回油阀盖，或取出清洗阀座后重新装回
	3. 安全阀漏油或关闭压力过低	3. 检查，调整压力
	4. 液压泵磨损过大	4. 适当加垫或更换新泵
铲刀提升时有跳动或不能保持提升位置	1. 分配器润滑阀、壳体磨损	1. 更换分配器
	2. 液压缸活塞密封圈损坏	2. 更换
	3. 操纵阀杆间隙过大	3. 修理调整
	4. 操纵阀卡住	4. 检查修理
安全阀不起作用	1. 安全阀有杂物夹住或堵塞	1. 检查并清理
	2. 弹簧失效或调整不当	2. 更换或重新调整

（二）轮胎式推土机的常见故障及排除方法（见表 6–2–6）

表 6–2–6　　轮胎式推土机的常见故障及排除表

故障现象	造成故障的原因	排除方法
变矩器漏油严重	1. 变矩器内密封圈与油封老化或损坏	1. 更换密封圈和油封
	2. 变矩器内压过高	2. 排除进口系统中的故障，使油路畅通
变矩器发生异常尖叫声	1. 变矩器叶片发生气蚀现象	1. 排除进口系统中的故障，即三联阀卡死或油路系统故障，若叶片损坏则应更换叶轮
	2. 零件有损坏或位移	2. 拆卸修理
齿轮箱内充满油	1. 主油泵端面油封损坏	1. 更换油封
	2. 就矩器泵轮处的骨架式橡胶油封老化或损坏	2. 更换油封
变速器离合器温度骤然上升	1. 离合器冷却油供应不充分	1. 排除油路循环系统中的故障，检修变速辅助油泵
	2. 活塞不能回位	2. 调整活塞间隙，更换碟形弹簧

续表

故障现象	造成故障的原因	排除方法
变速器工作台压力不够低于1.4MPa时不得使用	1. 三联阀失灵	1. 检修三联阀
	2. 主油泵损坏	2. 检修或更换主油泵
	3. 变速离合器内漏严重	3. 更换活塞环、铜套和O形密封圈
	4. 滤油网堵塞	4. 清洗滤油网
变速箱挂不上挡	1. 变速操纵阀有故障	1. 检修变速操纵阀
	2. 操纵杆系失灵	2. 调整检修操纵杆系及变速操纵阀内的定位钢球、定位锁及弹簧等零件
	3. 内摩擦片卡死	3. 检修变速离合器
	4. 输出轴高挡或低挡齿轮钢套烧死	4. 更换铜套
变速箱驱动力不够	1. 油量不足	1. 补充油量
	2. 主油泵损坏	2. 检修主油泵
	3. 三联阀失灵	3. 检修三联阀
	4. 工作台压力不够	4. 检修或更换快速回流阀
	5. 变速离合器漏油严重	5. 更换铜套、O形密封圈或活塞环
	6. 快速成回油阀失灵抱起动失灵	6. 检修或更换快速回油阀
变矩器和变速箱不工作	1. 变速辅助油泵不供油	1. 检查变速箱动力输出的单向离合器棘轮机构是否正常工作（即泵的转向是否正确）
	2. 变矩器锁紧离合器不能接合	2. 检修锁紧离合器
方向盘自由转动量过大	1. 转向杆系统松动或调节不良	1. 拧紧各紧固件，球销锥度配合紧固
	2. 操纵阀杆的固定螺母松动	2. 拧紧阀杆螺母
转向沉重	1. 转向油泵损坏	1. 检修或更换油泵
	2. 油路漏油严重，油压过低	2. 检查各阀杆处有无损伤，排除卡阻及内漏现象，拧紧各管接头，调整压力
转向滞后时间过长	油路流量小	排除管路漏损，检修油泵，消除油缸内漏
转向跑偏	1. 四个车轮位置不正	1. 调整车轮位置
	2. 左右轮气压不一致	2. 用气压表测定，使左右轮气压一致
	3. 左右制动力不一致	3. 调整左右轮轮边制动器
	4. 操纵阀杆位置不正确	4. 检修操纵阀，保证阀杆处于中间位置
行驶中整机横向振摆	1. 转向节支撑轴滚动轴承松动	1. 紧固
	2. 转向杆系各铰接处松动	2. 紧固
	3. 阀杆因阻滞不能自动回位	3. 消除杆系及球销和座的卡阻现象

续表

故障现象	造成故障的原因	排除方法
储气筒的气压已低于0.75MPa 压力调整器继续排气	1. 放气孔被堵塞	1. 用细铁丝捅开放气孔
	2. 止回阀漏气	2. 检查止回阀密封性，如橡胶阀体损坏，应换新
	3. 放气开始气压过低	3. 调整使放气压力至 0.8MPa
空气不断从调整器漏出	阀门鼓膜漏气，盖不住阀门座	检查阀门鼓膜和阀门座密封情况，如损坏应换新
空压机停止后储气压很快下降	止回阀漏气	检查止回阀漏气情况，如损坏应换新
停机踩制动器时，气压迅速下降	橡胶鼓膜损坏	更换新件
放松制动踏板后，气液总泵排气缓慢，制动解除迟缓	固定盘发热或活塞被脏物卡住	拆卸检查，清除脏物
轮边制动器失灵	1. 摩擦片磨损严重	1. 检查摩擦片总间隙，如已达到 5mm，可撤除分泵调整垫片
	2. 油路系统堵塞	2. 清除油路系统脏物
	3. 主制动阀故障	3. 检查并排除
	4. 制动分泵有故障	4. 修理分泵
摩擦片发热	1. 摩擦片分离不彻底	1. 摩擦片间隙调整不当，制动分泵或气液总泵活塞不回，应检查调整
	2. 主制动间故障	2. 检查并排除
	3. 油路堵塞	3. 清除油路脏物
制动时跑偏	1. 个别制动分泵中有空气，四个车轮不能同时制动	1. 排出分泵内的空气
	2. 四个轮边制动器的摩擦片间隙不一致	2. 检查调整，使四个车轮的摩擦片间隙一致
铲刀不能提升或提升高度不够	操纵阀限位螺母松脱，限位螺母与弹簧座间隙不够	取下定位套管，锁紧限位螺母或调整间隙
铲刀提升缓慢	1. 油压低，油箱油位低	1. 加油至规定油位
	2. 密封件损坏，管接头漏油	2. 更换已损的密封件，拧紧管接头
	3. 油路堵塞	3. 清除油路中的脏物

【思考与练习】

1. 简述推土机的分类和工作原理。
2. 简述推土机的操作方法。
3. 简述推土机的日常维护及检修要点。

4. 简述履带式推土机变速箱故障时的故障处理。

5. 简述轮胎式推土机铲刀提升缓慢时的故障处理。

模块 3 挖掘机工作原理及故障判定排除

【模块描述】本模块介绍挖掘机的工作原理和常见故障种类及产生原因，通过原理讲解、功能介绍以及操作过程详细介绍和操作技能训练，掌握挖掘机常见故障的判定排除。

【正文】

一、概述

挖掘机是土方工程机械化施工的主要机械，由于它的挖土效率高、产量大，能在各种土壤（包括厚度 400mm 的冻土）和破碎后的岩石中进行挖掘工作，如开挖路堑、基坑、沟槽和取土等；还可更换各种工作装置，进行破碎、填沟、打桩、夯土、除根、起重等多种作业，在建筑施工中得到广泛应用。

二、单斗挖掘机的结构简述

单斗挖掘机按其行走装置的不同，可分为履带式和轮胎式。履带式因其有良好的通过性能，在土方工作中应用最广。轮胎式机动性能好，在中小型挖掘机中发展较快。

单斗挖掘机由工作装置、回转机构、动力装置、传动操纵机构、行走装置、辅助设备等组成。其中动力装置、传动操纵机构的主要部分和回转机构等都装载可回转的平台上。通常把挖掘机分为工作装置、上部平台和行走装置三大部分。其外形结构如图 6–3–1 所示。

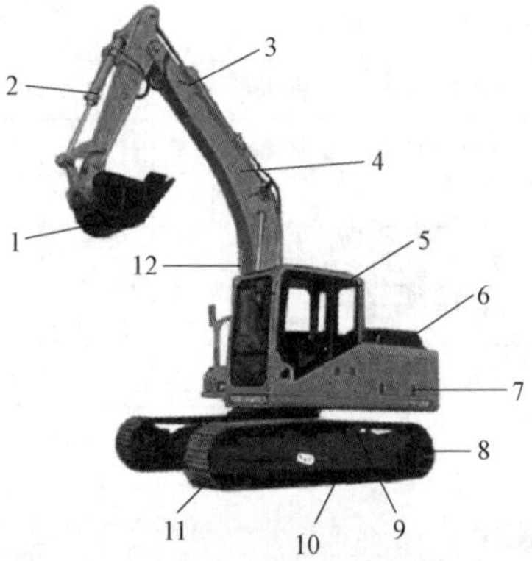

图 6–3–1 单斗液压挖掘机外形结构示意图

1—铲斗；2—铲斗液压缸；3—斗杆液压缸；4—斗杆；5—驾驶室；6—液压油箱；7—发动机舱；8—履带板；9—托带轮；10—支重轮；11—引导轮；12—动臂液压缸

（一）工作装置

单斗挖掘机的工作装置为正铲和反铲，它是由动臂、斗杆、铲斗以及动臂液压缸、铲斗液压缸和连杆机构等组成。其构造特点是：各部件之间采用铰链，通过各液压缸的收缩来实现挖掘过程的各种动作。

（二）行走装置（底盘）

行走装置（底盘）是挖掘机的基础，它支撑着上部平台进行行走功能。履带式挖掘机和轮胎式挖掘机的工作装置和上部平台的结构基本相同，不同在于行走装置（底盘）。

（1）履带式行走装置。它由机架、驱动装置、张紧缓冲装置、托带轮、支重轮和履带等组成。机架是钢板焊接的整体结构。驱动装置是由双速液压马达经过一级齿轮减速，带动驱动轮和履带行走，引导轮是通过张紧缓冲装置和底座支架连接。张紧缓冲装置是用以调整履带的张紧度，并在前部履带受到冲击时起缓冲作用。履带上部由托带轮支持，下部通过支重轮将载荷传到地面。

（2）轮胎式行走装置。它由机架、前桥、后桥、驱动装置、支腿以及相应的液压、制动、转向等系统组成。前桥为转向桥，由液压转向缸推动转向臂，带动转向连杆机构实行前轮转动。后桥与机架刚性固定。前后轮均采用蹄式制动器，由气顶油控制。驱动装置除小部分挖掘机仍保留机械传动外，一般都采用液压马达驱动，由行走变速器通过传动轴将动力转至前后桥的轮边减速器来驱动车轮转动，支腿一般采用双液压缸操纵，支腿的形式和位置各有不同，根据底盘结构、平台位置及作业范围等因素决定。

三、挖掘机的安全操作规程

（1）使用前重点检查发动机、工作装置、行走装置、各部安全防护装置、液压传动部件及电气装置等，确认齐全完好后方可起动。

（2）作用前先空载提升、回转铲斗，观察转盘及液压马达是否有不正常响动或抖动，制动是否灵敏有效，确认正常后方可作用。

（3）用正铲作用时，除松散土外，其作业面不应超过本机性能规定的最大开挖高度和深度。在拉铲或反铲作用时，挖掘机履带到工作面边缘的距离至少保持 1～1.5m。

（4）机械运转后，禁止任何人员站在铲斗中或铲臂上，在回转半径范围内不得有行人或障碍物。

（5）作业时，挖掘机应保持水平位置，将行走机构制动住，并将履带或轮胎楔牢。如作用场地地面松软，应垫以道木或垫板。

（6）对于五类以上的岩石或较厚的冻土应先爆破后再行开挖；如遇较大的坚硬石块或障碍物时，须经清除后方可开挖；不得用铲斗破碎石块、冻土或用单边斗齿硬啃。

（7）挖掘悬崖时要采取防护措施，作用面不得留有伞沿及摆动的大块石；如发现有塌方险情，应立即处理或将挖掘机撤离。

（8）作业时，必须待机身停稳后再挖土：在铲斗未全部抬离工作面时，不得做回转、行走等动作。

（9）装车时，铲斗要尽量放低，不得在高空向车槽内卸料，在汽车未停稳或铲斗必须越过驾驶室而司机未离开前不得装车。

（10）作业时，严禁调整制动器或进行保养、润滑和修理工作，停止挖掘时，要把铲斗降至地面。

（11）履带机构不宜长距离行走，转移工地时应用平板挂车运输。特殊情况需要自行转移时，要卸去配重，主动轮应在后面，回转机构应处于制动，铲斗离地面 1m 以上低速行走，并要有专人观察四周障碍物和上空电线，每行走 500～1000m 时应检查和润滑行走机构。

（12）上下坡不得超过允许的最大爬坡度，下坡时应慢速行驶，禁止中途变速成空挡滑行，转弯时角度不得过大，应分次转弯。

（13）挖掘机在坡道上行驶时，禁止柴油机熄火，以免行走马达失去补油而造成溜坡等事故。

（14）作业完毕后，挖掘机应离开作业面，停放在平整坚实的场地上，将机身转正，铲斗落地，所有操纵杆放在空挡位置，制动各部制动器，及时进行清洁工作。

四、挖掘机的维护保养

（一）履带式单斗液压挖掘机的日常保养项目（见表 6–3–1）

表 6–3–1 履带式单斗液压挖掘机的日常保养项目表

保养项目	要　求
检查液压油箱油量	油面应达到油箱侧面油标 2/3 的高度，不足时添加，液压油需经过滤
检查电气设备工作情况	电源开关、仪表、照明及信号装置的工作应正常
检查操纵系统	油门控制器及各操纵杆应灵活可靠、定位正确
检查工作装置	铲斗、斗杆、上下动臂等各构件的连接销轴、锁销和固定螺栓不得有松动或脱落
检查液压系统	液压泵、液压马达、工作油缸、回转接头及其管路等处，不得有渗漏、发热、振动和异响，挖掘、伸缩、升降、回转等动作应灵敏可靠，如有缺陷，必须找出原因，立即排除
清洁工作	工作后清洁机体内外各处油污、尘土，和行走机构的积土、脏物、尖石等
润滑工作	按该机润滑作用规定进行以上为每班保养，以下为每 50h 工作后增加的项目
清洗液压油滤清器	清洗并检查液压油滤清器，如发现滤清器芯损坏时，应更换新件
检查行走减速器的油量	不足时添加

续表

保养项目	要　求
检查并调整履带张紧度	履带上平面的正常扰度为20mm，太松时，用黄油枪向张紧油缸的加油嘴注入润滑脂，太紧时旋松加油嘴，从螺纹侧缝中排出润滑脂
紧固工作	对各部连接螺栓螺母进行全面检查并紧固，其中主要部位螺栓螺母按规定力矩紧固
	行走减速器的紧固力矩为294N·m
	回转滚盘为600N·m
	多路回转接头和支重轮为147N·m
	发动机支架为333N·m

（二）轮胎式单斗液压挖掘机的日常保养项目（见表6–3–2）

表6–3–2　　轮胎式单斗液压挖掘机的日常保养项目表

保养项目	要　求
检查转向液压油箱的油量	不足时应添加，液压油必须经过过滤
检查电气设备工作情况	开关、仪表、照明及信号装置工作均应正常
检查操纵系统	各操纵杆应灵活可靠、定位正确
检查工作装置	铲斗、斗杆、上下动臂等各构件的连接销轴、锁销和固定螺栓不得有松动或脱落
检查轮胎气压及制动性能	轮胎气压应符合规定，不足时充气，当气压为0.5～0.6MPa时，制动应迅速、不跑偏，制动系统不得有漏气现象，手制动的作用应可靠
检查主离合器	主离合器接合平稳，分离彻底，不得有打滑、发抖、异响等现象
检查液压系统	液压泵、液压马达、工作液压缸、回转接头及其管路等处不得有渗漏、松动、发热和异响，伸缩、升降、回转、支腿等作业性能应灵活可靠，如有缺损，应找出原因，立即排除
检查转向操纵系性能	转向应轻便、灵敏、平稳；如转向沉重，应查出原因，立即排除
清洁工作	工作后清洁机体内外各处油污、尘土，注意工作液压缸活塞杆上的尘土、脏污必须清除干净
润滑工作	按该机润滑规定进行
检查各传动齿轮箱的油位	清洗检查液压油滤清器和转向油箱内的滤网，如发现滤芯损坏时，应换新踏板自由行程为20～30mm，全行程为125～150mm，松动间隙为1.5～2.0mm，前压盘限位螺钉间隙为1.25mm，视需要进行调整；检查液压泵传动箱、变速箱、上下传动箱、前后桥主降速器和轮边减速器等，不足时添加
排除储气筒内的积水和油污	打开排污塞放净积水和油污
紧固工作	对各连接螺栓、螺母进行全面检查，如发现松动，立即紧固

续表

保养项目	要 求
检查液压箱油量	不足时应添加，液压油必须经过过滤
检查连接处的密封性	重点检查液压马达，各液压缸，前四阀和后四阀分配器的接头及油管，不得有泄漏现象
检查轮胎气压	不足时应充气至规定值，前轮为0.42MPa，后轮为0.25MPa，或按该机说明书规定
检查线路和灯光	所以线路应绝缘良好、接线牢固，全部灯光应正常，如有故障，立即排除
紧固工作	检查前后轮轮毂螺栓、回转机构、悬架固定螺栓及左右梁架连通管固定螺栓，如有松动，立即紧固
清洁工作	工作后清除全机的尘土和油污
润滑工作	按该机润滑规定进行
检查液压元件	清洁液压泵、液压缸和分配阀外表，各元件的连接螺栓应紧固可靠，各液压缸活塞杆上防尘圈必须完好，如有破损应更换
检查离合器踏板和制动器踏板自由行程	离合器踏板的标准自由行程为30～50mm，制动器踏板的标准自由行程为50～70mm，左右应一致
检查横直拉杆球销螺母及螺塞	如松动应紧固，并装好开口销
检查动臂后端缓冲块	橡胶缓冲块应完整无损
检查前后轮盘锁紧螺母	锁紧螺母如有松动，应紧固

五、液压挖掘机的常见故障及排除方法

（一）履带式液压单斗挖掘机的常见故障及排除方法（见表6–3–3）

表6–3–3　　履带式液压单斗挖掘机常见故障及排除方法表

故障现象	造成故障的原因	排除方法
功率下降，作业不良	1. 柴油机输出功率不足	1. 检查、修理
	2. 液压泵磨损	2. 检查或更换
	3. 分配阀或主液阀调整不当	3. 重新调整
	4. 工作油排量不足	4. 从油质、泄漏及元件等方面检查
回转压力不足或制动失灵	1. 缓冲阀调整压力下降	1. 调整压力到合适
	2. 液压马达性能下降	2. 检查或更换
	3. 回转轴承损坏	3. 更换
行走力不足或单向不行走	1. 溢流阀、缓冲阀压力低	1. 调整压力到合适
	2. 液压马达损坏	2. 检查或更换
	3. 中央回转接头密封损坏	3. 更换

续表

故障现象	造成故障的原因	排除方法
操作重	1. 伺服回路压力低	1. 检查调整
	2. 分配阀阀杆有异物夹入	2. 检查清除
	3. 转向夹头润滑不良	3. 加润滑油
变速器有噪音	1. 润滑油黏度低或油量少	1. 添加或更换
	2. 齿轮、轴承磨损或损坏	2. 更换
	3. 差速器、万向节磨损	3. 更换
变换手柄挂档困难	1. 齿轮、花键轴磨损	1. 修理、更换
	2. 换挡拔叉固定螺钉松动或脱落	2. 紧固或重装
	3. 换挡拔叉磨损过度	3. 更换
滑动齿轮脱开	1. 输出轴沟槽磨损	1. 修复或更换
	2. 轴叉磨损	2. 修复或更换
驱动桥有杂声	1. 轴承壳破损	1. 更换
	2. 齿轮啮合间隙不合适	2. 调整间隙
	3. 润滑油黏度、油量不合适	3. 调整油量或换油
轮边减速器漏油	1. 油封漏油	1. 更换
	2. 轮壳轴承间隙过大	2. 调整间隙
	3. 加油过多	3. 调整油量
制动器打滑或失灵	1. 制动鼓中进入润滑油	1. 更换密封、清除油污
	2. 油泵活塞杆间隙过大	2. 调整
	3. 制动块间隙过大	3. 调整或更换制动块
	4. 液压系统进入空气	4. 排气，消除漏气部位
系统中温度过高	1. 系统压力过高	1. 调整安全阀压力到合适
	2. 油冷却系统故障	2. 检修或更换元件
	3. 泵超载工作	3. 调整工作载荷，消除超载
液压泵、液压马达有噪声及振动	1. 吸进空气	1. 排气、检查油箱油面
	2. 气穴	2. 检查低压溢流阀、滤油器及油的黏度
	3. 连接太松或错位	3. 定位并紧固，检查密封和轴承
系统中供油不足或油量过大	1. 流量控制阀调整不当	1. 按需要重新调整
	2. 安全阀、卸载阀调整不当	2. 按需要重新调整
	3. 系统外漏	3. 紧固连接接头，排出空气

续表

故障现象	造成故障的原因	排除方法
系统中压力不稳，过高，过低	1. 油中有空气	1. 拧紧易漏接口，排出空气
	2. 减压阀、安全阀、卸载阀调整不当或磨损	2. 重新调整或更换
	3. 油脏	3. 检修或更换
工作装置运动不稳，管路剧烈振动	1. 压力不稳定	1. 调整安全阀，清洗滤油器或更换新油
	2. 系统中有空气	2. 拧紧接头，排出系统中空气，更换密封件
	3. 背压阀阀芯不灵活或卡死	3. 拆检或更换
油的泡沫太多	1. 油号不对、黏度不合适	1. 更换合适的新油
	2. 油频繁的通过安全阀	2. 调整安全阀
	3. 安全阀磨损或损坏	3. 检修或更换
回油压力突然升高	背压阀阀芯卡死	拆检或更换
软管破裂	1. 软管与工作压力不适应	1. 更换能适应工作压力的软管
	2. 软管弯曲半径不合适	2. 按正确的弯曲半径装设新管
	3. 管夹松动	3. 拧紧，如直径不符应更换
转向系统压力低	1. 安全阀损坏或调整不当	1. 调整安全阀，修复或更换
	2. 转向液压缸磨损或缸内串通	2. 修复或更换
转向速度太快	变量机构阀杆不动，使泵处于最大流量位置	修复或更换
转向离合器压力低	1. 油位太低	1. 加油
	2. 吸油滤网阻塞	2. 清洗或更换
	3. 补油泵磨损	3. 用流量计检查油泵
	4. 主调整阀泄漏	4. 修理或更换
转向回位不足	阀杆有异物粘附	清洗阀与阀杆
转向反常	操纵阀杆位置不当	修复或更换
转向速度太低	1. 油泵吸油不足	1. 清洗滤油器，排除泵漏损
	2. 安全阀调整不当	2. 重调安全阀
不能制动	1. 制动操纵阀失灵	1. 修复或更换
	2. 制动管路有故障	2. 检查修理、排除故障
制动太慢	1. 传动系统油压太低	1. 检查、调整
	2. 液压系统油压太低	2. 加油
	3. 制动控制阀调整不当	3. 重新调整
	4. 制动管路损坏	4. 修复或更换

续表

故障现象	造成故障的原因	排除方法
制动脱不开	1. 制动控制阀失效	1. 修理或更换
	2. 制动液压缸或联动装置损坏	2. 修理或更换
	3. 管路流通不畅	3. 检查给油软管和组件
载荷自动降落	液压缸漏油或控制阀杆串通	修复或更换
铲斗和动臂回路油压低	安全阀损坏，液压缸上下串油或液压泵漏损	检查修复，更换密封
动臂升降有冲劲现象	1. 滤油器堵塞，引起气穴	1. 清洗或更换
	2. 泵吸进空气	2. 检查进油系统，修补漏气处，为液压泵排气
动臂提不起来或自动下落	1. 液压缸内漏	1. 更换活塞密封或液压缸组件
	2. 控制阀漏损	2. 更换间组件
阀从中位移动时，载荷下降	单向间污染，阀座损坏	检查、清洗
铲斗提升太快	变量机构及操纵间不起作用	检查、调整
铲斗提升太慢	泵流量不足，安全阀调定压力太低	拆检、调整或修复
铲斗在保持位置自动倾斜	操纵阀杆不在中位，液压缸密封被破坏	调整、更换密封

（二）轮胎式液压挖掘机的常见故障及排除方法（见表 6–3–4）

表 6–3–4　　轮胎式液压挖掘机常见故障及排除方法表

故障现象	造成故障的原因	排除方法
主离合器打滑、发抖、发响	1. 摩擦面间有污物或油渍	1. 拆卸清洗
	2. 离合器未能全面接合	2. 重新调整使之均匀接触
	3. 摩擦片磨损过甚	3. 更换摩擦片
	4. 压盘弹簧变弱或个别弹簧折断	4. 更换弹簧
	5. 脚踏板行程过小	5. 调整行程
	6. 助力气缸失灵	6. 拆卸检修
	7. 分离叉磨损过多	7. 更换分离叉
	8. 分离轴承转动不灵活	8. 拆卸清洗加油

续表

故障现象	造成故障的原因	排除方法
变速箱换挡时齿轮不啮合或跳挡	1. 挂挡不到位	1. 调整操纵杆行程
	2. 接合齿端打毛	2. 更换齿套
	3. 换挡拨叉磨损过甚	3. 更换磨损的拨叉
	4. 拨叉固定螺钉松动脱落	4. 紧固拨叉固定螺钉
	5. 定位弹簧失效	5. 更换弹簧
上、下齿轮传动箱发烧或发响	1. 齿轮啮合间隙过小或过大	1. 调整齿轮间隙
	2. 润滑油黏度过大或过小	2. 更换润滑油
	3. 润滑油过多或过少	3. 调整油量
万向节发响漏油	1. 缺少润滑油	1. 加注润滑油
	2. 油封漏油	2. 更换油封
轮边减速器漏油	1. 油封漏油	1. 更换油封
	2. 轮壳轴承间隙过大	2. 调整间隙
	3. 加油过多	3. 调整油量
手制动失灵	1. 摩擦片表面有污物油渍或松脱	1. 清洗摩擦片，若松脱则重新铆合或黏结
	2. 牵引钢丝绳过松或拉杆调整不当	2. 重新调整
前桥不能接合或不能分离	前桥接通气缸调整不当或脱落	检查并调整修复
刹车不灵	1. 管路接头松动或气管断裂	1. 拧紧接头或更换气管
	2. 刹车鼓和摩擦片间隙过大	2. 调整间隙
	3. 刹车鼓和摩擦片间有污垢、油渍	3. 清洗摩擦片
	4. 制动气缸胶碗损坏	4. 检修气缸、更换胶碗
刹车不回位	1. 刹车气泵推杆与活塞体发卡	1. 修磨
	2. 快速放气阀气口堵塞	2. 清除
气压过低	1. 空压机胶带过松	1. 调整或更换胶带
	2. 调压阀压力过低	2. 重新调压
	3. 接头漏气	3. 检查排除
	4. 空气机气阀封闭不严或损坏	4. 检查更换
	5. 脚制动阀的单向阀活门被杂物卡住	5. 清除
离合器助力气缸不回位	密封盖过紧	修磨
调压阀失灵	1. O 形密封圈过紧	1. 更换合适的密封圈
	2. 内部小弹簧过紧或过松	2. 调整弹簧

续表

故障现象	造成故障的原因	排除方法
转向失灵	转向辅助器中央弹簧折断	拆换中央弹簧
转向沉重	1. 转向系统压力太低	1. 调整溢流阀压力到 7MPa
	2. 转向油箱油量不足	2. 加油至要求的油面高度
	3. 滤网堵塞或油管不通	3. 清洗滤网及管理
	4. 转向叶片泵损坏	4. 检修或更换
工作油温急剧升高	1. 合流阀导杆与阀杆螺纹松动，使油路紊乱无法回油，大量高压油通过安全阀节流	1. 将阀杆卸出用环氧树脂重新黏结螺纹连接面
	2. 合流阀阀杆被脏污卡住，无法回油	2. 清洗合流阀及阀杆
	3. 主安全阀压力过低，作业时常处于停滞状态，而大量油液通过安全阀节流	3. 调整两泵主安全阀压力到 14MPa
工作液压缸、液压马达无力或液压缸自动下沉	1. 油量不足，影响油泵出油	1. 补充规定牌号的液压油
	2. 液压缸、液压马达或操纵阀油封磨损，产生内漏现象	2. 更换油封
	3. 齿轮泵平衡密封件损坏	3. 更换平衡密封件
	4. 油管接头松动或油管破裂，使空气吸入	4. 拧紧接头或更换油管并排出空气
	5. 过载安全阀压力值过低	5. 重新调整压力到 18MPa
作业时，工作油箱中有大量的工作油排出	中央回转接头中气槽两侧的 O 形密封圈损坏或严重磨损，使压缩空气进入油槽，并从油箱中排出	更换密封圈
液压马达传动箱接合面漏油	液压马达下部轴承处油封损坏，使内漏的油流入马达传动箱中	检查并更换油封
支腿液压缸闭锁不严	1. 支腿液压缸活塞上 U 形圈损坏	1. 检修或更换 U 形圈
	2. 支腿单向阀内圆锥活塞接触表面卡有脏污或接触面损伤，或压紧圆锥活动的弹簧失效	2. 查明原因修复
压力不稳	1. 接头渗漏或油中有空气	拧紧渗漏接头或更换密封件，排除空气清洗粗精滤器，更换新油检查并更换
	2. 油脏	
	3. 液压元件磨损	

【思考与练习】

1. 简述挖掘机的分类和工作原理。
2. 简述挖掘机的操作方法。

3. 简述挖掘机的日常维护及检修要点。

4. 简述履带式液压单斗挖掘机制动器打滑或失灵时的故障种类及处理方法。

5. 简述履带式液压单斗挖掘机软管破裂时的故障种类及处理方法。

6. 简述履带式轮胎式液压挖掘机刹车不灵时的故障种类及处理方法。

7. 简述履带式轮胎式液压挖掘机主离合器打滑、发抖、发响时的故障种类及处理方法。

模块4 自卸汽车工作原理及故障判定排除

【模块描述】本模块介绍自卸汽车的工作原理和常见故障种类及产生原因，通过原理讲解、功能介绍以及操作过程详细介绍和操作技能训练，掌握自卸汽车常见故障的判定排除。

【正文】

一、概述

自卸汽车是指通过液压或机械举升而自行卸载货物的车辆。由汽车底盘、液压举升机构、货厢和取力装置等部件组成。自卸汽车在土木工程中经常与挖掘机、装载机、带式输送机等工程机械联合作业，构成装、运、卸生产线，进行土方、砂石、散料的装卸运输工作。

二、自卸汽车的结构及工作原理

（一）自卸汽车结构组成

自卸汽车主要由驾驶室、车厢、轮胎、液压倾斜机构及其底盘组成，具体如图6–4–1所示。

图6–4–1 自卸汽车外形结构示意图

1—驾驶室；2—车厢；3—轮胎；4—液压倾斜机构；5—底盘

（二）自卸汽车的分类

（1）根据外形分类。可分为单桥、双桥、平头、尖头、前四后八、双桥半挂、三桥半挂自卸汽车。

（2）根据车厢翻动的方向分类。可分为前举式和侧翻式自卸汽车，目前还有双向侧翻自卸汽车，主要应用于建筑工程。

（三）自卸汽车的工作原理

自卸汽车的发动机、底盘及驾驶室的构造和一般载重汽车相同。自卸汽车的车厢分后向倾翻和侧向倾翻两种，通过操纵系统控制活塞杆运动，后向倾翻较普遍，推动活塞杆使车厢倾翻，少数双向倾翻。

高压油经分配阀、油管进入举升液压缸，车厢前端有驾驶室安全防护板。

发动机通过变速器、取力装置驱动液压泵，车厢液压倾翻机构由油箱、液压泵、分配阀、举升液压缸、控制阀和油管等组成。

发动机通过变速器、取力装置驱动液压泵，高压油经分配阀、油管进入举升液压缸，推动活塞杆使车厢倾翻。以后向倾翻较普遍，通过操纵系统控制活塞杆运动，可使车厢停止在任何需要的倾斜位置上。车厢利用自身重力和液压控制复位。

三、自卸汽车的操作

（1）不可在满载举升中途突然将升降手柄推向“下降位置”。如发生此操作失误，车厢猛然冲下，会给车架带来很大的冲击力，甚至发生意外事故。因此，应尽量避免上述操作，如有特殊情况需要也必须小心操作，尽量放慢降落速度，必须切忌勿猛然将车厢落到底。

（2）不可使用猛提车或猛刹车卸货。由于猛提车的惯性力很大（一般是额定举升力的 5～20 倍），极易造成车架永久变形、车厢和副车架开焊、烧毁油泵或破坏密封圈、破坏液压缸等损害，车辆的使用寿命降低，严重者还会出现翻车事故，所以一般自卸汽车禁止举升时行车。

（3）自卸汽车卸完货后须脱开取力器才可行车。如发生此操作失误，自卸汽车在行驶时，由于取力器处于“接合”位置，举升油泵则在“小循环”状态下高速长时间无负荷运转。导致液压油油温上升很快，易造成油泵油封的损坏，甚至发生液压泵“烧死”的现象；更严重的是液压泵的运转意味着液压系统有动力源，在行车过程中易出现车厢自动升起的事故。

（4）行驶时取力器不可位于“接通”位置。若在“接通”状态（红灯亮着），则液压泵将继续转动，液压系统就有动力源，这样就会因为在气控操纵阀上的误操作而引起车厢自动举升；此时气控分配阀即使在"下降"位置，油也要进入液压泵，这样会使液压泵烧坏。

四、自卸汽车的日常维护及检修要点

（一）自卸汽车的日常维护

（1）新自卸汽车或大修出厂的车必须进行试运转，使车厢举升过程平稳无窜动。

（2）使用时各部位应按规定正确选用润滑油，大大节省卸料时间和劳动力，举升机构严格按期调换油料。

（3）按额定装载量装运，严禁超载。

（二）自卸汽车的检修要点

1. 自卸汽车故障检修

首先查看是否有足够的油平面，不足时应按规定予以添加。查看取力器操纵机构工作是否正常，油路、气路有无渗漏现象，必要时还应检查其有无堵塞。检查液压泵、分配阀、限位阀等工作是否良好，举升缸是否密封良好，必要时予以修复。操纵系统的各种操纵阀门动作失灵，应予更换新件。液压油不清洁，引起油路堵塞或液压不足，动作迟缓、车厢升不到位时应更换液压油。液压泵传动机构或齿轮轴套损坏，不能运转及内部泄漏严重时，应予换件修复。

2. 自卸汽车液压传动系统检修

液压泵主、从动齿轮轴颈和轴承磨损后，会引起啮合间隙增大，导致液压泵排量下降，工作平稳性下降，产生噪声。轴颈和轴承磨损后还将引起齿轮与泵腔径向间隙的变化，造成齿轮中心相对泵腔的相应中心线向进油腔一方偏移，工作中容易产生径向跳动，并且使部分区域变大，部分区域变小。间隙大的引起泄漏，液压泵流量和压力下降；而间隙小的将会使齿顶碰撞和摩擦，泵腔引起损坏。齿轮端面和泵体端盖或端面轴承磨损、刮伤和起槽，将造成液压泵内部进出油腔的泄漏，使回路增大，因而从出油腔经此回路泄漏和进油腔的油增多，液压泵压力和流量下降。发现上述磨蚀损坏引起的故障，查明原因之后，即时换件修复。

3. 自卸汽车液压系统检修

液压系统拆开分解后，零件应小心放置在洗油中浸泡和清洗干净，切忌磕碰和划伤，零件清洁工作十分重要，装配中严禁污物和金属杂质带入，以免加剧机件磨损、卡滞和失灵。严格按照规定选用和加足工作油液，必要时过滤、保证用油清洁；使用中系统应无渗漏现象。维修时，应避免零件的敲击，防止零件的损伤变形。

五、自卸汽车常见故障判定与排除

自卸汽车在使用过程中，难免出现故障，正确的检修方法不仅能快速排除故障，也能提高整车的使用寿命，见表 6–4–1。

表 6-4-1 自卸汽车常见故障判定与排除表

故障现象	造成故障的原因	排除方法
自卸汽车车厢举升困难	1. 油箱中油量不足	1. 添加油料
	2. 油箱滤网或管路严重堵塞	2. 清洗滤网、管路或更换油箱滤网
	3. 油泵有故障，不供油	3. 拆检
	4. 举升开关（通大气）堵死，分配阀回油阀卡死在回油阀回油位置	4. 检修举升开关或更换
	5. 溢流阀严重失调，高压液压泵渗漏	5. 检修溢流阀或更换
	6. 举升缸及限位阀发卡，使通往分配主阀的气路长期接通	6. 检修举升缸或限位阀，必要时进行更换
	7. 储气筒气压不足	7. 检修气泵或储气筒
	8. 取力器、液压泵齿轮工作不良	8. 检修取力器，检查油泵齿轮磨损情况，必要时更换
	9. 液压油不清洁，杂质卡死分配阀	9. 更换液压油
自卸汽车车厢升举缓慢有窜动	1. 回油路不畅通，举升缸摩擦阻力过大	1. 检查、清洗回油路，清除阻塞
	2. 举升缸限位阀密合不严，举升缸密封圈密封不严，造成油压不足	2. 检查密封圈，必要时进行更换
	3. 齿轮泵工作效率下降，油箱油量不足，齿轮泵达不到所规定的排油量	3. 检修齿轮泵，添加油液至规定油平面
	4. 管路严重堵塞或存在泄漏	4. 检修、清洁管路
自卸汽车重载举升不起	1. 严重超载	1. 按设备规定载荷作业
	2. 车辆停在向前严重倾斜的坡道上	2. 将车辆停放在水平地面后再进行作业
	3. 油液黏度太低	3. 更换油液
	4. 管路、阀、缸均存在泄漏故障	4. 检修管路、阀、缸，查找泄漏位置并进行排除
自卸车车厢举起后自行下落	1. 单向阀卡滞	1. 检修单向阀，必要时进行更换
	2. 举升缸密封圈密封不良	2. 更换密封圈
	3. 分配阀卡滞，没有完全到位	3. 调整分配阀至适宜位置
	4. 管路有泄漏	4. 检修管路，查找泄漏位置并进行排除
自卸车车厢不下落	主要是气压不足，不能使分配阀回油阀动作，或限位阀管路破损，举升开关及举升缸卡滞	检修气泵及储气筒是否漏气
自卸车车厢举升不能停在任意位置	多为油液过脏，使止回阀密封不严，或分配阀、回油阀密封不严所致	更换油液，更换止回阀、分配阀、分油阀密封圈

【思考与练习】

1. 简述自卸汽车的分类和工作原理。
2. 简述自卸汽车的操作方法。
3. 简述自卸汽车的日常维护及检修要点。

4. 简述自卸汽车自卸汽车车厢举升困难时的故障处理方法。

5. 简述自卸汽车自卸汽车车厢不下落的故障处理方法。

模块 5 物料提升机的工作原理及故障判定排除

【模块描述】本模块介绍物料提升机的工作原理和常见故障种类及产生原因，通过原理讲解、功能介绍以及操作过程详细介绍和操作技能训练，掌握物料提升机常见故障的判定排除。

【正文】

一、物料提升机的工作原理

(一) 物料提升机的概述

建筑用物料提升机简称物料提升机，是建筑工地用于物料垂直运输的起重机械之一，其具有构造简单、制造容易，安装、拆卸和使用方便，以及价格低等优点，在中小型建筑工地的应用十分广泛（见图 6–5–1）。在建筑工地和有关建筑规范中，物料提升机专指龙门架提升机和井架提升机两类起重设备。龙门架提升机的架体由一根横梁连接两根立柱组成，形如“门框”“龙门架”名称由此而来；井架提升机的架体由四根立柱和多根水平和倾斜的杆件连缀而成，其形如“井”而得名。

(a) (b)

图 6–5–1 物料提升机

(a) 龙门式单笼物料提升机；(b) 井架式双笼物料提升机

（二）物料提升机的构造及组成

物料提升机一般由钢结构、动力和传动装置、电气控制系统、安全装置、辅助部件五大部分组成。龙门架物料提升机和井架物料提升机具有不同的构造特点。

1. 龙门架物料提升机的结构（见图 6–5–2）

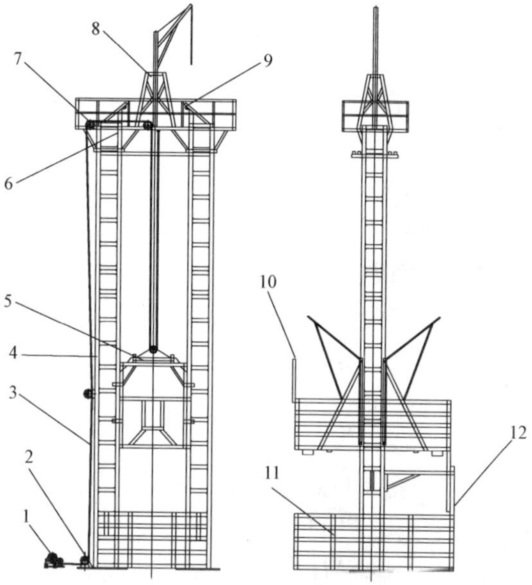

图 6–5–2　龙门架物料提升机结构

1—卷扬机；2—底架；3—松绳保护；4—架体；5—吊篮；6—自升平台；7—摇头把杆；8—滑轮；9—小鹅头；10—吊篮配重门；11—围栏；12—围栏连锁门

（1）龙门架物料提升机的钢结构。龙门架的钢结构主要由架体（包括横梁）、底架、吊篮、导轨等组成。

1）架体。包括立柱和天梁两部分，是承载起升载荷和保持整体稳定性的重要结构件。龙门架的立柱截面形状可以是矩形、正方形或三角形，截面的大小根据载荷的大小经设计计算确定，一般采用角钢或钢管制作成可拼装的杆件，在施工现场以螺栓或销轴连接成一体。横梁又称天梁，安装在立柱的顶部，与立柱连接成架体，主要承受吊篮自重载荷和提升载荷等，常用型钢制作，其截面形状和尺寸须经计算确定。

2）底架。架体的底部设有底架，用于架体与基础之间的连接。通常由槽钢、角钢焊接而成，承受所有的载荷作用，其上面固定标准节、地滑轮、并通过地脚螺栓与基础连接成一体。

3）吊篮。吊篮也称吊笼，是用型钢焊接而成，用来装载物品。吊篮由横梁、侧柱、底板、两侧挡板、斜拉杆和进出料安全门等组成。

4）导靴。导靴是安装在吊篮上沿导轨运行的装置，可防止吊篮在运行过程中偏斜和摆动，其形式有滚轮导靴和滑动导靴，具有下列情况之一的应采用滚轮导靴：① 采用摩擦式卷扬机为动力的提升机；② 架体的立柱兼作导轨的提升机；③ 高架提升机。

5）导轨。导轨是为吊篮上下运动提供导向的部件。龙门架物料提升机导轨有单滑道和双滑道两种。单滑道即左右各有一条滑道，对称设置于架体两侧；双滑道一般用于龙门架上，左右各设置两条滑道，间隔相当于立柱单肢间距的宽度，可减少吊篮运行中的晃动。

6）摇头把杆。又称安装吊杆，是用来装拆导轨架、标准节的专用设备，通常安装在自升平台上，进行高空作业。

（2）电动卷扬机。电动卷扬机是物料提升机的动力装置。底架物料提升机一般采用可逆式卷扬机，也可采用摩擦式卷扬机，但高架物料提升机不得使用摩擦式卷扬机。卷扬机应配有防钢丝绳脱槽装置，卷筒直径不得小于钢丝绳直径的 30 倍。当吊篮在底部时，卷筒上至少留有 3 圈钢丝绳。卷筒的凸缘至最外层钢丝绳的距离不应小于钢丝绳直径的 2 倍。

（3）电气控制系统。物料提升机的电气控制系统包括电气控制箱、电气元件、电缆电线以及保护系统四个部分。

（4）安全装置与辅助部件。物料提升机的安全装置主要包括安全停靠装置，断绳保护装置上、下极限限位器，急停开关，缓冲器，超载限制器，信号装置和通信装置等。

物料提升机的辅助部件包括附墙架、地锚和揽风绳等。

2. 井架物料提升机的构造及组成（见图 6–5–3）

井架物料提升机与龙门架物料机相比，主要区别在于钢结构不同，两者的动力装置、电气控制系统、安全与辅助部件大体相同，以下主要介绍井架物料提升机的钢结构部分。

井架的钢结构主要由架体、吊篮、摇臂把杆等组成。

（1）架体。由立柱角钢、底架、天梁、横杆、斜杆、导轨和顶架等部分组成。主要承载起升载荷和保持整体稳定性以及对吊篮运行起稳定和导向作用。

（2）吊篮。吊篮是用型钢焊接而成。井架物料提升机顶部有活动顶盖，以便进行维修和架设工作。其他部分与龙门架吊篮基本相同，如图 6–5–4 所示。

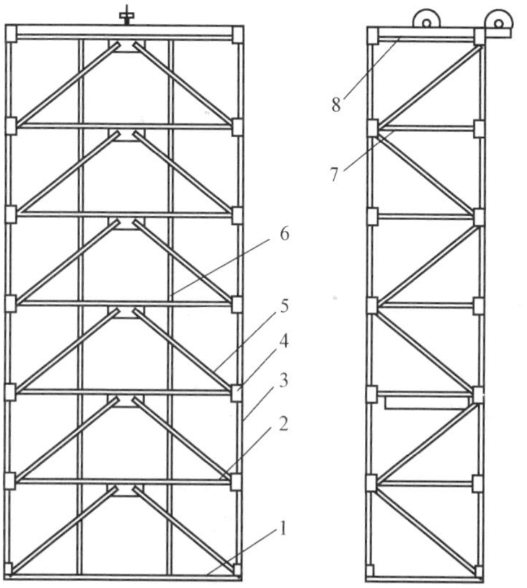

图 6–5–3　井架物料提升机架体示意图

1—底架；2、7—横撑杆；3—立杆；4—立角钢；5—斜撑杆；6—导轨；8—托架

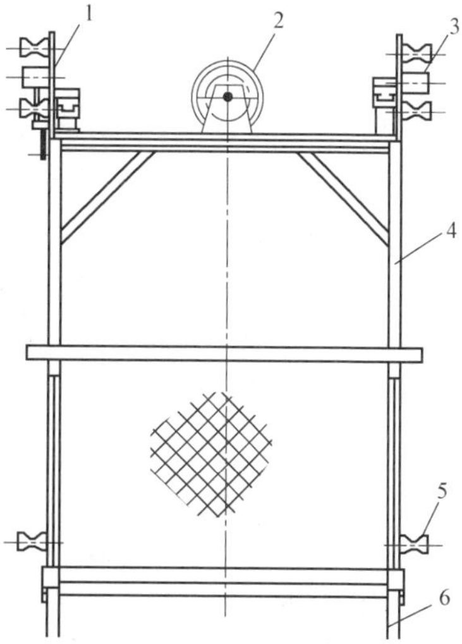

图 6–5–4　井架物料提升机吊篮结构示意图

1—停层装置；2—吊滑轮；3—防坠安全装置；4—吊笼框；5—导靴轮；6—吊笼门

（3）摇臂把杆。摇臂把杆通常是指井架物料提升机附设在架体上的起重臂杆。为解决井架物料提升机难以吊升较长、较宽物料的问题，一般在井架物料提升机的一侧安装一根动臂吊杆，称为摇臂把杆。把杆应安装在立柱主肢角钢和水平横杆交接处。摇臂把杆具有独立的提升装置，把杆底部有铰轴，由人工拉动溜绳操作转向定位，构成简易的动臂回转起重机构。

二、物料提升机的维修与保养

（一）日常检查

提升机操作人员应在班前对提升机进行检查与维护，在确认正常后，方可进行提升作业，其检修内容包括：

（1）地锚与揽风绳、附墙杆的连接有无松动。

（2）空载提升吊篮做一次上下运行，验证是否正常，并同时检查碰撞限位器和观察装置是否灵敏完好。

（3）在荷载情况下，将吊篮提升至离地面 1～2m 高度停机，检查制动器的可靠性和架体的稳定性。

（4）检查安全停靠装置和断绳保护装置的可靠性。

（5）吊篮运行通道内有无障碍。

（6）司机的视线是否良好。

（7）信号装置是否安全可靠，在信号不明时，禁止开动机械。

（二）每月定期维护保养

由于施工现场物料提升机的使用条件比较恶劣，因此，必须定期对物料提升机进行维护保养，一般每月进行一次，具体维护保养可按如下内容进行：

（1）检查金属结构有无开焊、锈蚀和永久变形。

（2）检查扣件、连接的紧固情况。

（3）机械运动部件是否缺少润滑油。

（4）检查提升机构磨损情况及钢丝绳的完好性。

（5）检查安全防护装置有无缺少、失灵和破坏。

（6）检查揽风绳、地锚、附墙装置等有无松动。

（7）检查电气设备的接地情况。

（8）试验断绳保护装置的灵敏度。

（三）经常性的维护保养

提升机在使用过程中，应对重要部件进行经常性的维护保养，如对提升机各润滑部位进行注油润滑等。保养应遵循以下规定：

（1）维修保养时，应将所有控制开关扳至零位，切断主电源，并在闸箱处挂“禁止合闸”标志，必要时应设专人监护。

（2）提升机处于工作状态时，不得进行保养、维修，排除故障应在停机后进行。

（3）更换零部件时，零部件必须与原部件的材质性能相同，并应符合设计与制造标准。

（4）维修主要结构所用焊条及焊缝质量，均应符合原设计要求。

（5）维修和保养提升机架体顶部时，应遵循高处作业要求。

三、物料提升机常见故障及处理

（一）常见机械故障及处理办法（见表 6–5–1）

表 6–5–1　　物料提升机常见故障判定及排除（机械部分）

故障现象	造成故障的原因	排除方法
电动机及轴承过热	1. 过载	1. 减轻负载
	2. 刹车带未完全松开	2. 调整刹车带
	3. 电动机散热差	3. 检查风叶，清除电动机上的杂物
电动机及轴承过热	1. 轴承缺油、不清洁	1. 加油或换油
	2. 轴承间隙过大或磨损严重	2. 调整间隙或更换轴承
	3. 绕组接地、短路、绝缘损坏等	3. 查相电压、相电流、消除故障

续表

故障现象	造成故障的原因	排除方法
制动失灵	1. 石棉带磨损、铆钉脱落	1. 换石棉带、铆固铆钉
	2. 石棉带有油污	2. 清除油污或换带
	3. 电磁铁坏或线路故障	3. 修、换电磁铁或电路
	4. 石棉带与制动轮间隙大小不均	4. 调整间隙
卷扬机有异常噪声、振动	1. 润滑油不足或标号不对	1. 加油或按标号换油
	2. 齿轮磨损	2. 检查更换齿轮
	3. 轴承磨损	3. 调整或更换轴承
	4. 注销螺母松动	4. 紧固
	5. 弹性圈磨损	5. 更换
限位开关失灵	限位开关损坏或拨动杆变形	更换
标准节垂直度超差	1. 附墙杆松动	1. 调整、紧固
	2. 标准节变形	2. 更换标准节
导轨不准直	1. 连接螺栓松动	1. 调整、紧固
	2. 导轨或长横杆构件变形	2. 校正或更换构件

（二）物料提升机电气部分故障判定及排除（见表 6–5–2）

表 6–5–2　　物料提升机常见故障判定及排除（电气部分）

故障现象	造成故障的原因	排除方法
漏电开关跳闸	1. 急停按钮未复位或损坏	1. 复位或更换按钮
	2. 短路	2. 检查短路点排除故障
	3. 漏电	3. 检查漏电点排除故障
	4. 漏电开关损坏	4. 修理或更换
电源灯不亮	1. 电源指示灯坏	1. 更换指示灯
	2. 36V 变压器损坏	2. 更换变压器
	3. 断相与相序继电器损坏	3. 更换继电器
	4. 进线相序接错	4. 调换进线相序
	5. 熔芯烧断	5. 更换同型号熔芯
电源指示灯不亮，上下接触器均不吸合	1. 楼层门开关未闭合	1. 查找未闭合的楼层门并关闭
	2. 围栏门开关未复位	2. 复位
	3. 停车按钮损坏	3. 更换停车按钮
	4. 热继电器动作或损坏	4. 复位或更换

续表

故障现象	造成故障的原因	排除方法
上行接触器不吸合而下行接触器吸合	1. 下行接触器动断触点不通	1. 更换一组动断触点
	2. 上限位开关 SLX 开路	2. 接通
	3. 上升按钮 SA 损坏	3. 修理或更换
	4. 上行接触器 SC 损坏	4. 修理或更换
	5. 上行指示灯短路	5. 修理或更换
下行接触器不吸合而上行接触器吸合	1. 上行接触器动断触点不通	1. 更换一组动断触点
	2. 下限位开关 XLX 开路	2. 接通
	3. 下升按钮 XA 损坏	3. 修理或更换
	4. 下行接触器 XC 损坏	4. 修理或更换
	5. 下行指示灯短路	5. 修理或更换
接触器有异响	1. 磁铁接触面有油污或粉尘	1. 除去油污、粉尘
	2. 磁铁和线圈间隙变动	2. 调整间隙并固定
电动机过热	1. 超载	1. 保持不超载
	2. 刹车过紧	2. 调整刹车
	3. 轴承损坏	3. 更换轴承
	4. 减速机缺油	4. 加油
	5. 减速机齿轮磨损	5. 修理减速器
	6. 供电系统电压不足	6. 检修供电系统
	7. 电源引进线或电动机引出线太细	7. 更换至 4mm 或以上
	8. 控制箱上另接了其他用电设备	8. 切除其他用电设备
显示器无亮光	1. 电源未引入	1. 引进电源
	2. 插头未插好	2. 插好插头
	3. 熔丝熔断	3. 更换熔丝
图像不清楚	1. 对比度紊乱	1. 调整对比度电位器
	2. 摄像头脏	2. 擦拭摄像头
	3. 焦距紊乱	3. 调整摄像头焦距
有图无声	1. 音量电位器未开	1. 打开音量开关
	2. 监听器断线	2. 查出断处，接好
	3. 监听器损坏	3. 更换监听器
有声无图	1. 摄像头盖未打开	1. 打开摄像头防护盖
	2. 视频信号线断	2. 查出断处，接好
	3. 摄像头损坏	3. 更换摄像头

续表

故障现象	造成故障的原因	排除方法
有光栅无声、图	1. 信号插头未插好	1. 插好插头
	2. 无直流电源	2. 检修或更换直流电源
	3. 信号线断开	3. 找出断处，接好或更换新线
显示器电源信号灯亮，但无光栅	显示器损坏	更换显示器
图像上、下抖动	场频电位器未调好	调整场频电位器
图像显示非目标物	摄像头角度偏移	调整角度并紧固螺钉

【思考与练习】

1. 简述物料提升机的工作原理及其组成。
2. 简述物料提升机的日常保养要求。
3. 简述物料提升机机械部分制动失灵时的故障判定及排除方法。
4. 简述物料提升机电气部分显示器无亮光时的故障判定及排除方法。
5. 简述物料提升机机械部分电动机过热的故障判定及排除方法。
6. 简述物料提升机电气部分有声无图的故障判定及排除方法。
7. 简述物料提升机机械部分卷扬机有异常噪声、振动的故障判定及排除方法。

模块6 混凝土搅拌机工作原理及故障判定排除

【模块描述】本模块介绍混凝土搅拌机的工作原理和常见故障种类及产生原因，通过原理讲解、功能介绍以及操作过程详细介绍和操作技能训练，掌握混凝土搅拌机常见故障的判定排除。

【正文】

搅拌是混凝土生产工艺过程中极重要的一道工序，配制混凝土的各种材料经搅拌后成为均匀的拌合物，搅拌得不均匀就不能获得高强度的混凝土。采用机械搅拌，不仅能提高搅拌速度和拌和物的均匀度，而且可使混凝土的强度得到提高，也能大大减小劳动强度和提高生产效率。

一、混凝土搅拌机的机构及分类特点

（一）混凝土搅拌机的结构

混凝土搅拌机主要由拌筒、加料及卸料机构、原动机、传动机构、机架和支撑装置等组成，如图 6–6–1 所示。

图 6–6–1 混凝土搅拌机结构图

1—支撑装置；2—轮胎；3—拌筒；4—加料机构；
5—卸料机构；6—原动机；7—传动机构；8—机架

（二）按作业方式分类

（1）周期式混凝土搅拌机。是按进料、搅拌、出料顺序周期地循环拌制混凝土，容易控制配合比和拌和质量，是建筑施工中常用的类型。

（2）连续式混凝土搅拌机。能连续、均匀地进行加料搅拌和出料，无论装料、搅拌和卸料都是连续不断的，因而生产率高；但配合比与拌和质量难以控制，多用于混凝土需要量大的路桥和水坝工程。

（三）按搅拌原理分类

（1）自落式混凝土搅拌机。搅拌物料由固定在搅拌筒内的叶片带至高处，靠自重下落进行搅拌（其工作原理见图 6–6–2）。其优点是结构简单、磨损程度小、易损件少，对骨料粒径大小有一定适应性；其缺点是靠重力自落实现搅拌、强度不大、转速和容量受到限制，生产效率低，一般只适于拌和塑性混凝土。

（2）强制式混凝土搅拌机。搅拌物料由垂直或水平设置在搅拌筒内旋转的搅拌叶片进行强制搅拌（其工作原理见图 6–6–3）。其优点是拌和质量好、效率高，适于干硬性混凝土和轻质骨料的混凝土搅拌；其缺点是机构比较复杂，搅拌工作部件磨损快，对骨料粒径有严格限制。

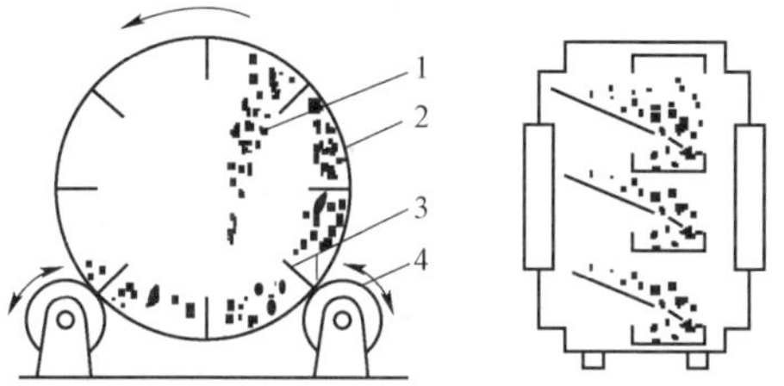

图 6–6–2　自落式混凝土搅拌机工作原理图

1—混凝土拌和料；2—搅拌筒；3—搅拌叶片；4—托轮

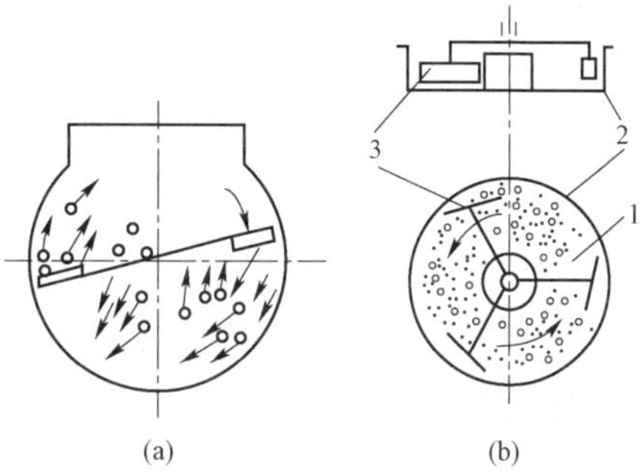

图 6–6–3　强制式混凝土搅拌机工作原理

（a）卧式强制式搅拌机；（b）立轴强制式搅拌机

1—混凝土拌和料；2—搅拌筒；3—搅拌叶片

（三）按卸料方式分类

（1）倾翻式。卸料时须将搅拌筒倾翻至一定角度，使拌和料从筒内卸出。

（2）不倾翻式。卸料时搅拌筒的旋转轴线固定不变，根据出料方式不同，又可分为反转卸料和卸料槽卸料两种。

（四）按使用动力分类

（1）电动机。工作可靠，使用方便，费用较低，但需要电源。

（2）内燃式。使用维护比较复杂，成本高，适用于无电源处。

二、混凝土搅拌机的使用

（1）混凝土搅拌机运输时，应将进料斗提升到上止点，并用保险铁链锁住。轮胎式搅拌机的搬运可用机动车拖行，但拖行速度不得超过 15km/h。

（2）混凝土搅拌机的安装要求。

1）应根据指定的区域，选择地面平整、坚硬的地方就位。

2）支腿要调整到水平位置，支撑搅拌机全重，不能使轮胎受力。机架用枕木垫起支牢，并应找平。

3）使用时间较长的搅拌机，为保护轮胎不受腐蚀和老化，应卸下另行保管，并将安装轮胎的轴颈密封，防止尘埃进入。

4）安装时，自落式混凝土搅拌机一般要使进料口一侧稍抬高 30～50mm，以适应上料时所产生的偏重。

5）为防止搅拌机遭受雨淋，应搭设机棚。棚外应挖有排除清洗搅拌机废水的排水沟，保持操作场地的整洁。

（3）使用前检查。

1）新机使用前应按使用说明书要求，对各系统和部件进行检验及必要的试运转，达到规定要求后方能投入使用。

2）使用前，必须按“十字作业”法（即调整、紧固、润滑、清洁、防腐）的要求检查离合器、制动器是否灵敏可靠，钢丝绳有无损坏，传动带松紧度是否合适等。

3）操纵机构、进出料机构、搅拌系统和传动系统必须保持正常运转。

4）钢丝绳表面要保持润滑油膜，绳头卡接必须牢固，电力驱动的搅拌机，电气系统安装要合理、安全，有良好的绝缘和接地保护装置；接线前检查电源电压，电压升降幅度不得超过搅拌机电气设备规定的 5%。

5）配水箱要加满水，指针要拨到所需要的量水器位置并紧固，以保证配水的准确性。如误差超过 2%，应进行检查、调整。

6）作业前应进行空载试验，观察搅拌筒或叶片旋转方向是否正确；反转出料的搅拌机，应使搅拌筒正反转运转数分钟，观察有无冲击抖动现象。如有异常噪声应停机检查。

（4）安全操作。

1）搅拌机在使用中，要严防砂、石等物料落入机械运转部分，料斗起升后，严禁有人在料斗下通过或停留，防止制动机构失灵时发生事故；如果必须在斗下检修或清理时，应先停机，将上料斗固定后方可进行。

2）操作者在作业中必须坚守岗位，随时注意机械运转情况，如有异常，要立即停机、切断电源进行检修。

3）若需进入搅拌筒内时，外面要留人监护。搅拌过程不宜停车，如因故必须停机，在再次起动前应卸除荷载，不得带载起动。

4）作业中如遇停电，应将电源切断，将搅拌筒内的物料清出、洗净。

5）强制式混凝土搅拌机的卸料门操纵手柄的甩动半径内不准有人停留，防止被手柄弹伤。

6）每次加入的拌和料，不得超过搅拌机规定值的 10%。

（5）作业完毕。

1）每天工作完毕后，必须将搅拌筒内、外积灰粘渣清除干净，料筒内不得有积水，以免料筒内壁及叶片生锈或被凝结，清洗后的污水应引入积水坑或由排水沟排出，不得在机旁任其自流。

2）每天工作完毕后，搅拌机料斗应放在最低位置，不准悬于半空。电源必须切断，销好电闸箱，保证各机构处于空挡。

3）以内燃为动力的搅拌机，在停机前先脱开离合器，停机后仍应合上离合器。

4）如遇冰冻气候，停机后应将供水系统的积水放净，内燃机的冷却水也应放净。

三、混凝土搅拌机的检查和调整

（一）综合检查

（1）以电动机驱动时，检查安全熔丝、开关、线路和接地装置是否可靠，定期测试电动机绝缘电阻，其电阻值应不小于 0.5MΩ。

（2）以内燃机为驱动时，检查燃料、润滑油、冷却水是否合适。内燃机运转正常，无异响，仪表读数应在规定范围内。

（二）传动系统的检查和调整

（1）采用 V 带传动时，其松紧度以能用手按下 10～15mm 并在运行时不打滑为宜。调整时可放松电动机底座螺栓，将电动机移位达到合适的松紧度。

（2）空载运转使搅拌筒作正、反向旋转，观察是否平稳；变更转向时无冲击现象，电动机减速器、制动器等噪声、温升应正常。

（三）上料、卸料机构的检查和调整

（1）试验上料、进料操纵杆应灵敏有效，上料斗在升降过程中不应有滑移、摆振或起升不稳甚至不能起升以及不能在上、下止点稳定停留等现象。

（2）采用导轨升降的料斗，其滚轮和轨道应接触良好；卸料门应保持启闭灵活，封闭严密，其松紧度可由卸料底板下方的螺母进行调整。

（3）反转出料式搅拌机的上料斗到达加料高度时，行程开关应及时动作，使料斗停留在斗门全开位置。料斗下降时应平稳、无卡滞现象。

（4）上料斗升降离合器的内、外摩擦带的松紧度要调整适当，过紧增加减速齿轮的荷载，加速齿轮磨损；过松使离合器接合不良，制动失灵。

（四）搅拌系统的检查和调整

（1）自落式搅拌机的搅拌叶片和进料叶片应安装在搅拌筒内壁的预定位置。当搅拌叶片的边缘磨损超过 50mm 或发生较大变形时，应及时修理或镶补。搅拌叶片和筒内壁的连接必须严密，不应发生漏浆现象。

（2）强制式搅拌机的搅拌叶片、刮板和搅拌筒的筒底、筒壁均应保持一定间隙（一般为 5mm）。如间隙超过标准，可放松搅拌叶片或刮板的紧固螺栓来调整，间隙调整合适后再将螺栓紧固；如叶片磨损，可用耐磨焊条进行堆焊修复。

（五）供水系统的检查

（1）水泵在使用前应检查传动是否良好，运转中如发现漏水，一般是由于水泵轴填料密封不严所致，可以旋紧压盖螺母，重新压紧填料。

（2）供水系统的水量控制，一般由时间继电器控制给水时间，节流阀控制水的流

量。检查时可给定某一供水量，然后起动水泵供水，再称量所供水量是否和给定值相同，如误差超过2%时，应进行调整、检修。

（六）润滑系统的检查

（1）检查减速器的油面高度，一般约为齿轮直径的1/3。

（2）各部油嘴、油杯应齐全、有效。

四、混凝土搅拌机的常见故障判定与排除（见表6–6–1）

表6–6–1　　混凝土搅拌机的常见故障判定与排除表

故障现象	造成故障的原因	排除方法
推压上料手柄后，料斗不起升或起升困难	1. 离合器制动带接合不良	1. 调整松紧触头螺栓，使制动带抱紧；消除制动带翘曲，使接合面不少于70%
	2. 制动带磨损	2. 更换制动带
	3. 制动带上有油污	3. 清洗油污并擦干
	4. 上料手柄与水平杆的连接螺栓松动或拨叉紧固螺栓松动	4. 重新紧固
	5. 制动带脱落或松紧撑变形	5. 检修离合器
	6. 拨叉滑头脱落或磨损	6. 补焊或更换新滑头
拉动下降手柄时料斗不下落	1. 离合器外制动带太紧	1. 调整制动带的间隙
	2. 料斗起升太高，超过180°，重心靠向内侧	2. 调整热运动装置触头螺栓的高度，使其提早松开离合器
	3. 下降手柄不起作用	3. 紧固手柄螺栓
	4. 钢丝绳卷筒轴发生干磨	4. 清洗并加油润滑
	5. 钢丝绳变形重叠而夹住	5. 整理或更换钢丝绳
减速器有异响	1. 齿轮损坏	1. 更换齿轮
	2. 齿轮啮合不正常	2. 调整齿轮轴线，侧隙不大于1.8mm
	3. 缺少润滑油	3. 添加到规定量
	4. 齿轮键松旷	4. 更换齿轮键
搅拌筒运转不稳或振动	1. 托轮串位或不正	1. 检修、调整托轮位置
	2. 大齿圈和小齿轮啮合不良	2. 调整啮合情况
轴承过热	1. 轴承磨损发生松旷	1. 圆锥滚柱轴承可在内圈外侧加垫，滚珠轴承则应更换
	2. 轴承内圈与轴发生滑动或外圈与轴承座孔发生滑动	2. 内圈与轴松动，在轴颈处堆焊再加工；外圈与轴承座松动，在座孔处堆焊再加工
	3. 缺少润滑油	3. 添加润滑油
	4. 轴承内污脏	4. 清洗轴承，更换润滑脂

续表

故障现象	造成故障的原因	排除方法
供水量不足或不供水	1. 水泵密封填料漏气	1. 旋紧压盖螺母，压紧石棉填料
	2. 水泵不上水	2. 加满引水排除腔中空气，很必要时检查叶轮
	3. 水泵转速太低	3. 调紧 V 带
	4. 三通阀水孔堵塞	4. 检修三通阀
上料斗运行不平稳	1. 上料跑道弯曲不平	1. 校正平直
	2. 两轨道不平	2. 校正到平行
	3. 滚轮磨损过大	3. 检修滚轮，必要时更换滚轮和轴承
搅拌机搅拌筒打滑	1. 托轮表面油污	1. 清除油污
	2. 托轮磨损过度和不匀	2. 修复或更换
	3. 超载	3. 减轻载荷
润滑油泵不工作	1. 电源部分故障	1. 检查控制电源，接线箱主控电源，监控器控制电源
	2. 电动机及机械故障	2. 电动机故障，更换电动机；电动机与油泵连接齿轮损坏，需更换齿轮
油压表无压（低于 10bar）	1. 供油阀总成阻塞或损坏	1. 清洗供油阀总成或更换
	2. 油压表损坏	2. 更换油压表
	3. 泄漏	3. 检查轴头供油管
油压表压力过高（高于 60bar）	1. 分配阀堵塞	1. 清洗分配阀
	2. 用油不标准	2. 按标准用油
搅拌轴不转	1. 严重超载	1. 按规定容量加料
	2. 叶片和筒体有异物卡牢	2. 短时点动两次，如仍不能排除，应停机消除
	3. 传动带松动	3. 调整张紧装置达到合适
	4. 电源缺相	4. 检查开关箱，接通短线
卸料门运行不畅	1. 液压电动机不工作	1. 检查电动机有无损坏、电源有无缺相、控制线路
	2. 压力太小	2. 液压缸内缺油，补充液压油，调整主压力
	3. 电磁阀不工作	3. 检查电磁阀有无损坏，供电源有无问题
	4. 限位接近开关损坏	4. 更换同型号限位开关
	5. 卸料门液压缸损坏	5. 更换卸料门液压缸
	6. 液压油路阻塞	6. 检查清洗液压油路
	7. 电磁阀线圈损坏	7. 更换同型号电磁阀线圈
	8. 相关机械连接断裂	8. 更换或补焊
	9. 轴承损坏	9. 更换轴承
	10. 卸料门卡死	10. 清除卸料门周围积料

续表

故障现象	造成故障的原因	排除方法
搅拌机闷机跳闸	1. 主电动机不工作	1. 主电动机若无损坏，检查控制回路有无问题
	2. 传动皮带太松	2. 重新调整传动皮带张力
	3. 安全开关故障	3. 检查安全开关是否正常（应为常闭）
	4. 搅拌筒内叶片间隙过大	4. 重新调整搅拌叶片间隙，更换衬板、搅拌叶片
	5. 搅拌料过载	5. 检查整个称量系统
	6. 误操作	6. 属操作人员问题，应急处理即可
	7. 减速箱及搅拌轴损坏	7. 检查更换
	8. 轴头轴承损坏	8. 更换轴头、轴承
搅拌机异响	1. 搅拌筒内搅拌叶片碰衬板	1. 调整搅拌叶片
	2. 配料超标	2. 按标准选用配料
	3. 轴头异响	3. 检查有无润滑油跟进，保护圈有无摩擦
	4. 搅拌叶片变形、损坏	4. 重新更换搅拌叶片
	5. 电动机异响	5. 检查电动机保护罩有无松动，轴承有无问题
	6. 搅拌轴异响	6. 搅拌轴套配合太松，更换搅拌轴套，调整同心度
	7. 拌和料中有大颗粒物料卡住叶片	7. 消除卡塞的物料
上盖漏水、漏尘	1. 上盖变形	1. 加装密封条、密封胶
	2. 观察门关不严	2. 更换观察门密封条，处理压平
	3. 观察窗关不上	3. 更换观察窗密封条，更换处理锁扣
运转中卸料门漏浆	1. 卸料门密封不严	1. 调整卸料底板下方的螺栓，使卸料门封闭严密
	2. 卸料门周围残存的黏结物过厚	2. 清除残存的黏结物
上料运行不稳	上料轨道翘曲不平，料斗滚轮接触不良	检查并调整两条轨道，使轨道平直，两轨面平行
上料上行时越过上止点而拉坏牵引机构	1. 自动限位装置失灵	1. 检修或更换限位装置
	2. 自动限位挡板变形而不起作用	2. 调整限位挡板
料斗上料时卡死	1. 导轨安装不平	1. 重新调平
	2. 料斗卸料门有异物	2. 清除异物
止料时料斗下口不下料	1. 钢丝绳拉长	1. 调整绳扣使之拉紧
	2. 钢丝绳卡子松动	2. 扭紧钢丝绳卡子

【思考与练习】

1. 简述混凝土搅拌机的分类及其工作原理。
2. 简述混凝土搅拌机的使用操作要点。
3. 简述混凝土搅拌机异响时的故障判定与排除。
4. 简述混凝土搅拌机搅拌筒运转不稳或振动时的故障判定与排除。
5. 简述混凝土搅拌机搅拌筒上料斗运行不平稳时的故障判定与排除。

模块 7　翻斗车工作原理及故障判定排除

【模块描述】本模块介绍翻斗车的工作原理和常见故障种类及产生原因，通过原理讲解、功能介绍以及操作过程详细介绍和操作技能训练，掌握翻斗车常见故障的判定排除。

【正文】

一、翻斗车的简介及工作原理

翻斗车卸按料方位不同，分前翻卸料、回转卸料、侧翻卸料、高支点卸料和举升倾翻卸料等方式。翻斗车的发动机、底盘及驾驶室的构造和一般载重汽车相同，车厢分后向倾翻和侧向倾翻两种，后向倾翻较普遍，通过操纵系统控制活塞杆运动，可使车厢停止在任何需要的倾斜位置上，并推动活塞杆使车厢倾翻。

液压倾翻机构由油箱、液压泵、分配阀、举升液压缸、控制阀和油管等组成。发动机通过变速器、取力装置驱动液压泵，使高压油经分配阀、油管进入举升液压缸，推动活塞杆使车厢倾翻。其外形结构如图 6–7–1 所示。

图 6–7–1　翻斗车的外形结构示意图

1—驾驶室；2—底盘；3—轮胎；4—倾翻机构

为了适应工地道路不平，避免物料撒落，并做到卸料就位准确、迅速、操作省力，以及越野性能好和爬坡能力强，要求翻斗车行驶速度不能太快（一般最高车速在20km/h以下）。

二、翻斗车的操作

（一）翻斗车安全操作规程

（1）机动翻斗车的驾驶作业人员，必须经专业安全技术培训，考试合格，持《特种作业操作证》上岗作业。未经交通部门考试发证的严禁上公路行驶。

（2）作业前检查燃油、润滑油、冷却水是否充足，变速杆应在空挡位置，气温低时应加热水预热。

（3）发动机发动后应空转5～10min，待水温升到40℃以上时方可一挡起步，严禁二挡起步和将油门猛踩到底。

（4）开车时精神要集中，行驶中不准载人、吸烟、打闹玩笑。

（5）运输构件宽度不得超过车宽，高度不得超过1.5m（从地面算起）。运输混凝土时，混凝土的平面应低于斗口10cm；运转时，高度不得超过斗平面，严禁超载行驶。

（6）雨雪天气，夜间应低速行驶，下坡时严禁空挡滑行及下25°以上陡坡。

（7）在坑槽边缘倒料时，必须在距边缘0.8～1m处设置安全挡掩（20cm×20cm的木方）。

（8）翻斗车上坡道（马道）时，坡道应平整，宽度不得小于2.3m，两侧应设置防护栏杆，必须经检查验收合格方可使用。

（9）检修或班后洗车时，必须熄火并拉好手制动。

（二）翻斗车在操作中的注意事项

（1）行驶前，应检查锁紧装置，并将料斗锁牢，不得在行驶时掉斗。

（2）行驶时应从一挡起步，不得用离合器处于半结合状态来控制车速。

（3）翻斗制动时，应逐渐踏下制动踏板，并应避免紧急制动。

（4）严禁料斗内载人，料斗不得在卸料情况下行驶或进行平地作业。

（5）内燃机运转或料斗内载荷时，严禁在车底下进行任何作业。

（6）操作人员离机时，应将内燃机熄火，并摘挡拉紧手制动器。

（7）作业后，应对车辆进行清洗，清除砂土及混凝土等粘结在料斗和车架上的脏污。

三、翻斗车的日常维护及检修要点

（一）翻斗车的日常维护

（1）翻斗车或大修出厂的车必须进行试运转，使翻斗过程平稳无窜动。

（2）使用时各部位应按规定正确选用润滑油，大大节省卸料时间和劳动力，翻斗机构严格按期调换油料。

（3）按额定装载量装运，严禁超载。

（二）翻斗车的检修要点

1. 翻斗车故障检修

首先查看是否有足够的油平面，不足时应按规定予以添加。查看取力器操纵机构工作是否正常，油路、气路有无渗漏现象，必要时还应检查其有无堵塞。检查液压泵、分配阀、限位阀等工作是否良好，举升缸是否密封良好，必要时予以修复。操纵系统的各种操纵阀门动作失灵，应予更换新件。液压油不清洁，引起油路堵塞或液压不足，动作迟缓、车厢升不到位时应更换液压油。液压泵传动机构或齿轮轴套损坏，不能运转及内部泄漏严重时，应予换件修复。

2. 翻斗车液压传动系统检修

液压泵主、从动齿轮轴颈和轴承磨损后，会引起啮合间隙增大，导致液压泵排量下降，工作平稳性下降，产生噪声。轴颈和轴承磨损后还将引起齿轮与泵腔径向间隙的变化，造成齿轮中心相对泵腔的相应中心线向进油腔一方偏移，工作中容易产生径向跳动，并且使部分区域变大，部分区域变小。间隙大的引起泄漏，液压泵流量和压力下降；而间隙小的将会使齿顶碰撞和摩擦，泵腔引起损坏。齿轮端面和泵体端盖或端面轴承磨损、刮伤和起槽，将造成油泵内部进出油腔的泄漏，使回路增大，因而从出油腔经此回路泄漏和进油腔的油增多，油泵压力和流量下降。发现上述磨蚀损坏引起的故障，查明原因之后，即时换件修复。

3. 翻斗车液压系统检修

液压系统拆开分解后，零件应小心放置在洗油中浸泡和清洗干净，切忌磕碰和划伤，零件清洁工作十分重要，装配中严禁污物和金属杂质带入，以免加剧机件磨损、卡滞和失灵。严格按照规定选用和加足工作油液，必要时过滤、保证用油清洁；使用中系统应无渗漏现象。维修时，应避免零件的敲击，防止零件的损伤变形。

四、翻斗车的故障判定及排除（见表 6–7–1）

表 6–7–1　　翻斗车的故障判定及排除表

<table>
<tr><th colspan="2">故障现象</th><th>造成故障的原因</th><th>排除方法</th></tr>
<tr><td rowspan="7">发动机起动困难或不能起动</td><td rowspan="7">（一）在不减压的条件下摇转曲轴，若感到轻松则说明缸内压缩力不够</td><td>1. 气门间隙不对</td><td>1. 重新调整</td></tr>
<tr><td>2. 气门弹簧折断</td><td>2. 应予更换</td></tr>
<tr><td>3. 气门漏气</td><td>3. 应清除积炭，研磨气门</td></tr>
<tr><td>4. 活塞环磨损严重或已折断</td><td>4. 应予更换</td></tr>
<tr><td>5. 活塞环开口在同一直线上</td><td>5. 应予重装</td></tr>
<tr><td>6. 缸垫漏气</td><td>6. 拧紧缸盖螺母或换缸垫</td></tr>
<tr><td>7. 缸套与活塞严重磨损</td><td>7. 应予更换</td></tr>
</table>

续表

故障现象		造成故障的原因	排除方法
发动机起动困难或不能起动	（二）摇转曲轴时听不到缸内有喷油声，或喷油不良，发动机无法起动	1. 油箱缺油或油箱开关未打开	1. 加足柴油，打开油箱开关
		2. 燃油里有空气	2. 拧紧油路中的各个接头，并排净空气
		3. 柴油滤清器堵塞	3. 清洗或更换
		4. 柴油中有水	4. 清洗油箱，并更换新油
		5. 喷油嘴工作不正常	5. 拆开清洗，更换偶件，调整压力
		6. 高压油泵的柱塞、出油阀偶件磨损	6. 重新调整，并更换必要的偶件
	（三）气温太低		水箱应灌注热水，机油加热后再注入油底壳，柴油也应适当预热以增加流动性
	（四）供油提前角过大，缸盖涡流室镶块上的锥形小孔被堵		正确调整，并疏通小孔
发动机异常（正常工作时，排烟应是无色或淡灰色的。若冒浓烟或烟色不对，就会造成缸内积炭严重、磨损加剧、功率下降、油耗上升的不良后果）	（一）冒黑烟（柴油燃烧不良，废气中含有大量炭粒）	1. 发动机超负荷	1. 适当减载或改用低速挡行驶，以减轻发动机的负荷
		2. 气门漏气	2. 研磨气门
		3. 柴油质量差不能完全燃	3. 换用合格的轻柴油
		4. 进排气管堵塞	4. 清洗空气滤清器，并消除排气管内的积炭
		5. 气门间隙太大，造成缸内进气不足，排气不净，柴油不能充分燃烧	5. 调整气门间隙
		6. 供油量过大	6. 调整油泵的供油量
		7. 供油提前角过小	7. 正确调整
		8. 喷油嘴压力低或雾化不良	8. 调整
		9. 喷油嘴孔积炭严重或喷油头偶件磨损	9. 清除积炭或更换偶件
	（二）冒白烟（部分柴油未燃烧即从排气管冒出，或汽缸内有水而化成水蒸气排出，都会造成排气管冒白烟）	1. 柴油中有水	1. 清洗油箱，更换柴油
		2. 发动机过冷	2. 冷车时不要加负荷，待水温升至50℃ 时再投入工作
		3. 喷油嘴滴油	3. 调整喷油压力或更换喷油头偶件
		4. 缸垫损坏或缸套有裂纹，导致缸内进水	4. 更换缸垫或检查缸套
		5. 缸盖螺栓未拧紧	5. 按规定扭矩拧紧

续表

故障现象		造成故障的原因	排除方法
发动机异常（正常工作时，排烟应是无色或淡灰色的。若冒浓烟或烟色不对，就会造成缸内积炭严重、磨损加剧、功率下降、油耗上升的不良后果）	（三）冒蓝烟（机油窜入缸内而燃烧，就会使排气管冒蓝烟）	1. 油底壳油面过高	1. 放出多余的机油
		2. 油环咬死在活塞环槽内	2. 拆下油环，清除积炭，必要时另换新环
		3. 活塞环严重磨损	3. 更换活塞环
		4. 活塞环开口在同一直线上	4. 重装活塞环
		5. 活塞环方向装反造成“泵油”作用	5. 拆下后正确安装活塞环
		6. 活塞与缸套的间隙过大	6. 更换或加大配修
		7. 气门杆与气门导管的间隙过大，造成机油渗入缸内	7. 更换气门导管
		8. 湿式空气滤清器内的机油油面过高	8. 按规定刻度线加油，以免机油窜入汽缸并造成排气管冒蓝烟，甚至发生“飞车”的危险
		9. 新机或大修后的柴油机未磨合好即投入工作，也会因烧机油而冒蓝烟	9. 严格遵守磨合规范
	（四）发动机功率不足（发动机经长期使用，由于机件磨损或保养维修不及时，出现功率不足的现象，从而使机车达不到应有的工作速度和负荷能力）	1. 空气滤清器堵塞，造成缸内进气不足	1. 清洗或更换滤芯
		2. 柴油滤清器堵塞，造成油路不畅	2. 清洗或更换滤芯
		3. 喷油嘴雾化不良	3. 调整或更换喷油头配件
		4. 高压油泵的柱塞、出油阀配件磨损	4. 调整，并更换磨损的配件
		5. 供油时间太早	5. 按规定标准调整供油提前角
		6. 供油时间太晚，柴油燃烧不充足而使功率下降	6. 按规定标准调整供油提前角
		7. 气门封闭不严	7. 清除积炭. 研磨气门
		8. 气门间隙不对	8. 按规定正确调整
		9. 活塞环磨损或胶结在环槽内，会使缸内压缩力下降	9. 更换活塞环或清洗重装
		10. 活塞与缸套严重磨损	10. 更换或加大配修
		11. 气缸垫损坏	11. 及时更换

续表

故障现象	造成故障的原因	排除方法
发动机突然停车	1. 摇车观察，若能重新起动，说明自行停车是因为负荷突然增加而被迫熄火的	1. 减载以减轻发动机的负荷
	2. 摇车时若听不到喷油嘴的喷油声，说明燃油供给系统有故障	2. 检查柴油箱是否有油，柴油滤清器是否堵塞，喷油嘴零件是否咬死，高压油泵有无故障
	3. 摇车时喷油正常，说明故障可能在配气机构	3. 检查气门推杆是否脱落，气门调整螺钉及气门摇臂是否工作正常，气门与气门弹簧是否损坏折断
	4. 若摇车困难或摇不动，说明故障在曲柄连杆机构。主要原因是机油不足或润滑不良而发生烧瓦抱轴事故	4. 定时检查机油，及时添加或更换
	5. 若活塞与缸套配合间隙太小或机体过热，也会发生咬缸现象	5. 拆机检修
	6. 新机或大修后的发动机，未经磨合便投入重载作业，也容易发生咬缸和烧瓦抱轴事故	6. 严格遵守磨合规范
发动机飞车（发动机转速突然增高，即使关闭油门也不能减速，这就是飞车。如不立即熄火，当转速超过一定限度，会发生连杆松脱、曲轴断裂、打烂机体甚至人身伤亡的事故。此时，应挂高速挡踩刹车行驶 迫使机车熄火。或关闭油箱开关，拧松高压油管接头；或取下空气滤清器，堵住进气管，或扳减压手柄）	1. 湿式空气滤清器机油过多，被吸入缸内燃烧	1. 放出过多的机油
	2. 油底壳机油过多，活塞缸套磨损而间隙太大，机油便窜入缸内燃烧	2. 按规定标准添加机油，必要时更换活塞环、活塞或缸套
	3. 活塞环卡死在活塞环槽内，或各环开口处于同一直线上，引起机油上窜	3. 拆下清洗后正确安装
	4. 油泵齿条卡在最大油量位置，安装油泵时柱塞调节臂未插入调速器杠杆凹槽内或自动脱开，调速器弹簧或杠杆折断，等都会引起飞车	4. 拆开检查，更换损坏的零件，并正确安装
发动机转速不稳（发动机转速忽快忽慢，不仅引起机车振动，同时也影响功率的正常发挥）	1. 油路中有空气，导致发动机供油不匀	1. 检查油路及各接头处是否漏气、漏油，并放净空气
	2. 油箱存油少或油中有杂质，或油箱通气孔堵塞.造成油供不上	2. 采取相应的措施来予以纠正
	3. 油泵柱塞副卡滞、出油阀副密封不严、柱塞弹簧损坏或喷油嘴雾化不良、喷孔堵塞、喷油头偶件磨损	3. 校修或更换配件
	4. 调速器有卡滞现象，不能随发动机负荷的变化而自动控制油泵齿条来保持稳定的转速	4. 拆下检修

续表

故障现象		造成故障的原因	排除方法
发动机过热（发动机过热会使机车功率明显下降，还容易冲坏缸床，使各运动件膨胀卡死）		1. 水箱缺水或水垢过多	1. 及时加水或清洗水垢
		2. 机油不足	2. 及时添加机油
		3. 供油提前角过小	3. 正确调整
		4. 燃烧室内积炭过多	4. 及时清除
发动机反转（发动机起动时反转，会造成排气管进气、空气滤清器排烟等反常情况，不但容易打伤人，还会给机车造成不良后果）		1. 供油提前角太大，活塞未到上止点时柴油就被压爆，迫使活塞往回运动，造成发动机反转	1. 正确调整油泵的供油提前角
		2. 摇车时未过上止点，减压手柄就扳回到“运转”位置，于是压燃的柴油便将活塞顶回去造成曲轴反转	2. 摇车应一鼓作气，用力猛冲过上止点后再扳回减压手柄
		3. 发动机经多次摇车未能起动，缸内就积存了许多柴油，也会因早燃而产生反转	3. 应打开减压，停止供油，将曲轴多摇几圈，使缸内柴油排净后再起动
发动机有不正常响声（发动机有不正常响声时，不可勉强工作，应尽快查出原因，予以排除；否则不但影响机车的正常作业，还会导致烧瓦抱轴、捣坏机体的大事故）		1. 供油时间过早，会产生清脆的敲击声，过晚则产生低沉的敲击声	1. 正确调整供油时间
		2. 气门间隙过大，会发出清脆的“的达”声，但随着发动机温度的上升而减轻	2. 按规定标准调整气门间隙
		3. 连杆瓦与连杆轴颈配合间隙太大，会产生沉重有力的敲击声	3. 更换连杆瓦
		4. 活塞销与铜套若间隙过大，会发出轻微的尖锐声	4. 更换活塞销或铜套
		5. 翻斗车各部的连接螺栓松动，会产生不规则的敲击声	5. 及时加以紧固
排气管的异常情况	（一）排气管“放炮”	由于供油时间晚、供油量过多、喷油嘴漏油、排气门漏气等原因，缸内未能充分燃烧的柴油便进入排气管燃烧，发出—种“放炮声”	针对上述起因，分别予以排除
	（二）排气管排油	由于活塞环、活塞和气缸的严重磨损，油底壳机油过多等原因，机油便窜入缸内且不能烧完，就从排气孔排出	及时更换磨损件，注意按现定标准添加机油
	（三）排气管喷水	若缸床损坏、缸盖或缸壁有裂缝、缸盖螺栓未拧紧，水套中的水就会进入缸内，随废气排出	更换损坏件，按规定扭矩拧紧缸盖螺栓

续表

故障现象	造成故障的原因	排除方法
发动机机油消耗过多	1. 由于活塞与缸套间隙过大、活塞环磨损过多而造成开口间隙过大、活塞环卡死在环槽内、气门杆与气门导管间隙过大、油底壳机油油面过高等原因，都会使机油窜入缸内被烧掉，不但增加缸内积炭，还会导致机件磨损加剧、发动机马力下降、油耗上升的不良后果	1. 尽早查明原因，更换或修复已磨损的零件
	2. 由于曲轴油封或机油油路漏油，使机油不断渗出机体，既沾污机车、浪费机油，还会因缺油而造成烧瓦抱轴的大事故	2. 仔细检查漏油部位，及时予以修复
机油压力过低，油压指示器升不起来（发动机缸盖上的油压指示器如果升不起来，则说明油压过低，应尽快找出原因，排除故障后方可工作，以免发生烧瓦抱轴的大事故）	1. 油底壳机油油面过低	1. 按规定标准添加机油
	2. 油底壳机油油面过高，运转中的连杆大头便将机油打出泡沫，使空气吸入机油泵而造成泵油失灵	2. 放出多余的机油
	3. 机油太稀或牌号不对	3. 更换合格机油
	4. 喷油泵漏油，大量柴油便渗入油底壳，使机油变稀	4. 检修喷油泵，并更换机油
	5. 机油泵磨损或机油滤网堵塞	5. 取出清洗检查，并予修复
	6. 连杆瓦与轴颈间隙过大	6. 更换连杆瓦
	7. 机油管接头处松动	7. 检查、拧紧
	8. 冬季气温太低，使机油变稠，可放出机油加热后再注入油底壳	8. 冬季最好采用防冻机油
离合器打滑（离合器片在结合状态时不能与飞轮和压盘同步旋转，发动机的动力便不能完全传出去。此时，如果机车负荷增加，而发动机转速不降低，翻斗车的行驶速度明显下降了，则说明离合器在打滑，这不但浪费动力，还容易烧坏离合器的零部件）	1. 离合器片同飞轮，压盘的接触面有油污	1. 清洗擦干后重装
	2. 离合器摩擦片磨损或已尽出铆钉头	2. 更换重铆
	3. 离合器片因打滑而产生的高温使离合器弹簧退火变软	3. 更换离合器
	4. 离合器分离杠杆与分离轴承没有间隙（此时离合器踏板也无自由行程）	4. 将间隙调整到0.5～1mm，即保证离合器踏板的自由行程控制在0.2～0.25mm
离合器分离不彻底	当踩下离合器踏板，使离合器处于分离状态时，离合器片仍在低速旋转，换挡就会产生变速箱齿轮的碰击声，不但容易打齿，还会加速离合器摩擦片的磨损	1. 调整分离杠杆与分离轴承的间隙，使各分离杠杆处于规定的同一平面上
		2. 检查离合器片是否变形、翘曲，应校修或更换
		3. 按规定要求更换离合器片
		4. 检查各个离合器弹簧的高度是否一致，弹力是否相同，必要时予以更换

续表

故障现象	造成故障的原因	排除方法
变速箱换挡困难或换不上挡（换挡应在离合器彻底分离后再进行，更不可猛力强行换挡，以免损坏齿轮）	1. 离合器分离不彻底	1. 按上述方法检修
	2. 花键槽磨损、变形或有毛刺，使滑动齿轮不能灵活移动	2. 应予检修
	3. 锁定弹簧过紧，锁定装置卡涩，变速杆或拨叉轴变形	3. 检修或校正
	4. 齿轮端面有毛刺或碰伤，影响滑动齿轮的啮合	4. 修磨
	5. 变速轴上的固定齿轮松脱、移位，无法与滑动齿轮啮合	5. 拆下重装
变速箱自动脱挡（机车行驶中，一对啮合的工作齿轮自动脱开，使变速杆回到空挡位置称自动脱挡。对于正在坡道上作业的翻斗车，还有可能发生后溜或下滑的危险）	1. 拨叉轴锁定弹簧折断或失效	1. 更换
	2. 齿轮端面磨损严重而成锥形，运转时会因轴向推力而自动跳挡	2. 更换或修复
	3. 拨叉轴定位槽磨损严重而引起轴向窜动，导致自动脱挡	3. 将拨叉轴转过一个角度，再开槽使用
变速箱内有杂音	1. 变速箱缺油或油料标号不对，会产生不正常声音	1. 及时添加或更换，夏季用 30 号齿轮油，冬季用 20 号齿轮油
	2. 齿轮啮合面磨损、齿侧间隙增大、齿牙剥落折断、轴承磨损松旷都会发出杂音	2. 修复、更换
	3. 拨叉轴变形、窜动也会导致齿轮接触不良，并发出噪声	3. 校正后重装
制动不良（制动的灵敏与可靠直接关系到翻斗车的生产安全。若遇紧急情况，机车必须迅速停车；在坡地停车或固定作业时，也要用制动来保持机车的固定位置。因此，出车前一定要检查制动是否良好，左右驱动轮的制动效果是否一致）	1. 制动摩擦片严重磨损或因油封漏油而使其表面沾上油污	1. 更换或清洗
	2. 摩擦片与制动鼓间隙过大，不能有效地发挥制动作用；但若间隙过小，摩擦片也会同制动鼓摩擦而被烧坏	2. 按规定调整间隙
	3. 驾驶时未按“先分离、后制动”的原则，造成制动器的早期磨损。另外，经常把脚放在制动踏板上，也会使摩擦片长期处于摩擦状态而烧坏、失效	3. 纠正不良的驾驶习惯
	4. 制动器各杠杆、活动部分因润滑不良而生锈、卡涩	4. 及时进行保养和润滑
	5. 左、右两轮的制动间隙调整不一致，制动时会发生偏转的危险	5. 按规定标准调整

续表

故障现象	造成故障的原因	排除方法
转向沉重	转向机构是关系到行车安全的重要部件，除了行驶中要避免急转弯、在不平路面上注意减速外，还要经常检查各球节销的连接处是否松动、开口销是否完好。若转向器轴承、蜗杆、蜗轮的啮合间隙调整不当，各球节销间隙过小或润滑不良，转向轮前束不正确，都会造成转向沉重，并导致各配合件的早期磨损	及时予以调整和润滑。另外，各球节销要按时打黄油：转向器夏季用 30 号齿轮油，冬季则用 20 号齿轮油
翻斗车跑偏	1. 左右轮胎的磨损不一致或气压不一样。气压过低，轮胎会因过度变形而断线、脱胶或切断气门嘴；气压过高，轮胎容易打滑，既降低了与地面的附着力，也缩短使用寿命	1. 按规定气压充气
	2. 作业中还应经常用手触摸左右驱动轮鼓是否有发烫现象，若一边间隙太小或摩擦片脱落，也会引起机车跑偏	2. 调整间隙或更换摩擦片
机油的渗漏	1. 垫子破损	1. 拆下的垫子有挤压印痕，若还可使用，应放回原位安装，以免压不平而漏油。另外，垫子要用规定的材料制作，例如油底壳与气门罩盖垫子用软木纸制作，机体上温度高的部位则用石棉板做垫子，不可漏装或错装
	2. 齿轮室盖、气门罩盖螺钉未按规定扭矩均匀拧紧，过松压不紧垫子，过紧会引起螺孔滑扣。油底壳放油螺丝若回松脱落，还会因机油流失而发生烧瓦抱轴的大事故	2. 将各部位螺钉拧紧
	3. 橡胶油封老化而失去弹性或唇口开裂、自紧弹簧失效	3. 及早更换橡胶油封
	4. 活塞环、活塞、缸套严重磨损，或活塞环胶结、对口，燃烧室内的高压气体便窜入曲轴箱，使其压力增高，并迫使机油外漏	4. 及早更换

【思考与练习】

1. 简述翻斗车的分类和工作原理。
2. 简述造成翻斗车发动机起动困难或不能起动的原因和排除方法。
3. 简述造成翻斗车制动不良故障的原因和排除方法。
4. 简述造成翻斗车变速箱自动脱挡故障的原因和排除方法。
5. 简述造成翻斗车离合器打滑和离合器分离不彻底故障的原因和排除方法。
6. 简述造成翻斗车转向沉重和跑偏故障的原因和排除方法。
7. 简述造成翻斗车机油渗漏故障的原因和排除方法。

第七章

加工设备修理

模块1　钢筋对焊机的工作原理及操作

【模块描述】本模块介绍钢筋对焊机的种类和工作原理及结构组成，通过原理讲解、功能介绍以及操作技能训练，掌握钢筋对焊机的操作方法及日常保养。

【正文】

一、概述

钢筋对焊机也称为钢筋电流焊机或钢筋电阻碰焊机，是目前建筑工程中大量采用的接头焊接方式，常用于钢筋接长、预应力钢筋的焊接。钢筋对焊机是将两根钢筋成对接形式，利用两工件接触面之间的电阻，瞬间通过低电压、大电流，使两个互相对接金属的接触面瞬间发热至熔化并熔合，达到把两块金属焊接到一起的目的。

二、钢筋对焊机的分类及构造

（一）钢筋对焊机的分类

钢筋对焊机按焊接方法可分为电阻对焊、连续闪光对焊和预热闪光对焊三种。按其结构形式可分为弹簧顶锻式、气压顶锻式等多种。钢筋对焊机有UN、UN1、UNs、UNg等系列，工程上常用的是UN1系列钢筋对焊机，这类对焊机专门用于闪光焊接、电阻焊接低碳钢和有色金属等。

（二）钢筋对焊机的构造

对焊机主要由焊接变压器、左电极、右电极、交流接触器、送料机构和控制元件等组成，具体如图7–1–1所示。

送料机构是实现焊接过程中所需要的熔化及挤压过程，它主要包括槽中干、滑动平板和调节螺钉。当操纵杆在两极限位置中移动时，可获得电极的最大工作行程。

控制元件的控制程序是：按下接触器按钮，接通继电器，使交流接触器作用，于是焊接变压器被接通。移动操纵杆使两焊件压紧，并通电加热。

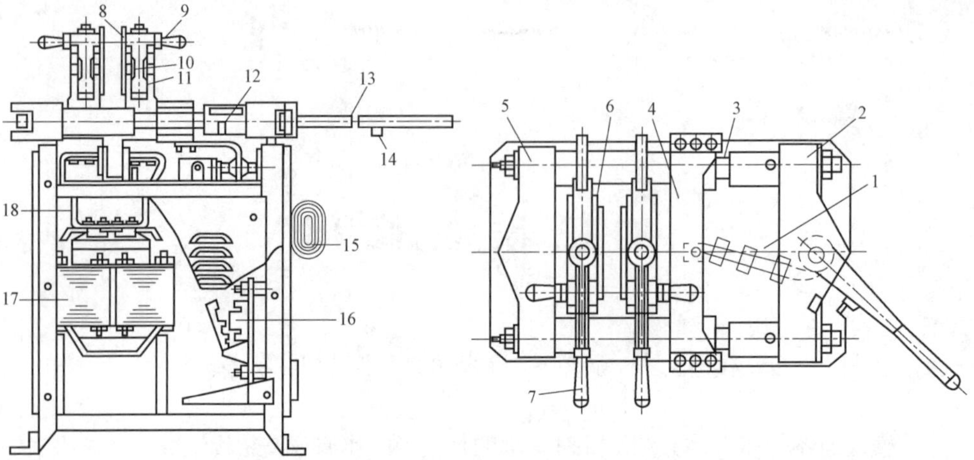

图 7–1–1 钢筋对焊机外形结构示意图

1—调节螺钉；2—导轨架；3—导轮；4—滑动平板；5—固定平板；6—左电极；7—旋紧手柄；8—护板；9—套钩；10—右电极；11—夹紧臂；12—行程标尺；13—操纵杆；14—接触器按钮；15—分级开关；16—交流接触器；17—焊接变压器；18—铜引线

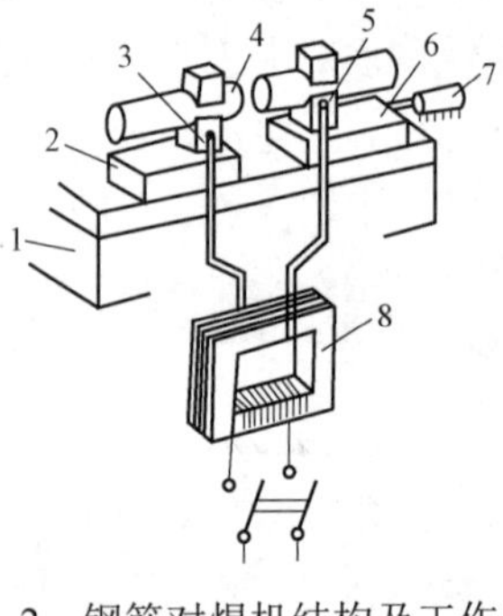

图 7–1–2 钢筋对焊机结构及工作原理图

1—机身；2—固定平板；3—固定电极；4—焊接的钢筋；5—可动电极；6—滑动平板；7—压力机构；8—变压器

三、钢筋对焊机的工作原理

对焊机的电极分别装在固定平板和滑动平板上，滑动平板可沿机身上的导轨移动，电流通过变压器二次绕组传到电极上，当推动压力机构使两根钢筋端头接触到一起后，造成短路电阻产生热量，加热钢筋端头，当加热到高塑性后，再加力挤压，使两端头达到牢固的对接，具体如图 7–1–2 所示。

四、钢筋对焊机的使用及安全操作规程

（一）钢筋对焊机的安全操作

（1）对焊机应安置在室内，并应有可靠地接地或接零。当多台对焊机并列安装时，相互的间距不应小于 3m，同时应分别接在不同相位的电网上，分别有各自的刀型开关。导线的截面不应小于表 7–1–1 的规定。

表 7–1–1 **导 线 截 面 规 定**

对焊机的额定功率（kW）	25	75	100	150
一次电压为 220V 时的导线截面（mm^2）	10	35	45	—
一次电压为 380V 时的导线截面（mm^2）	6	25	35	50

（2）焊接前，应检查并确认对焊机的压力机构灵活，夹具牢固，气压、液压系统无泄漏，待一切正常，方可焊接。

（3）操作人员必须根据对焊机的钢筋截面，正确调整和使用焊接电流，不得焊接超过对焊机规定直径的钢筋。

（4）断路器的接触点、电极应定期光磨，二次电路的全部螺栓应定期进行紧固。冷却水温度不得超过 40℃，排水量应根据温度调节。

（5）焊接较长钢筋时，应设置托架，配合搬运钢筋的操作人员，在焊接时应防止被火花烫伤。闪光区应设挡板，与焊接无关人员不得入内。

（6）操作人员作业时，必须戴好有色防护眼镜及帽子等，以免弧光刺激眼睛和被熔化的金属灼伤皮肤。

（7）冬季施焊时，室内温度不应低于 8℃。作业后，应将焊接机内的冷却水放净，以免冻坏冷却系统。

（二）钢筋对焊机的操作使用及维护保养

（1）操作前须检查操作机件是否正常，压力机构是否灵活，夹具是否牢固，用气压或液压传动的夹具应检查其系统是否正常。

（2）操作工应戴防护眼镜和手套，站立的地方应垫木板或其他绝缘材料。

（3）操作房（车间）须用防火材料搭设，并备有消防设备。对焊机附近禁止堆放易燃、易爆物，防止发生事故。

（4）对焊机工作时，冷却水管应保证畅通，冷却水的温度不得超过 40℃。

（5）焊接前应根据所焊钢筋截面调整两次电压，禁止焊接超过对焊机规定直径的钢筋。

（6）断路器的接触点，应每隔 2～3 天用砂纸擦净，电极（铜头）应定期用锉刀锉光，两次电路的全部连接螺栓应定期拧紧，避免发生过热现象。

（7）焊接较长钢筋应设活动支架并有辅助人员配合，焊接时应注意火花烫伤和接头处烫手。

（8）搬运钢筋应用力一致，防止碰伤，焊接好的钢筋应堆放整齐，并不得靠近易燃品。

（9）操作人员要爱护、保管好设备，工作完毕后应把本装置置于安全处，防止雨淋及灰尘对焊机造成损害，并经常清理擦拭设备，尤其是主机内部及交流接触器的触点，转动部位注油保养。

（10）保护好仪表、开关等易损零件。

（11）维修要有专业人员进行，发现有异常现象时，应立即停电进行检修。先检查外观，然后根据电气原理图找出故障原因。

【思考与练习】

1. 简述钢筋对焊机的结构组成及分类。

2. 简述钢筋对焊机的工作原理。

3. 简述钢筋对焊机的使用要求。

4. 简述钢筋对焊机的安全操作规程及维护保养。

模块2 液压冲孔机的工作原理及操作

【模块描述】本模块介绍液压冲孔机的种类和工作原理及结构组成，通过原理讲解、功能介绍以及操作技能训练，掌握液压冲孔机的操作方法及日常保养。

【正文】

一、液压冲孔机的基本构造及工作原理

液压冲孔机由手动泵和工作头两部分组成。输油软管采用快速接头连接，密封可靠、快速，作业时无方向限制，装拆方便，适用于各种钢、铁、铝板、成型钢、槽钢、工字钢等打孔作用，体积小、自重轻，易于操作，省力且快速冲孔。液压冲孔机是冲孔机的一类，如图7–2–1所示。

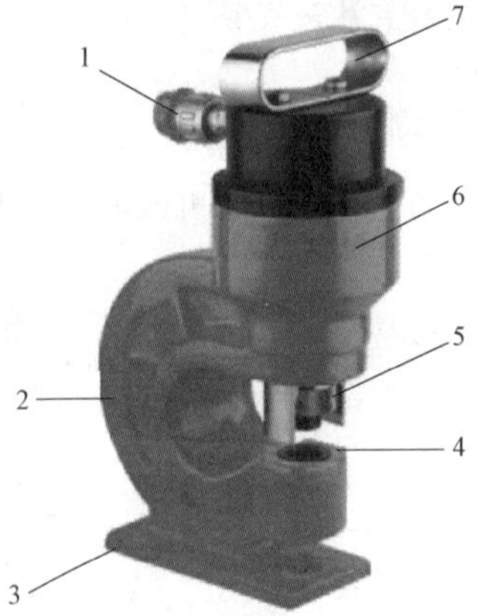

图7–2–1 液压冲孔机外形结构示意图

1—快速接头；2—C形头；3—方形基板；4—冲模定位座；5—活塞、弹簧；6—冲模定位螺帽；7—提把

（1）分离式液压冲孔机适合用于L、H平板钢、铜铝排冲孔。

（2）底部设计有平座，平稳不易倒晃。

（3）单孔式回油。模具采用高碳钨合金钢不易破损。

（4）冲孔定位精确，具有支撑板，可站立作业。

（5）整块下料可减少一般钻孔产生的铁屑。

（6）冲孔作业效率佳且工作安全性高。

（7）冲孔规范为角钢、扁铁板、母线、U形槽钢、H形钢。最大板厚为10mm，最大孔径为20.5mm。

二、液压冲孔机的操作

（一）使用前，请检查工具

1）各部位应清洁无锈，装置完整无松脱。

2）无作业情况及低高压作业下皆未发生漏油。

（二）使用方法

1）将液压泵和作业头用快速接头接好。务必确认各连接处皆确实锁紧，以避免发生漏油、压力不足或进油量不完全等状况。

2）确认所要冲孔的金属板材，并选用适当的规格之冲孔模作业。

3）选择好相应的上下模，先装上模后装下模，装上模具时先将定位螺钉拧出一定的位置后再装入下模，一定要放到位，再将定位螺钉拧紧即可作业。

4）放好工件，关紧液压泵回油螺钉，扳动手柄，直至工作完成后松开回油螺钉，如冲较薄的金属板材时一定要将退料垫插入退料脚架和工件的中间，否则工件会卡在模上。

5）将所要冲孔的金属板放置在工具开口处，并使金属板完全平放于开口下方，若金属板倾斜放置，则影响冲孔效果且可能造成工具及冲孔模具受损。

6）将金属板上所要冲孔的孔位对齐冲孔模固定座两侧的红色中心线，确定位置正确后即可开始作业。

7）起动，进油时冲孔上模会向下推进并且穿过金属板，当压力到达 700bar 或 10.000psi 时，泄压阀将自动开启泄压但不自动回油，此时冲孔作业已完成，起动泄压使冲孔上模推回。

8）将连接的快速接头及油管拆下，再装回原接头上的防尘盖，若快速接头与油管转接头无法转开，可能是工具泄压回油不完全，表示工具内存在未泄完的压力，请再次起动，已回油退压。

9）使用完毕后，请卸下冲孔模具，清理工具，并擦拭防锈油，再放回保管箱。正确操作及妥善保存将可延长工具的使用寿命。

（三）模具更换方法

（1）上模更换方法。使用松紧起子把上模固定栓向左拧松，慢慢取下上模具，更换所需上模，再用松紧起子把上模固定栓向右拧紧即可，如图 7–2–2 所示。

（2）下模更换方法。使用六角小扳手把固定下模松紧的螺钉向左拧松，再从下模底端，用手指或小工具由下向上把下模顶出，更换与上模所配套的下模，用小扳手拧紧即可。注意：下模有字一面朝上不可朝下（见图 7–2–3）。

（3）更换模具时，先取下上模，以便更换下模。

三、液压冲孔机安全操作及维护保养

（1）使用操作或检测维修液压冲孔机时，操作人员勿将手靠近或放入作业区域内。

（2）作业时应避免发生触电意外，操作人员应佩戴安全绝缘手套、穿绝缘靴。

（3）为避免操作人员受伤，使用液压冲孔机时，应佩戴安全护目镜。

（4）使用后应清洁机体并切断电源。

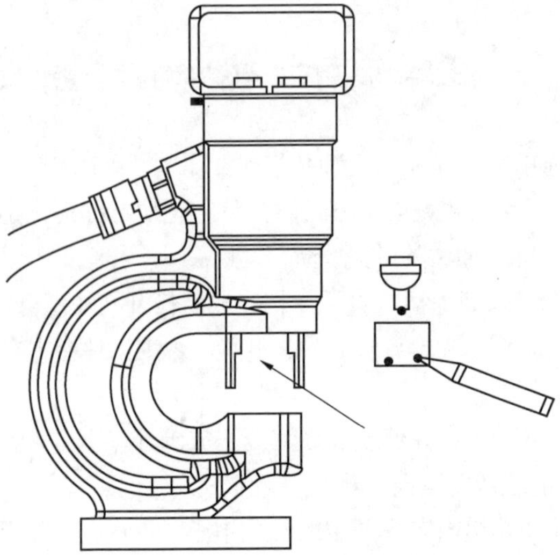

图 7–2–2 更换上模具示意图

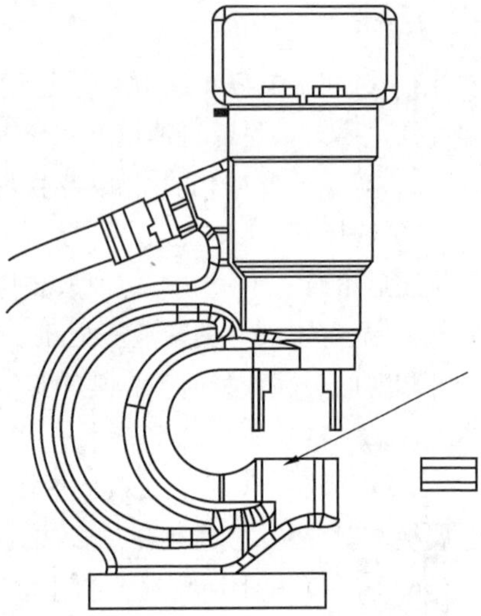

图 7–2–3 更换下模具示意图

【思考与练习】

1. 简述液压冲孔的基本构造及工作原理。
2. 简述液压冲孔的使用方法。
3. 简述液压冲孔模具更换方法。

模块 3 钢筋弯曲机工作原理及操作

【模块描述】本模块介绍钢筋弯曲机的种类和工作原理及结构组成，通过原理讲解、功能介绍以及操作技能训练，掌握钢筋弯曲机的操作方法及日常保养。

【正文】

一、钢筋弯曲机组成

钢筋弯曲机包括减速机、大齿轮、小齿轮、弯曲盘面。其特征在于结构中双级制动电动机与减速机直联作一级减速，小齿轮与大齿轮啮合作二级减速，大齿轮始终带动弯曲盘面旋转，弯曲盘面上设置有中心轴孔和若干弯曲轴孔，工作台面的定位方杠上分别设置有若干定位轴孔。由于双级制动电动机与减速机直联作一级减速，输入、输出转数比准确，弯曲速度稳定、准确，且可利用电气自动控制变换速度、制动器保证弯曲角度。利用电动机的正反转，对钢筋进行双向弯曲。中心轴可替换，便于维修，可以采用智能化控制。

二、钢筋弯曲机的分类和工作原理

（一）蜗轮蜗杆式钢筋弯曲机

（1）构造。蜗轮蜗杆式钢筋弯曲机主要由机架、电动机、传动系统、工作机构（工作盘、插入座、夹持器、转轴等）及控制系统等组成。机架下装有行走轮，便于移动。其结构示意图如图 7–3–1 所示。

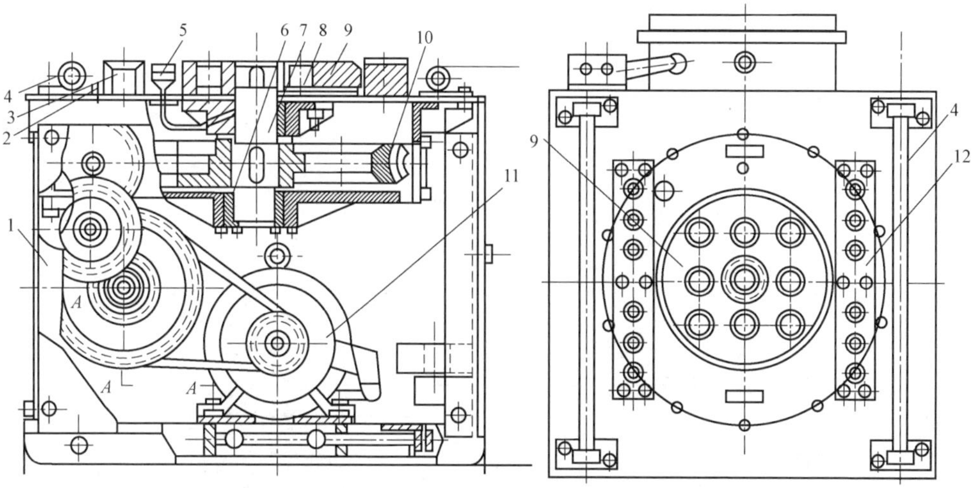

图 7–3–1　蜗轮蜗杆式钢筋弯曲外形机结构示意图

1—机架；2—工作台；3—插座；4—滚轴；5—油杯；6—蜗轮箱；7—工作主轴；8—立轴承；9—工作圆盘；10—蜗轮；11—电动机；12—孔眼条板

（2）工作原理。电动机动力经 V 带轮、两对直齿轮及蜗轮杆减速后，带动工作盘旋转。工作盘上一般有 9 个轴孔，中心孔用来插中心轴，周围的 8 个孔座，各有 6 个孔，用来插入挡铁轴。为了便于移动钢筋，各工作台的两边还设有送料系统。工作时，根据钢筋弯曲形状，将钢筋平放在工作盘中心轴和相应的成形轴之间，挡铁轴的内侧。当工作盘转动时，钢筋一端被挡铁轴阻止不能转动，中心轴位置不变，而成形轴则绕中心轴做圆弧转动，将钢筋推弯。

由于规范规定，当进行 180° 弯钩时，钢筋的圆弧弯曲直径应不小于钢筋直径的 2.5 倍。因此，中心轴也相应地制成 16～100mm 共 9 种不同规格，以适应弯曲不同直径钢筋的需要。

（二）齿轮式钢筋弯曲机

（1）构造。齿轮式钢筋弯曲机主要由机架、电动机、齿轮减速器、工作机构及电气控制系统等组成。它改变了传统的蜗轮蜗杆传动，并增加了角度自动控制机构及制动装置。

（2）工作原理。齿轮式钢筋弯曲机由一台带制动的电动机为动力，带动工作盘旋转。工作机构左、右两个插入座可通过手轮无级调节，适用不同规格的钢筋弯曲成形。角度的控制是由角度预选机构和几个长短不一的限位销相互配合而实现的。当钢筋被弯曲到预选角度，限位销触及行程开关，使电动机停机并反转，恢复到原位，完成钢筋弯曲工序。此外，电器控制系统还具有点动、自动状态、双向控制、瞬时制动、事故急停急系统短路保护、电动机过热保护等功能。

（三）钢筋弯箍机

（1）构造。钢筋弯箍机是适合弯制箍筋的专用机械，弯曲角度可任意调节，其构造和弯曲机相似，主要由电动机、偏心圆盘、连杆、齿条、齿轮、工作盘等组成，具体如图 7–3–2 所示。

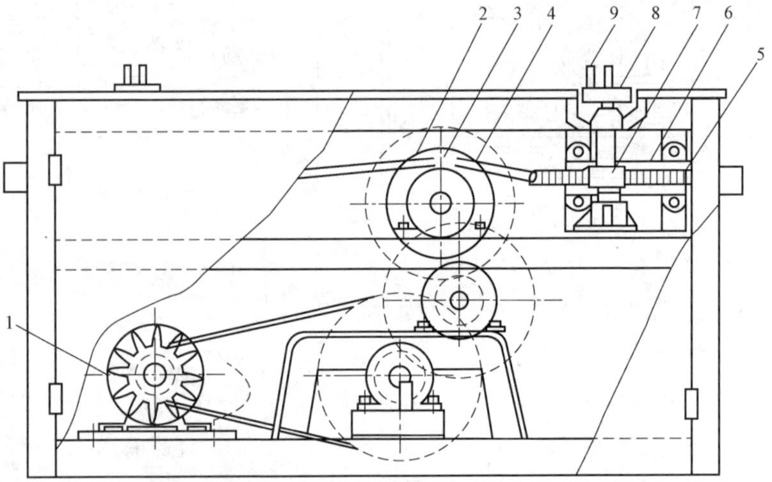

图 7–3–2 钢筋弯箍机结构示意图

1—电动机；2—偏心圆盘；3—偏心铰；4—连杆；5—齿条；6—滑道；7—齿轮；8—工作盘；9—中心轴和成型轴

（2）工作原理。电动机动力通过一双带轮和两列直齿轮减速，使偏心圆盘转动。偏心圆盘通过偏心铰带动两个连杆，每个连杆又铰接一根齿条，于是齿条沿滑道进行往复运动。齿条又带动齿轮使工作盘在一定角度内做往复回转运动。工作盘上有两个轴孔，中心孔插中心轴，另一插孔插成型轴。当工作盘转动时，中心轴和成型轴都随之转动，和钢筋弯曲机同一原理能将钢筋弯曲成所需的箍筋。

（四）液压式钢筋切断弯曲机

液压式钢筋切断弯曲机是运用液压技术对钢筋进行切断和弯曲成形的两用机械，自动化程度高，操作方便。

（1）构造。液压式钢筋切断弯曲机主要有液压传动系统、切断机构、稳固机构、发动机、机体等组成。

（2）工作原理。

1）由一台电动机带动两组柱塞式液压泵，一组驱动切断机械；另一组驱动回转液压缸，带动弯曲工作盘旋转。

2）切断机构的工作原理。在切断活塞中间装有中心阀柱及弹簧，当空转时，由于弹簧的作用，使中心阀柱离开液压缸的中间油孔，高压油则从此也经偏心轴道流回油箱。在切断时，一人力推动活塞，使中心阀柱堵死液压缸的中心孔，此时由柱塞泵来的高压油经过油阀进入液压缸中，产生高压推动活塞运动，活塞带动切刀进行切筋。此时压力弹簧的反推力作用大于液压缸内压力，阀柱便退回原处，液压油又沿中心油孔的油路流回油箱。切断活塞的回程是依靠弹簧的回弹力来实现，其工作原理如图 7–3–3 所示。

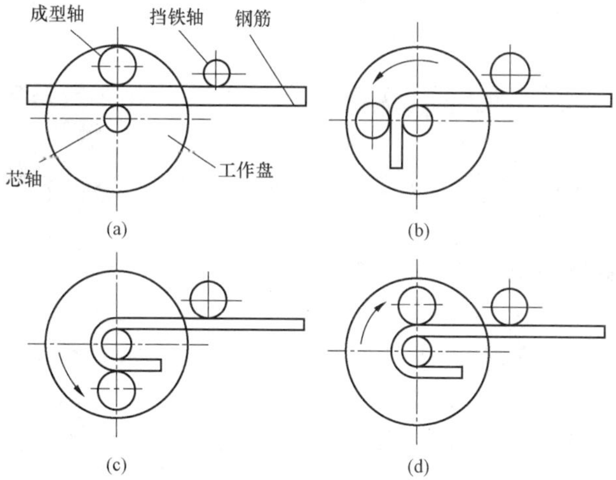

图 7–3–3　钢筋弯曲机工作原理图

（a）装料；（b）弯 90°；（c）弯 180°；（d）回位

三、钢筋弯曲机的操作规程

（1）检查机械性能是否良好，工作台和弯曲机台面应保持水平，并准备好各种芯轴工具挡。

（2）按加工钢筋的直径和弯曲机的要求装好芯轴、成型轴、挡铁轴或可变挡架，芯轴直径应为钢筋直径的2.5倍。

（3）检查芯轴、挡块、转盘应无损坏和裂纹，防护罩紧固可靠，经空机运转确认合格后方可作业。

（4）作业时，将钢筋需弯的一头插在转盘固定备有的间隙内，另一端紧靠机身固定并用手压紧，检查机身固定，确实装在挡住钢筋的一侧方可开动。

（5）作业中严禁更换芯轴和变换角度以及调速等作业，亦不得加油或清除。

（6）弯曲钢筋时，严禁加工超过机械规定的钢筋直径、根数以及机械转速。

（7）弯曲高硬度或低合金钢筋时，应按机械铭牌规定。

（8）严禁在弯曲钢筋的作业半径内和机身不设固定的一侧站人。弯曲好的半成品应堆放整齐，弯钩不得朝上。

（9）转盘换向时，必须在停稳后进行。

（10）作业完毕、清理现场、保养机械、断电锁箱。

四、钢筋弯曲机的安全要求

（一）手工弯曲成形安全要求

（1）用横口扳子弯曲粗钢筋时，要注意掌握操作要领，脚跟要站稳，两脚站成弓步，搭好扳子，注意扳锯、扳口卡牢钢筋，弯曲时用力要慢，不要用力过猛，防止扳子扳脱，人被甩倒。

（2）不允许在高处或脚手架上弯曲粗钢筋，避免因操作时脱扳造成高处坠落。

（二）机械弯曲成形安全要求

（1）在机械正式操作前，应检查机械各部件，并进行空载试运转正常后，方能正式操作。

（2）操作时注意力要集中，要熟悉工作盘旋的方向，钢筋放置要和挡架、工作盘旋转方向相配合，不能放反。

（3）操作时，钢筋必须放在插头的中、下部，严禁弯曲超截面尺寸的钢筋，回转方向必须准确，手与插头的距离不得小于200mm。

（4）机械运行过程中，不准加油和清扫，严禁更换芯轴、销子和变换角度等。

五、钢筋弯曲机的维护与保养

（一）每班保养（每班工作前、工作中和工作后进行）

（1）清除机体上的污垢，检查防护装置是否齐全牢靠，按润滑表加注规定的油料。

（2）检查和线头，应连接牢固，装上规定的熔丝，开关要接触可靠、接地应良好。

（3）检查挡板卡头和工作盘，应装置牢固。

（4）用手转动2～3转，灵活无阻后再接通电源试运转1～3min，运转时应均匀平稳，无过大的噪声。

（5）在运转中检查轴承及电动机温度，滚动及滑动轴承的温度不能高于60℃，电动机的温升不能超过60℃。

（二）一级保养（每隔400工作小时进行）

（1）进行每班保养的全部作业。

（2）测量电动机绝缘电阻值应不低于0.5MΩ，否则应予以干燥。拆检电动机，清除定子绕组上的灰尘，检查定子和转子之间有无摩擦痕迹，清洗轴承，加注新润滑油。

（3）清洗蜗轮箱内部，检查蜗轮、蜗杆表面磨损情况，侧向间隙不应大于1.5mm，并更换新润滑油。

（4）检查三角皮带，不应破裂或有断层，否则应更换。

（5）清洗变速齿轮，检查齿面磨损情况，齿轮侧向间隙不应大于1.7mm。

【思考与练习】

1. 简述钢筋弯曲机的种类及工作原理。
2. 简述钢筋弯曲机的操作规程。
3. 简述钢筋弯曲机每班保养要求。
4. 简述钢筋弯曲机一级保养要求。

模块4 钢筋切断机工作原理及操作

【模块描述】本模块介绍钢筋切断机的种类和工作原理及结构组成，通过原理讲解、功能介绍以及操作技能训练，掌握钢筋调直机的操作方法及日常保养。

【正文】

一、概述

钢筋切断机是剪切钢筋所使用的一种设备。一般有全自动钢筋切断机和半自动钢筋切断机之分。它是钢筋加工必不可少的设备之一，主要用于房屋建筑、桥梁、隧道、电站、大型水利等工程中对钢筋的定长切断。

钢筋切断机与其他切断设备相比，具有自重小、耗能少、工作可靠、效率高等特点，因此近年来逐步被机械加工和小型轧钢厂等广泛采用，在国民经济建设的各个领域发挥了重要的作用。

二、钢筋切割机的工作原理

钢筋切断机是剪切钢筋用的电动工具，利用杠杆原理，进行作业操作。电动钢筋切断机是自动切断机的一种，分电动控制和人工控制。

剪切钢材时，应先关紧油路开关，扳动活动手柄，推进刀片，切断材料为止（不要继续加压，否则要损坏零件），不锈钢之类的材料不得用此剪切，具体如图7–4–1所示。

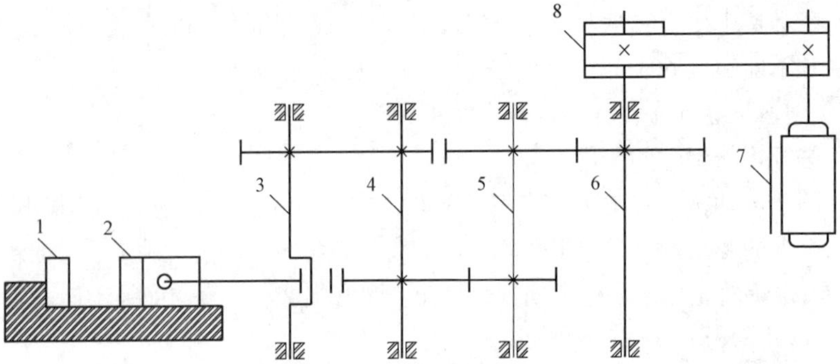

图 7-4-1 钢筋切断机工作原理图

1—固定刀片；2—活动刀片；3—曲轴；4—Ⅲ轴；5—Ⅱ轴；6—Ⅰ轴；7—电动机；8—带传动

三、钢筋切断机基本操作

（1）起动前，必须检查切刀应无裂纹，刀架螺栓紧固，防护罩牢靠，然后用手转动皮带轮，检查齿轮吻合间隙，调整切刀间隙。

（2）起动后，先空机运转，检查传动部分及轴承运转正常后方可使用。

（3）机械未达到正常转速时，不得切料。切料时，应使用切刀的中、下部位，紧握钢筋对准刃口迅速投入，操作者应站在固定刀片一侧用力压住钢筋，应防止钢筋末端弹出伤人。严禁两手分在刀片两边握住钢筋俯身送料。

（4）不得剪切直径强度超过机械铭牌规定的钢筋和烧红的钢筋。一次切断多根钢筋时，总截面积应在规定范围内。

（5）剪切低合金钢时应换高硬度切刀，直径应符合铭牌规定。

（6）切断补料时，手和切刀之间的距离应保持 150mm 以上，如手握端小于 400mm 时，应用套管和夹具将钢筋端头压住或夹牢。

（7）运转中，严禁用手接触切刀附近的断头和架物，钢筋摆动范围和切刀附近非操作人员不得停留。

（8）发现机械运转不正常的异响或切刀歪斜等情况，应立即停机、停电检修。

（9）作业完毕、用钢筋清除切刀间的杂物，清理整理施工现场、进行整机清洁保养。断电锁箱。

四、钢筋切断机的安全操作规程及日常维护

（一）钢筋切断机的使用要点

（1）使用前，要检查刀片安装是否牢固，间隙是否合适，传动系统、相对运动部分的润滑情况是否良好，最后空载试运转，确认无误后方可正式开机作业。

（2）固定部分与活动刀片的水平间隙应保持 0.5～1.0mm，如果水平间隙过大

则切断的钢筋端部容易产生马蹄形。两个刀片的重叠量要根据所切钢筋的直径来确定。一般切断直径小于 20mm 时，刀口垂直间隙为 1～2mm；切断直径大于或等于 20mm 时，刀口垂直间隙为 5mm 左右。增减固定刀片后面的垫块可调整刀片的间隙。

（3）切断钢筋时，操作者要用手将钢筋握紧，等活动刀片退回时送入钢筋，以防钢筋末端摆动或蹦出伤人。

（4）待切断的钢筋要与切口垂直并平放，长度在 300mm 以下的短钢筋切断时要用钳子夹料送入刀口，不准用手直接送料。

（5）超过切断机规定直径的钢筋或化学成分在中碳钢以上的钢筋、灼红钢筋等不准上机切断。

（6）切断机在运转过程中，严禁用手清扫刀片上面的积屑、杂物，发现工作声音不正常、刀片密合不良等情况时，要立即停机检查、修理，待试运转后，方准继续使用。

（7）当用手持着液压钢筋切断机使用时，手要持稳切断机，并戴好绝缘手套。

（二）钢筋切断机的日常维护与保养

（1）作业完毕后应清除刀具及刀具下边的杂物，保持机体清洁。检查各部螺栓的紧固度及三角胶带的松紧度，调整固定与活动刀片的间隙，更换磨钝的刀片。

（2）每隔 400～500h 进行定期保养，检查齿轮、轴承和偏心体磨损程度，调整各部位间隙。

（3）按规定部位和周期进行润滑。偏心轴和齿轮轴的滑动轴承、电动机轴承、连杆盖及刀具用钙基润滑脂润滑，冬季用 ZG–2 号润滑脂，夏季用 ZG–4 号润滑脂，机体刀座用 HG–11 号气缸机油润滑，齿轮用 ZG–S 号石墨脂润滑。

【思考与练习】

1. 简述钢筋切割机的工作原理。
2. 简述钢筋切断机操作方法。
3. 简述钢筋切断机安全操作规程。
4. 简述钢筋切断机维护保养要求。

模块 5　钢筋调直机工作原理及操作

【模块描述】本模块介绍钢筋调直机的种类和工作原理及结构组成，通过原理讲解、功能介绍以及操作技能训练，掌握钢筋调直机的操作方法及日常保养。

【正文】

一、钢筋调直机基本构造及工作原理

(一) 调直机的机体结构

其机体结构由电动机、三角皮带、调直机构、操纵机构、离合器、制动装置、变速箱等构成，具体如图 7–5–1 所示。

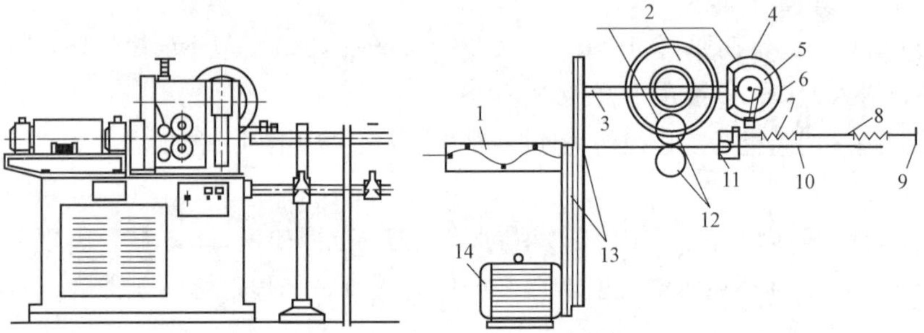

图 7–5–1 钢筋调直机外形结构示意图

1—调直筒；2—传动减速齿轮；3—轴；4—转向锥形齿轮；5—曲柄轮；6—锤头；7—压缩弹簧；8—定尺拉杆；9—定尺板；10—调直钢筋；11—滑动刀片；12—传动压辊；13—带轮；14—电动机

(二) 钢筋调直机的工作原理

钢筋调直机是由电动机通过三角皮带传动，带动调直筒高速旋转。调直筒内有五块可调节的调直模，被调直钢筋在牵引辊强迫作用下通过调直筒，利用调直模的偏心，使钢筋得到多次连续的反复塑性变形，从而将钢筋调直，

采用一台电动机作总动力装置，电动机轴端安装两个 V 带轮，分别驱动调直筒、牵引和切断机构。其牵引、切断机构传动如下：电动机起动后，经 V 带轮带动圆锥齿轮 6 旋转，通过另一圆锥齿轮使曲柄轴 7 旋转，在通过减速齿轮 3、4、5 带动一对同速所向回转齿轮，使牵引轮 14 转动，牵引钢筋 12 向前动力。曲柄轮 7 上的连杆使锤头 8 上、下运动，调直好的钢筋顶端与滑动刀台 13 相连的定长挡板 11 时，挡板带动定长拉杆 10 将刀台拉到锤头下面，刀台在锤头冲击下将钢筋切断。

二、钢筋调直机基本操作

（1）按所调直钢筋直径，选用适当的调直块、拽引轮槽及传动速度。调直块的孔径应比钢筋直径大 2～5mm，拽引轮槽宽与所调直钢筋直径相同。

（2）调直块的调整。一般的调直筒内有五个调直块，第 1、5 两个调直块须放在中心线上，中间三个可偏离中心线。先使钢筋偏移 3mm 左右的偏移量，经过试调，如钢筋仍有慢弯，逐渐加大偏移量，直到调直为止。

（3）切断三、四根钢筋后需停机检查长度是否合适，如有偏差，可调整限位开关或定尺板，直至适合为止。

（4）在导向管的前部应安装一根 1m 左右的钢管。被调直的钢筋应先穿过钢管，再穿入导向筒和调直筒，以防止每盘钢筋接近调直完毕时弹出伤人。

（5）在调直块未固定、防护罩未盖好前，不得穿入钢筋以防止开动机器后，调直块飞出伤人。

（6）机械上不准堆放物体，以防止机械振动物体落入机体。钢筋装入压滚，手与滚筒应保持一定的距离，机器运转中不得调整滚筒，严禁戴手套操作。

（7）钢筋调直到末端时，人员必须躲开，以防甩动伤人。短于 2m 或直径大于 9mm 的钢筋调直，应低速加工。

三、钢筋调直机的安全操作规程

（1）钢筋调直机安装必须平稳，料架、料槽应安装平直，并应对准调直筒和下切刀孔的中心线。电动机必须靠接零保护。

（2）用手转动飞轮，检查传动机构和工作装置，调整间隙，紧固螺栓，确认正常后起动空运转，并应检查轴承无异响。齿轮啮合良好，待运转正常后，方可作业。

（3）按调直钢筋直径，选用适当的调直及传动速度，调直至短于 2m 或直径大于 9m 的钢筋应低速进行。经调试合格，方或送料。

（4）在调直块未固定、防护罩未盖好前不得送料。作业中严禁打开各部防护罩及调整间隙。

（5）当钢筋送入后，手与拽轮必须保持一定距离，不得接近。

（6）送料前应将不直的料头切去。导向筒前应装一根 1m 长的钢管，钢筋必须先穿过钢管再送入调直前端的导孔内。当钢筋穿入后，手与压轴必须保持一定距离。

（7）作业后，应松开调直筒的调块并回到原来位置，同时预压弹必须回位。

（8）机械上不准搁置工具。物件避免震动落入机体。

（9）圆盘钢筋放入圆圈架上要平稳，乱丝或钢筋脱架时，必须停机处理。已调直的钢筋，必须按规格分成小捆，散乱钢筋随时清理堆放整齐。

四、钢筋调直机的日常维护与保养

（一）日常保养

（1）在钢筋调直切断机电动机座、调直筒带轮、送料箱带轮与链条轮、送料轮等，每班前做一次检查。

（2）检查固定螺钉、轴承、调直筒左右旋丝有没有因蓄污卡死而拧不动的现象。

（3）经常检查调整三角带松紧程度，皮带松动后应适当调整电动机机座下的连接螺钉，保持松紧合适。

（4）在工作中应当经常检查各轴承，油箱部位温度及响声是否正常，发现有温度过高、响声异常等情况必须立即停车进行检修。

（二）钢筋调直机的润滑

（1）调直筒两端上面的注油孔，每个班应该注油 4～6 次。

（2）牵引送丝机构上端的注油口，每个班检查 2 次，发现缺少及时补充。

（3）液压切刀滑杠轨道部分，每个班至少加油 4 次。

（4）液压切刀活动刀杆部分，每个班至少加油 4 次，并且注意经常清理切刀周围碎屑等异物。

【思考与练习】

1. 简述钢筋调直机的基本构造及工作原理。
2. 简述钢筋调直机的使用要求。
3. 简述钢筋调直机的安全操作要求。
4. 简述钢筋调直机的日常维护保养要求。

模块 6　钢筋对焊机常见故障及排除

【模块描述】本模块介绍钢筋对焊机的常见故障种类及产生原因，通过操作过程详细介绍以及操作技能训练，掌握钢筋对焊机常见故障的判定排除。

【正文】

一、概述

钢筋对焊机主要用于各类钢筋的焊接工作。由于使用环境、使用频率、违章操作以及维护保养工作不到位等因素，容易造成钢筋对焊机出现各类异常和故障，不同程度地影响作业有序开展及焊接质量。其主要异常故障包括加工缺陷和焊机自身故障两部分。

作为钢筋对焊机的修理人员，除了应掌握设备的日常维护保养技能，确保设备的正常有序使用，还应了解设备的常见故障及故障产生的原因，掌握故障排除方法和技能，能第一时间内消除设备常见的各种故障、异常。对于不能排除的故障，应能正确描述故障现象和检查情况，与专业维修人员准确沟通，利于故障的及时排除。

二、钢筋对焊机使用注意事项

（一）钢筋对焊机使用时的注意事项

（1）当焊接异径钢筋时，按较大直径选择电流，时间则选择平均时间。

（2）当钢筋严重锈蚀时要稍加清理，以保证端部及电极连接部导电良好。

（3）钢筋不垂直度不大于 20°。

（4）焊剂应干燥，焊接时不要散漏。

（5）Ⅳ级钢筋不宜使用本工艺焊接。

（6）接头焊接完毕，机头卸下后，需隔 5min 敲掉焊渣。

（7）需进行手工电弧焊时，换上焊把钳，把主机上的功能开关置电弧焊一侧即可。

（8）机头长时间不用时，应放置于清洁干燥处，防止生锈，转动部位应加润滑油。

（9）电源和电焊机控制箱外壳必须牢固接地线，接地线需用截面积大于 $4mm^2$ 的铜制导线。

（10）上下钢筋端部要直，端面不应有泥土、锈块、水泥等不导电的杂质。

（11）焊剂要烘干。一般在 250℃保温 2h 烘干，或用其他烘烤方法。

（12）操作人员必须戴绝缘手套、穿绝缘鞋。

（13）施焊变径钢筋时两直径之差不超过 5mm，同时应使其轴线处于同轴位置，焊接参数按小直径钢筋选择后再增大 10%。

（14）焊接过程中钢筋不能与焊好的钢筋相碰。

（15）对接压力大于 3000N，顶压要快而稳。当操作不慎上下钢筋黏住时，不可用手柄把上钢筋直接拉起。应断开电源，重新拆去焊机筒，摇动上钢筋使其分开，再重新进行卡装。

（16）在施焊前应对所用的钢筋进行试焊，对试件做抗拉极限强度试验，由此确定焊接参数（焊接电流、焊接时间等），对进口的钢筋更应做出可靠结果后方能施焊。

（17）在施焊过程中应随时检查焊接质量，首先进行外观检查，若发现斜倾偏离太多、焊口不满等现象，应切断重新焊接。

（二）钢筋对焊机对接头缺陷及应对措施（见表 7–6–1）

表 7–6–1　　钢筋对焊机加工缺陷措施表

缺陷	应对措施
轴线偏移或弯折大	1. 校直钢筋
	2. 夹装时夹正钢筋，太长的钢筋要有人扶正
	3. 对接力不要过大
焊包不均匀	1. 提高焊接电压
	2. 上下钢筋端面不能倾斜太大
	3. 焊剂密度不均或有杂质
焊包不满	适当加大焊接电流和时间，增大熔化量
焊包成型不好	石棉布堵严焊剂筒下部的间隙，防止铁水流失
焊包有气孔	焊剂要烘干去除杂质，钢筋严重腐蚀要除锈
过热（退火）	1. 减少焊接电流
	2. 缩短焊接时间

续表

缺陷	应对措施
焊包有裂纹	延长保温时间，减少焊接电流
拉力不够	1. 调整焊接电流（加大）
	2. 按规程重新操作
	3. 使用干燥焊剂
	4. 化验钢筋是否符合要求

三、钢筋对焊机的常见故障判定及排除（见表 7–6–2）

表 7–6–2　　钢筋对焊机的常见故障判定及排除表

故障现象	造成故障的原因	排除方法
不起弧，主要表现为监视器仪表指示为零或监视器仪表指示超过正常值	1. 焊接没有输出电流	检修电源、保险管、控制电缆、插头座、控制开关、交流接触器及通用继电器的吸合电路
	2. 两钢筋短路	
	3. 机头内发生短路	
	4. 钢筋严重锈蚀或焊口处被水泥焊剂等物垫住	操作失误，重新操作，清理脏污或更换绝缘套件。清理后重新操作
监视器数字显示不正常或不显示	1. 控制开关，控制电缆及插头座发生故障	检修相应部件，必要时更换监视器
	2. 监视器坏	
控制开关释放后不断电	交流接触器或通用继电器触点烧住	停电后清理或更换
控制开关不起作用	1. 保险管烧坏	1. 更换保险管
	2. 控制电缆断线	2. 检查、焊接
	3. 控制电缆插头座损坏	3. 更换电缆插头座
	4. 控制变压器损坏	4. 更换控制变压器
	5. 通用继电器或交流接触器线圈烧毁	5. 更换或修理
	6. 开关本身坏	6. 更换控制按钮或开关

【思考与练习】

1. 简述钢筋对焊机的使用注意事项。
2. 简述出现轴线偏移或弯折大缺陷原因及应对措施。
3. 简述出现过热（退火）缺陷原因及应对措施。
4. 简述出现拉力不够缺陷原因及应对措施。
5. 简述钢筋对焊机不起弧的故障原因及排除方法。
6. 简述钢筋对焊机控制开关不起作用的故障原因及排除方法。

模块 7　液压冲孔机常见故障及排除

【模块描述】本模块介绍液压冲孔机的常见故障种类及产生原因，通过操作过程详细介绍以及操作技能训练，掌握液压冲孔机常见故障的判定排除。

【正文】

一、概述

液压冲孔机是加工重要的机械之一，其工作性能的好坏直接影响到生产效率，严重时会给作业人员带来伤害以及造成设备异常事故。

作为液压冲孔机的修理人员，除了应掌握设备的日常维护保养技能，确保设备的正常有序使用，还应了解设备的常见故障及故障产生的原因，掌握故障排除方法和技能，能第一时间内消除设备常见的各种故障、异常。

对自我不能排除的故障，应能正确描述故障现象和检查情况，与专业维修人员准确沟通，利于故障的及时排除。

二、液压冲孔机零件分解（见图 7–7–1）

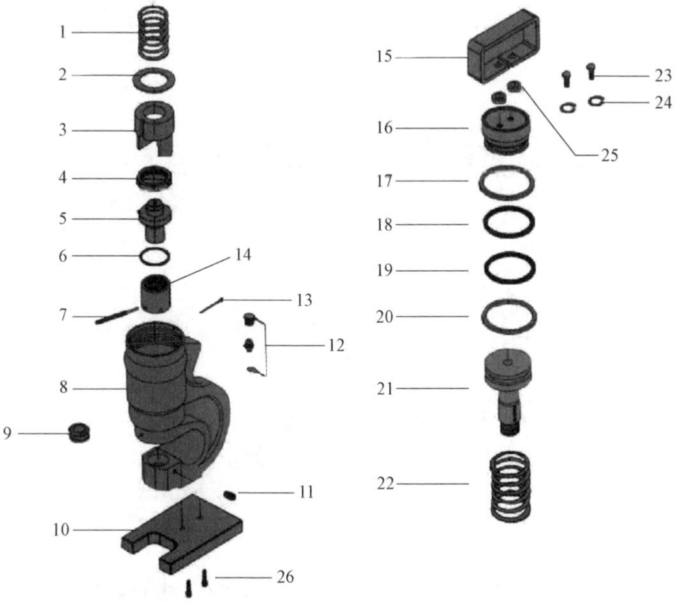

图 7–7–1　液压冲孔机零件分解示意图

1—压缩弹簧；2—压簧垫圈；3—压板定位盖；4—锁紧螺帽；5—冲孔上模；6、18、19—油封；7—定位把手；8—C 形头；9—冲孔下模；10—方型基块；11—螺丝；12—快速接头；13—开口销；14—冲头定位螺帽；15—弯形把手；16—锁紧螺帽；17—背托环；20—背托环；21—T 形活塞；22—压缩弹簧；23—螺栓；24—弹簧锁紧垫圈；25—轴承垫圈；26—螺钉

三、液压冲孔机常见故障判定及排除（见表 7–7–1）

表 7–7–1　　液压冲孔机常见故障判定及排除表

故障现象	造成故障的原因	排除方法
无法完成冲孔作业	1. 液压油不足或液压油变质	1. 添加或更换液压油
	2. 冲孔模具损坏	2. 更换新的模具
	3. 存在漏油现象	3. 检查漏油处并进行维修
	4. 超出冲孔机冲孔范围	4. 严格按说明书要求操作
压力不足（＜10.000psi）	1. 各连接处是否有漏油	1. 检查漏油处并进行维修
	2. 快速接头未锁紧	2. 检查快速接头并拧紧，如损坏应进行更换
无法卸下冲孔模具	1. 冲孔模具或冲孔模座变形	1. 检修或更换
	2. C 形头变形	2. 更换 C 形头
	3. 活塞变形	3. 检查并更换
冲孔作业完毕，无法取下金属板	未按规定材质进行冲孔作业，金属板材质过软	严格按规定作业

【思考与练习】

1. 熟悉液压冲孔机的零件组成。
2. 简述液压冲孔机无法完成冲孔作业的故障原因及排除方法。
3. 简述液压冲孔机压力不足的故障原因及排除方法。
4. 简述液压冲孔机无法卸下冲孔模具的故障原因及排除方法。

模块 8　钢筋弯曲机常见故障及排除

【模块描述】本模块介绍钢筋弯曲机的常见故障种类及产生原因，通过操作过程详细介绍以及操作技能训练，掌握钢筋弯曲机的常见故障的判定排除。

【正文】

一、概述

钢筋弯曲机作为钢筋加工重要的机械之一，其工作性能的好坏直接影响生产效率，严重时会给作业人员带来伤害以及造成设备异常事故。

作为钢筋弯曲机的修理人员，除了应掌握设备的日常维护保养技能，确保设备的正常有序使用，还应了解设备的常见故障及故障产生的原因，掌握故障排除方法和技能，能第一时间内消除设备常见的各种故障、异常。

对自我不能排除的故障，应能正确描述故障现象和检查情况，与专业维修人员准确沟通，利于故障的及时排除。

二、钢筋弯曲机的常见故障及处理方法

（一）主体部分故障判定及排除（见表 7–8–1）

表 7–8–1 钢筋弯曲机主体部分常见故障判定及排除表

故障现象	造成故障的原因	排除方法
弯不动钢筋	1. 钢筋直径过大或根数过多	1. 按要求选择钢筋型号及数量
	2. 成形套选择不正确	2. 按要求选择成形套
	3. 主轴抱死缺油或主轴进铁削	3. 油杯定期加注机油或清理主轴铁削
	4. 三角带松弛	4. 调整三角带
	5. 传动平键损坏	5. 更换
	6. 电压过低	6. 恢复电源电压
漏油	1. 油封损坏	1. 更换
	2. 盖板密封不实或损坏	2. 紧固盖板螺栓或更换
	3. 加油过多	3. 放出多余油量
噪音大	1. 轴承磨损严重或裂损	1. 更换轴承
	2. 新齿轮须磨合	2. 正常现象

（二）送料轮部分故障判定及排除

送料轮作为钢筋弯曲机的关键部件，其运转情况的好坏直接影响着钢筋弯曲机的生产状况。通常而言，送料轮常见的故障有两种：① 送料轮不转；② 送料轮窜动。排除送料轮两种故障的方法具体见表 7–8–2。

表 7–8–2 钢筋弯曲机送料轮部分常见故障判定及排除表

故障现象	造成故障的原因	排除方法
送料轮不转	1. 蜗轮蜗杆损坏	1. 更换蜗杆
	2. 料轮槽脱落、损坏	2. 对料轮槽进行固定，必要时进行更换
	3. 送料轮的轴承磨损严重或裂损	3. 更换轴承
送料轮窜动	1. 活动支架定位轴窜动	1. 将钢筋弯曲机的箱盖卸下，对活动支架进行固定
	2. 活动支架的轴承磨损严重或裂损	2. 更换轴承

【思考与练习】

1. 简述钢筋弯曲机弯不动钢筋的故障原因及排除方法。
2. 简述钢筋弯曲机漏油的故障原因及排除方法。
3. 简述钢筋弯曲机噪声大的故障原因及排除方法。
4. 简述钢筋弯曲机送料轮不转和送料轮窜动的故障原因及排除方法。

模块 9 钢筋切断机常见故障及排除

【模块描述】本模块介绍钢筋切断机的常见故障种类及产生原因，通过操作过程详细介绍以及操作技能训练，掌握钢筋切断机常见故障的判定排除。

【正文】

一、概述

钢筋切断机作为钢筋加工重要的机械之一，其工作性能的好坏直接影响生产效率和加工质量，严重时会给作业人员带来伤害以及造成设备异常事故。

作为钢筋切断机的修理人员，除了应掌握设备的日常维护保养技能，确保设备的正常有序使用，还应了解设备的常见故障及故障产生的原因，掌握故障排除方法和技能，能第一时间内消除设备常见的各种故障、异常。

对自我不能排除的故障，应能正确描述故障现象和检查情况，与专业维修人员准确沟通，利于故障的及时排除。

二、钢筋切断机常见故障判定及排除方法（见表 7–9–1）

表 7–9–1　钢筋切断机常见故障判定及排除表

故障现象	造成故障的原因	排除方法
切不断或有时切不断	1. 压力不足	1. 按说明书规定调整压力
	2. 上、下刀间隙太大	2. 调整上下刀间隙为 0.2mm 左右
	3. 延时断开时间继电器调整时间短	3. 调至 0.2～0.4s
	4. 所切材料强度太高	4. 可调用不小于 750N（强度）材料重剪
	5. JSI4P 时间太小	5. 增大 JSI4P 时间
单次连切	延时闭合时间继电器时间短	适当调长时间到不连切
连续连切	长闭点接近开关损坏或线路损坏	更换开关或检修线路
不切	1. 电磁换向阀损坏或内有污物	1. 卸下清洗，检查线圈，如损坏更换
	2. 交流接触器开点烧坏	2. 维修此点，必要时进行更换
	3. 接近开关损坏	3. 更换
	4. 中间继电器损坏	4. 更换

续表

故障现象	造成故障的原因	排除方法
只切一根	延时闭合时间继电器时间调整太长	调短到3～4s（顺时针调整时间短，逆时针调整为时间长）
手动切断正常，撞击接近开关不工作	1. 继电器闭点损坏	1. 更换
	2. 接近开关损坏	2. 维修或更换
开油泵时二次线路熔丝烧坏	1. 电磁换向阀电磁线圈损坏形成短路	1. 更换
	2. 其他线路或电器元件损坏短路	2. 检测并处理短路部位
切断时钢筋头部弯曲	1. 上下刀间隙过大	1. 按说明书规定调整
	2. 调细料时没装底刀前导料支架	2. 装配后自然消失

【思考与练习】

1. 简述钢筋切断机开机后上刀伸出不回的故障原因及排除方法。
2. 简述钢筋切断机切不断或有时切不断的故障原因及排除方法。
3. 简述钢筋切断机单次连切和连续连切的故障原因及排除方法。
4. 简述钢筋切断机不切和只切一根的故障原因及排除方法。
5. 简述钢筋切断机切断时钢筋头部弯曲的故障原因及排除方法。

模块10 钢筋调直机常见故障及排除

【模块描述】本模块介绍钢筋调直机的常见故障种类及产生原因，通过操作过程详细介绍以及操作技能训练，掌握钢筋调直机常见故障的判定排除。

【正文】

一、概述

钢筋调直机作为钢筋加工重要的机械之一，其工作性能的好坏直接影响生产效率，严重时会给作业人员带来伤害以及造成设备异常事故。

作为钢筋调直机的修理人员，除了应掌握设备的日常维护保养技能，确保设备的正常有序使用，还应了解设备的常见故障及故障产生的原因，掌握故障排除方法和技能，能第一时间内消除设备常见的各种故障、异常。

对自我不能排除的故障，应能正确描述故障现象和检查情况，与专业维修人员准确沟通，利于故障的及时排除。

二、钢筋调直机常见故障及排除方法（见表 7–10–1）

表 7–10–1　　钢筋调直机常见故障及排除方法表

故障现象	造成故障的原因	排除方法
主机不起动	1. 总停按钮和主机停止按钮回位不灵或损坏	1. 活动几下如仍不回位，可卸下维修或更换
	2. 反点按钮回位不到位或触点损坏	2. 维修或更换
	3. 热继电器脱扣断开	3. 按下热继电器按钮
	4. 计数器发到预置数量或没按复位开关归零	4. 按下复位开关归零
油泵电动机不起动	1. 总停和油泵停止按扭回位不灵或损坏	1. 维修或更换
	2. 热继电器脱扣断开	2. 按下热继电器接合按钮
主机与油泵电动机全不起动	1. 调直筒护罩关闭不到位	1. 检查关闭到位
	2. VIK 行程开关换坏或 1、3 号线路不通	2. 检查维修
	3. 二次线熔断丝烧坏	3. 更换
接触器触点有火花或收合不紧	1. 触点损坏	1. 维修或更换
	2. 电压不足	2. 检查电压为 380V 左右
	3. 线头松动	3. 压紧线头
电控柜内有异味	1. 有元件烧坏	1. 检查维修或更换
	2. 有线路烧坏	2. 检查烧坏原因更换以坏线路
主电动机发热	1. 预调机调整过紧	1. 适当调松
	2. 调直筒钢筋调整太紧	2. 适当调松
液压站电机发热	低压（工作压力）过高	按说明书调到适当压力

【思考与练习】

1. 简述钢筋调直机主机不起动的故障原因及排除方法。
2. 简述钢筋调直机油泵电动机不起动的故障原因及排除方法。
3. 简述钢筋调直机主机与油泵电动机全不起动的故障原因及排除方法。
4. 简述钢筋调直机主电机发热和液压站电动机发热的故障原因及排除方法。

第四部分

变电施工仪器修理

第八章

电气试验设备修理

模块1　电气试验设备的使用

【模块描述】本模块介绍电气试验设备的工作原理及使用操作，通过操作介绍，掌握电气试验设备的正确使用方法及注意事项。

【正文】

一、电容电感测试仪 AI–6600

（一）仪器用途

电容电感测试是在不拆线状态下检测电容器的专用仪器。检测电容、电感或电阻型试品，也可单独用于电流检测。采用高精度钳形 TA 检测电流，配合数字隔离的电压检测电路，性能稳定、测量精度高、抗干扰能力强，可在现场强电干扰环境中使用（见图 8–1–1）。

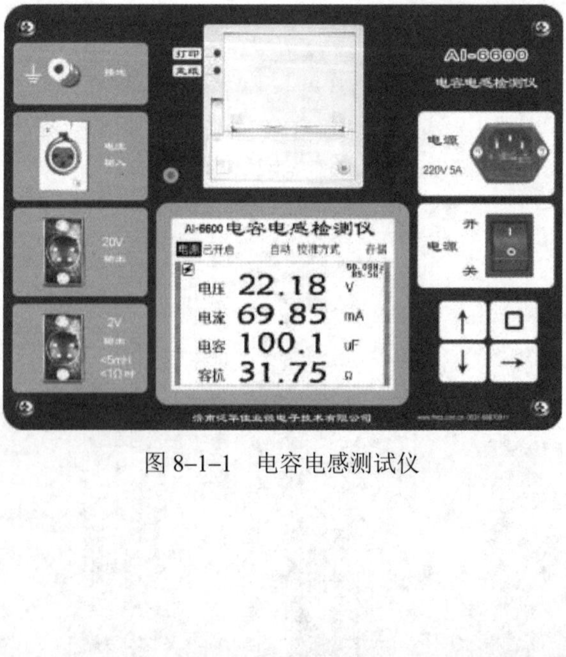

图 8–1–1　电容电感测试仪

（二）工作原理

全自动电容电感测试仪采用桥式电路结构，标准电容器和被试电容器作为桥式电路的两臂。当进行电容器电容值测量时，测试电压同时施加在标准电容器和被试电容器上，处理器通过传感器同时采集流过两者的电流信号并进行处理后得到被试电容器的电容值。由于采用标准电容器、被试电容器同步采样技术，可不受电源电压波动的影响，测量过程全自动进行，避免了手动操作引起的误差。

（三）测量操作

1. 测试前准备工作

检查工作电源正常，仪器完好，被测试设备安装、调试正常，满足测试条件。做好安全防护，工作区域设安全围栏，仪器设备可靠接地。

2. 仪器操作

（1）接通电源开机进入测量界面。如果显示屏对比度不合适，在仪器断电状态，按住↑↓不动的同时，打开仪器电源，然后再按↑或↓调节屏幕对比度。

（2）打开电源开关，自动进入测量菜单，紧急情况立即关闭电源开关。

（3）根据试验需要对设备进行设置。

（4）起动电源后仪器发出声光报警。测量结束，光标在电源位置，轻按菜单“■”键即关闭测量电源。

（5）按打印键打印当前数据。

（四）操作注意事项

（1）接线完毕起动测量电源，测量过程中，不要移动电压线，不要触摸或移动钳型 TA。

（2）不了解试品阻抗的情况下可先用 2V 试测，如果试验电流小于 1A 可改用 20V 测量。测量结束应关闭测量电源，避免仪器在满功率情况下长时间工作。

（3）钳形 TA 夹到需要测量电流的部位。

（4）低电感（感抗）和大电容时夹子应尽量靠近试品引出线端子。

（5）为了防止磁场干扰钳型 TA 远离仪器。

二、大电流发生器 AD901B

（一）仪器用途

大电流发生器是电气设备在安装调试、检修过程中提供短时间电流源的专用仪器。主要适用于电力系统在做 TA 变比等试验需要大电流试验的场合。采用大容量的变压器，具有输出电流大、电压低、性能优越、使用安全可靠、坚固耐用、移动方便等优点（见图 8–1–2）。

（二）工作原理

接入工作电源后，通过调整调压器输出电压以获得试验所需的大电流，如图 8–1–3 所示。

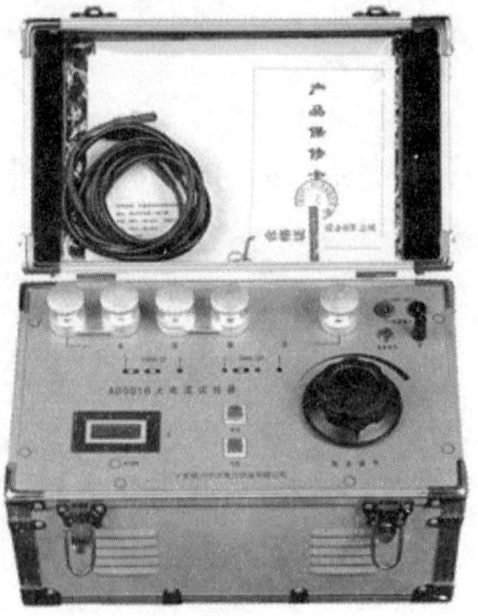

AD901B

图 8–1–2 大电流发生器外形结构示意图

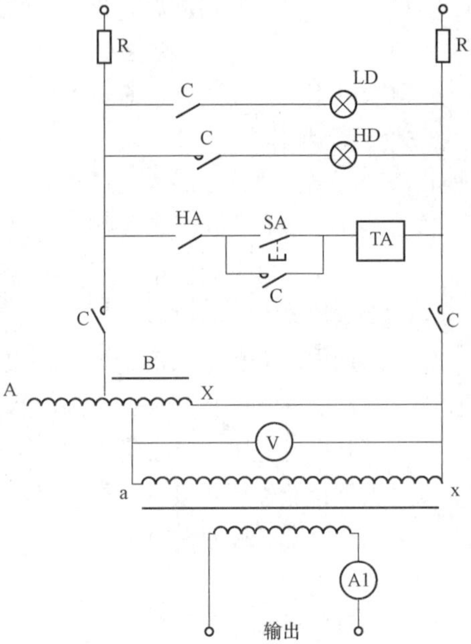

图 8–1–3 大电流发生器工作原理图

（三）测量操作

1. 测试前准备工作

检查工作电源、仪器以及被测试设备的安装、调试正常是否满足测试条件。做好安全防护，工作区域设安全围栏，仪器设备可靠接地。

2. 仪器操作

1）按要求接测试线，调压器旋钮退至零位。

2）接通电源，操作台上“切除”按键绿色指示灯亮，按下“启动”按钮红色指示灯亮，此时升流器等待升流。

3）顺时针匀速旋转调压器输出电流，观察操作台上输出电流读数，直到所需的电流值。为保证测试精度，可在仪表接线柱上串联一块标准电流表。

4）试验过程中，发现异常的现象，立即切断电源，查明原因后，再进行试验。

5）为保证安全，试验完毕必须将调压器回零位，按“切除”按钮切断电源，关闭工作电源后方可拆除试验接线。

3. 注意事项

（1）为使用安全，应避免长时间连续输出，应将接地端子可靠接地。

（2）本设备是为短时间的工作设计的，不允许长时间在额定容量下工作，不允许超过额定电流运行，以防过热，使用时应缓慢均匀升流，搬运时应避免过大的震动。

（3）只要能达到输出电流要求，尽量使用并联输出。

（4）试验时输出电流较大，输入电源电缆截面应大于 $2mm^2$，大电流输出连接电缆截面应大于 $100mm^2$，并尽量缩短输出连接电缆长度。

三、直流高压发生器 DHV–300kV/5mA

1. 仪器用途

直流高压发生器是用来检测电气设备的电气绝缘强度和泄漏电流的专用仪器。提供直流高压源，对氧化锌避雷器、电力电缆、变压器等高压电气设备进行直流耐压试验，具有体积小、自重轻、美观、可靠、操作简便、功能齐全，方便野外使用等特点（见图 8–1–4）。

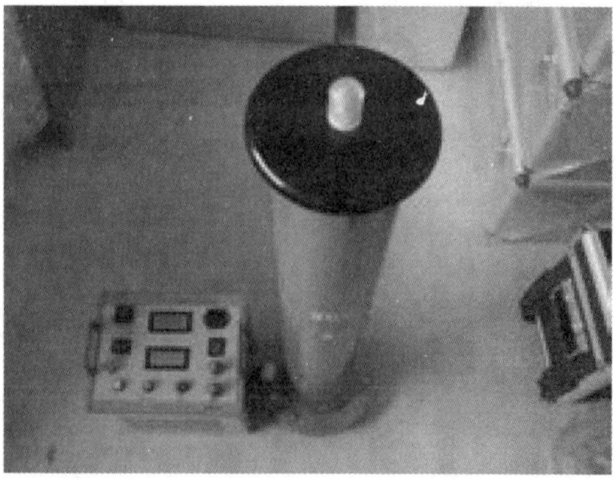

图 8–1–4　直流高压发生器外形结构示意图

2. 工作原理（见图 8–1–5）

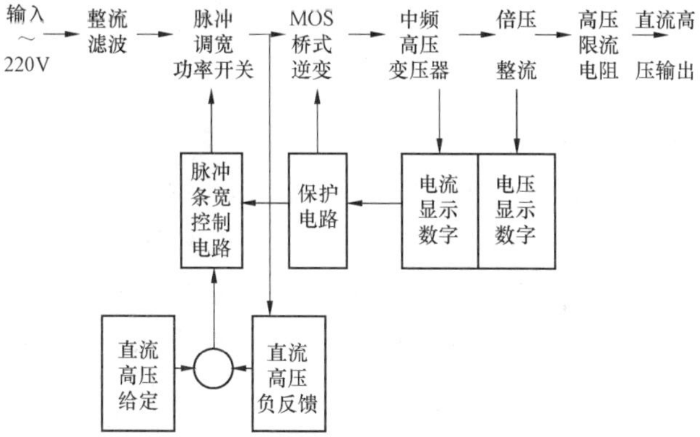

图 8–1–5　直流高压发生器工作原理图

3. 测量操作

（1）测试前准备工作。检查工作电源正常、仪器完好，被测试设备安装、调试正常，满足测试条件。做好安全防护，工作区域设安全围栏，仪器设备可靠接地，根据试验需要对过电压、过电流保护定值设定。

（2）仪器操作。

1）将控制箱的输出电缆插座与倍压装置电缆插座用专用电缆连接好，用 2.5mm^2 以上的铜线将控制箱接地与倍压装置接地端连接起来并可靠接地，在高压输出端子接入试品。

2）插上电源线，打开电源开关，“高压分”指示灯（绿色）亮，“高压合”指示灯（红色）灭；电压显示表、电流显示表及 0.75 倍电压显示表显示均为零值。

3）将电压、电流整定旋钮顺时针旋到最大，电压调节旋钮逆时针旋到零位，此时电压调节旋钮不在零位，无法起动“高压合”按键。

4）按“高压合”按键，“高压合”指示灯（红色）亮，缓慢调节电压调节旋钮到所需电压值进行测试，0.75 倍电压显示指示试验电压值的 75%，电流显示指示试验电流值。

5）在试品测试过程中按下 0.75 倍电压显示锁存按键，则 0.75 倍电压显示表显示值锁定，维持显示值不变，这样在做氧化锌避雷器试验时很方便地可作为参考电压。

6）试验结束后，反时针调节电压调节旋钮到零位后，电压显示表缓慢回到零位。当三个显示表显示零值后，按“高压分”按键，此时“高压合”指示灯（红色）灭，“高压分”指示灯（绿色）亮，再关掉电源开关。

7）当被试品电容量很大时，电压调节旋钮到零位均调到零位后，输出电压显示表迟迟不能回零，则先按“高压分”按键，再关机，然后用放电棒将试品放电，再拆除被试品接线。

4. 注意事项

（1）试验前检查所有试验接线正确，控制箱和倍压筒接地线可靠接地。

（2）对大电容试品的放电应用专用放电电阻棒对试品放电。

（3）直流高压 200kV 及以上时，尽管试验人员穿绝缘鞋且处在安全距离以外区域，但由于高压直流离子空间电场分布影响，会使几个邻近站立的人体带有不同的直流电位。所以试验人员不要互相握手或用手接触接地体等，否则会有轻微电击现象，此现象在干燥地区和冬季较为明显，但由于能量较小，一般不会对人体造成伤害。

四、开关测试仪 LX—2008

1. 仪器用途

高压开关测试仪是测量各种电压等级高压断路器的机械动态特性参数的专用仪器，为各类断路器动态分析提供方便，具有操作简单、接线方便、抗干扰能力强、测量过程全自动等特点（见图 8–1–6）。

2. 工作原理

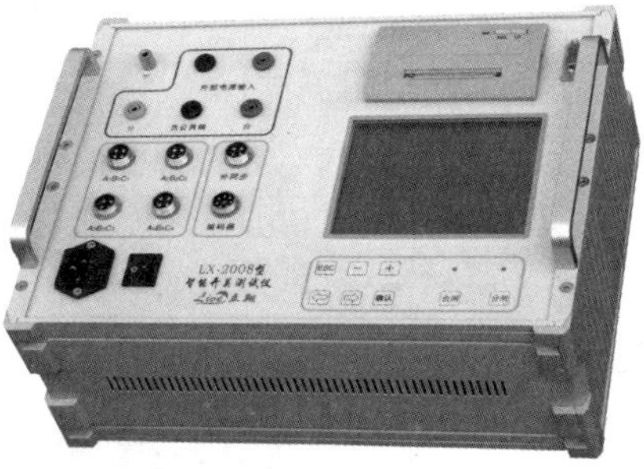

图 8–1–6　开关测试仪外形结构示意图

接入交流工作电源，给主控制器供电，主控制器通电后，控制显示器、直流整流电路、分合闸输出电源、速度控制器和弹跳计数电路及分合闸计数电路，时间基准控制弹跳计数电路及分合闸计数电路，同时将基准时间输入主控制器。电源输出信号采样电路将分合闸输出电源信号送回到主控制器，通过信号采样电路将时间端口信号和外部触发信号送回到主控制器，速度控制器将速度端口信号通过速度采样电路将速度信号送回到主控制器。

3. 测量操作

（1）测试前准备工作。检查工作电源正常、仪器完好，被测试设备安装、调试正常，满足测试条件。做好安全防护，工作区域设安全围栏，仪器设备可靠接地。

（2）仪器操作。根据试验需要接入相应的测试测量线，接入时开关操作回路与其他二次控制装置的所有连接断开，仪器分合闸输出分别经辅助接点连接分、合闸控制回路，采用外同步电源时，只要将外部电源正负极接入仪器即可。仪器有内部电源自动识别，当使用外部电源时仪器自动关闭内部电源，外部电源必须为直流。

1）打开电源，屏幕显示仪操作主菜单。在测试前进行设置，所有设置均断电保存在主机内，如果下次进行同样的测试，则不需要再次设置。

2）所有的接线及参数设置完成后，按下【合闸】或【分闸】键，即可进行操作。

3）低电压测试或重合闸测试操作时，进入特殊测试主菜单后，选择相应的子菜单设置，按【确认】键即可操作。

4）结果测试完成后，仪器进行数据处理，直接显示测试结果，按【确认】键进入下一页。

5）在【查看】主菜单中有【行程时间曲线图】或【电流时间曲线图】的子菜单，按【确认】键，可查看到行程时间曲线图和电流时间曲线图，并且可用轴线对行程和速度进行分析。

4. 注意事项

（1）在开机之前，仪器可靠接地。

（2）内部直流电源为短时工作的操作电源，容量较小。

（3）内部电源开关为非隔离式，接线时请关闭仪器开关电源。

（4）采用内或外同步时，必须在仪器菜单中进行相应的选择，以免仪器得不到同步信号。

五、回路电阻测试仪

1. 仪表用途

回路电阻测试仪是用于电气设备回路电阻测量的专用仪器，适用于断路器、隔离开关、互感器等电气设备，具有操作简单、携带方便、抗干扰强、体积小、重量轻的特点，适合经常流动的场合（见图 8–1–7）。

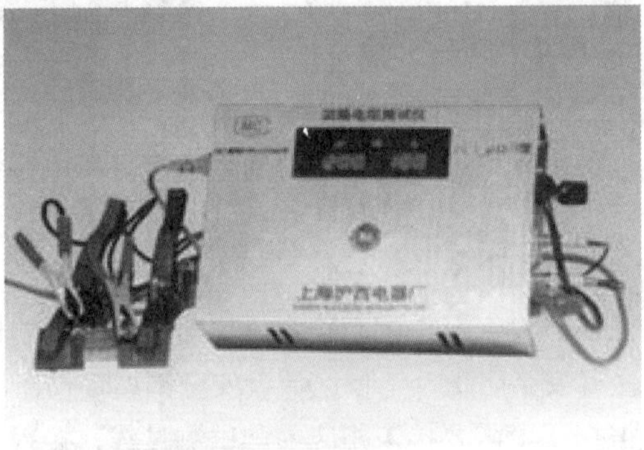

图 8–1–7 回路电阻测试仪外形结构示意图

2. 工作原理

交流电源输入，采用高频电源开关经频率放大，输出电流达到 100A，采样模块采集信号，经转换器将模拟信号转换成数字信号，根据采集电流、电压，经处理器处理，计算得到测试阻值，送到显示器。

3. 操作步骤

（1）测试前准备工作。检查工作电源正常、仪器完好，被测试设备安装、调试正常，满足测试条件。做好安全防护，工作区域设安全围栏，仪器设备可靠接地。

（2）仪器操作。

1）将电流测试线、电压测试线与被测电阻相连接及测试仪连接。

2）将交流电源线接到插座中，打开电源开关，电流、电阻值均无显示，按下测试按钮，显示被测回路的电阻值及测试电流值。

3）待测试指示灯亮后，便可再次按下测试按钮，进行再次测量。

4. 注意事项

（1）切勿使导电物体掉入主机散热孔，以免损坏机器部件或引起人身事故。

（2）机箱内部散热器等元件直接与交流电源相连接，切勿任意打开机盖，以确保人身安全，机内部有大电容，切断交流电源 5min 后方可打开机箱，检修仪器部件。

（3）测试高低压开关时，测试前、后被测件必须接地，以泄放静电，确保人身、设备安全。

（4）电流线的长度和截面禁止随意更改，否则会导致测试数据误差，使用原厂配件。

（5）仪器必须采用三眼电源插座，地线端应良好接地。

（6）测试线夹必须与测试线接触良好，松动会导致读数不准。

（7）仪器不得测试带电物体、有感应件（如变压器、电动机线包）的回路电阻。

六、蓄电池组放电检测仪 JFT–220/30（50）

1. 仪表用途

蓄电池组容量放电测试仪是对蓄电池组进行核对性放电的专用智能化负载工具，主要用于电力系统直流屏蓄电池组、通信电源蓄电池组、UPS 电源蓄电池组等的核对性放电。由恒流控制模块、数据采集模块、放电负载模块、电池巡检模块、LCD 显示器、CPU 处理器等组成，具有可靠性高、体积小、操作容易等特点（见图 8–1–8）。

图 8–1–8 蓄电池放电测试仪外形结构示意图

2. 工作原理

蓄电池组经导线连接测试仪，恒流控制模块经电子开关、放电电流补偿回路、输出电流、放电模块由特制的电子放电负载释放蓄电池组的电流，控制电流输出，电池巡检模块测量电池电压电流，经信号采集之后送到 CPU 处理器处理，显示器显示放电曲线、放电电压、放电容量、放电时间、查看历史记录。通过 RS232 接口与计算机连接将数据转存到计算机，方便统计、分析、打印和保存

3. 测量操作

（1）测试前准备工作。检查工作电源正常，仪器完好，被测试设备，安装、调试正常，满足测试条件。做好安全防护，工作区域设安全围栏，仪器通风、散热良好。

（2）仪器操作。

1）检查接线，确认放电仪与电池组的连接正确。

2）打开放电仪上电池组开关，放电仪上风机开始运转，按任意键进入设置时间界面。

3）在开机后，进入电压等级选择菜单，电压等级选择必须与放电的蓄电池组电压保持一致，否则不能放电，选择电压等级后进入主菜单。

4）根据试验需要，在主菜单中对参数设置，参数设置完毕，按“返回”键返回到主菜单。

5）进入放电操作界面，界面显示在参数设置中设置的“放电电流”“下限电压”“放电时间”值。检查确认设置正确，按“▲+确认”组合键，单一或通用型进入放电界面，通用型如果电池电压等级选择与蓄电池组的电压不一致显示屏显示“电池电压等级选择不正确”。界面显示当前放电的实际放电电流值、蓄电池组电压值、已放电时间和放电曲线。

6）在放电过程中如人工强行停止放电，按“▲+▼”组合键终止放电，进入终止放电界面，按“确认”键终止放电，按“返回”键继续放电。

7）放电记录查询可以按照时间查询，也可按照站号查询。

4. 注意事项

(1)在放电前，请先确认电池容量，容量为100Ah电池放电电流以10A为宜，300Ah放电电流以30A为宜，以此类推，不要大电流放电。

（2）为了避免对蓄电池组中的落后电池放电可设定放电时间为6h，终止保护电压为210V及放电60%的容量。在放电测试过程中，试验人员禁止远离放电测试现场，以方便及时处理可能发生的意外情况。

（3）在放电过程中，请随时监测电池电压，以免造成过放电。若发现某个电池接近或达到下限保护电压值时，应停止放电。下限电压一般为–10%～–20%。

（4）放电结束后，禁止马上充电，应让电池恢复10min以上再充电，以免对电池造成损伤。

（5）对个别落后的电池用蓄电池活化仪及时进行活化恢复，不能活化恢复的要及时更换，经活化或更换之后的蓄电池应重新放电测试。

七、直流电阻测测试仪 HQ6565–10

1. 仪表用途

直流电阻测试仪是测量变压器等电气设备绕组的直流电阻专用仪器，能有效发现电气设备的选材、焊接、连接部位松动、缺股、断线等制造缺陷和运行后的隐患，以及分接开关的接触是否良好等情况，具有体积小、自重轻、输出电流大、量程宽的特点（见图8–1–9）。

图8–1–9 直流电阻测试仪外形结构示意图

2. 工作原理

采用典型的四线制测量法，以提高测量电阻的准确度。程控恒流源、程控前置放大器、A/D 转换器构成了测量电路的主体。中央控制单元通过控制恒流源给外部待测负载施加一个恒定、高精度的电流，将所获得测试电压、测试电流等数据进行处理，得到实际电阻值。

3. 测试操作

（1）测试前准备工作。检查工作电源正常、仪器完好，被测试设备安装、调试正常，满足测试条件。做好安全防护，工作区域设安全围栏，仪器良好接地。

（2）仪器操作。

1）把被试品通过专用电缆线与测试主机，测试接线柱连接，接线牢固，防止虚接、松动。

2）打开电源开关，通过电流键对选用电流进行调节。

3）选择好电流后，按下测试键仪器开始测试，显示屏显示充电电流值同时提示“正在充电”，当电流稳定后显示屏显示所使用的测试电流，同时提示“正在测试”，提示“连续测试”，测试结束显示电流值与电阻值。按测试键可重新测量但电流维持不变。

4）测试结束后，按“复位”键，仪器电源将与绕组断开，同时放电，音响报警，这时屏幕显示“正在放电”，回到电流显示状态，放电音响结束后，进行下次测量或拆下测试线结束测试。

4. 注意事项

（1）在测量无载调压变压器的时候，切换挡位前仪器一定要复位，待放电结束后报警声停止，方可切换挡位。

（2）拆线前，一定要等放电结束后，报警声停止，再进行拆线。

（3）选择电流时要参考技术指标栏内量程，不要超量程和欠量程使用。超量程时，由于电流达不到预设值，即使强行继续测试结果稳定性差；欠量程时，电流太小，对于大容量变压器数据不稳定。

（4）测试前，测试线夹应接牢，否则导致测试数据不准，仪器设备可靠接地。

八、4 地网电阻测试仪 AI–6301

1. 仪器用途

自动抗干扰地网电阻测量仪是测量地网接地电阻和接地点之间的接地导通的专用仪器，仪器能同时测量接地阻抗和接地电阻，更能真实反映地网的实际特性。仪器采用变频抗干扰技术，不需大电流测量，能在变电站强干扰环境下测得工频状态下的准确数据，具有抗干扰能力强、数据准确、操作简单、安全可靠等特点（见图 8–1–10）。

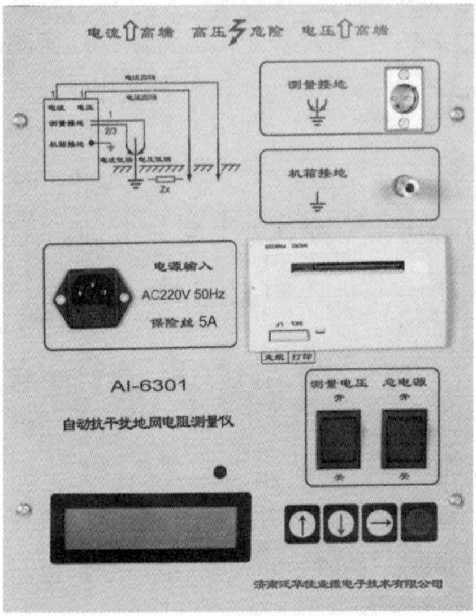

图 8–1–10 电网电阻测试仪

2. 工作原理

启动测量后电流电压设定值送到变频电源，变频电源首先输出 2V 的电压粗略测试回路电流的大小，然后根据测量值采用 PID 算法将输出调整到合适的电压使测试电流达到设定值；如果输出电压调整到设定的最大值后，测试电流还没有到设定值，仪器将以设定的最大电压来测量，不再调整电流的大小。测量电路根据试验电流自动选择并切换量程，采用傅里叶变换滤掉干扰，分离出信号基波，对测试电流和测试电压进行矢量运算，实部计算电阻值，虚部计算附加阻抗值。计算结果在液晶板上显示。测量结束，测量电路发出降压指令，变频电源缓速降压到 0。仪器采用四端法测量电阻值，电流采样回路和电压采样回路互相隔离，因而有效排除了测试引线对测量结果的影响，保证了测量精度。

3. 测量操作

（1）接线方式。

1）接地电阻。电流桩距离测量点长度约为地网对角线长度的 3～5 倍，电压桩距离约为电流桩的 0.6 倍。可用夹角法，电压桩偏离电流桩的夹角可在 30° 以内；也可采用平行直线法，电压线和电流线之间距离超过 1m。应尽量减小地桩电阻，如果必要可浇水降低电阻。可以使用仪器的 C 或 P 方式测量电流桩或电压桩电阻（见图 8–1–11）。

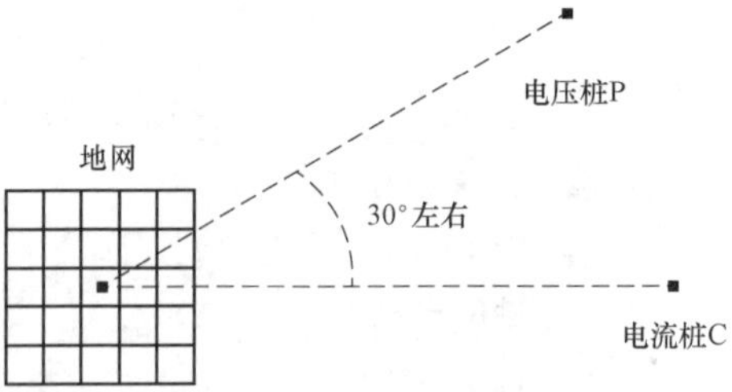

图 8–1–11 地网接地电阻

2）接地导通。测量两个接地点（设备 1～设备 2）之间的接地导通，需把仪器电流输出端和电压输出端接设备 1，测量接地端接设备 2，进行测量即可（见图 8–1–12）。

（2）测试前准备工作。检查工作电源正常、仪器完好，被测试设备安装、调试正常，满足测试条件。做好安全防护，工作区域设安全围栏，仪器良好接地。

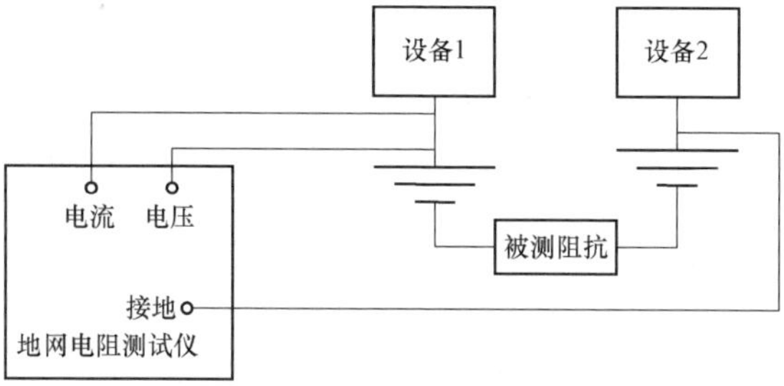

图 8-1-12 地网接地导通

（3）仪器操作。

1）打开电源开关，进入测量菜单。打开测量电压开关，进入测量菜单，按→键移动光标，按↑↓可修改光标处内容。测量中按任一键取消测量，遇紧急情况立即关闭总电源。

2）在主菜单，对测试电流、电压及频率进行设置。

3）光标在启动选择，按住“启/停”键 1s 以上启动测量。按↑↓键可显示或取消。启动测量后发出声光报警，测量过程结束，仪器自动降压并显示测量数据，设置自动打印便启动打印。

4）显示结果后，按↑↓键可查看数据，按打印键打印。按住“启/停”键 1 秒返回测量菜单。

4. 注意事项

（1）电流高端测量电流输出，最大输出 400V/1.5A 此插座位于仪器前侧。输出电流连接电流桩，中间可连接加长线达到需要的长度。

1）此端输出的电压电流足以对人体造成伤害。应有人员负责监护或设立危险标志，在启动测量前和测量中要确保试验人员和其他人员远离导线和电流桩。

2）如果测量电流达不到设置数值，说明电流桩电阻大，可选择潮湿地面打桩或在电流桩上浇水降低电阻。电流线应尽量远离电压线，防止线间电磁耦合引起测量误差。

（2）电压高端测量电压输入，最高 500V/2MΩ，此插座位于仪器前侧。输入电压连接电压桩，中间可连接加长线达到需要的长度。

1）尽量降低电压桩电阻。此端可能有危险电压，启动测量和测量中要保证人员远离导线和电压桩。

2）电压线不要盘绕且应远离电流线或变压器，防止电磁耦合引起测量误差。

（3）用仪器所配的专用线夹与被测接地体相连，使测试电压和电流形成回路。插座 1 脚为电压低端回路地，2、3 脚相连为电流低端回路地。夹到待测地线上，连同电流电压桩，形成四端低电阻测量电路，保证夹子与待测地线良好接触，附带双股线不要盘绕，防止电磁耦合引起测量误差。

（4）测量接地电阻时接地夹线不要盘绕，电压线尽量远离电流线，接地夹两侧都应压紧待测点，防止油漆锈蚀引起接触不良。

九、变比测试仪

1. 仪器用途

变比测试仪是变压器进行匝数比或电压比测试的专用仪器。在变压器的生产过程中，新安装的变压器投入运行前以及根据预防性试验规程中要求对变压器的匝数和变比测量。仪器操作简便直观、测试速度快、准确度高、保护功能完善（见图 8–1–13）。

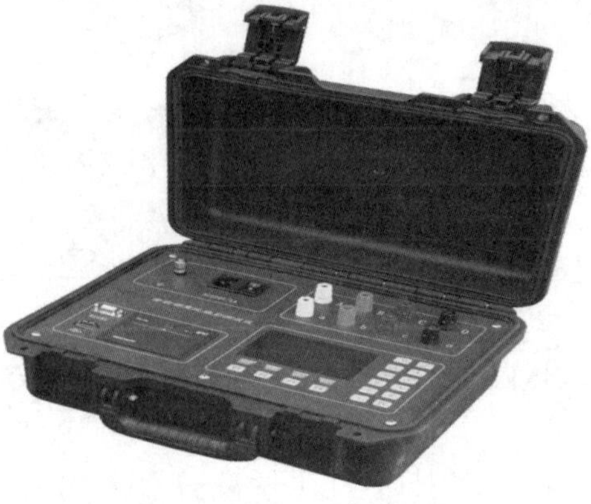

图 8–1–13　变比测试仪外形结构示意图

2. 工作原理

三相变压器、单相变压器的测试原理，仪器内部的16位高精度高速A/D转换器测量高压侧的输出及低压侧输入电压，通过高性能单片机计算出变比值。按变压器铭牌输入变比后，仪器自动计算并显示出变比误差值。进行三相变压器测量时，由于变压器的绕组连接方式不同，高低压绕组的线电压相位差也不同，可以是同相或反相，也可相差一个角度，仪器在测量变压比的同时也测量高压侧与低压侧的相位差，再根据相差确定变压器连接组别。进行单相变压器测量时，以高压侧的相位为基准，当显示值为“+”时显示低压侧与高压侧同相，当显示值为“–”时表示低压侧与高压侧反相，如显示“!”时，则表示既不同相也不反相。

3. 测量操作

（1）测试前准备工作。检查工作电源正常、仪器完好，被测试设备安装、调试正常，满足测试条件。做好安全防护，工作区域设安全围栏，仪器良好接地。

（2）仪器操作。

1）根据被试变压器的情况正确连接测试线夹。接入交流电源，打开电源开关，进入主菜单根据接线方式选择方式。

2）在主菜单中对变压器的额定高压、额定低压、分接总数、分接间距等“参数设置”。

3）主菜单界面选择测量方式，按 F4 键进入测试方式菜单。

4）在主菜单时选中“查看记录”项，按 F4 查看各单元存储数据信息。

5）按 F1 键打印结果，F2 键存储数据，转换分接开关后按 F4 继续测量或按复位键返回主菜单。

4. 注意事项

（1）仪器输出电压高，应注意安全，防止触电。

（2）本仪器输入电源为 AC220V±10%，当电源输入大于 300V 时报警，应及时检查电源输入端口。

（3）仪器使用时应可靠接地。

（4）测试线夹的黄、绿、红、黑分别对应变压器的 A、B、C、O，高、低压电缆不能接反。

（5）单相测量时只使用黄色和黑色线夹，不能接错，不用的测试夹要悬空。

十、避雷器放电计数器

1. 仪器用途

避雷器放电计数器是用于校验各种避雷器放电计数器动作可靠性的仪器，它是记录避雷器在正常运行中受到雷击次数统计的重要参数，为电力系统提供有针对性，对避雷器进行检验的重要依据，具有体积小、自重轻、携带方便、可靠性强、操作简单等特点（见图 8–1–14）。

图 8–1–14 避雷器放电计数器外形结构示意图

2. 测量操作

（1）测试前准备工作。检查工作电源正常，仪器完好，被测试设备，安装、调试正常，满足测试条件。做好安全防护，工作区域设安全围栏，仪器良好接地。将仪器电压输出端与避雷器计数器两端相连，电压输出正极接上端，电压输出负极接地端（见图 8–1–15）。

（2）仪器操作。

1）检查仪器及接线是否正确，将电源线接好后，确认无误后打开电源。

2）合上电源开关（电源灯亮），待电压稳定（1000V 左右）后，即可开始校验。

3）按下测量键，输出电压立即下降，此时放电计数器动作，观察计数器的动作情况。

4）如需多次试验，可待输出电压达到稳定值时，再按测试键，并观察计数器的动作情况。

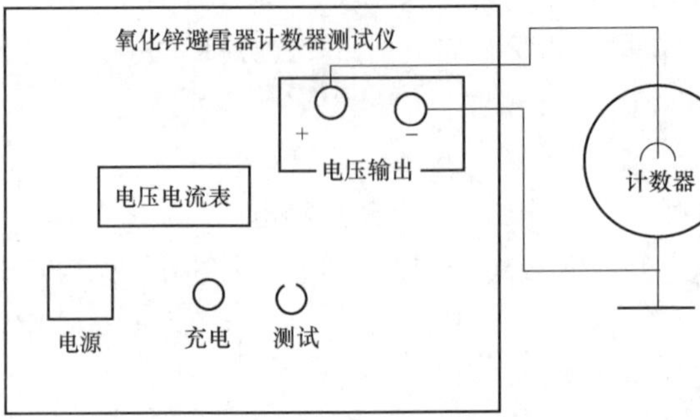

图 8–1–15 避雷器放电计数器接线图

5）测试完毕后，立即关掉电源，待输出电压完全回零时，才能拆除接线。

6）如按测量键，输出电压没有下降或计数器没有动作，应关掉电源，待电压指示回零后，检查是否回路有断点，或是放电计数器不适合技术指标中规定的型号。

3. 注意事项

（1）拆除接线时，若输出电压没有回零，操作人员不能碰测试线非绝缘部分，以免造成人身事故。

（2）被试品不允许带电。

十一、变频串联谐振耐压装置

1. 仪器用途

变频串联谐振耐压装置是用于高压电气设备交流耐压试验的专用仪器，适用于断路器、变压器、GIS 系统、开关、电缆、套管、绝缘子等。频率可粗调和细调，并可自动寻找试验谐振点，保证谐振频率在整个试验过程中不发生漂移。既可满足高电压、小电流的设备试验条件要求，又可满足低电压、大电流的设备试验条件要求（见图 8–1–16）。

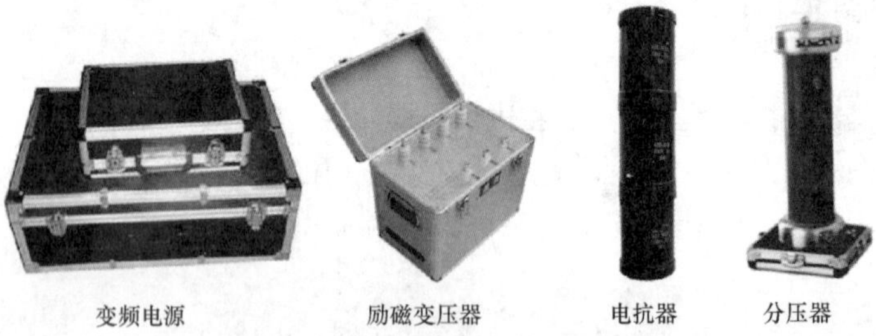

图 8–1–16 变频串联谐振耐压装置

2. 工作原理

电抗器和试品串联组成 LC 回路。通过调节变频电源输出电压的频率，使试验回路中的容抗值 X_C 和感抗值 X_l 反向变化。当两者相等时，回路达到谐振状态，变频电源仅提供消耗回路电阻 R 上的有功功率，而回路中的无功功率在电抗器和试品电容之间来回交换形成振荡，结果在试品上产生高电压。通过调节变频电源输出电压的幅值，可改变回路振荡强度，从而改变试品上的电压值，以满足不同试品的试验要求。谐振时试品上电压达到最高，本装置通过扫频发现电压最高点，确定回路谐振频率。在谐振状态下升压到规定值，保持规定时间后降压，完成试验。

3. 测试操作

（1）试验前准备工作。

1）检查工作电源正常、仪器完好，被测试设备安装、调试正常，满足测试条件。做好安全防护，工作区域设安全围栏，仪器良好接地。

2）激励变压器的低压输入侧绕组一般为一组，标示为 a、x，与变频电源输出端子相连；高压侧绕组一般为两组，标示为 A1、X1，A2、X2。高压侧绕组相互独立，可串联或并联。当试品电压等级较低或试验电流较大时，可采用并联接法，X1 和 X2 短接后接地，A1 和 A2 短接后接谐振电抗器低压端 X，当试验电压较高时采用串联接法，即 X1 和 A2 短接，A1 接电抗器低压端 X，X2 接地。谐振电抗器：当电压等级较低，试品容量较小时用单节；当试品容量较大时，用多节并联；当试品电压等级较高时，用多节串联（把多节电抗器垂直叠放在一起）。电容分压器：电容分压器由一节或多节组成，低电压时只要用下面一节，电压高时用多节。系统所有接地点用地线相连后与地网可靠连接。

（2）仪器操作。

1）检查接线，仔细检查无误后打开电源开关，起动送电。打开主机开关风扇转动，打开面板开关进入主菜单。

2）在主菜单界面，选择“系统设置”，按“确认”键，进入设置。按“↑”“↓”，输入本次试验电抗器的组合，激励变压器绕组的接法，电容分压器的组合，每种组合都有对应的出厂设定值显示出来。按“确认”键完成设定，并返回上级菜单。按“返回”键取消本次操作，并返回主菜单。

3）在主菜单，按“↑”“↓”，选择“参数设置”，按“确认”键，进入设置；按“调频”键，上下移动光标选项；按“调压”键左右移动光标选项；按“↑”“↓”，输入本次试验的试验电压、起始频率、起始功率、加压时间和保护电流的数值，按“确认”键完成设定并返回主菜单；按“返回”键取消本次操作，保持原来的设定值。

4）设置完毕，合上输出开关，在主菜单按“↑”“↓”键，选择“开始试验”；按“确认”键后，进入试验模式，根据试验要求选择试验模式。

5）选择“自动试验”进入试验状态，主机自动扫频至谐振点。自动升压至设定值。加压时间到后自动降压结束试验，显示试验结果。试验结束后，按“确认”键打印试验数据和结果。

6）在升压和加压过程中可能出现试验终止的情况，说明试验系统出现故障，根据提示判断故障性质，按“确认”键返回到终止界面。在试验状态下，若想立即停止试验，按“返回”键即可终止试验，不要直接断开电源。

4. 注意事项

（1）开机之前，仔细检查各单元接线是否正确，尤其是要检查激励变压器二次侧（高压侧）的串联、并联接法正确，分压器信号线牢固，接地线接地可靠。

（2）采用一点接地，与现场地网连接，若无地网应打地桩。

（3）电抗器周围和上下 1m 范围内禁止有铁磁物质。

（4）电源引线应有足够大的线径，尤其是长线，接头处应接触良好，避免线路压降过大影响主机正常工作。

十二、三相相位伏安表

1. 仪器用途

三相相位伏安表是电能计量和继电保护进行二次回路检测的仪表，具有检测继电保护各组 TA 之间相位关系，电能表接线正确与否，判断电度表运行快慢，合理收缴电费，感性和容性电路的判别，检查变压器接线组别，电气设备生产中对电流电压相位的测量使用等。仪表轻巧美观、便于携带、体积小、自重轻、功能强大等特点（见图 8–1–17）。

图 8–1–17 相位伏安表

2. 仪器操作

（1）测量交流电压。将旋转开关拨至参数 U_1 对应的 500V 量限，将被测电压从 U_1 插孔输入即可进行测量。若测量值小于 200V，可直接旋转开关至 U_1 对应的 220V 量限测量，以提高测量准确性。

两通道有完全相同的电压测试特性，故亦可将开关拨至参数 U_2 对应的量限将被测电压从 U_2 插孔输入进行测量。

（2）测量交流电流。将旋转开关拨至参数 I_1 对应的 5A 量限，将标号为 1 号的钳形电流互感器二次引出线插头插入 I1 插孔，钳口卡在被测线路上即可进行测量；同样，若测量值小于 2A，可直接旋转开关至 I_1 对应的 2A 量限测量，提高测量准确性。测量电流时，亦可将旋转开关拨至参数 12 对应的量限，将标号为 2 号的测量钳接入 12 插孔，钳口卡在被测线路上进行测量。

（3）测量两电压之间的相位角。测 U_2 滞后 U_1 的相位角时，将开关拨至参数 U_1、U_2，测量过程中可随时顺时针旋转开关于 U_1 各量限，测量 U_1 输入电压；或逆时针旋转开关于参 U_2 各量限，测量 U_2 输入电压。

注意：测相时电压输入电压输入插孔旁边符号 U_1、U_2 及钳形电流互感器线“*”符号为相位同名端。

（4）测量两电流之间的相位角。测量 12 滞后 I_1 的相位角时，将开关拨至参数 I_{112}，同样测量过程中可随时顺时针旋转开关至参数 I_1 各量限，测量 I_1 输入电流，或逆时针旋转开关至参数 12 各量限测量 12 输入电流。

（5）测量电压与电流之间的相位角。将电压从 U_1 输入，用 2 号测量钳将电流从 12 输入，开关旋转至参数 U_{112} 位置，测量电流滞后电压的角度，测试过程中可随时顺时针旋转开关至参数 12 各量限测量电流，或逆时针旋转开关至参数 U_1 各量限测量电压。

也可将电压从 U_2 输入，用 1 号测量钳将电流从 I_1 输入，开关旋转至参数 I_1U_2 位置，测量电压滞后电流的角度，同样测量过程中可随时旋转开关，测量 I_1 或 U_2 之值。

（6）三相三线配电系统相序判别。旋转开关至 U_1 U_2 位置，将三相三线系统 A 相接入 U_1 插孔，B 相同时接入与 U_1 对应的±插孔及与 U_2 对应的±插孔，C 相接入 U_2 插孔，若此时测得相位值为 300 左右则被测系统为正相序，若此时测得相位值为 60 左右则被测系统为负相序。换一种测量方式，将 A 相接入 U_1 插孔、B 相同时接入与 U_1 对应的±插孔及 U_2 插孔，C 相接入与 U_2 对应的±插孔，这时若测得的相位值为 120，则为正相序；若测得的相位值为 240，则为负相序。

（7）三相四线系统相序判别。旋转开关 U_1 U_2 位置，将 A 相接入 U_1 插孔，B 相接 U_2 插孔，中性线同时接入两输入回路的±插孔，若相位显示为 120 左右，则正相序；若相位显示为 240 左右，则负相序。

（8）感性、容性负载判别。旋转开关至 U_{112}，交负载是压接 U_1 输入端，负载电流经测量钳接入 12 插孔，若相位显示 00—90 范围，则被测负载为感性；若相位显示 270—360 范围，则被测负载为容性。

3. 注意事项

（1）在设置“开始时间”和“结束时间”时，需按年月日顺序设置。

（2）“开始时间”必须滞后于“当前时间”，“结束时间”必须滞后于“开始时间”。

（3）仪器操作时二次回路带电，操作时注意禁止碰触带电部分。

十三、继电保护测试仪

1. 仪器用途

继电保护测试仪是电力系统各类故障模拟程序、真实模拟和回放现场的测试工具，可对保护装置进行试验、针对性各类继电器校验程序，按机型分类可分为单相、三相和六相（见图 8–1–18）。

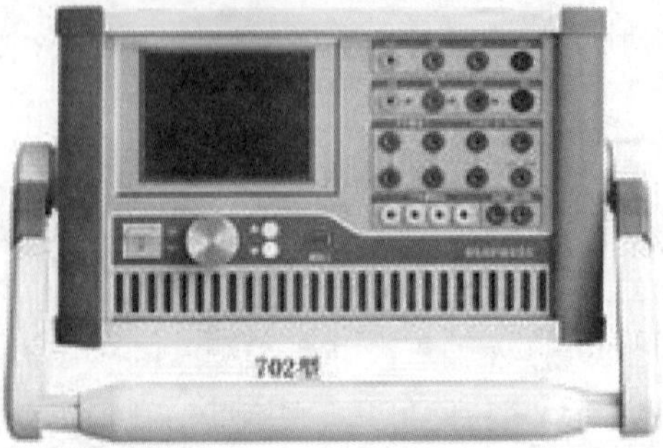

图 8–1–18 继电保护测试仪

2. 工作原理

输入的 AC220V 电源经保险通过输出控制继电器进入双碳刷调压器输入端，通过调压器大旋钮调节的电量进入隔离变压器（兼职升流器），升流器分三个抽头输出，一个抽头为 AC0～250V 输出，额定电流为 3A；该抽头输出电压经整流滤波后可输出 0～350V 直流电压；第二个抽为 15V（10A），该抽头一路经传感器通过继电器控制输出 0～10A 交流电流，一路经电阻输出 0～500mA 交流电流，一路经继电器转换可输出 0～10A 或 0～500mA 直流电流；第二个抽头为 10V（100A）大电流端，该抽头穿过传感器一次侧直接输出 100A 电流，该回路带负载能力较强，但输出稍有过载，不能长时间处于大电流状态下。

3. 测量操作

（1）试验前准备工作。检查工作电源正常、仪器完好，被测试设备安装、调试正常，满足测试条件。做好安全防护，工作区域设安全围栏，仪器良好接地。

（2）仪器操作。接入电源打开开关，设备启动，进入设备主菜单。

1）主菜单。在主菜单调整电压电流的幅值、相位及频率；同步显示矢量图、正序、负序、零序及线电压幅值；校验多种保护，得出动作时间及返回时间。

2）电流保护试验菜单。测试正序、负序、零序及普通交直流电流继电器及微机过电流保护装置动作值、返回值、返回系数、动作时间、返回时间，并可设置辅助交直流电压，进行方向判别。

3）电压保护试验菜单。测试正序、负序及普通交直流过电压、欠电压继电器的动作值、返回值、返回系数、动作时间、返回时间。

4）时间继电器菜单。测试交直流时间继电器的动作电压、返回电压和动作时间。

5）中间继电器菜单。可一次性测试交直流中间继电器，中间继电器动作值、返回值、返回系数、动作时间、返回时间及保持值。启动方式及保持类型可设置。

6）反时限特性菜单。可测试电流反时限 $I–T$、电压反时限 $U–T$、频率反时限 $f–T$、过励磁 $U/f^*–T$ 特性，并绘制出特性曲线。

7）功率方向保护试验菜单。可测试相间功率方向、负序及零序功率方向微机保护、继电器，包括动作区及最大灵敏角、最小动作电压、最小动作电流。

8）阻抗保护试验菜单。测试阻抗特性的边界动作值，动作时间绘制阻抗特性曲线。

9）精工电流试验菜单。可一次性测试阻抗继电器的 Z/I 特性曲线。

10）差动保护试验菜单。可测试差动保护比率制动特性曲线、谐波制动系数及直流助磁特性。测试项目分为边界搜索和定点测试，搜索方法分为按定值相对值搜索、按定值绝对值搜索、按步进值搜索。

11）计量仪表校验菜单。可校验电压、电流、功率、功率因数等测量表计，通过TV、TA 变比的设置，同步显示一、二次各参数值。

12）低频保护试验菜单。可测试低周减载或低周低压解列装置低频动作值、动作时间、电压变化率闭锁值、频率变化率闭锁、低电压闭锁值及低电流闭锁值。

13）同期装置测试菜单。可测试同期装置的合闸压差、合闸频差、合闸导前角度及恒定导前时间，还可完成自动准同期装置的自动调整试验。

14）叠加谐波试验菜单。可同时对各相叠加直流、2～14 谐波，并且各次谐波可同时在线按给定步长值调整。

15）零序保护试验菜单。可一次性自动校验零序各段的定值及重合闸时间，也可分段进行测试，可对重合闸进行检同期测试。

16）距离保护试验菜单。可校验接地故障和相间故障保护各段定值及整组时间阶梯特性，可对重合闸进行检同期测试。

17）工频变化量距离保护试验菜单。可校验以工频变化量阻抗继电器为核心的距离保护，可对重合闸进行检同期测试。

18）功率振荡试验菜单。试验失步保护、振荡解列装置，并可模拟振荡中故障试验，完成对保护装置在振荡中发生故障时的校验，还可测试发生振荡时对距离保护的影响。

19）故障再现菜单。可再现故障录波器记录的故障录波数据，并可对录波的数据进行有选择的复制或删除。

20）精度调整菜单。用户可通过此菜单调整各相输出误差而无需调节任何电位器。

4. 注意事项

（1）测试仪装置内置了工控机和 Windows 操作系统，禁止过于频繁地开关主机电源。

（2）装置面板或背板装有 USB 插口，允许热拔插 USB 口设备，拔插时一定要在数据传输结束后进行。

（3）装置配有专用自还原 CF 卡，避免因为非法关机，删除或修改硬盘上的文件和桌面上的图标等导致的操作系统损坏。如确需在本机内存放数据，请将数据存在 D 盘。使用 USB 盘拷贝数据时一定保证 U 盘干净无病毒，也不要利用 U 盘在本系统中安装其他软件程序。

（4）外接键盘或鼠标时，请勿插错端口，否则 Windows 操作系统不能正常启动。

（5）请勿在输出状态直接关闭电源，以免因关闭时输出错误以致保护误动作。

（6）开入量兼容空接点和电位（DC0～250V），使用带电接点时，接点电位高端（正极）应接入公共端子 COM 端。

（7）使用本仪器时，请勿堵住或封闭机身的通风口，一般将仪器站立放置或打开支撑脚稍倾斜放置。

（8）禁止将外部的交直流电源引入到测试仪的电压、电流输出插孔，否则，测试仪将被损坏。

（9）如果现场干扰较强或安全要求较高，试验之前，请将电源线（3 芯）的接地端可靠接地或装置接地孔接地。

（10）如果在使用过程中出现界面数据出错或设备无法连接等问题，向下触按复位按钮键，使 DSP 复位；或退出运行程序回到主菜单，重新运行程序，则界面所有数据均恢复至默认值。

十四、自动抗干扰精密介质损耗测量仪 AI-6000E

1. 仪器用途

自动抗干扰精密介质损耗测量仪用于电气设备抗干扰介损测量或试验室精密介损测量。仪器采用一体化结构，内置介损电桥、变频电源、试验变压器和标准电容器等。采用变频抗干扰和傅立叶变换数字滤波技术，全自动智能化测量，强干扰下测量数据非常稳定，具有变频抗干扰、高精度测量、多级安全保护，确保人身和设备安全的特点（见图 8-1-19）。

2. 工作原理

启动测量后高压设定值送到变频电源，变频电源用 PID 算法将输出缓速调整到设定值，测量电路将实测高压送到变频电源，微调低压，实现准确高压输出。根据正/反接线和内/外标准电容的设置，测量电路根据试验电流自动选择输入并切换量程，测量电路采用傅里叶变换滤掉干扰，分离出信号基波，对标准电流和试品电流进行矢量运算，幅值计算电容量，角差计算 tgδ。反复进行多次测量，经过排序选择一个中间结果。测量结束，测量电路发出降压指令变频电源缓速降压到 0 位。

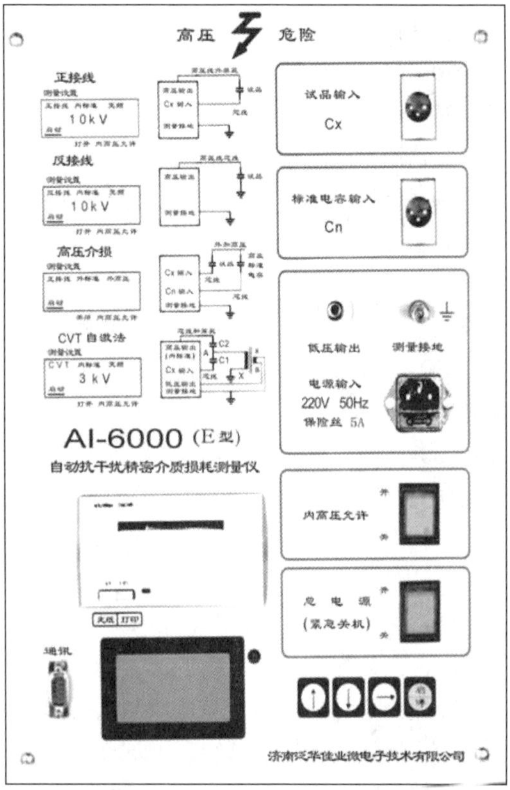

图 8–1–19 自动抗干扰介损测试仪

3. 测试操作

（1）试验前准备工作。检查工作电源正常、仪器完好，被测试设备安装、调试正常，满足测试条件。做好安全防护，工作区域设安全围栏，仪器良好接地，根据试验项目连接相应的试验接线，接入试品。

（2）仪器操作。

1）液晶显示屏的对比度已在出厂时校好，如果不够清晰，可按住 ↑ 或 ↓ 不动，再打开总电源开关，再按 ↑ 或 ↓ 调整显示对比度，调整完毕按“启停”键退出。

2）打开总电源开关后，显示开机画面，然后自动进入测量菜单。使用机内高压请打开内高压允许开关。

3）在主菜单接线方式菜单项，按 ↑ ↓ 选择测量方式“正接线”“反接线”和“CVT”。

4）在主菜单标准方式菜单，按 ↑ ↓ 选择“内标准”“外标准”，表示使用内或外接标准电容。通常可用内部标准做正、反接线测量和 CVT 自激法测量，高电压介损选用外标准方式，需要将外接电容参数置入仪器。

5）光标在频率菜单，显示“变频”，表示 45/55Hz 自动变频。仪器自动用 45Hz 和 55Hz 各测量一次，然后计算 50Hz 下无干扰时数据。开机自动默认为该方式。

6）光标在电压菜单，按 ↑ ↓ 键循环显示试验高压“0.5～10kV”。应根据高压试验规程选择试验高压。

7）光标在测试菜单，按住“启停”键1s 以上启动测量。启动测量后发出声光报警；显示屏显示测量进程，测试结束高压缓慢降回0位，显示测试结果。测量中按任一键取消测量，遇紧急情况立即关闭总电源。

8）显示结果后，按↑↓键可查看其他数据，按打印键打印。

4. 注意事项

（1）现场测量连接试品时，务必与试品接触良好，否则接触点放电会引起数据严重波动。尤其是引流线氧化层太厚，或风吹线摆动，易造成接触不良。

（2）接地不良会引起仪器保护或数据严重波动。应刮净接地点上的油漆和锈蚀，务必保证可靠接地。

（3）直接测量CVT 或末端屏蔽法测量电磁式TV 直接测量CVT 的下节耦合电容会出现负介损，应改用自激法。用末端屏蔽法测量电磁式TV时，由于受潮引起“T 形网络干扰”出现负介损，吹干下面三裙瓷套和接线端子盘即可，也可改用常规法或末端加压法测量。

（4）空气湿度大使介损测量值异常增大或减小甚至为负且不稳定，必要时可加屏蔽环。因人为加屏蔽环改变了试品电场分布。

（5）由于长期使用，易造成测试线隐性断路，或芯线和屏蔽短路，或插头接触不良，用户应经常维护测试线。测试标准电容试品时，应使用全屏蔽插头连接，以消除附加杂散电容影响，否则不能反映出仪器精度。自激法测量CVT时，非专用的高压线应吊起悬空，否则对地附加杂散电容和介损会引起测量误差。

（6）接好线后请选择正确的测量工作模式（正、反和 CVT），不可选错，特别是干扰环境下应选用变频抗干扰模式。

（7）由于介损测量受试验方法影响较大，应区分是试验方法误差还是仪器误差。出现问题时可首先检查接线，然后检查是否为仪器故障。

（8）用万用表测量一下测试线是否断路，或芯线和屏蔽是否短路，输入电源220V过高或过低，接地是否良好。用正、反接线测一下标准电容器或已知容量和介损的电容试品，如果结果正确，即可判断仪器没有问题；拔下所有测试导线，进行空试升压，若不能正常工作，仪器可能有故障。

十五、局部放电检测仪 RTJP-2006

1. 仪器用途

局部放电检测仪是用于高压电气设备局部放电测量的专用仪器，适用于变压器、互感器、高压开关、氧化锌避雷器、电力电缆等各种电气设备（见图8-1-20）。

2. 工作原理

图 8–1–20　局部放电检测仪

局部放电测试原理是高频脉冲电流测量法（即 ERA 法）。试品在试验电压下产生局部放电时，放电脉冲信号经耦合电容送入输入单元，由输入单元拾取得脉冲信号，经低噪声前置放大器放大，滤波放大器选择所需频带及主放大器放大后，在示波屏的椭圆扫描基线上产生可见的放电脉冲，同时也送至脉冲峰值表显示其峰值。时间窗单元控制试验电压每一周内脉冲峰值表的工作时间，并在这段工作时间内将示波屏的相应显示区加亮，用它可排除固定相位的干扰。试验电压表经电容分压器产生试验电压过零标志信号，可在示波屏上显示零标脉冲，试验电压大小由数字电压表指示。

3. 测量操作

（1）试验前准备工作。检查工作电源正常，仪器完好，被测试设备安装、调试正常，满足测试条件。做好安全防护，工作区域设安全围栏，仪器良好接地，根据试验项目连接相应的试验接线，接入试品。

（2）仪器操作。

1）开机准备。将时基显示方式开关置于“椭圆”。

2）放电量校正。按图接好线后，在未加试验电压前用校正脉冲发生器予以校正，测量盒应尽量靠近试品高压端。

3）调节放大器增益调节，使该注入脉冲高度适当（示波屏上高度 2cm 左右），使数字电压表，指针表读数值与注入已知电量相符。调定后，放大器细调旋钮的位置不能再改变，需保持与校正时相同，去掉校正脉冲发生器与试验回路的连接。

4）接通高压试验回路电源，零标开关至“通”位置，缓缓升高试验电压，椭圆上出现两个零标脉冲。

5）旋转“椭圆旋转”开关，使椭圆转到预期的放电处于最有利于观察之处，通常这个位置是零标脉冲分别处于椭圆上部左侧及下部右侧之处。

6）连续升高电压，注意第一次出现持续放电，当放电量超过规定的最低值时电压即为局部放电起始电压。

7）在规定的试验电压下，观察到放电脉冲后，调节放大器粗调开关。数字表上的 PC 读数有效数字不能超过 120.0，则数字表头的读数（乘以或除以 10：粗调开关换挡倍率）即为放电量值读数。

4. 注意事项

（1）在试验开始加压以前，试验人员必须详细而全面地检查一遍线路，以免线路接错。测试仪器处的接地线是否与接地体牢固连接，若连接不牢这将可能引起人身和设备事故。

（2）频率高于 50Hz 的局部放电试验。当须进行高于 50Hz 的局部放电试验时，可将频率选择开关接于相应频率档上，从高频试验电源中取 13～275V 电压送入插座上，将椭圆大小调节旋钮转动到相应的电压位置。

（3）本仪器使用数字表头显示放电量，其满度值定为 100.0 超过该值即为过载，不能保证精度，超过该值需拨动增益粗调开关转换到低增益挡。测试中常会发现有各种干扰，对于固定相位的干扰，可用时间窗装置来避开。

（4）对于连接线应避免暴露在外，防止裸露部分电晕放电，尤其对于电压等级较高的局部放电试验，必要时要加粗高压连接线及加装防电晕罩，减小因场强过高引起的电晕放电。屏蔽罩不能与试品的瓷裙相接触。

（5）一般情况下，在试验过程中，被试品在耐压、预升压时局部放电量都比正常值大很多，此时仪器的仪表必然会超出满刻度。为防止仪器损坏，应将仪器的增益粗调旋钮逆时针旋转一挡或更多挡，以不超出满刻度为标准。当电压降至测量电压时，再将增益粗调开关顺时针旋转一挡或更多挡，以便记录测量值。

十六、试验变压器

1. 仪器用途

油浸式试验变压器是对各种高压电气设备、电器元件、绝缘材料进行工频高压下的绝缘强度试验，具有体积小、自重轻、结构紧凑、功能齐全和使用方便等特点（见图 8–1–21）。

图 8–1–21　试验变压器

2. 工作原理

油浸式试验变压器为单相变压器，用工频 220V 电源接入操作台，经操作箱内自耦调压器调节至 0～200V 电压输出至试验变压器的初组绕组，根据电磁感应原理，在试验变压器高压绕组可获得试验所需的高电压。

3. 测量操作

（1）试验前准备工作。检查工作电源正常，仪器完好，被测试设备，安装、调试正常，满足测试条件。做好安全防护，工作区域设安全围栏，仪器良好接地，根据试验项目连接相应的试验接线，接入试品。

（2）仪器操作。

1）按照所进行的试验接测试线。试验变压器的外壳以及操作系统的外壳必须可靠接地。试验变的高压绕组 X 端（高压尾）以及测量绕组的 F 端必须可靠接地。

2）接通电源前，检查调压器必须调到零位后方可接通电源，合闸，开始升压。

3）从零开始匀速旋转调压器手轮升压。升压方式有：快速升压法，即 20s 逐级升压法；慢速升压法，即 60s 逐级升压法；极慢速升压法，供选用。电压从零开始按一定的升压方式和速度上升到额定试验电压的 75%后，再以每秒 2%额定试验电压的速度升到所需的试验电压，并密切注意测量仪表及被试品的情况。升压过程中或试验过程中如发现测量仪表指示及被试品情况异常，应立即降压，切断电源，查明情况。

4）试验完毕后，应在数秒内匀速地将调压器返回至零位，然后切断电源。

4. 注意事项

（1）试验人员应做好分工，并有专门人监护现场安全及观察试品状态。

（2）被试品应先清扫干净，并绝对干燥，以免损坏被试品和试验带来的误差。

（3）对于大型试验，一般都应先进行空升试验。即不接试品时升压至试验电压，校对各种表计。

（4）升压速度不能太快，并必须防止突然加压。调压器不在零位的突然合闸，也不能突然切断电源，一般应在调压器降至零位时拉闸。

（5）在升压或耐压试验过程，如发现下列不正常情况时，应立即降压，切断电源，停止试验并查明原因。

（6）耐压试验前后应测量绝缘电阻，检查绝缘情况。

（7）试验前应先检查被试品是否停电，接地放电，一切对外连线是否擦干净。要严防将试验电压加到有人工作的部位上去。

（8）接好试验装置的接线后，应复查无误后才可加压。应特别注意检查高压设备及引线与地、与操作人员工安全距离，被试品的外壳是否可靠接地，要按安全规程中所规定的内容进行试验。

十七、有载开关测试仪 BYKC–2002

1. 仪器用途

有载开关测试仪是用于变压器中有载调压开关性能测试的专用检测仪器，对各种电力变压器有载开关的性能进行测试、显示和打印过渡波形及其参数，以便判断开关性能的优劣（见图 8–1–22）。

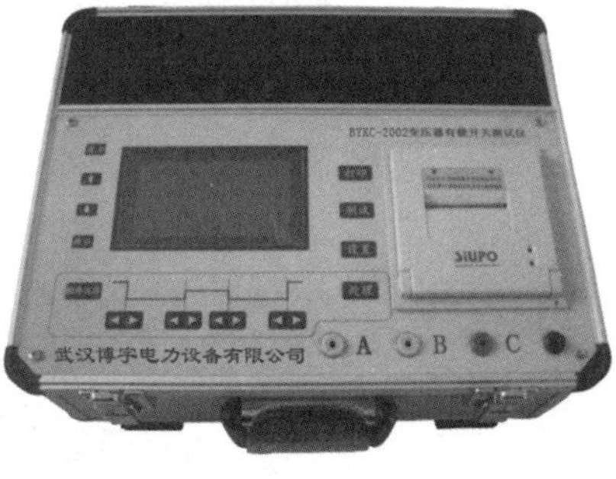

图 8–1–22　有载开关测试仪

2. 测量操作

（1）试验前准备工作。检查工作电源正常、仪器完好，被测试设备安装、调试正常，满足测试条件。做好安全防护，工作区域设安全围栏，仪器良好接地，根据试验项目连接相应的试验接线，接入试品。

（2）仪器操作。

1）接入电源打开电源开关，进入主菜单。

2）在主菜单，设置灵敏度。按“〈”“〉”键可以在2～30进行大小调整，测试中，若切换开关尚未动作仪器就采到了波形，此时仪器灵敏度太高，应将灵敏度值调大，若切换开关已经动作，仪器未采到或采到半截波形，此时灵敏度太低，应将灵敏度值调低。

3）选择量程。仪器内部分了两挡，用户可根据被测试品的过渡电阻的大小进行选择。选择【量程】选项，按“确认”键实现9′Ω和50′Ω之间的切换。

4）测量时间长度选择。仪器内分了两挡，用户可根据被测试品的过渡时间长短进行选择。选择【时间】选项，按“确认”键，实现量程120ms和240ms之间的切换。

5）测试操作。选择好灵敏度、量程和测量时间后，按“选择”键返回【测试】子菜单，按“确认”键进入判定稳流状态，此时，A、B、C上方的三个条形图，表示三条测量线路上的电流稳定值。当三个条形图不在上下波动时，表示三路测试线上的电流以稳定。按“确认”键进入测试状态，按启动开关使有载开关动作，切换完成后，2s显示测试结果，波形显示时光标自动停在整个过渡波形的两端。按“选择”键可对光标1、2进行切换，屏幕下方显示目前被激活的光标，按“＜”“＞”键可移动光标，屏幕下方实时显示两光标间的时间间隔，以及光标2对应的A、B、C三个电阻值，屏幕下方一行显示的参数一次是三相同期性时间和A、B、C三相的线电阻。

6）打印。按“打印”键，直接进入打印菜单，选择“波形”即可进入波形打印界面。

3. 注意事项

（1）仪器外壳必须接地良好。

（2）必须在接好所有引线后，再开电源开关。

（3）测试结束要等放电结束后再拆除测试线。

（4）测试过程中不要移动测试线夹。

（5）若电流偏小时，可将两条线连在一起作为一路测量，不要的线要与黑线短路。

（6）仪器与计算机连接时，仪器与计算机应在同一接地点。

（7）在使用过程中应避免雨淋、腐蚀性气体及尘埃过浓的环境。

十八、阻波器、结合滤波器自动测试仪

1. 用途

阻波器、结合滤波器自动测试仪为测量阻波器、结合滤波器的高频特性的专用仪器。测量结合滤波器线路侧或电缆侧的回波损耗和工作衰减时，测量模式电路自动配置，耦合电容器线路侧标称阻抗和电缆侧阻抗等测量参数自动接入，测量误差自动校正，避免了现场测量时杂乱的接线和烦琐的连接转换，实现了全自动测量，具有快捷、准确、操作简便等特点（见图 8–1–23）。

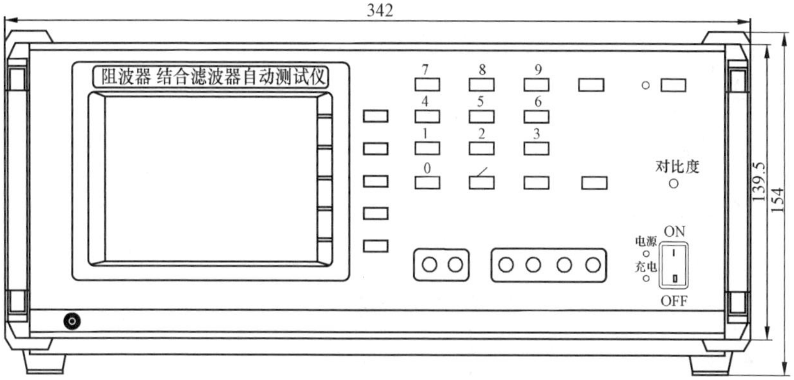

图 8–1–23　阻波器、结合滤波器测试仪

2. 工作原理

通过数字频率合成技术实现分辨率 0.01Hz 的 40～500kHz 高品质信号源。该信号可通过软件设置实现，点频、扫频、扫频范围、扫频步长的选择。将激励信号施加到被测试品上对输出的矢量电压信号进行调理，通过高速采样采集信号，然后由高速处理器处理，实现矢量信号的幅频分析，得到元件上的测试参数值。

3. 测量操作

（1）试验前准备工作。检查工作电源正常、仪器完好，被测试设备安装、调试正常，满足测试条件。做好安全防护，工作区域设安全围栏，仪器良好接地，根据试验项目连接相应的试验接线，接入试品。

（2）仪器操作。将前面板上的电源开关板向“ON”，红色电源指示灯亮，屏幕显示主菜单。按 F3 测量校正，屏幕显示：仪器正在校正……，约 10s 自动校正结束返回主菜单，校正时不要接被测件。在主菜单按 F4 日期时间设置

1）阻波器测量。阻波器测试时，应距地面一个直径的高度，在一个直径的范围内无铁磁性物质，测试引线尽可能短，仪表备有一对 2m 长（红、黑）的测试线，一端

插到仪表阻波器测试插座，另一端鳄鱼夹连接到被测阻波器。阻波器不吊下来测试，应在停电条件下进行，解开阻波器线路侧和母线接头，仪表用机内自备电池供电，可直接带到高空测试。若在地面测试，可将线路侧解开，母线侧通过接地开关接地，用一对红、黑线（15m 长）把阻波器两端引下来接入仪表，红、黑线应拉直，自然下垂，不绞合。测试时仪表用电池供电，仪表外壳应可靠接地，以提高测试精度（见图 8–1–24）。

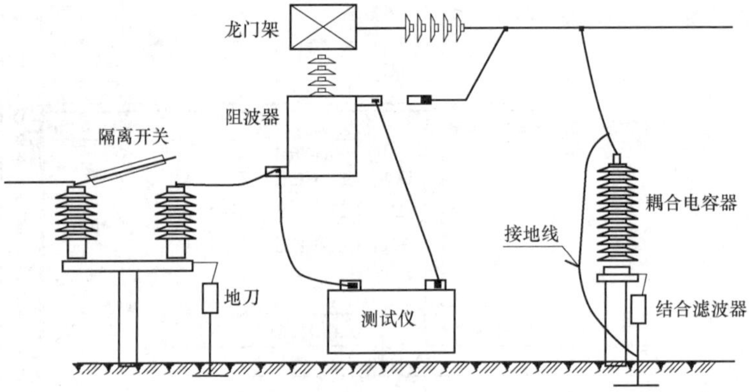

图 8–1–24 阻波器测试接线图

2）在主菜单按 F1 进入阻波器测量子菜单，这里按 F1 测量阻波器阻抗，按 F3 测量阻波器主线圈的额定电感（L_{tN}）和品质因数（Q）。

3）在阻波器测量菜单按 F1 弹出下级菜单——阻抗测量，按 F1 进入点频测量，按 F3 进入扫频测量。点频测量频率用数字键一位一位输入，输入完毕按“确认”键更新频率。输入若超出频率范围，则默认为频率的上限值或下限值。点频测量可启动单次或重复测量，测量结果随即显示出来。

4）结合滤波器测量。仪表备有两对 2m 长（红、黑）的测试线，严格按线路侧、电缆侧接上结合滤波器，测试线一端插到仪表滤波器测试插座，另一端鳄鱼夹连接到被测滤波器（见图 8–1–25）。

5）在主菜单按 F2 弹出结合滤波器测量子菜单，这里按 F1 循环移动光标位置，选择参数项，光标所在位置会弹出相应的数值框，再按 F2 输入测量参数。屏幕提示：要连接附件杂散电容器（100～500pF），并设定在规定容量，用 0.3m 长（红、黑）二端均为插头的测试线并接在线路侧。

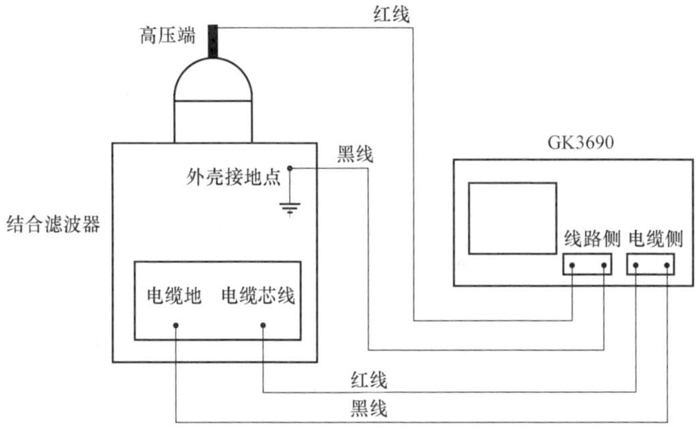

图 8–1–25　结合滤波器测试接线图

6）在结合滤波器测量菜单按 F3 弹出下级菜单——回波损耗测量，这里按 F1 进入点频测量，按 F3 进入扫频测量，点频和扫频参数的范围和设置同阻波器阻抗测量。在点频测量菜单按 F1 启动单次测量，按 F3 启动线路侧回波损耗重复测量，按 F4 启动电缆侧回波损耗重复测量，测量结果随即显示出来。

7）在扫频测量菜单按 F3 启动线路侧回波损耗扫频测量，按 F4 启动电缆侧回波损耗扫频测量，测量结束发“嘟、嘟、嘟”提示音，测量结果自动储存，并以列表形式显示出来。

8）工作衰减测量。在结合滤波器测量菜单按 F4 弹出下级菜单工作衰减测量，按 F1 进入点频测量，按 F3 进入扫频测量，工作衰减超出测量范围（>14dB）时，屏幕显示溢出标记“－－－－－－－”。

9）查询。在主菜单按 F5 弹出测量结果查询菜单，在这里按 F1 查询阻波器测量记录，按 F3 查询结合滤波器测量记录，阻波器测量结果查询。

4. 注意事项

（1）阻波器测试。

1）必须在线路停电的情况下进行测试。拉开阻波器与母线的连接开关，使阻波器与母线断开。将阻波器靠母线端的接地开关接地。拆开阻波器与线路的连接端子，使阻波器与线路断开。

2）把测试线夹头夹在阻波器两端，就可进行阻波器测试。测试阻波器时，测试线不要缠绕，自然下垂；测试线的夹头尽量靠近阻波器，夹头应接触可靠，以免测试误差过大。

3）当发现阻波器测试结果不合格或异常时，检查测试线是否接触可靠，换一下测试线夹头的部位，多测试几次，以确定测试结果。

（2）结合滤波器测试。

1）必须在线路停电的情况下进行测试。拆开结合滤波器高压端与线路的连接线，拆开结合滤波器与高频电缆的连接线。

2）按仪器的提示正确输入结合滤波器的参数，便可开始对结合滤波器进行测试。

十九、绝缘电阻表

1. 仪器用途

绝缘电阻表是电工常用的一种测量仪表，主要用来检查电气设备、家用电器或电气线路对地及相间的绝缘电阻，以保证这些设备、电器和线路工作在正常状态，避免发生触电伤亡及设备损坏等事故（见图 8–1–26）。

图 8–1–26 绝缘电阻表

2. 工作原理

数字绝缘电阻表由中大规模集成电路组成。输出功率大，短路电流值高，输出电压等级多。工作原理为由机内电池作为电源经 DC/DC 变换产生的直流高压由 E 极出经被测试品到达 L 极，从而产生一个从 E 到 L 极的电流，经过 *I*/*V* 变换经除法器完成运算直接将被测的绝缘电阻值由 LCD 显示出来。

3. 仪器使用

（1）测量前必须将被测设备电源切断，并对地短路放电。决不能让设备带电进行测量，以保证人身和设备的安全。对可能感应出高压电的设备，必须消除这种可能性后，才能进行测量。

（2）被测物表面要清洁。减少接触电阻，确保测量结果的正确性。

（3）测量前应将绝缘电阻表进行一次开路和短路试验，检查绝缘电阻表是否良好。即在绝缘电阻表未接上被测物之前．摇动手柄使发电机达到额定转速（120r/min），观察指针是否指在标尺的“∞”位置。将接线柱“线（L）和地（E）”短接，缓慢摇动手柄，观察指针是否指在标尺的“0”位。如指针不能指到该指的位置，表明绝缘电阻表有故障．应检修后再用。

（4）绝缘电阻表使用时应放在平稳、牢固的地方且远离大的外电流导体和外磁场。

（5）必须正确接线。绝缘电阻表上一般有三个接线柱，其中 L 接在被测物和大地绝缘的导体部分，E 接被测物的外壳或大地。G 接在被测物的屏蔽上或不需要测量的部分。测量绝缘电阻时，一般只用“L”和“E”端．但在测量电缆对地的绝缘电阻或被测设备的漏电流较严重时，就要使用“G”端，并将“G”端接屏蔽层或外壳。线路接好后，可按顺时针方向转动摇把。摇动的速度应由慢而快，当转速达到 120r/min 左右时，保持匀速转动，1min 后读数，并且要边摇边读数．不能停下来读数。

（6）摇测时将绝缘电阻表置于水平位置，摇把转动时其端钮间不许短路。摇动手柄应由慢渐快，若发现指针指零说明被测绝缘物可能发生了短路，这时就不能继续摇动手柄．以防表内线圈发热损坏。

（7）读数完毕．将被测设备放电。

4. 注意事项

（1）禁止在雷电时或高压设备附近测绝缘电阻，只能在设备不带电．也没有感应电的情况下测量。

（2）摇测过程中，被测设备上不能有人工作。

（3）绝缘电阻表线不能绞在一起，要分开。

（4）绝缘电阻表未停止转动之前或被测设备未放电之前，严禁用手触及，拆线时，也不要触及引线的金属部分。

（5）测量结束时，对于大电容设备要放电。

（6）绝缘电阻表接线柱引出的测量软线绝缘应良好，两根导线之间和导线与地之间应保持适当距离，以免影响测量精度。

（7）为了防止被测设备表面泄漏电阻，使用绝缘电阻表时．应将被测设备的中间层（如电缆壳芯之间的内层绝缘物）接于保护环。

（8）要定期校验其准确度。

二十、互感器综合测试仪（YTC8750C）

1. 仪器用途

互感器综合测试仪是一种专门为测试互感器：伏安特性、变比、极性、误差曲线、角差比差、计算拐点和二次侧回路检查等设计的多功能现场试验仪器。实验时仅需设定测试电压/电流值，设备便能自动升压/升流，并将互感器的伏安特性曲线或变比、极性等实验结果快速显示（见图 8–1–27）。

2. 工作原理

工作电源经面板上插座接入机内电源板，将市电 220V 转换成直流电源，供给电动调压器、控制测量板、微型打印机等。功率试验电源由独立的接线孔接入，经自动开关后进入电动调压器，再经升压、升流器输出试验电压、试验电流。控制测量板按操作指令调节电动调压器，从而实现对输出试验电压、试验电流的调节控制。

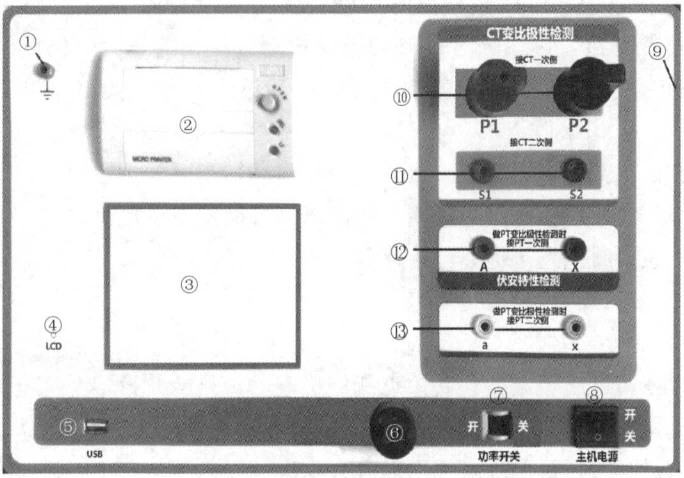

图 8–1–27 互感器测试仪

3. 仪器操作

（1）TA 伏安特性测试。

1）测试仪的接线 A、X 为电压输出端，试验时将 A、X 分别接互感器的 S1、S2 互感器的所有端子连线都应甩开。

2）根据试验需要对电流、电压参数设置。

3）合上调压开关，设置完毕按“开始”键后，再按下“确定”键，即可进入试验界面。试验开始后仪器将自动升压、升流并在界面上实时显示电压、电流值。当实际电压、电流值达到设置输出电压或输出电流值时试验结束，调压器回零后，切断电压输出，显示拐点电压、电流值，并绘出伏安特性曲线图。

（2）TA 变比极性试验

1）TA 一次侧接 P1、P2，TA 二次侧 S1、S2 接 S1、S2。

2）根据试验需要对一、二次电流参数设置。

3）合上调压开关，旋转鼠标将光标移动至“开始”选项，按下鼠标，选择“确定”，试验即开始。装置输出到 TA 一次侧的交流电流持续增加，该一次侧电流和二次侧回路测得的电流数值在屏幕上实时显示。当一次侧输出电流或二次侧输入电流达到所设定的电流值时，装置会自动停止试验，输出电流回零，并以实际测出的电流计算得出变比值。仪器本身的同色端子为同相端，即 P1 接 TA 的 P1，S1 接 TA 的 S1 时，极性的测试结果为减极性。试验过程中光标在“停止”选项上不停闪烁，直至试验完毕退出自动测试界面，或按下旋转鼠标人为中止试验，实验结束后可选择“返回”或“打印”。

（3）TA 一次侧通流检查

1）TA 一次侧接 P1、P2；TA 二次侧可以短接或接 S1、S2。

2）根据试验需要对电流、电压参数设置。

3）合上调压开关，旋转控制器，将光标移动至“一次通流”选项，按下鼠标，选择“确定”，试验即开始。装置将输出到 TA 一次侧的电流逐步增加至所设值，然后将该电流保持输出一段时间，用于检查 TA 二次侧回路的完整性。试验过程中，光标会显示在“停止”选项上不停闪烁，直至试验完毕自动退出，或按下旋转鼠标人为中止试验。

（4）TV 伏安特性测试。输出电压为仪器输出的最高设置电压，如果实验中电压达到设定值，将会自动停止升压，以免损坏设备。通常电压设置值稍大于拐点电压，这样可使曲线显示的比例更加协调。TV 的二次绕组拐点电压通常比较低，电压可设置为 200V，如曲线不能正常显示，参考 TV 伏安特性电压设置说明进行重新设置。

输出电流为仪器输出的最高设置电流，如果实验中电流达到设定值，将会自动停止升流，以免损坏设备，通常 1A 即可测试出拐点值。

1）电压互感器一次绕组的零位端接地，被测绕组 a、x 接测试仪的 A、X 端子。

2）根据试验需要对电流、电压参数设置。

3）合上调压开关，设置完毕按“开始”键后，再按下“确定”键，即可进入试验界面。试验开始后仪器将自动升压、升流并在界面上实时显示电压、电流值。当实际电压、电压值达到设置输出电压或输出电流值时试验结束，调压器回零后，切断电压输出，显示拐点电压、电流值，并绘出伏安特性曲线图。

（5）TV 变比极性试验。

1）TV 一次侧接测试仪的 A、X 端子，TV 二次侧接测试仪的 a、x 端，TV 的其他端子甩开什么都不接。

2）根据需要设置好一次侧最大电压和二次侧电压。

3）合上调压开关，旋转鼠标将光标移动至变比极性测试菜单的“开始”选项，按下鼠标，选择“确定”，试验即开始。装置输出到 TV 的一次侧交流压持续的增加，该一次侧电压和二次侧电压的数值在屏幕上实时显示。当一次侧输出电压或二次侧输入电压达到所设定的电压值时，装置会自动停止试验，输出电压回零，并以实际测出的电压计算得出变比值。仪器本身的同色端子为同相端，即 A

与 a 为同相端。试验过程中光标在“停止”选项上不停闪烁，直至试验完毕退出自动测试界面，或按下旋转鼠标人为中止试验，实验结束后可以选择“返回”或“打印”。

（6）交流耐压试验。

1）TA、TV 交流耐压测试接线，二次侧短接与测试仪电压输出口 X 连接，电压输出口另一端 A 接互感器外壳。

2）移动光标选中交流耐压选项，进入交流耐压试验界面，用户可根据需要设定交流输出电压 0～1000V。

3）移动光标至“开始”按下即开始升压，电压保持时间默认为 1min，测试过程中，仪器内部对互感器二次绕组与外壳之间的漏电流实时检测，如果发现电流迅速增加，将会自动回零，屏幕显示测试异常。

4. 注意事项

（1）为了人身及设备安全，使用前请详细阅读说明书，并严格按照要求规范操作。

（2）试验前请将仪器可靠接地。

（3）在对互感器进行各项试验时，请务必将互感器各端子上的连接线甩开。

（4）TA 变比极性试验时，应将不检测的二次绕组短接。

（5）做 TV 伏安特性试验时，一次绕组的零位端接地。

（6）实验中严禁触碰所有测试端子。

（7）在做 TA 变比实验时，如果一次电流比较大导致接线柱过热，应等接线柱温度降低后再拧开一次连线。

【思考与练习】

1. 简述电容电感测试仪的工作原理。

2. 描述接地电阻测试仪的测试方法。

3. 直接测量CVT 或末端屏蔽法测量电磁式TV直接测量CVT 的下节耦合电容会出现负介损，处理方法。

4. 简述试验变压器的特点。

5. 描述局部放电仪的工作原理及操作方法。

6. 简述试验绝缘电阻表的注意事项。

模块 2　电气试验设备的常见故障判定及排除

【模块描述】本模块介绍电气试验设备的常见故障及处理方法，通过故障分析熟悉设备的常见故障现象，掌握电气设备常见故障的处理方法。

【正文】

一、概述

作为电气试验设备的修理人员，除了应当掌握设备的日常维护保养技能，确保设备的正常有序使用，还应了解设备的常见故障及故障产生的原因，掌握故障排除方法和技能，能第一时间内消除设备常见的各种故障、异常。对于不能排除的故障，应能正确描述故障现象和检查情况，与专业维修人员准确沟通，利于故障的及时排除。

二、电气试验设备常见故障判定及排除

（一）电容电感测试仪（见表 8–2–1）

表 8–2–1　　电容电感测试仪常见故障判定及排除表

故障现象	排除方法
开机无显示	检查电源或更换保险丝
更换熔断器之后，仍烧毁熔丝	联系厂家处理
测试时无数据，电流钳未夹好或损坏	检查或更换电流钳
测试时数据误差大、干扰大	远离电磁干扰源

（二）大电流发生器（见表 8–2–2）

表 8–2–2　　大电流发生器常见故障判定及排除表

故障现象	排除方法
开机无显示	检查、排除电源故障
输出达不到额定值	检查、重新接线或减小负载
无电流电压指示	检查回路、排除故障或联系厂家处理

（三）直流高压发生器（见表 8–2–3）

表 8–2–3　　大电流发生器常见故障判定及排除表

故障现象	排除方法
电源开关打开时，控制箱上的数显表不亮	检查电源线及熔丝
打开电源开关，数显表亮，高压显示灯（绿）不亮，加不上高压，没有回零位	逆时针转动高压输出调整钮回到零位上至“回零”，灯灭即可

续表

故障现象	排除方法
未升到额定输出电压的过程中保护，显示“过流”灯亮，显示“过压”灯亮	检查接线或顺时针旋转到最大处，关闭电源，重新启动
显示灯均点亮	排除试品故障后重新启动
电压表数字波动很大	仪器故障联系厂家人员处理

（四）开关测试仪（见表 8–2–4）

表 8–2–4　　开关测试仪常见故障判定及排除表

故障现象	排除方法
现场用仪器进行控制合、分闸操作时，开关不动作	找到现场控制柜的控制接线图，询问相关保护专业人员，分别找出合、分闸线圈和开关辅助接点，检查控制回路，保证回路畅通
仪器提示“输出短路或负载过大，请关机检查控制接线”，找到现场控制柜的控制接线图	询问相关专业人员，分别找出合、分闸线圈和开关辅助接点，检查控制回路，保证回路畅通
现场线圈负载过大，仪器无法正常驱动	对于电磁机构的开关，由于开关合闸线圈要求的驱动电流很大（高达 100A 或几百安），而仪器操作电源的最大带载能力为 20A。致使负载过大，仪器无法正常驱动。现场一般都是把合闸控制线接在合闸线圈前级的合闸接触器线圈上，用仪器控制开关接触器合上，用接触器驱动开关合闸线圈，使开关动作。或采用“外触发”方式操作开关合闸。对于液压和弹簧机构的开关，由于仪器对输出电流大于 6A 时就默认为“负载过大”。看一看或用万用表实测一下合闸线圈的电阻阻值，确认合闸线圈电流较大，然后请认真检查接线，确认合闸输出没有短路，则取消仪器的短路保护功能进行试验
仪器做单合、单分测试时，开关动作了，但无数据显示	认真检查地线，重新紧固地线
仪器做单合测试时，开关合上，马上又分开	认真检查开关控制回路，排除故障
仪器进行速度测试时，测试结果出现满屏的竖条纹	对传感器的选择重新进行设置

（五）回路电阻测试仪（见表 8–2–5）

表 8–2–5　　回路电阻测试仪常见故障判定及排除表

故障现象	排除方法
开机无显示	检查电源，更换熔丝（5A）
按下测试按钮，无数值显示	检查接线、旋紧接线柱，排除接线不良，仪器量程不合适，更换合适仪器
重复测试同一被测电阻，读数有较大偏差	纠正接线，排除不良现象

续表

故障现象	排除方法
微欧表显示“00”,“00”为自检出错提示符	检查设备，关机重启或联系厂家处理
回路电阻测试仪测试电流正常，微欧值最高位显示“1”	处理电压信号回路，夹对、夹好电压夹。超量程时：可用万用表测 P1、P2 电压值，电阻值=电压值/电流值
回路电阻测试仪按一下“测试开关”，电流表显示无电流，微欧表最高位显示“1”	检查测试线，合上开关

（六）蓄电池充放电检测仪（见表 8–2–6）

表 8–2–6　　蓄电池充放电检测仪常见故障判定及排除表

故障现象	排除方法
开机无显示，电源线松动	检查电源或硬件故障联系厂家处理
负载电流不能调节	检查处理电池组与放电仪连接线，或软件故障联系厂家处理

（七）直流电阻测试仪（见表 8–2–7）

表 8–2–7　　直流电阻测试仪常见故障判定及排除表

故障现象	排除方法
开机无显示	检查电源或更换保险丝
启动后闪烁显示“4.0.0.0：XX”	A/D 板故障，联系厂家处理
启动后长时间显示“5.0.0.0：XX”	分压电阻板故障，联系厂家处理
长时间启动测试，电流指示不到测试电流，被测试品阻值超出测量范围或当电流指示表为零，状态指示表向右偏	测试回路开路，更换满足量程的仪器或检查、重新接线处理
启动后长时间显示“6.0.0.0：XX”	分压电阻板故障或电源板故障，联系厂家处理
测试值偏差大，测试回路有接触不良	检查处理接线
液晶屏出现乱码	显示板故障，联系厂家处理

（八）地网电阻测试仪（见表 8–2–8）

表 8–2–8　　地网电阻测试仪常见故障判定及排除表

故障现象	排除方法
屏幕不显示	电源或熔丝烧坏，检查电源或更换熔丝
显示“Er–Zx”	表示测试电流波动，检查接线

续表

故障现象	排除方法
显示“Er–Ii”	表示变频电源输入电流过大，联系厂家处理
显示“Er–Vi”	表示变频电源输入电压过高，检查电源电压
显示“Er–Io”	表示变频电源输出电流过大，联系厂家处理
显示“Er–Vo”	表示变频电源输出电压过高，联系厂家处理
显示“Er–Pi”	表示变频电源硬件保护，重试无法恢复联系厂家处理
显示“Er–Ps”	表示变频电源软件保护，重试无法恢复联系厂家处理
显示“Er–Hz”	表示变频电源正电源过低，检查电源或联系厂家处理
显示“Er–Lz”	表示变频电源负电源过低，检查电源或联系厂家处理
显示“Er–H^”	表示变频电源正电源过高，重试无法恢复联系厂家处理
显示“Er–L^”	表示变频电源负电源过高，重试无法恢复联系厂家处理
显示“Er–T^”	表示变频电源温升过高，停机冷却
“Save–DataError！”	表示仪器出厂参数出错，重设或联系厂家处理

（九）地网电阻测试仪（见表 8–2–9）

表 8–2–9　　变比测试仪常见故障判定及排除表

故障现象	排除方法
屏幕不显示	电源或熔丝烧坏，检查电源或更换熔丝
显示屏絮乱	系统出错，按复位键、关机重启或联系厂家处理
显示屏显示“正在测量，请等待……”	接线错误或系统出错，重新接线或联系厂家人员处理
测量结果与实际不符或显示有错误	接线错误或测试线损坏，检查接线是否正确或检查测试线是否损坏

（十）避雷器放电计数器（见表 8–2–10）

表 8–2–10　　避雷器放电计数器常见故障判定及排除表

故障现象	排除方法
开机无显示	电源故障，检查处理电源
测试时计数器不动作	电压输出不够，计数器损坏，检查设备或计数器

（十一）串联谐振耐压装置（见表 8–2–11）

表 8–2–11　　串联谐振耐压装置常见故障判定及排除表

故障现象	排除方法
开机无显示	电源未接好，检查电源
调谐失败，找不到谐振点	输出开关未开或接线有误，退出试验状态合上输出开关或检查接线
谐振后电压升不上去，激励变压器变比错误或电抗器周围有铁磁物质	改变激励变压器的绕组接线方式或移开铁磁物质或用绝缘筒架起电抗器
主机自动复位，供电电源容量不够、电源线径太小，或引线太长、引线接头接触不良或供电电压波动	更换大截面的电源导线、检查电缆接头、增加供电电源容量或减小供电电压波动
开机后线路跳闸，	空气开关容量不够，电源引线上装有漏电保护器，跨过漏电保护器或空气开关接线

（十二）相位伏安表（见表 8–2–12）

表 8–2–12　　相位伏安表常见故障判定及排除表

故障现象	排除方法
不测电压	电压线不通或接触不良或电池电压不足，检查电压线及线夹或及时充电
不测电流	电流钳输入端子接触不良、钳口未可靠啮合、电流钳有故障或电池电压不足，重新接线、重新夹线，检查、更换电流钳或及时充电
不测相位仪器的 U_a 或 I_a 端子无信号输入	检查接线端子
液晶无显示	电池电压不足、液晶显示器有故障或对比度需要重新调节，及时充电、联系常见处理或调节对比度
不能打印	电池电压不足或打印电缆连接不良，或重新连接打印机电缆
不能充电	电源线接触不良或不通、电源插座中无熔丝，检查、更换电源线或更换熔丝
正充电时电源状态显示变为“DC”	仪器判断电池已充满，检查排除、再次充电
电池供电时电源状态显示变为“AC”	电池电量已耗尽，及时充电
开机后显示电池满格，但持续工作时间很短	仪器多日不用，内置的镍氢电池由于自身特性产生内部自放电，而且由于仪器处于关机状态，该自放电不能被仪器内部的电池管理电路所监测，因而开机后显示的并非实际的电池电量，而是未发生自放电以前的电池电量，开机，直至仪器将电池电量放完或自动关机后，再重新充满电即可

（十三）继电保护测试仪（见表 8–2–13）

表 8–2–13　　继电保护测试仪常见故障判定及排除表

故障现象	排除方法
电流某相插孔间报警灯亮，并有报警声	此相电流开路或负载超过实际输出范围，检查接线及负荷后再试
功放电源一投或一输出电压立即跳开功放，电源指示灯闪烁红光并有报警声	弹开功放按钮，检查电压回路有否短路或严重过载
测试过程中，跳开功放电源	首先软件停止操作输出，然后弹起功放按钮，自保护信号应复归，电源指示灯发绿光并停止报警声。再按下功放按钮，再继续试验。若弹起面板功放按钮后，不能复归自保护信号，或再次按下按钮后，自保护再次动作，应考虑是否大电流长时间输出

（十四）自动抗干扰介损测试仪（见表 8–2–14）

表 8–2–14　　自动抗干扰介损测试仪常见故障判定及排除表

故障现象	排除方法
显示“HV–CT Error !”	表示仪器反接线错误，反接线信号故障重开机或找厂家技术人员处理
“Save–DataError !”	表示存储参数错误，内部参数错，可能有硬件故障，请按出厂合格证上的原始参数重新设置或找厂家技术人员处理
显示“RANGE ERROR !”	表示输入短路，量程切换故障试品短路，请检查试品接线
显示“GROUNDERROR!”	表示仪器未接地或接地不良，检查接地线是否松动接地点有无锈蚀、油漆
显示“Er–Ps”	表示变频电源软件保护，断电出现，检查输入电源插座是否接触良好，输入电源是否稳定试品高压线和信号线是否可靠连接
显示“Er–Ii”	表示变频电源输入电流过大，找厂家技术人员处理
显示“Er–Io”	表示变频电源输出电流过大，试品负载过重，请检查试品是否短路或降低电压再试
显示“Er–Vi”	表示变频电源输入电压过高，检查电源电压，应小于 270V
显示“Er–Vo”	表示变频电源输出电压过高，找厂家技术人员处理
显示“Er–Pi”	表示变频电源硬件保护，重试，无法恢复找厂家技术人员处理
显示“Er–HL”	表示变频电源正负电源不平衡，重试，无法恢复找厂家技术人员处理
显示“Er–Hz 或 Er–Lz”	表示变频电源正、负电源过低，找厂家技术人员处理
显示“Er–H^”或“Er–L^”	表示变频电源正、负电源过高，检查电源电压，应小于 270V
显示“Er–T^”	表示变频电源温升过高，停机冷却
显示“Er–Zx”	表示变频电源输出电流电压波动，检查试品高压线和信号线是否可靠连接测量设置是否正确

续表

故障现象	排除方法
显示“ER–cw”	表示 CVT 试品接线错误，仪器没有检测到试验电压，判定接线错误，请检查 CVT 自激法接线
显示“ER–cV”	表示设定的高压电压超限，检查或重新设定
显示“ER–cv”	表示设定的低压电压超限，检查或重新设定
显示“ER–cI”	表示设定的高压电流超限，检查或重新设定
显示“ER–ci”	表示设定的低压电流超限，检查或重新设定

（十五）局部放电测试仪（见表 8–2–15）

表 8–2–15　　局部放电测试仪常见故障判定及排除表

故障现象	排除方法
系统无法谐振	检查电抗器高压开关切换电动机的限位开关是否移位，造成高压开关接触不好或切换不到位，将万用表接在电抗器高压套管输出端与地线之间，然后将控制台上的“高压选择”开关置于“高”挡或“低”挡，此时应能从万用表上分别读出一定的电阻值（高挡电阻较大，低挡电阻较小），如万用表读数无穷大，则说明高压开关接触不好或未切换到位，这时可打开电抗器的顶盖，将相对应的限位开关压杆在附近位置来回扳动，直到万用表能测到电阻值，此时高压开关完全接触或闭合，然后反复调整限位开关的位置，使得切换电动机停下来时，压杆正处于正确的位置，并且万用表测得的电阻值大小与高压开关当前挡位相一致，最后还应空载升压测局放，如一切正常则至此故障排除，如局部放大则说明高压开关接触不好，还需再调整限位开关的位置
间隙调节失灵	经常在间隙调节速度较快的位置直接按下调节按钮，检查间隙调节回路的熔丝是否损坏、控制回路的整流方桥是否烧坏，从而烧断熔丝、面板上控制间隙调节速度的调压器是否损坏、调间隙的直流电动机是否损坏、参看说明书后附的控制图，检查这一回路的继电器是否损坏，查出损坏部件并更换后即可排除故障
间隙表指示失灵	当带动间隙测量电位器的橡皮带老化变松时会造成错位，即间隙调到最小，间隙表指针还位于很高位置。当橡皮带脱落或因老化断裂时，表指针就不动了，由于设备工作中间隙是需要频繁调节的，所以测量间隙大小的电位器也会因频繁地正反转而磨损，造成接触不良，这时表头指针就会来回摆动，打开电抗器顶盖，更换新的橡皮带或电位器。更换后，将间隙调到最小（最小位置的限位开关动作）；然后用手转动该电位器，使得表头指针位于零位往上一小格的位置即可
击穿报警，按复位无效（警灯不亮），高压开关在高、低挡转换过程中，系统会发出报警声，连锁灯不亮，此时高压无法合闸，转换到位后报警声即停止，连锁灯亮	检查高压开关转换回路是否有断点，限位开关触点是否接触不好，切换电动机是否因顶紧螺钉松而空转，主回路调压器自动回零过程中系统也会发出报警声，还要检查回零回路是否有断点；调压器电动机是否空转或不转，造成调压器始终回不到零位，或调压器已回到零位，但由于零位限位开关触点未闭合或接触不好而造成警铃响个不停
击穿不报警或误报警	一般都是由于击穿信号检测回路出现故障而引起或击穿信号线接触不好造成。有时继电器动作时，其触点上产生的火花干扰也可能造成误报警，这时可在产生火花的触点上加吸收电容或调整击穿保护灵敏度，联系设备生产厂家处理

续表

故障现象	排除方法
平面接触式调压器线圈烧坏	一些调压器是采用平面接触式调压器，由于使用过程中缺乏保养及铜刷的磨损，运行中摩擦掉下的铜粉与灰尘一起堆积在铜电刷上，导致火花越来越大，最后烧蚀线圈，甚至把铜刷与线圈烧焊在一起造成严重的匝间短路，从而烧坏线圈，将被烧坏的线圈上一组电刷取下并将该线圈的两个端头引出线悬空，这样即可恢复使用，但要注意控制负载不要太大，因为此时调压器的容量只有原来的一半或联系厂家更换损坏的线圈
局放仪上的椭圆看不清	如果将亮度调节旋钮调到最大，椭圆及椭圆上的脉冲图形仍然很暗，示波管已老化，需更换新的示波管
定标校准时，放电量表读数调不到 100	带负载时增益粗调置于 x4 挡，用 10pC 校准，如果增益微调旋到最大，表头读数也无法达到 100，局放仪信号线各端口插头有可能接触不良，局放仪放大器出现问题，检查各端口插头或更换信号线，通过以下方法来检查：用同轴电缆信号线将局放以后面板上的“方波输出”与“信号输入”连接，然后将校准输出置于 1pC 挡，增益粗调置于×3 挡，调节增益微调旋钮到最小位置，此时，放电量表的读数应是 40～50 左右，如果读数太小则说明放大器可能有问题或联系生产厂家处理

（十六）试验变压器（见表 8–2–16）

表 8–2–16　　试验变压器常见故障判定及排除表

故障现象	造成故障的原因	排除方法
音响较大而嘈杂	可能是变压器铁芯的问题，夹件或压紧铁芯的螺钉松动时，仪表的指示一般正常，绝缘油的颜色、温度与油位也无大变化	应停止变压器的运行，进行检查
音响中夹有水的沸腾声，发出“咕噜咕噜”的气泡逸出声	可能是绕组有较严重的故障，使其附近的零件严重发热使油汽化。分接开关的接触不良而局部点有严重过热或变压器匝间短路，都会发出这种声音	应立即停止变压器运行，进行检修
音响中夹有爆炸声，既大又不均匀时	可能是变压器的器身绝缘有击穿现象	应将变压器停止运行，进行检修
音响中夹有放电的“吱吱”声时	可能是变压器器身或套管发生表面局部放电。如果是套管的问题，在气候恶劣或夜间时，还可见到电晕辉光或蓝色、紫色的小火花，此时，应清理套管表面的脏污，再涂上硅油或硅脂等涂料	要停下变压器，检查铁芯接地与各带电部位对地的距离是否符合要求
音响中夹有连续、有规律的撞击或摩擦声时	可能是变压器某些部件因铁芯振动而造成机械接触，或是因为静电放电引起的异常响声，而各种测量表计指示和温度均无反应，这类响声虽然异常，但对运行无大危害	不必立即停止运行，可在计划检修时予以排除
温度异常（变压器在负荷和散热条件、环境温度都不变的情况下，较原来同条件时的温度高，并有不断升高的趋势，也是变压器温度异常升高，与超极限温度升高同样是变压器故障象征）	变压器匝间、层间、股间短路，变压器铁芯局部短路，因漏磁或涡流引起油箱、箱盖等发热，长期过负荷运行，事故过负荷，散热条件恶化等	运行时发现变压器温度异常，应停止运行，进行检修，查明原因后，再采取相应的措施予以排除，把温度降下来

续表

故障现象	造成故障的原因	排除方法
喷油爆炸	可能是变压器内部的故障短路电流和高温电弧使变压器油迅速老化，而继电保护装置又未能及时切断电源，使故障较长时间持续存在，使箱体内部压力持续增长，高压的油气从防爆管或箱体其他强度薄弱之处喷出形成事故。 （1）绝缘损坏。匝间短路等局部过热使绝缘损坏，变压器进水使绝缘受潮损坏，雷击等过电压使绝缘损坏等导致内部短路的基本因素 （2）断线产生电弧。线组导线焊接不良、引线连接松动等因素在大电流冲击下可能造成断线，断点处产生高温电弧使油汽化促使内部压力增高 （3）调压分接开关故障。配电变压器高压绕组的调压段线圈是经分接开关连接在一起的，分接开关触头串接在高压绕组回路中，和绕组一起通过负荷电流和短路电流，如分接开关动静触头发热，跳火起弧，使调压段线圈短路	切断电源，检修变压器，不能修复时更换变压器
严重漏油（变压器运行中渗漏油）	焊缝开裂或密封件失效，运行中受到震动，外力冲撞，油箱锈蚀严重而破损等，变压器油的油面过低，使套管引线和分接开关暴露于空气中，绝缘水平将大大降低，因此易引起击穿放电	变压器运行中渗漏油现象比较普遍，油位在规定的范围内，仍可继续运行或安排计划检修。但是变压器油渗漏严重，或连续从破损处不断外溢，以至于油位计已见不到油位，此时应立即将变压器停止运行，补漏和加油
套管闪络（变压器套管积垢，在大雾或小雨时造成污闪，使变压器高压侧单相接地或相间短路）	变压器套管因外力冲撞或机械应力、热应力而破损也是引起闪络的因素。变压器箱盖上落异物，如大风将树枝吹落在箱盖时引起套管放电或相间短路	以上对变压器的声音、温度、油位、外观及其他现象对配电变压器故障的判断，只能作为现场直观的初步判断。因为，变压器的内部故障不仅是单一方面的直观反映，它涉及诸多因素，有时甚至会出现假象，必要时必须进行变压器特性试验及综合分析，才能准确、可靠地找出故障原因，判明事故性质，提出较完备、合理的处理方法

（十七）有载开关测试仪（见表 8–2–17）

表 8–2–17　　有载开关测试仪常见故障判定及排除表

设备名称	故障现象	排除方法
有载开关测试仪	开机后无显示	电源或熔丝故障，检查电源及熔丝
	三相电流不平衡	接线松动，线夹接触不良，检查测试接线
	测试乱码	仪器故障，联系生产厂家处理
	打印机不打印	打印机故障，检查打印机

（十八）阻波器、滤波器测试仪（见表 8–2–18）

表 8–2–18 阻波器、滤波器测试仪常见故障判定及排除表

设备名称	故障现象	排除方法
阻波器、滤波器测试仪	电源指示灯不亮开机无显示	熔丝断或电源插头松动，更换熔丝或电源重新接插
	交流供电正常，充电指示灯不亮	未安装电池或电池接触不良，打开后面板上的电池盒盖，检查电池
	阻波器不能正常测量	阻波器插座连接电缆线脱焊，打开下盖板，找到电缆脱焊点重新焊好
	结合滤波器不能正常测量	滤波器插座连接电缆线脱焊，打开下盖板，找到电缆脱焊点重新焊好

（十九）绝缘电阻表（见表 8–2–19）

表 8–2–19 兆欧表常见故障判定及排除表

设备名称	故障现象	排除方法
绝缘电阻表	发电机摇转不动，有卡住现象或摇动时手感很重	发电机转子与极靴相碰、增速齿轮损坏、滚珠轴承脏，油干，拆下发电机重装，消除转子与极靴相碰现象、调整或更换损坏的增速齿轮
	摇动发电机打滑，无电压输出	偏心轮固定螺栓松动，造成齿轮接触不好，调速器弹簧松动或弹性不足，调整偏心轮位置，在紧固偏心轮螺栓，旋动调速器螺母拉紧弹簧，使摩擦点压紧摩擦轮或更换弹簧
	输出电压不稳	调速器装置螺栓松动，调速器摩擦点接触不紧，调速器弹簧松动或弹性不足，固紧调速器位置上螺栓，使调速器接点压紧摩擦轮，旋动柱形螺母，拉紧弹簧或更换弹簧
	摇动时，产生抖动，发电机转子不平衡，转轴不直	把转子放在平衡架上，调整平衡将转轴矫正
	机壳漏电	内部引线或发电机弹簧引出线碰外壳，受潮绝缘不好，检查线路消除碰壳现象，烘干去潮恢复良好绝缘
	输出电压低或无电压输出	绕组断线，绕组接触不良或电刷磨损，将断线绕组重新绕制，检查断线处重新焊接
	手摇发电机时碳刷有响声、火花产生	碳刷与整流环磨损，表面不光滑，接触不良，碳刷位置偏移与整流环接触不在正中，更换碳刷，整流环可用砂纸打磨光滑再用汽油清洗干净更换，调整碳刷位置在整流环正中，并使之全面接触

（二十）互感器综合测试仪（见表 8-2-20）

表 8-2-20 互感器综合测试仪常见故障判定及排除表

故障现象	排除方法
开机无显示	电源故障，检查排除电源故障
测试数值不稳	接线松动，检查重新接线
开机后屏幕出现花屏、死机	系统故障，关机重启无法恢复时联系厂家处理
开机测量时，仪器启动后长时间不响应，长时间无法进入系统	关机重启

【思考与练习】

1. 简述电容电感测试仪的故障原因及排除方法。
2. 简述大电流发生器的故障原因及排除方法。
3. 简述直流高压发生器的故障原因及排除方法。
4. 简述开关测试仪的故障原因及排除方法。
5. 简述回路电阻测试仪的故障原因及排除方法。
6. 简述直流电阻测试仪的故障原因及排除方法。
7. 简述串联谐振耐压装置的故障原因及排除方法。
8. 简述相位伏安表的故障原因及排除方法。
9. 简述继电保护测试仪的故障原因及排除方法。
10. 简述自动抗干扰介损测试仪的故障原因及排除方法。
11. 简述局部放电测试仪的故障原因及排除方法。
12. 简述试验变压器的故障原因及排除方法。
13. 简述阻波器、滤波器测试仪的故障原因及排除方法。
14. 简述绝缘电阻表的故障原因及排除方法。

模块 3 SF_6 回收回充装置的使用

【模块描述】本模块介绍 SF_6 回收回充装置的工作原理及结构组成，通过原理讲解、功能介绍以及操作技能训练，掌握 SF_6 回收回充装置的使用方法及日常保养。

【正文】

一、概述

SF_6 回收回充装置主要用于在 SF_6 电气设备检修前回收设备中的气体，以气态或液态的形式抽到储气罐中保存，在检修完成后再把储气罐中的 SF_6 气体回充于设备中，适用于断路器、GIS 等高压电气设备，具有体积小、功能齐全、操作简单等特点（见图 8–3–1）。

图 8–3–1 SF_6 回收回充装置外形结构图

二、SF_6 回收回充装置的组成及主要技术参数

SF_6 回收装置由气路和电气控制回路两部分组成。

（一）气路组成

由高压电磁阀、高压手动阀、减压阀、安全阀、单向阀、数显真空计、压力表、真空泵、吸附装置、换热装置、压缩机等组成了回收、回充及抽真空过程。

（二）电气控制回路

由继电器、交流接触器、控制器等组成的控制电路，通过控制接触器与继电器控制电气电磁阀、真空泵、压缩机、换热装置的工作状态，完成气体回收、回充及抽真空。

压缩机电压 AC380V，抽气量为 12m³/h；真空泵电压为 AC380V，抽气量 63m³/h，极限真空度 10Pa；控制柜运行温度为–20～50℃，作业地点应为无爆炸尘埃，没有腐蚀性气体场所。

三、SF_6 回收回充装置的工作原理

SF_6 回收装置的进气口通过接头与 SF_6 电气设备的充气口连接，出气口与 SF_6 钢瓶或储气罐连接。利用 SF_6 回收装置中的真空泵对 SF_6 回收装置的管路系统和空钢瓶抽真空以排除空气，关闭真空泵后打开设备充气阀门并起动回收装置的压缩机，设备内排出的 SF_6 气体被压缩机压缩至其临界压力，转化成液态的 SF_6 压入储气罐中保存，完成回收。

四、SF_6 回收回充装置的操作

（一）回收操作

（1）连接好设备与回收装置之间的管路，检查各接头处是否漏气。连接好回收装置与钢瓶之间的管路并检查各接头处是否漏气。

（2）接通回收装置电源，打开真空泵对管道和空钢瓶抽真空。

（3）关闭真空泵。进行倒阀操作，使压缩机的进气口与设备放气口连接，出气口与钢瓶连接。

（4）打开 SF_6 设备气体阀门，待管道压力与 SF_6 设备中压力平衡后，起动压缩机；

观察 SF_6 设备中的压力变化，处于真空状态时，说明设备中的气体已完全回收。

（5）关闭压缩机、钢瓶阀门、SF_6 设备气体阀门，管道排真空后拆除与装置的连接管道，完成设备中 SF_6 气体的回收操作。

（二）回充操作

（1）选择匹配的设备接头将回收装置分别与 SF_6 设备和充气钢瓶连接。

（2）接头回收装置电源打开设备充气口阀门，起动真空泵对管道和设备抽真空，此时必须保证系统与压缩机隔离。

（3）关闭真空泵，并与系统隔离。打开 SF_6 钢瓶阀门，小心调节压力调节阀，使钢瓶输出压力高于设备的工作压力。

（4）缓慢打开设备侧阀门，钢瓶中的 SF_6 以气态缓慢充入设备中，仔细观察 SF_6 设备中的压力变化，达到设备规定压力时立即关闭设备充气口阀门，停止充气。

（5）装置倒阀操作，使压缩机的进气口与设备侧连接，出气口与钢瓶侧连接；开启压缩机，将管道中的 SF_6 气体回收至钢瓶中，关闭钢瓶阀门，拆除与装置的连接。

五、SF_6 回收回充装置的存储与保养

（1）SF_6 回收回充装置应存放在室内，增加适当的防护，防止大的灰尘、水汽及有害气体和环境对设备造成损坏。

（2）设备在搬运过程中应仔细小心，避免碰撞和损坏。

（3）回收回充气体结束后，拆除设备上的管道与接线，擦拭干净设备灰尘与油污。

（4）存放时检查仪器是否有破损、腐蚀、绝缘老化现象，发现及时处理。

（5）定期到具有资质的检定单位检定校验，周期 1 年。

（6）若仪器出现故障，应及时进行检查维修。如无法排除应联系厂家处理，不得自行拆开仪器，以免造成仪器无法修复或人身伤害。

【思考与练习】

1. 简述 SF_6 回收回充装置的作用。
2. 简述 SF_6 回收回充装置的组成及工作原理。
3. 简述 SF_6 回收回充装置回收的操作方法。
4. 简述 SF_6 回收回充装置的存储与保养要求。

模块 4　变压器油精密过滤机的使用

【模块描述】本模块介绍变压器油精密过滤机的工作原理及结构组成，通过原理讲解、功能介绍以及操作技能训练，掌握变压器油精密过滤机的使用方法及日常保养。

【正文】

一、概述

变压器绝缘油过滤机主要用于提高油的绝缘性能和纯净程度。用加压过滤或真空蒸发—加压过滤方法除去不纯净油中固体杂质和水分的过滤机组，是对受污染的油品进行过滤、净化，恢复或提高油品本身的属性，有效去除油品中的杂质保障用油设备安全运行（见图 8–4–1）。

二、变压器绝缘油过滤机的工作原理及相关技术参数

（一）工作原理

变压器绝缘油过滤机工作时，油液在内外压差的作用下经入口进入初滤器，大颗粒杂质被滤除，油液经加热后，进入特制的真空分离器中，在真空分离器中先形成雾状，再形成膜状，使其在真空中的接触面积扩大，油中的水分在高热、高真空度、大表面、高抽速的条件下得到快速汽化并由真空系统排出。由真空分离器上部排出的水蒸气，首先经冷凝器降温除湿后，进入冷却器中再次冷却，冷凝水进入储水器中排出。

图 8–4–1 变压器绝缘油过滤机外形结构图

（二）相关技术参数

工作温度：40～75℃。

工作压力：小于 0.3MPa。

工作电源：380V。

过滤指标：5～50μm 颗粒数小于 500 个/100ml。

系统接口：进出口法兰 DN50，排污口法兰 DN40。

三、变压器绝缘油过滤机的操作

（一）准备工作

准备好相关配件，设备吊装就位后，按图纸进行组装，系统进出口连接，电路连接。

（二）设备起动（见图 8–4–2）

（1）检查电源控制箱，确认所有设备按钮全部处于关闭状态.

（2）将系统电源接入 380V 交流电源，检查确保开关容量。

（3）垂直向外拔出急停开关，给设备通电，等待 10s 后待变频器开机稳定后，闭合屏蔽泵开关，系统运行。

（4）检查各仪表显示及其他设备运行情况，指示灯在绿色区域，说明设备运行正常，指示灯在黄色区域说明设备反转或有其他故障，应立即关泵、断电，检查处理调节电源相序，排除故障之后，重新起动泵。

（5）开机运行 30s 之后，待系统运行稳定之后，满开进口阀门，观察系统运行的压力，系统的运行流量和泵电动机的运行频率，通过调节进口阀门开关控制系统的流量以保证系统不会超负荷运行。

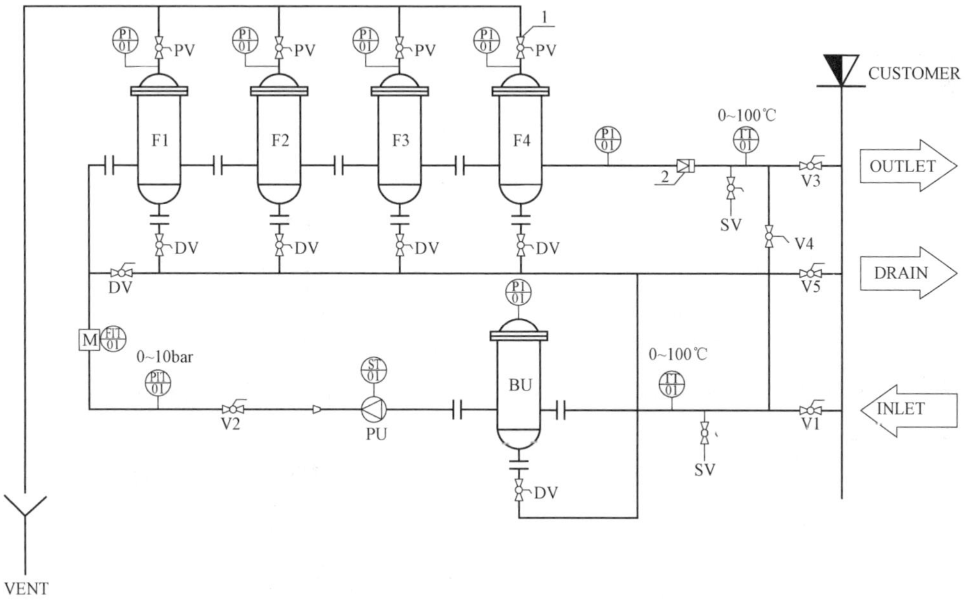

图 8-4-2 变压器油过滤机系统流程图

V1—系统进口阀门；V2—泵出口调节阀；V3—系统出口阀门；V4—系统回流阀门；V5—系统总排污阀；DV—系统排污阀门；PV—系统放气阀门；SV—取样阀门；BU—保安过滤器；F1～F4—精密过滤器；PU—屏蔽泵；ST—变频控制；PIT—压力传感器；FIT—流量传感器；P1—压力表；TT—温度传感器；1—手动球阀；2—对夹止回阀

（三）设备运行调节

根据流量计显示流量，调节屏蔽泵出口调节阀和变频器控制泵出口压力，使系统控制在额定的流量范围内。系统压力设置也许不能满足现场需求，需要根据现场调节，如果系统带负载走大循环，全开出口阀门，满足系统额定流量下将系统工作压力尽量设低。

（四）取样操作

（1）系统运行稳定，2～4h 后，根据需要从两个取样阀取样。

（2）取样阀一定要接螺旋软管进行取样，以减少气泡的产生。

（3）取样时应在干净的环境下进行，排除空气中颗粒的影响。

（4）取样前，应事先打开取样阀门排放 10min 以上，排除软管内的杂物。

（5）取样时使用专用的取样瓶取样化验，确保化验的合格。

（五）设备停机

（1）系统运行结束，通过泵起停旋钮关闭屏蔽泵，等待 10s 后待油泵停稳后，观察变频器运行频率降至 0，关闭变频器开关，关闭系统总电源。

（2）释放滤油机系统内压力后，关闭所有阀门。

四、变压器绝缘油过滤机的维护与保养

（1）维护过滤器和系统中的设备，各自有周期性的预防维护，预防性维护主要有，记录的保持，替换滤芯、轴承。

1）定时检查运行压力、温度、过滤指标，过滤器运行压差值。

2）定期检查泵及阀门运行情况，是否有泄漏，紧固密封或填料，按要求替换损坏零部件，过滤器壳体连接法兰的密封情况。

（2）保养。熟悉油泵的使用和维修常识，有关零部件的使用说明。

1）平时做好系统运行记录，对过滤材料更换做好提前准备，当不能满足运行流量或运行差超出允许范围时及时更换过滤材料。

2）平时注意观察泵上运行检测表，当有任何故障时立即停止系统运行，查找原因排除故障。

【思考与练习】

1. 简述变压器油精密过滤机的用途。
2. 简述变压器油精密过滤机起动运行前的准备工作。
3. 简述变压器油精密过滤机的起动、停机操作步骤。
4. 简述变压器油精密过滤机维护保养要求。

模块5　储 油 罐 的 使 用

【模块描述】本模块介绍储油罐的工作原理及结构组成，通过原理讲解、功能介绍以及操作技能训练，掌握储油罐的使用方法及日常保养。

【正文】

一、概述

储油罐是储存油品的容器，运输变压器油到变压器安装地址进行添加。变压器油罐安装了油样装置，方便提取油样进行化验，起到安全使用作用。

由于空气中存在大量水分，变压器油罐安装吸湿装置防止变压器油污染受潮重新过滤造成的损失；日常存放变压器油，方便变压器检修、拆移时的滤油加油工作。

二、储油罐的分类及技术参数

（一）储油缸的分类

储油罐按材质可分金属油罐、非金属油罐；按所处位置可分地下油罐、半地下油罐和地上油罐；按安装形式可分立式、卧式；按形状可分圆柱形、方箱形和球形（见图 8–5–1）。

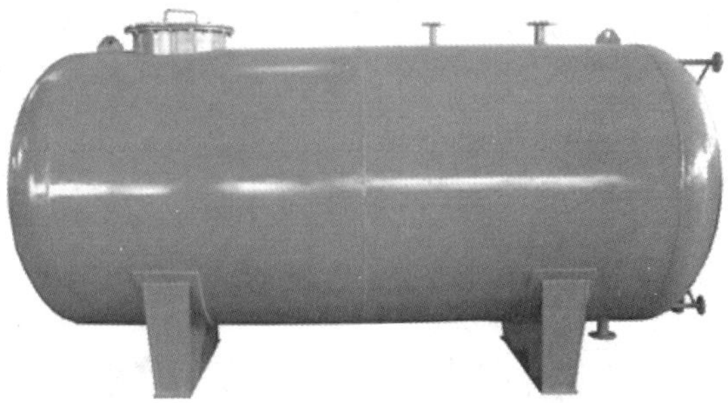

图 8–5–1　储油罐外形结构示意图

（二）储油罐的基本参数

压力：常压。

温度：–19～200℃。

介质：燃料油。

安全：储罐应有壁雷、防静电、消防措施。

防腐：储罐内壁防腐措施应根据罐内储存介质确定，外壁防腐措施根据灌外土质确定。

三、储油罐使用前检查

钢制储油罐焊缝及微裂纹的检测主要是检验焊缝的外观成型质量，检验内容一般为焊脚高度、咬边、焊接变形、焊瘤、弧坑、焊缝直度等，以及焊缝的内在质量，如夹渣、气孔、未焊透、裂纹、未熔合等。钢制储油罐焊缝及微裂纹检测步骤有：

（1）对钢制储油罐内外表面和焊缝及热影响区先用肉眼观察一遍，对哪些地方存在裂纹有个基本的了解，对存在疑问的部位进行仔细观察，必要时用放大镜，发现可能出现微裂纹之处，应做出标注，做好记录。

（2）钢制储油罐的被检表面形态直接影响检测灵敏度，清洁的工件表面是检测取得成效的前提。

（3）对钢制储油罐的对接焊缝进行 100%超声探伤或 100%渗透探伤等方法。

（4）对使用 100%磁粉探伤、着色探伤、100%超声探伤或 100%渗透探伤等方法发现的缺陷（钢制储油罐焊缝及微裂纹区域内），再次利用射线探伤复查，以保证检测结果的准确性。对于采用任何一种检测方法所发现的可疑裂纹，要持慎重态度，不应急于下结论，而应采用会诊方式，利用各种检测方法再进行重点复查，还可让检测人员畅所欲言，对检测结果发表意见，集思广益。通过以上工作，确定钢制储油罐微裂纹的位置、走向、埋藏深度，再确定修复方案，确保钢制储油罐的安全运行。

四、油罐局部快速加热器

（一）工作原理

将“涡流热膜换热器”沿储罐径向伸入油罐底部，热媒介质（蒸汽）走管程，油品从壳程内的管间流动，壳体吸油口直接连通罐内介质，在换热器的蒸气入口设温控阀，通过感温探头对油品出口的温度的检测来控制换热器的蒸气入口蒸气进量，从而确保油品温度的恒定，换热器采用高效换热元件——涡流热膜管，保持油品在管间合理流动，热效率是普通换热器的3～5倍，其强化传热机理是：油品流体在内外表面流动时设计成紊流流动，产生强烈的振荡和冲刷作用，流动的方向不断改变，使紧贴管壁表面的高温油品流体不断更换，隔热层变薄以至破坏，金属表面热量传递加快，流体微观涡流加强，使油品流体内部热扩散强化。不会使贴近管壁表面的流体产生局部高温过热，因此可使油品既得到适当、充分的加热又无结焦分解的可能，既传热量好，又不会阻力很大。

（二）加热特点

加热速度快、传热效率高、不易结垢，油品不会出现局部高温、炭化，保证油品质量及加热器传热效率，油罐内出油口温度最高，保证了倒出油品流动性，避免了反复对罐内油品进行加热，保证了油品色度，降低了油品处理的成本，使用寿命长、耐腐蚀、耐高温、耐高压、防结垢功能，极大提高了换热器整体性能，工艺结构设计先进，保证了油品顺利流出及较好的“抽罐底”作用，可实现自动化控制，可根据油品的进出温度及倒油流量控制蒸气进给量，结构紧凑，安装与维修方便，不会因为加热器的安装而影响罐体的安全。与U形管换热器比较，在同等换热面积情形下，涡流热膜换热器的外型尺寸仅为U形管换热器外形尺寸的二分之一左右，相对于电加热方式，更安全，加热更温和，对油品品质影响更小。

五、储油罐容易发生火灾的主要因素及预控措施

（一）储油罐容易发生火灾因素

（1）明火引起的油罐火灾居第1位，其主要原因是在使用电气、焊修储油设备时，管理不善或措施不力而引起。

（2）静电火灾是指静电放电火花引燃可燃气体、液体、蒸气等易燃易爆物而造成的火灾或爆炸事故。

（3）自燃是物质自发的着火燃烧过程，通常是由缓慢的氧化还原反应而引起，即物质在没有火源的条件下，在常温中发生氧化还原反应而自行发热，因散热受到阻碍，

热量积蓄，逐渐达到自燃点而引起的燃烧。所以自燃的条件有 3 个，即发生氧化还原反应、放热、热量积蓄，主要过程有氧化、聚热、升温、着火。

（4）油罐区存在的油气混合物遇到雷击起火，即使油罐接地，亦会造成火灾。而浮顶罐雷击起火往往是浮顶与罐壁的电气连接不良或罐体密封性差所致。

（二）预控措施

（1）人的管理，就是要千方百计地防止因违章作业、违章操作、违章指挥而引起的爆炸事故。

（2）从控制氧气的进入来破坏爆炸条件的形成。根据可燃物发生燃烧和爆炸的条件可知，要想避免储油罐发生火灾和爆炸事故，就必须禁止氧气或空气进入储油罐内。

六、储油罐的日常维护与保养

（1）人孔及照明孔每月至少检查一次（不必打开），量油口及其垫片每次使用前进行检查。对于量油装置上的防火垫圈应及时更换，保持完好。

（2）油罐所用的机械式呼吸阀和液压式安全阀应定期检查维修。呼吸阀雨季每月至少检查两次。当气温低于 0℃时，每周检查一次。阀盘和阀座、导杆和导槽应经常保持清洁无锈蚀。油封液体不污染、变质及存水。对其下部的防火器，要定期进行清洗，以防堵塞。

（3）收送油管及阀门，在使用前必须检查，每月不得少于一次。油罐的出入口阀门及脱水阀门，应有可靠的防寒措施，以防冻结。

（4）防雷、防静电装置每周检查一次，春秋各测一次接地电阻（不大于 10Ω）。

（5）因罐内沉积物过多，罐体或加热器破损，必须动火检修的油罐，停止使用，进行清罐处理。清罐前应排净罐内的油品，充入热水或蒸汽洗涤罐内的剩余油品，然后打开人孔、透光孔、呼吸阀等进行自然通风，并经检查证实油品蒸气已低于最大允许浓度后（一般按汽油蒸气最大允许浓度 0.3mg/l），方可允许进人清罐。必要时还可用强制通风的办法来降低和排除罐内油品蒸气。需要补焊的油罐，一定要将罐内油污清理干净，在没有油品蒸气的情况下，经检查确定后方可动火。

（6）清理罐内剩余油品时，应注意尽量不用蒸气喷嘴喷射蒸气或从上向下喷淋的办法清除罐内油品，因这些办法有可能由于高速喷射和两相混合搅拌而产生静电，引起油品蒸气爆炸。若必须使用时，须采取相应的接地措施。油罐在使用中会出现各种不同的故障，在维护和检修过程中应根据具体情况，制订具体措施，慎重处理，以保证检修工作安全顺利进行。

【思考与练习】

1. 简述储油罐的用途与分类。
2. 简述储油罐使用前的检查项目。

3. 简述储油罐发生火灾的原因以及相应的预控措施。

4. 简述储油罐日常维护保养要求。

模块6 烘箱的使用

【模块描述】本模块介绍烘箱的工作原理及结构组成，通过原理讲解、功能介绍以及操作技能训练，掌握烘箱的使用方法及日常保养。

【正文】

一、概述

烘箱主要用于设备的干燥、烘焙、热处理及其他加热，适用于烘烤有化学性气体及食品加工行业的欲烘烤物品、基板应力的去除、油墨的固化、漆膜的烘干等。通过自动控制系统，达到恒温，温度可调节。箱内热风循环系统能获得理想的温度效果，具有保温性能好、控温精度高、调温范围广、外观美观的特点（见图8–6–1）。

图8–6–1 烘箱的外形结构示意图

二、烘箱的工作原理及主要技术参数

（一）烘箱的工作原理

通过数显仪表与温度传感器的连接来控制温度，采用热风循环送风方式，热风循环系统分为水平式和垂直式。均经精确计算，风源是由送风马达运转带动风轮经由电热器，将热风送至风道后进入干燥箱工作室，将使用后的空气吸入风道成为风源再度循环加热运用，如此可有效提高温度均匀性。如箱门使用中被开关，可借此送风循环系统迅速恢复操作状态温度值。

（二）烘箱的主要技术参数

电压：220V。

最高工作温度：300℃。

调温范围 ：20～300℃

温差：±5℃。

恒温灵敏度：±1℃。

三、烘箱的操作方法

（1）检查配件各部件及接线头是否有松动现象，发现及时处理。再将箱内感温探头头部保温套去除。

（2）设备外壳接地线良好接地。

（3）将物品放进箱内后，将玻璃门与外门关上，并将箱顶上的风顶活门适当旋开。

（4）插上插座，打开电源开关，按左侧开关面板上的控制开关，按顺序起动电源开关，此时一组加热器起动加热。设定好升温值绿灯指示灯亮，设备开始工作。

（5）打开鼓风开关风机起动散热。挡位一般为：使用温度为 100℃以下开一挡，100℃以上开二挡，150℃以上开三挡，200℃以上开四挡，达到使用温度后开一挡或二挡。

（6）将温度调节器旋钮顺时针方向转动至所需设定温度红色指示灯亮，表示加热，待红灯灭，绿灯亮，表示加热停止；待红、绿灯自动相继熄灭，表示恒温，视温度计温度高低将调节器调整全所需温度。

四、烘箱的存储与保养

（1）打扫表面及工作室灰尘，保持干燥箱干净、卫生。

（2）定期检查风机运转是否正常，有无异常声音，如有立即关闭机器检查。

（3）定期检查通风口是否堵塞，并定时清理积尘。

（4）定期检查温控器是否准确，如不准确，请调整温控器的静态补偿或传感器修正值。

（5）定期检查发热管有无损坏，线路有无老化。

（6）突然停电，要把干燥箱的电源开关和加热开关关闭，防止来电时自动起动。

（7）若真空箱长期不用，将露在外面的电镀件擦净后涂上中性油脂，以防腐蚀，并套上塑料薄膜防尘罩，放置于干燥的室内，以免电器元件受潮损坏，影响使用。

【思考与练习】

1. 简述烘箱的用途及适用范围。
2. 简述烘箱的工作原理。

3. 简述烘箱的操作方法。

4. 简述烘箱的存储保养要求。

模块7 精密过滤机的使用

【模块描述】本模块介绍精密过滤机的工作原理及结构组成，通过原理讲解、功能介绍以及操作技能训练，掌握精密过滤机的使用方法及日常保养。

【正文】

一、概述

精密过滤机的能快速脱除绝缘油液中的水分、气体、杂质，降低介损，提高油的绝缘性能、油品质量和纯净程度，对受污染的油品进行过滤、净化，恢复或提高油品本身的属性，有效去除油品中的杂质，保障用油设备安全运行。

二、精密过滤机的工作原理

油液在压差的作用下经输油管道送入初级过滤器，大颗粒杂质被过滤、清除。油液经高温加热后，进入特真空分离器中，在真空分离器中形成雾状，再形成膜状，使其在真空中的接触面积扩大。油中的水分在高温、高真空度、大表面、高抽速的条件下得到快速汽化并由真空系统排出。

三、设备操作

1. 准备工作

准备好相关配件、图纸，设备吊装就位后，进行组装进行管道、电路连接。

2. 设备起动

（1）查验控制箱，确认所有设备按钮全部处于关闭状态。

（2）接入380V交流电源，检查确保开关容量。

（3）向外拔出急停开关按钮，合上电源开关设备通电，待变频器开机稳定后，闭合屏蔽泵开关，系统运行。

（4）检查仪表显示及其他设备运行情况，指示灯显示绿色，设备运行正常；指示灯显示黄色，设备反转或有其他故障；立即关泵、断电，检查处理电源相序，故障排除之后，重新起动泵。

（5）开机运行待系统运行稳定之后，满开进口阀门，观察系统运行的压力，系统的运行流量和泵的运行频率，通过调节进口阀门的开关控制系统流量以保证系统不会超负荷运行。

3. 设备运行调节

根据流量计显示流量，调节屏蔽泵出口调节阀和变频器控制泵出口压力，使系统控制在额定的流量范围内。系统压力设置可能不满足现场需求，需要根据现场调节。

4. 取样操作

（1）系统运行稳定，2～4h 后，根据需要从两个取样阀取样。

（2）取样时取样阀一定要接螺旋软管进行取样，以减少气泡的产生。

（3）取样时应在干净无灰尘的环境下进行，保证油品的纯净，排除空气中颗粒的影响。

（4）取样前，先打开取样阀门排放 10min 以上，排除软管内的杂物。

（5）取样时使用专用的取样瓶取样化验，确保化验的合格。

5. 设备停机

（1）系统运行结束，通过泵的起停旋钮关闭屏蔽泵。

（2）待油泵停稳后，观察变频器运行频率降至 0。

（3）关闭变频器开关，关闭系统总电源。

（4）释放滤油机系统内压力，关闭所有阀门。

四、维护保养

（1）维护过滤器和系统中的设备，各自有周期性的预防维护，预防性维护主要有：记录的保持，替换滤芯、轴承。

（2）定时检查运行压力、温度、过滤指标，过滤器运行压差值。

（3）定期检查泵及阀门运行情况，是否有泄漏，紧固密封或填料，按要求替换损坏零部件，过滤器壳体连接法兰的密封情况。

（4）平时做好系统运行记录，对过滤材料更换做好提前准备，当不能满足运行流量或运行差超出允许范围时及时更换过滤材料。

（5）平时注意观察泵上运行检测表，当有任何故障时立即停止系统运行，查找原因排除故障。

【思考与练习】

1. 简述精密过滤机的工作原理。
2. 简述精密过滤机起动运行前的准备工作。
3. 简述精密过滤机的操作注意事项。

模块 8　真空机组的使用

【模块描述】本模块介绍真空机组的工作原理及结构组成，通过原理讲解、功能介绍以及操作技能训练，掌握真空机组的使用方法及日常保养。

【正文】

一、概述

真空机组主要用于电力真空设备、干燥、真空冶炼、真空镀膜、焊接、化工等，作为抽真空使用。由罗茨泵、电气控制箱、高真空蝶阀和油气分离过滤器、电子真空计等组成，具有起动快、抽速大、性能稳定、操作简单的特点（见图 8–8–1）。

图 8–8–1 真空机组外形结构示意图

二、真空机组的工作原理及主要技术参数

（一）真空机组的工作原理

机组采用罗茨泵为主泵。真空泵为前级泵，进口处安装有电子真空计，以便准确地观察与控制被抽容器的真空度。当真空泵自备气闭阀突然断电停机时，气闭阀自动关闭，防止真空泵漏油。由于转子的不断旋转，被抽气体从进气口吸入到转子与泵壳之间的空间内，再经排气口排出。由于吸气后空间是全封闭状态，所以，在泵腔内气体没有压缩和膨胀。但当转子顶部转过排气口边缘，空间与排气侧相通时，由于排气侧气体压强较高，则有一部分气体返冲到空间中去，使气体压强突然增高。当转子继续转动时，气体排出泵外。

（二）真空机组的主要技术参数

抽气速率：300L/s。

极限真空度：≤5Pa。

额定电压：380V。

三、真空机组的操作

（一）设备起动

（1）接入三相四线380V交流电源，检查电压、相序、功率符合要求。

（2）连接好抽气管道，在对设备抽气前，对真空机组工作自检，有无漏气现象，发现及时处理。

（3）真空机组自检，首先起动真空泵，并确保电动机运转方向，然后起动罗茨泵，当真空度达到罗茨泵运转条件时，罗茨泵自动运行，在真空机组自检达到要求的情况下，打开进气电磁阀及手动阀，再对设备抽真空。

（4）运转中，必须严格按照罗茨泵的技术要求使用，在起动罗茨泵时必须在入口压力为0.08MPa情况下。

（5）机组起动前检查各泵的油位情况，油位应高于三分之二的油标。

（6）起动真空泵，使旋钮处于“开”状态。

（7）观察真空计读数，压力正常。起动主泵罗茨泵，观察压力正常，设备开始工作。

（二）设备停机

（1）关闭高真空蝶阀。

（2）关闭罗茨泵。

（3）等待20s以上，等待罗茨泵停止后，关闭真空泵。

（4）关闭电源，设备停止运行。

（5）打开针形阀，释放压力。

四、真空机组的存储与保养

（1）设备不使用时，放置在干燥、无粉尘、没有腐蚀性气体的房间中。

（2）每次起动设备时，对真空泵、罗茨泵进行油位检查，无任何异常响动和振动方可投入使用。

（3）真空泵、罗茨泵润滑油应该按相关说明要求，定期更换。

【思考与练习】

1. 简述真空机组的组成。
2. 简述真空机组的工作原理。
3. 简述真空机组的操作方法。
4. 简述真空机组的存储保养要求。

模块9　真空滤油机的使用

【模块描述】本模块介绍真空滤油机的工作原理及结构组成，通过原理讲解、功能介绍以及操作技能训练，掌握真空滤油机的使用方法及日常保养。

【正文】

一、概述

真空滤油机是过滤变压器油、液压油等油液中的水分、气体和杂质微粒的专用设备。进行现场热油循环干燥，对密封油浸设备进行现场真空注油、补油及设备抽真空及对轻度变质的变压器油进行再生净化，使其性能达到合格油标准；具有体积小、自重轻、移动方便、噪声低、连续工作时间长、性能稳定、操作方便等特点；可用于对各类油浸变压器、油浸电流、电压互感器及高压少油断路器，进行现场滤油及补油（见图 8–9–1）。

图 8–9–1 真空滤油机外形结构示意图

二、真空滤油机的组成及工作原理

（一）真空滤油机的组成

真空滤油机是根据水和油沸点不同的原理而设计的，它由真空加热罐精滤器、冷凝器、初滤器、水箱、真空泵、排油泵以及电气柜组成的。

（二）真空滤油机的工作原理

真空泵将真空罐内的空气抽出形成真空，外界油液在大气压的作用下，经过有入口管道进入初滤器，清除较大的颗粒，然后进入加热罐内，经过加热到 40～75℃的油通过自动油漂阀，此阀是自动控制进入真空罐内的油量进出平衡。

经过加热后的油液通过喷翼飞快旋转将油分离成半雾状，油中的水分急速蒸发成水蒸气并连续被真空泵吸入冷凝器内。进入冷凝器的水蒸气经冷却后再返原成水放出，在真空加热罐内的油液被排油泵排入精滤器，通过滤油纸或滤芯将微粒杂质过滤出来，从而完成真空滤油机迅速除去油中杂质、水分、气体的全过程。

三、真空滤油机的操作

（一）准备工作

（1）检查真空滤油机的电气设备、各类仪表经试验单位定期进行检验，检验合格、正常。

（2）机器放置平稳，不能有摇摆震动。

（3）检查进出油管安装正确，外接管道安装牢固，软管与金属管对接处均应箍紧，做好防止油管运行中脱落的措施。

（4）检查外接电源正确，所接的电源、电缆、开关应能满足滤油机容量要求。

（5）检查机器外壳可靠接地。

（6）检查所有转动部分应无卡阻现象。

（7）进行试转检查，油泵真空泵等电动机转向正常。

（8）检查冷却水连接可靠，水路畅通。

（9）检查现场配置的灭火器材符合要求。

（二）起动操作

（1）合上电源操作箱内电源总开关，电源指示正常。

（2）全开滤油机粗过滤罐进油阀，全开真空滤油机来油一次阀，微开二次阀，检查油管内有油流动。

（3）按下真空泵电源按钮，起动真空泵；检查真空泵运行正常，真空表压力指示上升正常。

（4）调整真空罐真空调整阀，保持真空管内压力为–0.06～0.08MPa。当真空达到–0.06～0.08MPa 时，全开排油泵出口阀，按下排油泵电源按钮，起动排油泵，检查排油泵运行正常。

（5）调整真空滤油机来油二次阀，使得管道内油流量满足确保真空罐内油位低于油位计最低显示油位以下。

（6）调整温控仪，把温控仪上红绿灯中间的小按钮移到“设定”位置（此时显示设定温度），调节上面的旋钮，设定温度 50～60℃，调好后再把红绿灯中间的按钮移到“测量”位置，此时温控仪显示温度为实际测量温度。

（7）按下油温加热器起动按钮，检查加热指示显示正常，自动控制加热系统运行正常。

（8）全面检查真空滤油机运行正常，确保无油滴漏现象后，做好记录。

（三）取样操作

（1）系统运行稳定 2～4h 后，根据需要从两个取样阀取样。

（2）取样阀一定要接螺旋软管进行取样，以减少气泡的产生。

（3）取样时应在干净的环境下进行，排除空气中颗粒的影响。

（4）取样前，应事先打开取样阀门排放 10min 以上，排除软管内的杂物。

（5）取样时使用专用的取样瓶取样化验，确保化验的合格。

（四）停运操作

（1）停止滤油机油加热系统。

（2）关闭真空滤油机来油一、二次阀及粗过滤罐进油阀。

（3）停下真空泵，检查真空罐真空降至零，关闭真空罐压力调节阀。

（4）当排油泵出油管路无油流动后，停排油泵运行，关闭精过滤罐出油阀。

（5）断开真空滤油机电机总电源。

（6）全面检查滤油机，无异常后，做好记录。

（五）紧急停机操作

（1）手动按下滤油机“急停按钮”，确认真空泵、排油泵却以停下。

（2）关闭滤油机油进、出口所有阀门。

（3）进行其他异常处理操作。

四、真空滤油机的维护与保养

（1）试验结束后，拆除设备电源、管道接线，擦拭干净设备外壳灰尘。

（2）保持各机泵的清洁，防止杂物进入。

（3）定期检查电器控制系统是否安全、可靠；温控仪是否灵敏、可靠、准确；泵轴油封是否损坏、泄漏。

（4）定期放尽冷却罐内储水。

（5）应随时注意更换或补加真空泵油。

（6）真空滤油机系统若工作压力达 0.2MPa 时，必须清洗或更换滤芯。

（7）滤芯应定期拆下清洗以保护清洁，避免堵塞而损坏。

（8）维护应记住零件装配位置，紧固件应紧固无松动。

（9）运行时，对系统管道、阀门和电动机等应随时观察。

（10）本机应实施保护性接地，开机时检查电动机旋转方向是否与要求相同，并确认无卡阻、松动现象。

（11）本机停长时间不用时，应将存油放尽后关闭阀门，同时将真空泵油放尽注入新油，关好电控柜门和所有阀门，并漆上防锈油脂，盖好机身，放置在干燥的环境。

（12）设备应置于清洁、通风、干燥无腐蚀性气体的室内存放。

（13）定期到具有资质的检定单位检定校验，周期 1 年。

【思考与练习】

1. 简述真空滤油机的用途。
2. 简述真空滤油机的组成及工作原理。
3. 简述真空滤油机使用前的准备工作。
4. 简述真空滤油机的起动操作。
5. 简述真空滤油机的取样操作。
6. 简述真空滤油机的停运操作。
7. 简述真空滤油机的紧急停机操作。
8. 简述真空滤油的维护与保养要求。

模块 10　干燥空气发生器的使用

【模块描述】本模块介绍干燥空气发生器的工作原理及结构组成，通过原理讲解、功能介绍以及操作技能训练，掌握干燥空气发生器的使用方法及日常保养。

【正文】

一、概述

干燥空气发生器用于电力变压器、电抗器等大型电力设备安装、检修时供应干燥空气，提供的干燥空气能确保电力设备的内部绝缘不致受潮，检修人员在设备内部工作时不会因为缺氧而窒息。

在使用干燥空气发生器进行设备检修时，可不受外界气候变化的影响。比使用氮气安全、可靠、经济、方便，在滤油的过程中，可对注油设备箱体和油液进行充分的干燥，保证油质绝缘提高和水分的降低，对油库（罐）接入干燥发生器后，可保证库存备用油长期处于合格状态，具有体积小、自重轻、操作简单、节省能源、使用安全可靠的特点（见图 8–10–1）。

图 8–10–1　干燥空气发生器外形结构示意图

二、干燥空气发生器的工作原理及主要技术参数

（一）干燥空气发生器的工作原理

大气经空气压缩机进入储气罐，大部分水分被压缩液化经排水阀排出，空气进行第一次干燥；之后进入冷冻式干燥机，水蒸气被凝结成水，空气进行第二次干燥；然后进入吸附式干燥机进行第三次干燥，将剩余微量水分吸附掉，最后经过高精度空气过滤器输送至需要干燥气体的设备中（见图 8–10–2）。

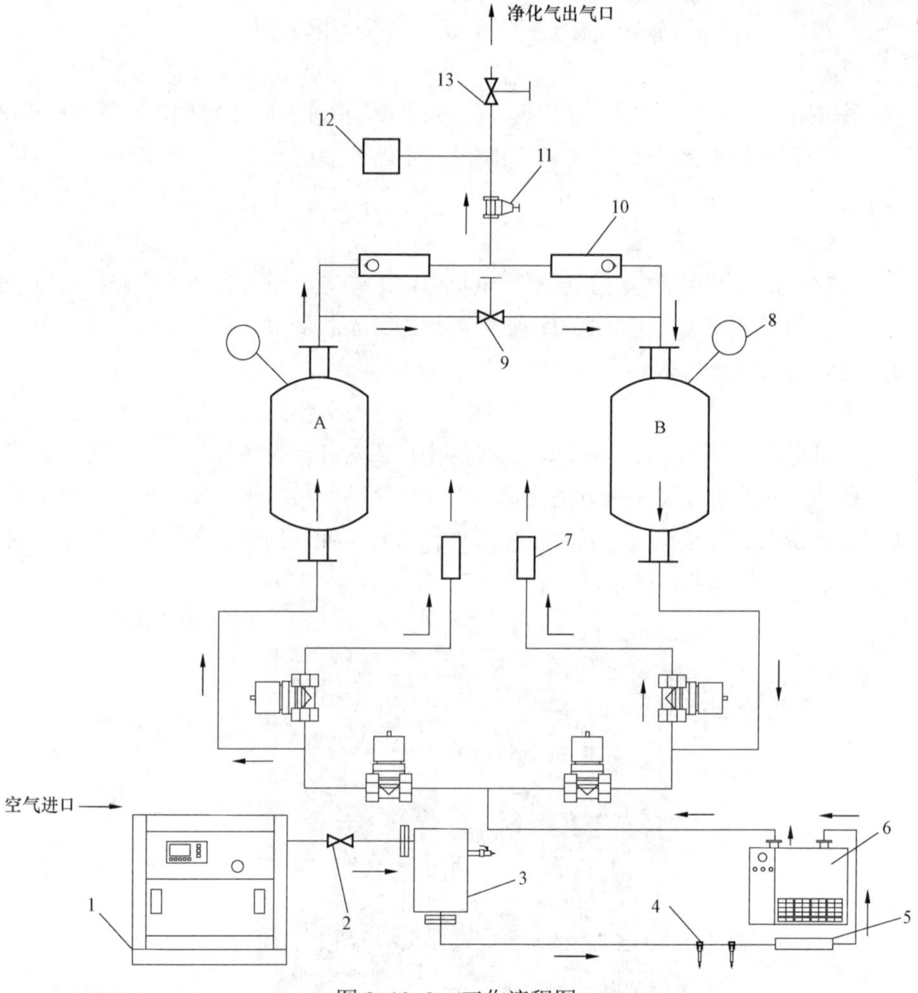

图 8-10-2 工作流程图

1—空气压缩机；2—阀门I；3—储气罐；4—除水过滤器；5—散热器；6—冷冻机；7—消音器；8—压力表；9—再生气调节阀；10—单向阀；11—减压阀；12—露点仪；13—阀门II

（二）干燥空气发生器的主要技术参数

工作电源：380V。

空气处理量：＞148M³/H。

进气温度：额定＜45℃。

压力露点：–50～–60℃。

吸附剂材料：氧化铝/分子筛。

出气压力：0.1～0.4MPa。

出气管口径：DN40。

三、干燥空气发生器的操作

（一）开机操作

（1）将空气压缩机出口排气阀门和无热再生吸附式干燥机出气口阀门全部打开。接通电源，观察电气控制柜内相序保护器，如果相序保护器红灯亮表示，电源相序接反，立即关闭电源调整相序，重新打开电源。

（2）接通电源后，触摸显示屏显示“空气压缩机、冷冻式干燥机、吸附式干燥机”图标和名称。分别点击触摸屏上的“空气压缩机、冷冻式干燥机”名称键，再点击空气压缩机显示屏上的“ON”起动键，此时，空气压缩机、冷冻式干燥机开始工作。

（3）立即关闭出气口阀门，观察无热再生吸附式干燥机上压力表读数，此时压力表读数上升到 0.6～0.7MPa，点击电器柜中控制器上“吸附式干燥机”键，然后缓慢调节好内部压力，保证内部压力稳定在 0.6～0.7MPa，吸附式干燥机压力必须保证在 0.5MPa 以上，否则影响气动电磁阀开闭顺序。

（4）无热再生吸附式干燥机初次进气时两塔上的压力表指针同时会上升至 0.6～0.7MPa，当 A 塔吸附时压力表指针处于 0.6～0.7MPa，B 塔再生时压力表指针处于 0MPa，此时，无再生吸附式干燥机开始工作。

（5）缓慢调节出气口阀门，保证无再生吸附式干燥机内部压力保持 0.6～0.7MPa。

（6）内部压力稳定后，干燥空气发生器开始正常工作，把合格空气输入至下游设备。

（7）打开露点仪进气管道上的进气阀和四通阀。通气前应使位于后板的四通阀处于“关”状态，缓慢开启工艺管道上的取样阀门，然后逐渐调节仪器流量控制阀开度，使流量计稳定指示于 400ml/min 处，置换气路约 5min 时间后，使位于后板的四通阀处于“开”状态，接通仪器电源，打开电源开关。

（8）露点仪开启通气后，观察露点仪的读数，大约 30min 后露点仪读数稳定。

（9）缓慢调节储气罐、散热器下方排水阀门的开度，不能开得太大，有气流出就行。

（10）制冷压缩机起停时间间隔在 5min 以上，不要频繁开机，否则，压缩机容易被烧坏。

（二）停机操作

保持控制器的运行直到两个吸附罐都已再生。

（1）保证 AB 塔压力必须保持在 0.5MPa 以上，点击触摸屏上“无热再生干燥机”键，无热再生干燥机中断运行，再关闭电源。

（2）按下空气压缩机控制面板上的“OFF”停止键，不要急于关断电源待空气压缩机延时程序结束，再分别点击触摸屏上的名称键“空气压缩机，冷冻式干燥机”，此时，设备处于断电状态。经常断电可能会损坏空气压缩机和无热再生吸附式干燥机内部程序。

（3）当压力在 0.1～0.2MPa 时，缓慢打开过滤器和储油罐的排水阀门放出余水和余气。

四、干燥空气发生器的存储与保养

（1）一般干燥剂运转 6 个月后应打开加料口适当补充吸附剂，运转 1～3 年后应更换吸附剂，根据前置除油除水效果而定，如果污染少可延长使用周期。

（2）定期检查各电磁阀、各阀门运行情况，并检查冷冻式干燥机的冷媒压力表。

前置过滤器、自动排水器应定期清洗，确保滤筒不积液。前置滤芯使用寿命一般为 8000h，要定期更换。

（3）长期放置时，每月通电一次一小时，以免受潮，影响以后使用。

（4）检查吸附筒的再生压力，当压力大于 0.4MPa 应清洗消声器。

（5）当吸干机不用时应把进出气口阀门关闭，以免吸附剂受潮。

【思考与练习】

1. 简述干燥空气发生器的用途。
2. 简述干燥空气发生器的工作原理及主要技术参数。
3. 简述干燥空气发生器开、关机操作内容。
4. 简述干燥空气发生器的存储保养要求。

模块 11　SF_6 回收回充装置常见故障及排除

【模块描述】本模块介绍 SF_6 回收回充装置的常见故障种类及产生原因，通过操作过程详细介绍以及操作技能训练，掌握 SF_6 回收回充装置常见故障的判定排除。

【正文】

一、概述

SF_6 回收回充装置主要用于回收设备中的气体，以气态或液态的形式抽到储气罐中保存，在检修完成以后再把储气罐中的 SF_6 气体回充于设备中。其工作性能的好坏直接影响到生产效率。

作为 SF_6 回收回充装置的修理人员，除了应掌握设备的日常维护保养技能，确保设备的正常有序使用，还应了解设备的常见故障及故障产生的原因，掌握故障排除方法和技能，能第一时间内消除设备常见的各种故障、异常。

对自我不能排除的故障，应能正确描述故障现象和检查情况，与专业维修人员准确沟通，利于故障的及时排除。

二、安全注意事项

（1）避免 SF_6 气体钢瓶靠近热源及阳光暴晒。

（2）户外设备充装 SF_6 气体时，工作人员在上风口操作；室内操作时，要开启通风设备。

（3）为了保证安全，设备稳定运行，防止意外发生，设备必须可靠接地。

（4）对于外连接管路，要求管道长度尽量短、弯头少、接口少，以减少阻力和可能存在的泄漏点。

（5）真空泵、压缩机和制冷机组禁止频繁起动，停机后再次开机的时间间隔，不得少于 3min。

三、SF_6 回收回充装置常见故障及排除（见表 8-11-1）

表 8-11-1　SF_6 回收回充装置常见故障及排除表

故障现象	造成故障的原因	排除方法
开机无电源显示	电源故障	检查维修电源
停止时压力损失	单向阀泄漏、电路故障导致泄漏、阀门密封或管路泄漏	检查单向阀、检查排除电路或检查阀门、管路
压缩机没有压力或不能停止	阀门的连接及密封可能泄漏、活塞环可能存在故障或压缩管路可能泄漏	检查阀门的连接及密封情况，清理垫圈及金属板的污垢、检查或更换活塞环或检查压缩管路
压缩机过热	压力或负荷过大、运行时间过长	检查压力或减小负荷、停止运行降温处理

【思考与练习】

1. 简述 SF_6 回收回充装置停机时压力损失的原因及处理办法。
2. 简述 SF_6 回收回充装置不能停机或没有压力的原因及处理办法。
3. 简述 SF_6 回收回充装置检修时安全注意事项。

模块 12　变压器油精密过滤机常见故障判定及排除

【模块描述】本模块介绍变压器油精密过滤机的常见故障种类及产生原因，通过操作过程详细介绍以及操作技能训练，掌握变压器油精密过滤机常见故障的判定排除。

【正文】

一、概述

作为变压器油精密过滤机的修理人员，除了应掌握设备的日常维护保养技能，确保设备的正常有序使用，还应了解设备的常见故障及故障产生的原因，掌握故障排除方法和技能，能第一时间内消除设备常见的各种故障、异常。

对自我不能排除的故障，应能正确描述故障现象和检查情况，与专业维修人员准确沟通，利于故障的及时排除。

二、修理工作安全注意事项

（1）保持各机泵的清洁，防止杂物进入。

（2）真空泵应定期维护。

（3）定期检查电器控制系统是否安全、可靠；温控仪是否灵敏、可靠、准确；泵轴油封是否损坏、泄漏。

（4）定期放尽冷却罐内储水。

（5）应随时注意更换或补加真空泵油，真空泵润滑油采用（KK–1）真空泵油。

（6）真空滤油机系统若工作压力达 0.2MPa 时，必须清洗或更换滤芯。

（7）滤芯应定期拆下清洗以保护清洁，避免堵塞而损坏。

（8）维护应记住零件装配位置，紧固件应紧固无松动。

（9）运行时，对系统管道、阀门和电动机等应随时观察。

（10）本机应实施保护性接地，开机时检查电动机旋转方向是否与要求相同，并确认无卡阻、松动现象。

（11）本机停机长时间不用时，应将存油放尽后关闭阀门，同时将真空泵油放尽注入新油，关好电控柜门和所有阀门，并涂上防锈油脂，盖好机身，放置在干燥的环境。

三、变压器油精密过滤机常见故障及排除方法（见表 8–12–1）

表 8–12–1 真空滤油机常见故障及排除方法表

故障现象	造成故障的原因	排除方法
滤油机运行中中途停车	电压太低、过电流、缺相、机械卡阻	停止使用检查电源及设备或联系厂家处理
油泵不出油或出油量小，含大量气泡	真空度过高、油泵进口管路漏气、油泵轴封漏气	打开镇气阀降低真空度，停机检查维修
排油时，表压力增大	出油过滤器被杂质堵塞	清洗或更换滤芯
进油量不足	进油过滤器堵塞或电磁阀卡阻	清洁滤芯或停机检查
起动加热油温不见升高	感温探头落出或加热管烧坏	固定感温探头或更换加热器
油泵能自动起停情况下无法起动加热器	控制线脱落、接触器问题、红外线下夹具故障或温度控制仪故障	停机并参看电路图检修，适当调整夹具松紧度，更换或检修
油到高位油泵无法自动起动同时电磁阀未关闭	红外线夹具故障或控制线路故障	适当调整夹具松紧度或更换，停机并参看电路图检修

续表

故障现象	造成故障的原因	排除方法
油泵自动起动后排油到低位时不能停止	红外线下夹具故障或下夹具检测处有异物或泡沫	适当调整夹具松紧度或更换，清洁液位计
过滤油不合格	油质含水量高或油液加热温度不足	增加过滤次数或提高加热温度

【思考与练习】

1. 简述变压器油精密过滤机修理时安全注意事项。

2. 简述变压器油精密过滤机油泵不出油或出油量小、含大量气泡故障的原因及排除方法。

3. 简述变压器油精密过滤机排油时，表压力增大故障的原因及排除方法。

4. 简述变压器油精密过滤机过滤油不合格故障的原因及排除方法。

模块 13　储油罐常见故障判定及排除

【模块描述】本模块介绍储油罐的常见故障种类及产生原因，通过操作过程详细介绍以及操作技能训练，掌握储油罐常见故障的判定排除。

【正文】

一、概述

作为储油罐的修理人员，除了应掌握设备的日常维护保养技能，确保设备的正常有序使用，还应了解设备的常见故障及故障产生的原因，掌握故障排除方法和技能，能第一时间内消除设备常见的各种故障、异常。

对自我不能排除的故障，应能正确描述故障现象和检查情况，与专业维修人员准确沟通，利于故障的及时排除。

二、储油罐事故的预防与处理

（1）遇到火灾，爆炸等意外情况发生，将油罐闸阀迅速关闭；向全库迅速发出火警信号，马上将灭火器材提取实施扑救措施。

（2）油罐的排污阀不能正常工作，不能关死的时候，要立即上盲板，及时向上级报告故障所发生的情况。

（3）在操作人员在日常操作作业意外中毒的时候，需要尽快将中毒人员转移到安全地带或尽快送往就近医院进行急救。

（4）油罐出现跑冒漏油等，立即停止正在进行的作业，迅速向全库发出报警信号并立即开始进行抢险工作。

（5）安全注意事项。

储油罐危险性大，容易发生火灾和爆炸事故，必须按照有关规定，建立防火、防爆制度。

经常进行防火巡查，严格进行消防安全管理，确保消防安全。

（1）储罐区应保持整洁，防火堤内应无干草、无油污、无可燃物。

（2）储罐区内不应装设非防爆电气设备和高压架空线路。

（3）储油罐顶部应无油污、无积水。储油罐进出油管线、阀门应采取保温措施。

（4）储油罐顶的透光孔、检尺孔盖、垫片应保持完好，孔盖应盖严密。量油口应装有不打火花的金属垫片。

（5）储油罐上的呼吸阀、液压安全阀底座应装设阻火器。阻火器每季至少检查一次。

（6）储油罐进出油管线应装设韧性软管补偿器。

（7）钢制储油罐罐体应设置防雷防静电接地装置，其接地电阻不应大于 10Ω。接地点单罐接地不应少于两处。

（8）浮顶罐的浮船与罐壁之间应用两根截面积不小于 25mm^2 的软铜线连接。

（9）储油罐装油量应在安全罐位内运行。

（10）当凝油油位高于加热盘管时，应先用蒸汽立管加热，待凝油溶化后，再用蒸汽盘管加热。

（11）不应穿化纤服装和带铁钉的鞋上罐。在罐顶不应开、关非防爆手电筒。

（12）储罐区内油管线动火、清罐作业应执行行业规定。

三、储油罐的常见故障判定排除与维护保养

（1）油罐的维护保养主要是做好油罐的防腐保温，油罐及其附件的检修和清除罐内沉积物等工作。金属油罐使用一定时期后，应进行防腐情况的检查，并对罐外壁涂刷防腐漆，对罐底和罐顶的内壁要利用清罐的机会，进行除锈防腐。对于用铁皮保温的油罐，保温的铁皮要定期刷漆防腐，并保证无破损脱落。罐壁、罐底板定期进行测厚，一旦发现超过腐蚀裕度则应进行修理。

（2）油罐的梯子、罐顶及罐顶操作台等，要经常检查强度，发现破损应尽快处理，防止因强度不足而导致人身事故。

（3）油罐的进出口阀门，油罐下部的排空阀，人孔法兰、放水阀以及有关的连接部件，都应定期检查维护。确保完好，不漏。加热器若有损坏和泄漏，应及时处理。

（4）油罐和附件（如阀门、量油孔、呼吸阀、液压阀、阻火器、防雷、防静电装置、泡沫灭火发生器等）必须保证完好，并做好记录。

【思考与练习】

1. 简述人员在储油罐工作发生火灾时的处理方法。

2. 简述人员在储油罐工作发生中毒时的处理方法。
3. 简述人员在储油罐修理时的安全注意事项。
4. 简述储油罐常见故障种类及排除方法。

模块 14 烘箱常见故障判定及排除

【模块描述】本模块介绍烘箱的常见故障种类及产生原因，通过操作过程详细介绍以及操作技能训练，掌握烘箱常见故障的判定排除。

【正文】

一、概述

作为烘箱的修理人员，除了应掌握设备的日常维护保养技能，确保设备的正常有序使用，还应了解设备的常见故障及故障产生的原因，掌握故障排除方法和技能，能第一时间内消除设备常见的各种故障、异常。

对自我不能排除的故障，应能正确描述故障现象和检查情况，与专业维修人员准确沟通，利于故障的及时排除。

二、安全注意事项

（1）清洗上部时应注意安全保护，清洗内部时就注意电路系统的保护，防止电路进水或短路。

（2）用力均匀、防止碰手，从内至外、从前至后按顺序紧固。

（3）箱外壳必须有效接地，以保证使用安全。

（4）周围无腐蚀性气体、无强烈震动源及强电磁场存在的环境中使用。

（5）不得放置易燃、易爆、易产生腐蚀性气体的物品进行干燥。

（6）干燥的物品如潮湿，则最好在真空箱与真空泵之间加入过滤器，防止潮湿气体进入真空泵，造成真空泵故障。

（7）严禁拆开箱体盖以免损坏电器控制系统。

（8）保持清洁，箱门玻璃切忌用有反应的化学溶液擦拭，应用松软棉布擦拭。

三、烘箱的常见故障判定及排除方法（见表 8–14–1）

表 8–14–1 烘箱的常见故障判定及排除方法

故障现象	造成故障的原因	排除方法
开机无显示	插头未插好或熔丝损坏	插好插头、接好线或更换熔断器
箱内温度低	设定温度低、电加热器坏、控温仪坏、定时时间设定有误	调整设定温度、更换电加热器、更换控温仪、重新设定时间

续表

故障现象	造成故障的原因	排除方法
设定温度与箱内实际温度误差大	传感器坏、温度显示值误差	更换温度传感器、修正温度显示值
超温报警异常	设定温度低或控温仪坏	调整设定温度或更换控温仪
温度达到设定值后仍大幅度上冲	传感器短路	排除传感器短路故障或更换传感器
温度波动过大	环境温度变化过大	改善环境条件，避免环境温度变化过大
	供电电压变化过大	采取稳压措施
仪表控制迟钝	—	修理或更换仪表
温度均匀度差	鼓风电动机不转	排除鼓风电动机电气回路故障
	试品装载过密	试品应按说明书要求装载，保证热空气在工作室内的正常循环
热空气泄漏	出风口调节不当	根据工作温度的高低及试品密度调节
	密封条位置不当	调整门密封条在门槽内的高度至合适位置

【思考与练习】

1. 简述烘箱的安全注意事项。
2. 简述烘箱温度波动过大的故障原因及排除方法。
3. 简述干燥箱温度均匀度差的故障原因及排除方法。

模块 15 精密过滤机常见故障判定及排除

【模块描述】本模块介绍精密过滤机的常见故障种类及产生原因，通过操作过程详细介绍以及操作技能训练，掌握精密过滤机常见故障的判定排除。

【正文】

一、概述

作为精密过滤机的修理人员，除了应掌握设备的日常维护保养技能，确保设备的正常有序使用，还应了解设备的常见故障及故障产生的原因，掌握故障排除方法和技能，能第一时间内消除设备常见的各种故障、异常。

对自我不能排除的故障，应能正确描述故障现象和检查情况，与专业维修人员准确沟通，利于故障的及时排除。

二、精密过滤机的安全注意事项

（1）运行时，对系统管道、阀门和电动机等应随时观察。

（2）本机应实施保护性接地，开机时检查电动机旋转方向是否与要求相同，并确认无卡阻、松动现象。

（3）定期检查电器控制系统是否安全、可靠；温控仪是否灵敏、可靠、准确；泵轴油封是否损坏、泄漏。

（4）应随时注意更换或补加真空泵油，真空泵润滑油采用真空泵油。

（5）定期放尽冷却罐内储水。

（6）系统若工作压力达 0.2MPa 时，必须清洗或更换滤芯。

（7）滤芯应定期拆下清洗以保护清洁，避免堵塞而损坏。

（8）维护应记住零件装配位置，紧固件应紧固无松动。

（9）真空泵定期维护，保持各泵的清洁，防止杂物进入。

（10）本机停长时间不用时，应将存油放尽后关闭阀门，同时将真空泵油放尽注入新油，关好电控柜门和所有阀门，并涂上防锈油脂，盖好机身，放置在干燥的环境。

三、精密过滤机常见故障及排除（见表 8–15–1）

表 8–15–1　　精密过滤机常见故障及排除表

故障现象	造成故障的原因	排除方法
起动加热油温不见升高	感温探头落出或加热管烧坏	固定感温探头或更换加热器
油泵不出油或出油量小、含大量气泡	真空度过高、油泵进口管路漏气、油泵轴封漏气	打开镇气阀降低真空度，停机检查维修
过滤油不合格	油质含水量高或油液加热温度不足	增加过滤次数或提高加热温度
进油量不足	进油过滤器堵塞或电磁阀卡阻	清洁滤芯或停机检查
滤油机运行中中途停车	电压太低，过电流、缺相、机械卡阻	停止使用检查电源及设备或联系厂家处理
油泵能自动起停情况下无法起动加热器	控制线脱落或接触器问题、红外线下夹具故障或温度控制仪故障	停机并参看电路图检修、适当调整夹具松紧度或更换或检修、更换
油到高位油泵无法自动起动同时电磁阀未关闭	红外线夹具故障或控制线路故障	适当调整夹具松紧度或更换，停机并参看电路图检修
油泵自动起动后排油到低位时不能停止	红外线下夹具故障或下夹具检测处有异物或泡沫	适当调整夹具松紧度或更换，清洁液位计
排油时，表压力增大	出油滤器被杂质堵塞	清洗或更换滤芯

【思考与练习】

1. 简述精密过滤机的安全注意事项。
2. 简述精密过滤机油泵不出油或出油量小、含大量气泡的故障原因及排除方法。

3. 简述精密过滤机油泵能自动起停情况下无法起动加热器的故障原因及排除方法。

4. 简述精密过滤机排油时，表压力增大的故障原因及排除方法。

模块 16 真空机组常见故障判定及排除

【模块描述】本模块介绍真空机组的常见故障种类及产生原因，通过操作过程详细介绍以及操作技能训练，掌握真空机组常见故障的判定排除。

【正文】

一、概述

作为真空机组的修理人员，除了应掌握设备的日常维护保养技能，确保设备的正常有序使用，还应了解设备的常见故障及故障产生的原因，掌握故障排除方法和技能，能第一时间内消除设备常见的各种故障、异常。

对自我不能排除的故障，应能正确描述故障现象和检查情况，与专业维修人员准确沟通，利于故障的及时排除。

二、真空机组的安全注意事项

（1）电机在负荷工作情况下，一般温度不超过 80℃。

（2）发现运转中温度超高或异常声音应立即停机检查原因，排除故障。

（3）真空机组在出厂前，真空仪表已设置完毕，不得擅自改动，否则会导致整机无法正常运行。

（4）新机运行时，真空泵运行数十小时需更换真空泵油，然后每工作中发现油变色或缺油情况时，需更换或添加新油。

（5）机组不适用于抽除含氧过高、有毒、有爆炸性、含水量大、对金属材料有腐蚀性作用、对泵油起化学反应以及含有颗粒尘埃的气体。

三、常见故障及排除（见表 8–16–1）

表 8–16–1 真空机组常见故障判定及排除表

故障现象	造成故障的原因	排除方法
电动机运转不正常	电动机缺相、电源不正常、交流接触器损坏	检查电源接头是否脱落、检查电源是否缺相、换交流接触器
转子被卡死不能转动	检查是不是有异物进入了泵所导致、转子的位置有移动	打开泵进行检修、把转子位置进行定位
	转子和隔板或泵体生锈卡死	清洗转子腔
	齿轮和轴承被损坏或齿轮的发生位置变动	更换轴承与齿轮或是对其进行调整

续表

故障现象	造成故障的原因	排除方法
起动压力比较高	—	降低起动压力
罗茨泵运转中突然自行停车	罗茨泵反转、系统漏气、齿轮或传动零件磨损造成转子擦碰、电接点真空表控制失灵	纠正电动机转向、检修并排除漏点、检修磨损件、检修电接点真空表
真空度达不到要求	系统漏气、前级泵有故障，真空度低、罗茨泵密封件损坏	检修并排除漏点、检查密封件、更换密封件
罗茨泵内有水滴及齿轮箱内油污染乳化	液环泵起动前注水太猛或停车前没有关闭蝶阀，水进入罗茨泵或真空阻液阀损坏	清除并换油或修复阀门

【思考与练习】

1. 简述真空机组电动机异常运行的原因及排除方法？
2. 简述真空机组罗茨泵运行中停车的原因及处理方法？
3. 简述真空机组维修保养时的注意事项？

模块 17　真空滤油机常见故障判定及排除

【模块描述】本模块介绍真空滤油机的常见故障种类及产生原因，通过操作过程详细介绍以及操作技能训练，掌握真空滤油机常见故障的判定排除。

【正文】

一、概述

作为真空滤油机的修理人员，除了应掌握设备的日常维护保养技能，确保设备的正常有序使用，还应了解设备的常见故障及故障产生的原因，掌握故障排除方法和技能，能第一时间内消除设备常见的各种故障、异常。

对自我不能排除的故障，应能正确描述故障现象和检查情况，与专业维修人员准确沟通，利于故障的及时排除。

二、真空滤油机的安全注意事项

（1）由于真空滤油机使用次数少，因此操作前操作人员应仔细阅读说明书，必须熟悉滤油设备的操作方法。

（2）严格按照说明书操作顺序进行操作，严格控制油罐油位，防止未处理油品吸入真空泵内。

（3）油温一般控制在 40～60℃（有特殊说明除外）。

（4）使用中经常检查滤油设备各油管接头阀门是否有堵塞油现象，如发现故障应立即停机检查处理，滤油机及油系统的金属管道应采取防静电接地措施。

（5）真空滤油机在运行过程中出口油压力大于 0.3MPa 时应检查原因有堵塞时停机清洗或更换过滤器元件。

（6）操作人员必须严守工作岗位，认真负责，值班时不得做其他无关的事情。

（7）滤油机工作现场严禁使用烟火，不得在滤油机设备附近吸烟。

（8）值班人员应注意进出油和电动机运转情况，严禁缺相运转。

（9）采用油加热器时应先开启油泵然而投用加热器，停机时的操作顺序相反。

（10）如果投用加热器，应在停机前 5min 停用加热器，以防干烧加热器发生事故。

（11）工作完毕后切断电源，清理现场。

三、真空滤油机常见故障判定及排除（见表 8–17–1）

表 8–17–1　　真空滤油机常见故障判定及排除表

故障现象	造成故障的原因	排除方法
无法获得理想的真空度	真空泵故障	停机检修
	真空管路漏气	停机检修
	真空泵油不足	补充真空泵油
	真空泵油有水	更换真空泵油
真空泵油进水	真空罐内油位过高，油液吸入冷却器后被抽到真空泵内，冷却器积水多，被抽到真空泵内	定时排放冷却器内水，重新工作时，控制进油量，使进出油量平衡
真空泵或油泵电动机中途停车	电压太低，过电流、缺相、机械卡阻	暂停使用并维修
油泵不出油或出油量小、含大量气泡	真空度过高	打开镇气阀降低真空度
	油泵进口管路漏气	停机检修
	油泵轴封漏气	停机检修
排油时，表压力增大	出油过滤器被杂质堵塞	清洗或更换滤芯
进油量不足	进油过滤器堵塞	清洁滤芯
	电磁阀卡阻	停机检修
起动加热油温上升慢	感温探头落出	固定感温探头
	加热管烧坏	更换加热器
油泵能自动起停情况下无法起动加热器	控制线脱落或接触器问题	停机并参看电路图检修
	红外线下夹具故障	适当调整夹具松紧度或更换
	温度控制仪故障	检修或更换
油到高位油泵无法自动起动同时电磁阀未关闭	红外线夹具故障	适当调整夹具松紧度或者更换
	控制线路故障	停机并参看电路图检修

续表

故障现象	造成故障的原因	排除方法
油泵自动起动后排油到低位时不能停止	红外线下夹具故障	适当调整夹具松紧度或更换
	下夹具检测处有异物或泡沫	清洁液位计
过滤油不合格	油质含水量高	增加过滤次数
	油液加热温度不足	提高加热温度
	吸附剂已饱和或失效	更换吸附剂

【思考与练习】

1. 简述真空滤油机的安全注意事项。
2. 简述真空滤油机无法获得理想真空度的故障原因及排除方法。
3. 简述真空滤油机油泵不出油或出油量小、含大量气泡的故障原因及排除方法。
4. 简述真空滤油机过滤油不合格的故障原因及排除方法。

模块18　干燥空气发生器常见故障判定及排除

【模块描述】本模块介绍干燥空气发生器的常见故障种类及产生原因，通过操作过程详细介绍以及操作技能训练，掌握真干燥空气发生器常见故障的判定排除。

【正文】

一、概述

作为干燥空气发生器的修理人员，除了应掌握设备的日常维护保养技能，确保设备的正常有序使用，还应了解设备的常见故障及故障产生的原因，掌握故障排除方法和技能，能第一时间内消除设备常见的各种故障、异常。

对自我不能排除的故障，应能正确描述故障现象和检查情况，与专业维修人员准确沟通，利于故障的及时排除。

二、干燥空气发生器的安全注意事项

（1）设备运行时，严禁关闭防尘门，必须保证设备内部处于散热状态，否则空气压缩机、冷冻式干燥机易因温度过高被烧坏。

（2）熟悉仪器使用说明书，按照说明书要求进行操作，否则将造成读数不准或损坏仪器。仪器在使用过程中不允许任意调整和擅自拆卸。

（3）人体、手持工具远离电源，禁止触碰高温表面及风扇运转等部件。

（4）禁止在故障状态下起动设备。

（5）开机前应检查电源，禁止在缺相的状态下起动设备，否则将出现故障导致重大事故。

（6）冷冻式干燥机严禁频繁起动，开关机时间间隔至少在5min以上，否则因冷媒压缩机高低压差太大，频繁起动会使制冷压缩机烧坏。

（7）干燥发生器是以制冷出水和吸附干燥为原理的设备，在使用过程中应避免高温环境，阳光直射或烘烤。温度过高将造成冷冻式干燥机负荷过重影响制冷效果，干燥塔内的吸附剂因为受热或吸热而降低吸附能力，影响露点仪。

三、干燥空气发生器的故障判定及排除（见表8–18–1）

表8–18–1　　干燥空气发生器的故障判定及排除表

故障现象	造成故障的原因	排除方法
开机不工作，工作指示灯不亮	开关未合闸或电源故障	检查电源开关是否合闸、接线是否虚接脱落、相序接反
工作指示灯亮、压缩机不工作或升压慢	检查空气输入封堵是否取掉	对于使用周期较长的过滤器，要定期清洗确保畅通，空气输入到压缩机软管是否打折，更换保护器，以上检查完毕还不工作，联系厂家处理
刚起动时有噪声电磁阀响	电磁阀上方压帽松动	调整电磁阀上方压帽松紧度，或拆开仪器后上角电磁阀用酒精对内部件清洗
单向阀响	单向阀出气端松动	旋下单向阀出气端，用尖镊子把内压丝顺时针方向旋转至不响为止。单向阀位于气罐与电磁阀之间，是一个六方阀体有气流方向标志
稳压阀响	气体流量大造成的	适当减小气流量或把稳压阀旋钮顺时针方向旋1/4圈即可
压缩机响	运输摔坏或使用周期长使压缩机缺油造成的	联系厂家处理
压缩机工作不停止或起动间隔时间短、漏气	干燥管的干燥室两端、密封垫是否有裂纹，密封垫不能粘连棉花、碎硅胶颗粒	肥皂水对各管道连接点及输出连接点进行检漏。 稳压阀如果漏气，气量是很大的，肥皂水一般查不出来，需要用手感觉或听声音，确定以后予以更换
输出压力不稳	仪器后面板上黑色旋钮为稳压旋钮，顺时针方向升压逆时针方向降压，若达不到理想的效果，则需对稳压阀内部进行清洗	用开口17的扳手旋下后压帽，取出弹簧，用棉花蘸酒精清洗，特别是小黑垫上一定要处理干净

【思考与练习】

1. 简述压缩机不工作的排除方法。
2. 简述压力输出不稳定的原因及排除方法。
3. 简述空气发生器日常使用的注意事项。

第九章

化学试验设备修理

模块1　化学试验设备

【模块描述】本模块介绍化学处理设备的工作原理及结构组成，通过原理讲解、功能介绍以及操作技能训练，掌握化学处理设备的使用方法及日常保养。

【正文】

一、常用油务设备介绍

本模块依据《电气装置安装工程 电气设备交接试验标准》GB 50150—2006 要求，常规油务试验需要以下仪器：绝缘油微水测试仪、绝缘油介损测试仪、绝缘油耐压测试仪、闭口闪点测试仪、张力仪、海立奇比色计、绝缘油酸值测试仪。

二、各种仪器设备的使用

（一）绝缘油微水测试仪的使用

1. 基本原理

绝缘油微水测试仪（见图 9–1–1）采用库仑法（电化学），当被测试油样中的水分进入电解液中，水参与碘、二氧化硫的氧化还原反应，通过电子的转移，计算绝缘油中水的含量

$$I_2+SO_2+3C_5H_5N+CH_3OH+H_2O \longrightarrow 2C_5H_5N\cdot HI+C_5H_5N\cdot HSO_4CH_3$$

电解阳极：$2I^- - 2e \longrightarrow I_2$

电解阴极：$I_2+2e \longrightarrow 2I^-$

从上述分子式中可得出：电解碘的电量相当于电解水所需的电量，即 1mg 水相当于 10.72 电子库伦，根据这一原理，可直接从电解消耗的电量数计算出水的含量。

2. 操作步骤

（1）开机。正确连接电解电极和测量电极，打开仪器电源，调整搅拌速度，开始电解池中存在的残余水分。若电解液呈暗红色过碘，应注入适量含水甲醇或纯水，此时电解液颜色逐渐变浅，最后呈黄色时进行电解。

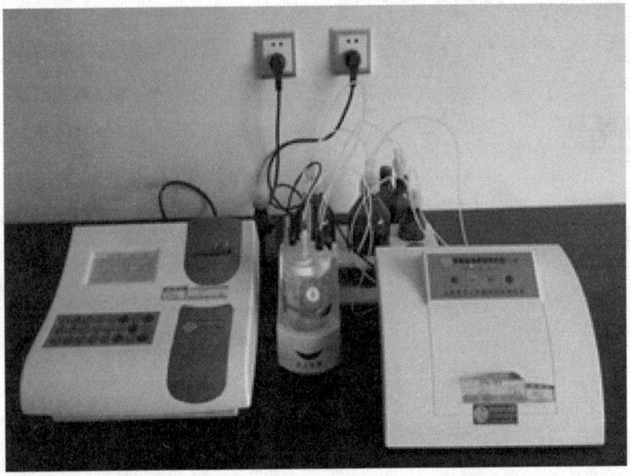

图 9–1–1 绝缘油微水仪外形结构示意图

（2）标定。待仪器到达终点平衡时，连续 3 次用微量注射器（0.5μL）取 0.1μL 蒸馏水进样，仪器示值为（100±5）μg。

（3）进样测试。用注射器取试油冲洗 2 次后，准确量取 1mL 试油进样（注射器中不应有气泡），按进样键，试油通过进样口注入电解池中，仪器自动电解至终点，记下测定结果。同一测试结果至少重复操作两次以上，最后两次平行试验结果之差不超过允许值。

（4）关机。依次关闭搅拌、滴定功能和仪器电源。电解液静置分层，仔细抽取上层油液。实验结束后清理操作台，恢复清洁整齐，用具归位。

3. 注意事项

（1）防触电。仪器应有良好的接地。

（2）防中毒。电解液使用时应小心谨慎，切勿触及伤口或误入口中，更换电解液和试验均应在通风橱中进行。

（3）防止玻璃仪器破碎被扎伤。

（4）化验室应配置自来水、消防器材、急救箱等物品。

4. 日常保养

（1）采用库仑法测定水分，其关键是卡氏试剂的配制和电解液的组成比例要严格按照 GB 7600—2014 进行。实际工作中，可直接使用厂家提供和微水仪配套的电解液。电解液应放在干燥的暗处保存，温度不宜高于 20℃。

（2）搅拌速度对测试结果有一定影响，太快、太慢都会影响数据稳定性，最好能使电解液呈一定漩涡状。

（3）注意电解液和试样的密封性，进样测试过程中不要让大气中的潮气侵入试样中。

（4）仪器最好配有稳压电源，放置在噪声小并尽量避免磁场干扰的环境中，以免影响仪器稳定性。

（二）绝缘油介损测试仪的使用

1. 基本原理

本模块以 AI–6000 油介损电阻率测量仪为例，讲解绝缘油介损与体积电阻率的测试方法。

用于绝缘油等液体绝缘介质的介质损耗和电阻率测量。仪器为一体化结构，内置油杯、温控、电桥、高阻计、交直流试验电源和标准电容器等。

起动温控后，两路温控采用独立的算法，快速准确地将油杯上下电极温度调整到设定温度，使油杯处于温度十分均匀的环境。启动介损测量后，测量电路发出数控的电压波形，经放大和变压器产生 600～2000V 试验电压。通过标准电容提供一路参考信号，经过油杯提供一路测量信号，经过内部运算，将介损和电容量等数据，送到控制面板显示；起动电阻测量后，直流发生器产生准确的直流电压，测量电路可测量电流，经内部运算，将电阻率数据送到控制面板显示。

图 9–1–2 为 AI–6000 油介损电阻率测量仪。

按下右上角外侧的按钮 3，即可打开盖板；前部右侧 4 为废油杯，油杯溢出的油会流入该杯，用注射器将油样吸出后可直接注射进该杯。可使用 次性的纸杯或塑料杯作为废油杯，放置时应尽量推到底。

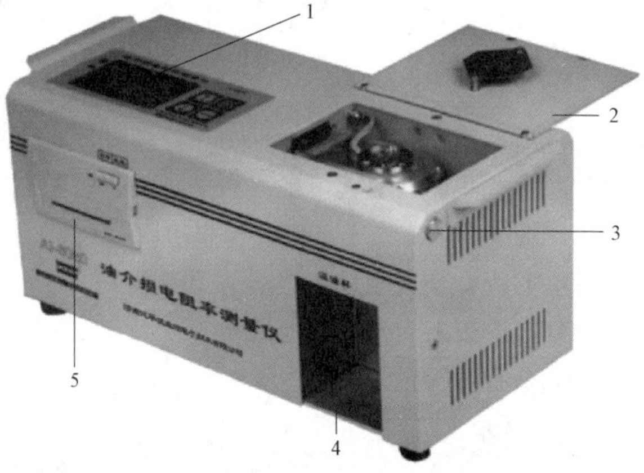

图 9–1–2　AI–6000 油介损电阻率测量仪

1—显示和按键；2—油杯盖板；3—按钮；4—废油杯；5—打印机

2. 操作步骤

（1）设置试验参数。进入油介损电阻率测量仪菜单界面，按照相关规程要求，设置相应数据（见图 9–1–3、图 9–1–4）。

图 9–1–3 设置界面

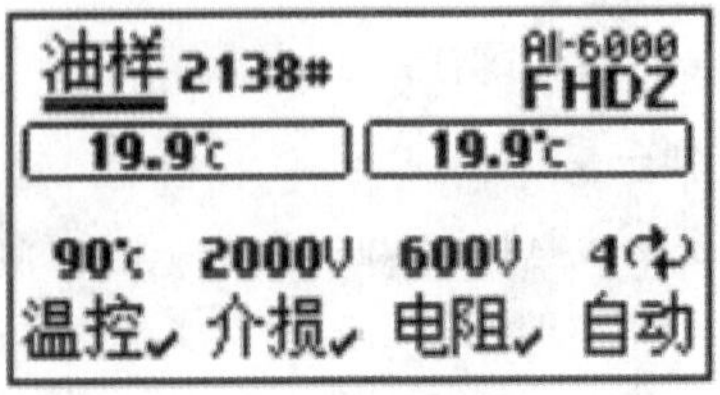

图 9–1–4 测量主界面

（2）将注射器针头插入中心孔，可注入或吸出油样；每次注入量为 10ml，这时有少许油通过下电极的溢油孔漏到下面的废油杯，吸出油样后可就近注射到废油排放口，流进废油杯，重复 2～3 次将油杯洗净。

（3）通过上下左右，自动进入测量菜单。仪器自动显示介损数据与体积电阻率数据。

3. 注意事项

（1）通电前仪器必须可靠接地。在试验地点周围，应无电磁场和机械振动的干扰。

（2）线路各连接处接触应良好，无断电或漏电现象。

（3）防止高温烫伤。油杯温度较高，注油或是排油的过程不要触碰油杯。

（4）防止人身触电。测试仪器在工作过程中，内有高压，禁止在通电过程中插拔电缆。试验过程中，应有监护人监护，注意力集中，禁止闲谈。在更换油样时，试验人员应当站在绝缘垫上进行测试。

4. 日常保养

（1）油杯的清洁程度对测定结果有显著的影响，检测时，油杯应当清洗干净。

（2）介质损耗因素与体积电阻率对温度的要求非常高，需要在足够精确的温度条件下进行测试。

（3）测量仪器必须按照规定和说明进行清洁与调整。

（4）注入油杯的油样，应没有气泡或其他杂质。

（三）绝缘油耐压测试仪的使用

1. 基本原理

击穿电压作为衡量绝缘油（变压器油、电容器油、电缆油）电气性能的一个重要指标，可判断油中是否存在水分、杂质和导电微粒，是检验变压器油性能好坏的主要手段之一，还可对注入设备前的油进行油品干燥和过滤程度的检验。若油中有水或固体物质存在时，则会使击穿电压变小，这是由于水和固体的导电性均比油大之缘故。

将绝缘油装入有一对电极的油杯中，将施加于绝缘油的电压逐渐升高，在电压的负极端会发射电子，当电子具有足够能量时，可使油分子微化离解，整个离解过程随电压升高而加强。当电压达到一定数值时，会产生大量传导电流形成电弧，油的电阻几乎突然下降至零，即电流瞬间突增，并伴随有火花或电弧的形式通过介质（油），此时称为油被“击穿”，油被击穿的临界电压，称为击穿电压。图 9–1–5 为某绝缘油耐压测试仪。

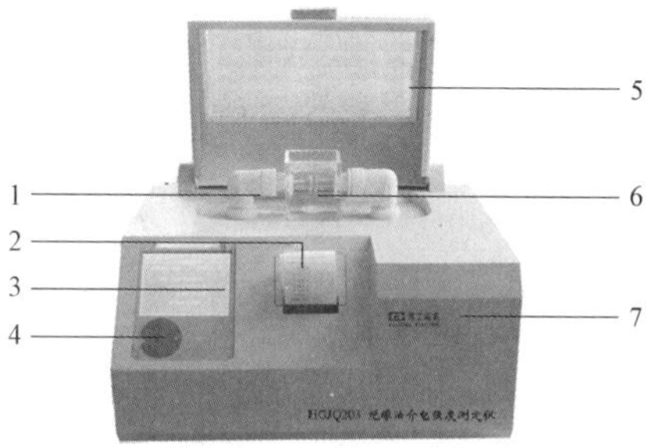

图 9–1–5　绝缘油耐压测试仪外形结构示意图

1—电极立柱；2—打印机；3—液晶显示屏；4—键盘；5—保护盖；6—油杯；7—主机

2. 操作步骤

（1）试样准备。试样在倒入试样杯前，轻轻摇动翻转盛有试样的容器数次，以使试样中的杂质尽可能分布均匀而不形成气泡，避免试样与空气不必要的接触。

（2）装样。试验前应倒掉试样杯中原来的绝缘油，立即用待测试样清洗杯壁、电极及其他部分各 2～3 次，将试油缓慢注入浸没过电极，并避免形成气泡，将试样杯放入测量仪上，并盖好高压罩，静置 10min，如使用搅拌，应打开搅拌器，测量并记录试样温度。

（3）加压操作。

1）加压。在电极间按（2.0±0.2）kV/s 的速率缓慢加压至试样杯击穿，击穿电压为电路自动断开时的最大电压值。

2）记录击穿电压值。达到击穿电压后静止 5min，重复加压操作过程，重复 6 次，注意电极间不要有气泡，如使用搅拌，在整个试验过程中应一直保持。

3）测试完毕。关闭电源，整理工作台，将合格的油样充满油杯放干燥处保存。

3. 注意事项

（1）测试仪器的周围应避开电磁场和机械振动，测试环境应清洁、干燥，无干扰，要防止灰尘、杂质进入油杯。

（2）仪器接地应良好，试验人员应站在绝缘垫上进行测试。

（3）在装样操作时不许用手接触电极、油杯内部和油样。

（4）在更换油样时应切断电源，测试过程中禁止触动高压罩，以防高电压伤人。

（5）试验仪器未放置油样时，切勿升压。

4. 日常保养

（1）根据试验方法规定选用不同结构类型的电极。球形电极、半球形电极和平板电极三种电极测定的结果是不同的，球形电极测定结果为最高，半球形电极为其次，平板电极最低。

（2）电极间距为（2.5±0.05）mm，要用标准规校准。电极距离过小容易击穿，测定结果偏低，反之，测定结果偏大。

（3）试样要有代表性，油中有水分及其他杂质时则对击穿电压有明显影响，所以试样一定要摇荡均匀后注入油杯。

（4）由于影响油击穿的因素比较多，试验数据的分散性比较大，因此试验方法中规定取 6 次平均值作为试验结果。

（5）试样杯不用时应保存在干燥的地方加盖，杯内装满的干燥合格的绝缘油，保持油杯不受潮。

（四）闭口闪点测试仪的使用

1. 基本原理

闪点可鉴定油品发生火灾的危险性，闪点越低，油品越容易燃烧，火灾的危险性越大，所以油品是一个安全指标（见图 9–1–6）。

图 9–1–6 全自动闭口闪点测试仪

在规定的条件下，将油品加热，随着油温升高，油蒸气在空气中（油液面上）的浓度也随之增加，当升到某一温度时，油蒸气和空气组成的混合物中，油蒸气含量达到可燃浓度，如将火焰靠近这种混合物，它就会闪火，把产生这种现象的最低温度称为石油产品的闪点。闭口闪点仪器一般采用自动升降杯盖、自动升温、自动点火、自动捕捉闪点的全自动模式，点火方式有电点火与气点火两种可供选择，闪点的捕捉方式有火焰导电感应式和压力感应等检测方式。本部分重点介绍全自动闭口闪点测试仪。

2. 操作步骤

（1）接通电源后，仪器测试头部分自动抬起，如图 9–1–6 所示，并有提示音。按任一键显示主菜单"功能选择"。

（2）进入方法选择菜单选择 GB261，B 电点火，如图 9–1–7 所示。

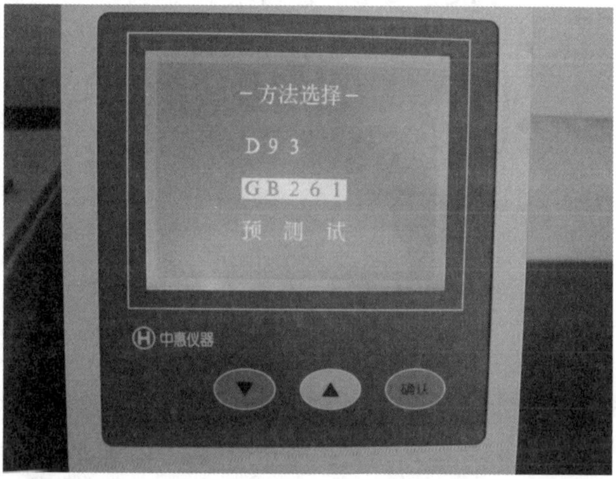

图 9–1–7　全自动闭口闪点测试仪主机方法选择界面

（3）进入预置温度菜单，按"▽"或"△"键设定预置温度，按"确认"键界面返回主菜单。

（4）将样品杯用石油醚清洗干净晾干，把样品倒入杯中至刻度线，然后把样品杯放入仪器加热穴中。在主菜单内选择"测试闪点"项目，按"确认"键，测试头自动落下，一起开始升温测试。

（5）当测试到闪点值时，仪器会自动将测试头升起锁定显示、报警，并打印结果。如果在测试中需要终止试验，可按两次"确认"键，即结束试验。

3. 注意事项

（1）仪器应有良好的接地。

（2）避免高温烫伤，不准触碰加热过的试验油杯或油样，禁止在仪器通电加热过程中接触油杯。

（3）防止有毒气体损害身体健康，试验应在通风橱中进行。

（4）防止火灾，煤气瓶应放在避光处，并经常检查是否有漏气现象，试验室中应备有消防器材。

4. 日常保养

（1）仪器因有点火装置，须在通风橱内操作（不要开风机）。

（2）温度传感器由玻璃制成，使用时不要与其他物品相碰。

（3）每次换样品都要将样品杯清洗干净，样品加热穴内不要有其他物品放入，否则将无法进行试验。

（4）测试头部分为机械自动传动，切勿用手强制动作，否则将造成机械损伤。

（5）当仪器未能正常工作时，应先检查信号线是否接好，再用仪器的自检功能进行检查，如有问题请及时与厂家联系，勿自行拆修。

（6）仪器的传感器部分易附着油污，会影响检测精度，要经常用汽油、石油醚对传感器清洗，清洗时要十分小心，以免碰坏。

（7）仪器外壳不要用腐蚀性清洗剂擦洗，以免将表面漆破坏。

（8）长期不用时把样品杯放入加热穴中，在“仪器校验”栏目下，选“测试头”按“确认”键将其落下。

（五）张力仪的使用

1. 基本原理

用一个水平的铂丝测量环从水油界面将铂丝圆环向上拉，通过测量拉脱铂丝圆环所需要的拉力来实现绝缘油界面张力测量（见图 9–1–8）。把所测得的力乘上一个与所用力、油和水的密度以及圆环和铂丝直径有关的校正系数，计算出绝缘油界面张力。测定绝缘油的界面张力可用来鉴别新油质量，判断运行油质老化程度，监督变压器热虹吸器的运行情况。

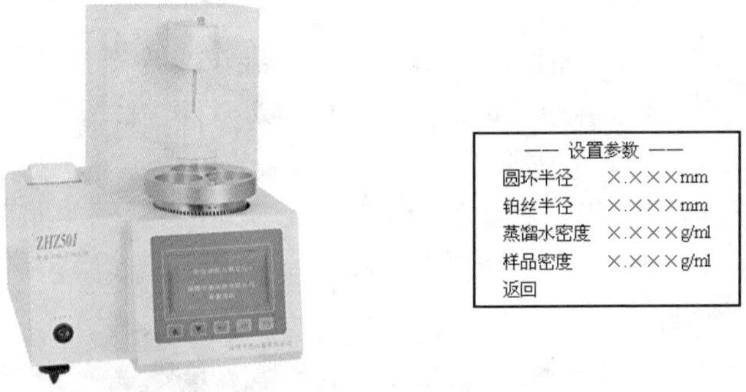

(a) (b)

图 9–1–8 全自动界面张力仪外形结构图及参数设置界面

（a）外形结构图；（b）参数设置界面

2. 操作步骤

（1）标定与设置参数。

1）使用石油醚清洗铂丝圆环，再用丁酮漂洗，在酒精灯的氧化焰中加热至铂丝圆环发红。

2）调节张力仪的零点，按照界面张力仪制造厂家规定的方法，用砝码校正界面张力仪。

3）在主菜单上进行张力仪的参数设置工作。

（2）测试蒸馏水界面张力。

1）将 50～70mL 的，温度为（25±1）℃的蒸馏水倒入清洗过的试样杯中，将试样杯放入张力仪试样基座上，把清洗过的圆环悬挂在张力仪上。

2）旋转基座至合适位置。升高基座，使圆环浸入试样杯中蒸馏水的中心处，目测，圆环不触底、不碰壁，圆环至水下深度不超过 6mm 为止。

3）降低基座。当圆环拉脱蒸馏水与空气的界面时，主机显示蒸馏水张力为 71～72mN/m；若低于该值时，分析可能存在的原因，重新测定。

（3）测试蒸馏水与油样的界面张力。

1）测量蒸馏水的界面张力符合要求后，再次将圆环浸入蒸馏水中。

2）在蒸馏水上缓慢倒入（25±1）℃的试验油样，油样浮在蒸馏水上面的厚度大约 10mm。

3）保持油水界面 30s 后，缓慢降低基座，保证圆环从界面提出来的时间尽可能的接近 30s。当圆环拉脱油面时，主机显示油样张力。

（4）重复操作。同一操作者重复测定两个结果之差，不应超过平均值的 2%。两个试验室对同一油样的测量结果，不应该超过平均值的 5%。试验结果取两个结果的平均值。

3. 注意事项

（1）试验时，需要用到石油醚、丁酮等易燃有机溶剂以及需要酒精灯进行操作，存在火灾隐患，应做好防火措施。试样场地应配备有足够的消防器材。化验人员应具备防火灭火知识，并会正确使用消防器材。

（2）使用铬酸洗液时，手上应戴耐酸手套进行操作，切勿触及皮肤和其他物品，避免引起腐蚀。操作结束后必须仔细洗手。

（3）一般新的、纯净的绝缘油具有较高的界面张力，通常可达到 40～50mN/m，甚至是 55mN/m；运行中的油，界面张力要求大于 19mN/m，同时应当参考相关规程规范。

4. 日常维护

（1）界面张力仪应放在无振动、不受日光直接照射、无大的空气流动、无腐蚀性气体、平稳坚固的试验台上。

（2）为保证铂丝圆环能完全为液体润湿，试验前应将圆环和试验杯按照要求清洗干净。如果仪器清洗不干净或有外界污染物的存在，会导致界面张力数值下降。

（3）铂丝圆环必须保持圆形和洁净，可用洗洁精清洗，再用纯水漂洗，然后在酒精灯的氧化焰中加热铂金丝至橙红色。

（4）试验用水需使用中性纯净的蒸馏水，防止水的杂质对试验造成影响。

（5）温度对试验结果影响较大，试验室温度应控制在 25℃。

（六）海立奇比色计的使用

1. 基本原理

比色法测定油品水溶性酸值是以等体积的蒸馏水和试油在 70～80℃下混合摇动，取其水抽出液并加入指示剂，在比色管内与标准色级进行比色，来确认试油的 pH 值。

石油产品中的水溶性酸或碱，在生产、使用或储存时，能腐蚀与其接触的金属部件，会促使油品老化，降低油的绝缘性能；油品中的水溶性酸或碱对变压器固体绝艳材料老化影响很大，会直接影响变压器的使用寿命，绝缘油的水溶性酸或碱是新油和运行油的监控指标之一。

一般使用比色法来测定油样的水溶性酸值。海立奇比色计和比色盘是较为常见的测试仪器（见图 9–1–9）。

图 9–1–9 海立奇比色计和比色盘示意图

2. 操作步骤

（1）量取 50mL 试验油样于 250mL 的锥形瓶内，加入等体积预先煮沸过的蒸馏水，塞上瓶盖加热（禁用明火）至 70～80℃，并在此温度下，摇晃 5min。

（2）将锥形瓶中的液体倒入分液漏斗内，待分层并冷至室温后，取 10mL 水抽出液加入比色管，同时加入 0.25mL 溴甲酚绿指示剂，摇匀后，使用海立奇比色计进行比色，记录其 pH 值。

（3）两次平行操作，试验结果取平均值，两次平行结果差值不超过 0.1。

3. 注意事项

（1）防止有毒物品损害试验人员身体健康，试油药品要有人严格管理，使用时应小心谨慎，切勿触及伤口或误入口中，试验工作结束后，需仔细洗手。

（2）避免高温烫伤，在加热试验过程中，应戴手套操作，禁止随意触摸加热设备。

（3）防止玻璃仪器破碎被扎伤。

（4）化验室应当配置自来水、消防器材、急救箱等物品。

4. 日常保养

（1）试验用水。试验用水对试验结果影响很明显，要求使用煮沸的蒸馏水。

（2）所用仪器必须保持清洁，无水溶性酸或碱等物质的残存或污染。

（七）绝缘油酸值测试仪的使用

1. 基本原理

测定油品酸值是采用沸腾乙醇抽取试验油样中的酸性组分，用氢氧化钾乙醇溶液进行滴定，确定中和 1g 试验油样酸性组分所需的氢氧化钾毫克数，以 mgKOH/g 表示油品酸值。

油品中酸性物质会提高油品的导电性，降低油品的绝缘性能，还会促使固体绝缘材料产生老化，缩短设备的运行寿命。测定油品酸值是生产厂家新油进场检验以及综合检验验收油质的重要指标之一，也是运行中油老化程度的主要控制指标之一。

图 9–1–10 为绝缘油酸值自动测定仪，它采用微机控制在常温下自动完成加液、快速滴定、搅拌、光电检测判断滴定终点。

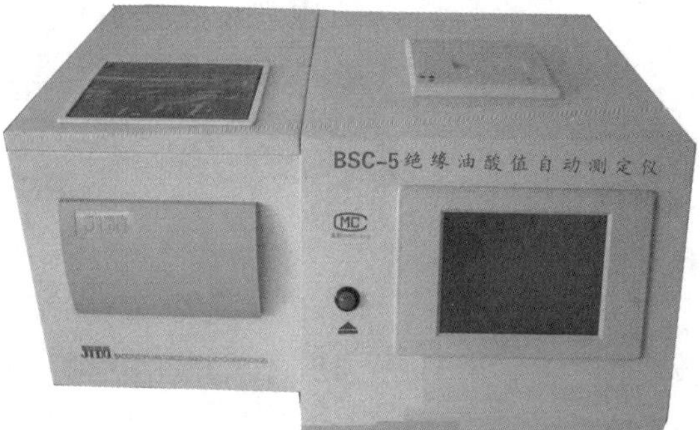

图 9–1–10　绝缘油酸值自动测定仪

2. 操作步骤

（1）取下仪器背面中和液和萃取液进口处的胶帽（注意保存好），把随机附带的带吸管的中和液和萃取液瓶盖旋紧在中和液和萃取液试剂瓶上代替原普通瓶盖，把吸管头分别套在萃取液和中和进液口处。

（2）在随机附带的洗气瓶中，注入约一半体积的 40%浓度的 KOH 水溶液旋紧瓶盖，再用一根双头吸管插在中和液瓶和洗气瓶盖的端口上，把试剂瓶和洗气瓶连接起来。使外界空气先通过洗气瓶吸管进入碱液，二氧化碳被吸收后再通过双头吸管进入中和液瓶。

（3）打开仪器电源开关，屏幕显示“仪器名称厂家信息”，继而进入主菜单。

（4）先点击“系统设置”栏，然后选择“初始化”栏，按照屏幕提示操作，放好废液杯以后按前面板按钮，仪器自动进行初始化，设置完成后，屏幕显示返回主菜单（首次使用时须进行初始化，以后使用中可略去）。

（5）点击主菜单上的“开始实验”，按照要测试的油样点击油样种类，托盘出仓以后将称取的油样放到盛放油杯的杯位。按确认键，油样将自动进仓，屏幕显示“正在测试请稍候”。测试结束显示测试结果并自动保存、打印。

（6）蜂鸣器鸣响，测试结束，稍后屏幕显示返回主菜单。

（7）试验完成后，拆下中和液瓶，换上酒精瓶。在主菜单中选择“系统设置”，然后选择“清洗”。此步骤必须做，否则中和液产生结晶容易堵住针头。

（8）关闭电源。测试结束打开油杯箱盖，取出油杯。用镊子取下针头，用胶帽堵住出口，再用另一个胶帽堵住萃取液瓶的进气口。

3. 注意事项

（1）防止有毒药品损害试验人员身体健康，化学药品要有专人严格管理，使用时应小心谨慎，操作时应戴口罩，切勿触及伤口或误入口中，试验结束后必须仔细洗手。

（2）避免高温烫伤，在加热回流过程中，操作人员必须戴棉纱手套，防止水蒸气烫伤，管口不准朝向自己或他人，防止溶液喷出烫伤。

（3）防止玻璃仪器破碎炸伤。

（4）试验室应备有自来水、消防器材、急救箱等物品。

4. 日常保养

（1）本仪器闲置较长时间不用，每次启用时，必须进行一次初始化。

（2）首次使用时，在设置过程中请打开油杯仓盖，观察萃取液是否加入，中和液是否从针尖滴下，否则应查清原因再试。

（3）由于所用试剂挥发性很强，每次使用后，请务必将萃取液和中和液出口及萃取液瓶的进气口用胶帽封闭好。氢氧化钾乙醇溶液保存不宜过长，一般不超过3个月。

（4）试验完成后，应当用酒精清洗通道。

【思考与练习】

1. 绝缘油微水仪在油品进样前，应当如何标定。

2. 简述油的击穿耐压过程。

3. 绝缘油张力试验时，应如何清理铂丝圆环。
4. 测定绝缘油酸值有何意义。

模块2　化学处理设备常见故障判定及排除

【模块描述】本模块介绍化学处理设备的常见故障种类及产生原因，通过操作过程详细介绍以及操作技能训练，掌握化学处理设备常见故障的判定排除。

【正文】

一、概述

本模块依据《电气装置安装工程　电气设备交接试验标准》GB 50150—2016 要求，油务试验过程中需要以下仪器设备：绝缘油微水测试仪、绝缘油介损测试仪、绝缘油耐压测试仪、闭口闪点测试仪、张力仪、海立奇比色计、绝缘油酸值测试仪。

在油务试验的过程中，经常出现一些数据，不符合规程规定要求的数据或试验设备报错等情况，需要试验人员在掌握试验原理的情况下，分析原因，排除影响试验结果的因素，掌握化学油务设备的常见处理方法。

作为化学处理设备的修理人员，除了应掌握设备的日常维护保养技能，确保设备的正常有序使用，还应了解设备的常见故障及故障产生的原因，掌握故障排除方法和技能，能第一时间消除设备的常见故障、异常。对于不能排除的故障，应能正确描述故障现象和检查情况，与专业维修人员准确沟通，利于故障的及时排除。

二、各种仪器的试验过程中的因素排查

（一）绝缘油微水测试仪常见故障判定及排除（见表 9–2–1）

表 9–2–1　　绝缘油微水测试仪常见故障判定及排除表

故障现象	造成故障的原因	排除方法
微水数据超标	油样自身微水较大	建议多人多次，使用不同的微水仪进行微水试验
	电解液过水、未充分搅拌过碘	等待电解液至电解液数据稳定后方可进行试验
	电解液过碘	加入适量的含水甲醇或蒸馏水消除碘
	进样口硅胶垫老化	空气中水分容易通过老化的硅胶垫进入到电解液中，更换硅胶垫即可
	进样速度过慢	油样注入电解液超过规定时间，可能导致仪器检测不到实际的微水含量

（二）绝缘油介损测试仪常见故障判定及排除（见表 9–2–2）

表 9–2–2 绝缘油介损测试仪常见故障判定及排除表

故障现象	造成故障的原因	排除方法
介质损耗数据与体积电阻率数据偏小	油样自身问题	建议多人多次，使用不同的设备上进行试验
	油杯在清洗过程中，未清洗干净	用油样多次清洗油杯
	油样有气泡，在测试过程中产生影响	从底部注入油样，排除气泡
	温度没有达到规定要求值	设定仪器温度定值

（三）绝缘油耐压测试仪常见故障判定及排除（见表 9–2–3）

表 9–2–3 绝缘油耐压测试仪常见故障判定及排除表

故障现象	造成故障的原因	排除方法
耐压数据偏小	油样自身问题	建议多人多次，使用不同的设备上进行试验
	油杯在清洗过程中，未清洗干净	用油样多次清洗油杯
	油样有气泡，在测试过程中产生影响	等待气泡浮出，针管吸走
	在试验过程中，误碰油杯电极，致使电极距离偏大	调整电极
	油样未充分静置就开始做试验	充分静置油样

（四）闭口闪点测试仪常见故障判定及排除

（1）加入油样量，不能超过铜质油杯内部刻度线。超过刻度线，试验闪点数据偏小，反之亦然。

（2）火焰大小以及火焰距离液面高度。火焰大，距离液面近，试验闪点数据偏小，反之亦然。

（3）加温速度需要严格控制。加温过快，油蒸发的速度也会快，试验闪点数据偏小，反之亦然。

（4）点火过程中，要先看温度后点火。点火后，油温容易升高，不再是闪火时候的温度，使测试结果偏高。

（5）测试闪点值与当地气压情况有关，应根据气压修正试验数据。

（五）张力仪常见故障判定及排除（见表 9–2–4）

表 9–2–4 张力仪常见故障判定及排除表

故障现象	造成故障的原因	排除方法
张力仪的异常	铂丝圆环、试验油杯清洗不干净	使用正确方法、正确清洗步骤清洗铂丝圆环与试验油杯
	未使用纯净蒸馏水	使用纯净的蒸馏水
	铂丝圆环在浸入水中，距离试验油杯杯底或是杯壁过近	调整铂丝圆环
	试验过程中，未控制试验温度	试验室添加空调与排风扇
	试样倒入试验油杯到油膜破裂的操作时间不当	应控制从试样倒入试验油杯到油膜破裂的全部操作时间，大约在 1min 内完成

（六）绝缘油水溶性酸值的异常问题处理（见表 9–2–5）

表 9–2–5 绝缘油水溶性酸值的异常问题处理表

故障现象	造成故障的原因	排除方法
绝缘油水溶性酸值异常	试验用水	试验用水本身的 pH 值高低对测定结果有显著影响，要求试验用水要煮沸驱除二氧化碳，25℃时水的 pH 值为 6. 0～7. 0，电导率小于 3μS/cm
	萃取温度	用蒸馏水萃取油中的低分子酸时，萃取温度直接影响平衡时水中酸的浓度，因此在不同温度下萃取，往往会取得不同的结果。应严格按照方法中规定在 70～80℃下进行萃取。
	摇动时间	摇动时间与萃取量也有关，应严格按照方法对规定摇动 5min 进行萃取
	指示剂本身的 pH 值	使用 pH 值合适的指示剂
	仪器不清洁或有无水溶性酸碱物质残存	所用仪器必须保持清洁、无水溶性酸碱等物质的残存或污染

（七）绝缘油酸值测试仪常见故障判定及排除（见表 9–2–6）

表 9–2–6 绝缘油酸值测试仪常见故障判定及排除表

故障现象	造成故障的原因	排除方法
绝缘油酸值测试仪异常	试验用无水乙醇含醛	醛在稀碱溶液中，会发生缩合反应，随着时间的延长，就会使氢氧化钾乙醇溶液变黄、变坏

续表

故障现象	造成故障的原因	排除方法
绝缘油酸值测试仪异常	测定酸值时，未排除二氧化碳对酸值的干扰	在室温下空气中的二氧化碳极易溶于乙醇中（二氧化碳在乙醇中溶解度比在水中大 3 倍），测试时煮沸 5min。
	滴定时未进行加热或温度不足，滴定时间超出规定	滴定时，必须趁热，从停止回流到滴定完成，所用时间不得超过 3min，避免空气中的二氧化碳对测定有干扰
	氢氧化钾乙醇溶液变质	不宜过长，一般不超过三个月。当氢氧化钾乙醇溶液变黄或是产生沉淀时，应对清液重新进行标定后方可使用

三、仪表本身问题处理

某些试验项目不合格时，针对该油样，不同人，采用不同的仪器反复测试。逐渐排除试验方法漏洞、试验流程不严谨等方面的原因，确认是厂家仪表原因，需联系相应厂家专业技术人员前来处理。

【思考与练习】

1. 绝缘油微水测试仪进样口硅胶垫老化可能导致的情况是什么？
2. 闭口闪点试验时，对加入的油样有何要求。
3. 测定酸值时，为什么要排除二氧化碳对酸值的干扰。

第五部分

通信计量仪器修理

第十章

通信设备修理

模块1 差转台工作原理及常见故障判定排除

【模块描述】本模块介绍差转台的工作原理和常见故障种类及产生原因，通过原理讲解、功能介绍以及操作过程详细介绍和操作技能训练，掌握差转台常见故障的判定排除。

【正文】

一、概述

差转台又称中转台、转发台、IP 差转台、中转台、转发台，外接天线及馈线即可组成完整的中继系统差转台，是专业无线通信系统不可缺少的重要设备。在无线对讲系统中，差转台可方便地实现双向通信系统，让无线电对讲机的通信范围随着使用范围的扩大而拓展，增大通信距离，扩展设备的覆盖范围，比如可扩大车载台、手持对讲机的呼叫范围和通信能力，大幅度提高工作效率。简而言之，差转台的作用就是中转和放大信号。

二、差转台的组成及工作原理

（一）差站台的组成

差转台由一个发射机、一个接收机和一副天线构成，因此它与一般电台没什么本质区别。差转台的最大特点是接收机与发射机使用不同的频率。习惯上，把差转台的接收频率称为上行频率，发射频率称为下行频率。上行频率和下行频率的差值，叫做频差。频差的大小各地不尽相同，推荐标准是：UHF 频段 5MHz，VHF 频段 0.6MHz。通常上行频率低于下行频率。在使用差转台之前，必须将电台的发射频率和接收频率设置为两个不同的值，如图 10–1–1 所示。

图 10–1–1 差转台

（二）差转台工作原理

在无线对讲系统中，差转台对于增大通信距离、扩展覆盖范围扮演着极其重要的角色。是专业无线通信系统不可缺少的重要设备。差转台由收信机和发信机等单元组成，通常工作于收发异频状态，能将接收到的已调制射频信号解调出音频信号传输给其他设备；同时，还能将其他设备送来的音频信号经射频调制后发射出去。上面提到的其他设备有各种系统使用的控制器，有无线接驳器等，也包括互联所需要的其他差转台。将差转台收到的信号直接通过自身的发射机转发出去，这是差转台最基本的应用。

因此，差转台必须能全双工工作，即收发同时工作，并且发射时不能影响接收机的正常工作。由于差转台工作的基本特点，再加上多台差转台组合一起使用的特点，对差转台的技术指标相对于移动台要有更高的和更特殊的要求。

除一台差转台组成的单信道常规地面通信系统之外，还可利用差转台经同轴电缆、功分器、架设多幅分布天线，实现楼宇、酒店等建筑物地下和地面的覆盖通信，此外多台差转台组成集群系统以及各种带状或星形结构的通信网。

差转台调试集成安装的指标直接影响到系统的通信距离和系统网络语音质量及功能。

三、差转台使用中的常见故障排除。

差转台的技术参数除发射功率、频率稳定度、调制特性、接收机灵敏度、音频输出功率和失真、调制接收带宽等技术参数与对讲机、车载台相同或较高外，根本的区别在于全双工工作，即接收信号的同时，又要发射信号，其关键的技术参数是双工工作时的接收灵敏度，即自身的收发干扰情况如何，好的差转台发射时应不影响接收机的灵敏度。差转台若存在收发干扰，意味着接收机灵敏度的下降，在系统工作时，直接影响到对讲机和车载台的通信距离。

（1）系统中的干扰有很多，有些是产品制造中不可避免的，有的是在系统集成时产生的，我们主要讨论后者，在日常通信中经常碰到的干扰主要有两种：同频干扰和互调干扰。

（2）同频干扰是指在一个系统中的工作频率受到了另一个系统相同频率的干扰。虽然两台发射机标称频率相同，但多少还是有所差异。当一台接收机同时收到两台发射机信号时，会产生两个发射频率差异的差拍干扰，如果两发射频率相差 1kHz，在接收机中即可听到 1kHz 的差拍声，另外尽管发射频率相同，其频率的相位也不一定相同，因此会产生低频交流声的干扰。

（3）互调干扰是由电路中的非线性器件产生的，在我们日常工作中产生互调的原因主要有以下两种情况：

1）干扰信号侵入发射机的末级，从而同有用信号之间引起互调。此类干扰称为发射机互调干扰。

2）处于互调关系中的两个或两个以上的无线电信号被接收机接收，在接收机高放级产生互调，称为接收机互调干扰。

（4）互调干扰主要反映在多信道系统或与其他系统安装在一起，多信道频率相互间或其他系统频率与多信道频率混合而产生。

（5）为了避免互调干扰，通常有两种做法：根据互调产生的机理在发射机功放输出端口加单向隔离器，对外部进入的信号进行衰减，不让其产生和频和差频。对于接收机采用大动态范围的器件，降低减小非线性；另一种方法是使用频率时，人为避开产生互调组合的频率。前者需要增加设备投入，后者较经济，但取决于所审批频率的可能性。

（6）无（三阶）互调干扰频率的工程计算方法。

1）将所分配或使用的频率从低向高排序。

2）按最小信道间隔计算每个频率对应的频道数。

3）计算相邻频道数的差值。

4）求差值的和（按下举例方法求和）。

5）检查差值与和数中不得有相同的数出现。

【思考与练习】

1. 简述差转台的分类及作用。

2. 简述差转台的结构及工作原理。

3. 简述差转台的日常维护保养方法。

4. 简述差转台常见故障判定及排除方法。

模块2 车载台工作原理及常见故障判定排除

【模块描述】本模块介绍车载台的工作原理和常见故障种类及产生原因，通过原理讲解、功能介绍以及操作过程详细介绍和操作技能训练，掌握车载台常见故障的判定排除。

【正文】

一、概述

（一）车载台的简介

车载台是数字集群移动通信系统车载用户终端设备。车载台提供异频双工、异频单工或同频单工三种工作方式，支持模拟明话、数字密话和中文短消息通信，支持多种输入方式（中文、字母、符号）和汉字显示功能，支持脱网中继功能。作中继转信台使用，也可以是异频/同频单工方式作对讲机使用。车载台也支持 GPS 功能，可为车辆提供位置信息。

（二）车载台的组成

车载台由主机、主机支架、手柄（带全部操作键和中文界面 LCD 显示）、手柄座和天线五部分组成，适用于车载分体安装（如主机安装在轿车后备箱，手柄安装在驾驶员旁边），如图 10–2–1 所示。

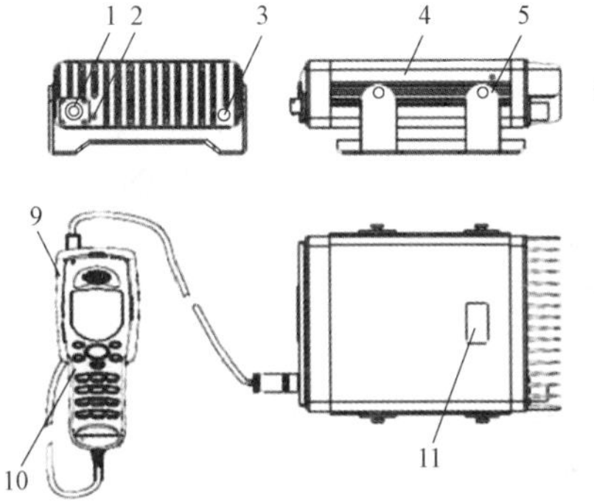

图 10–2–1　车载台外形结构示意图

1—主机；2—主机支架；3—USB 插座；4—SIM 卡座；5—手柄插座；6—天线插座；7—GPS 天线插座；8—电源进线；9—铭牌；10—手柄；11—手柄座

二、车载台工作原理

车载台主要由以下五个功能模块组成：双工器、功放电路、射频电路（接收机电路和激励电路）、基带电路（主控、声码和电源）、手柄电路，原理框图如图 10–2–2 所示。

双工器保证了车载台在双工通信模式时，收、发信机共用一副天线，而不相互影响，双工器满足数字集群移动通信系统 4MHz 工作宽带技术要求，其收发隔离度大于 70dB，插入损耗小于 1.7dB。

功放电路是将激励器已调制载波信号放大到额定发射功率，然后从天线发射出来，为了满足整机单工工作要求，射频功放设计了收发转换电路，并为同频接收信号提供通路。

三、车载台使用注意事项及维修方法。

（一）车载台使用的主要事项

（1）车载台是精密产品，使用时应加倍爱护、避免摔碰，特别注意不要提住天线，手柄连接电缆或外接耳机话筒来搬运车载台。

（2）使用车载台时保持清洁、干燥，不要将车载台放在太脏的地方或太热的地方，不要用力敲打或猛烈碰撞车载台。

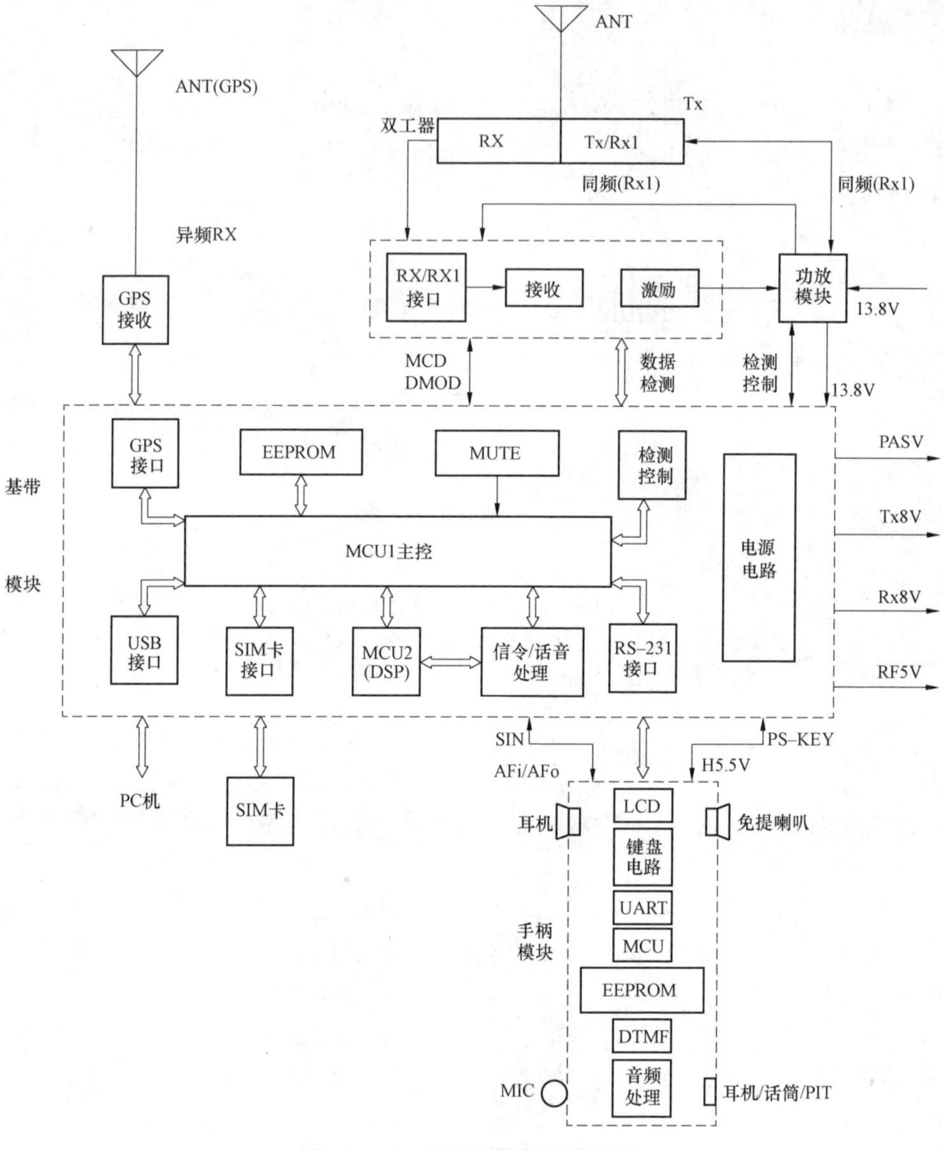

图 10-2-2　车载台整机原理框图

（3） 当车载台在严重粉尘环境下工作时，应及时吹掉附在车载台表面上的尘土。

（4） 车载台不具备防水功能，不能在雨水中使用，不可用水清洗。

（5） 请用湿润的无绒布擦洗车载台外壳及构件，请不要使用化学洗涤剂或汽油、酒精灯溶剂擦洗车载台。

（6）通话时车载台的天线请勿与人体接触。

（7）在特殊场所请勿使用车载台，如加油站、油库、医院、民航飞机以及其他禁止使用无线电设备的场所。

（二）车载台的维修方法

1. 预防性维修

预防性维修是指按照本车载台的维护规程，周期性地对车载台及其配套设备所进行的日常维护和检查，包括外观检查和功能性检查，主要目的是通过日常维护及早发现设备问题，排除故障，确保设备完好。

预防性维修是无线电通信设备取得良好服务质量的前提和保障。任何设备从使用的第一天起，就受到各种各样环境因素的影响，对移动通信设备来讲，影响设备正常工作的因素可分为外部因素和内部因素。外部因素有电力、温度、湿度、灰尘以及水、火、雷、盗等；内部因素有设备本身元器件的老化、软件故障和参数设置等。诸多因素使得暴露或潜伏的故障伴随着设备运行。预防性维修工作不仅需要排除已发故障，还要排除潜在的隐患，做好故障的预防工作。按照各种设备不同的检测项目和周期进行巡视检查，避免重大的通信事故发生，有效保持设备完好。可见，预防性维修是工作的重中之重，是设备完好的根本保证。

2. 车载台常见故障判定及排除（见表 10–2–1）

表 10–2–1　　车载台常见故障判定及排除表

故障现象	造成故障的原因	排除方法
车载台无法开机	电源开关控制电路损坏	更换相应不良器件
通话不畅	声码板损坏	更换声码板
车载台无法登录工作	1. 车载台和系统频率不符 2. 车载台不在服务区 3. 电源电压不足	重新设置频率
车载台入网通话距离远不符合要求	1. 车载台主机不良 2. 天线接触不良	更换相应不良设备

【思考与练习】

1. 简述车载台的分类及作用。
2. 简述车载台的结构及工作原理。
3. 简述车载台常见故障种类及排除方法。

模块3 对讲机工作原理及常见故障判定

【模块描述】本模块介绍对讲机的工作原理和常见故障种类及产生原因，通过原理讲解、功能介绍以及操作过程详细介绍和操作技能训练，掌握对讲机常见故障的判定排除。

【正文】

一、概述

对讲机主要应用在公安、民航、运输、水利、铁路、制造、建筑、服务等行业，用于团体成员间的联络和指挥调度，以提高沟通效率和提高处理突发事件的快速反应能力。随着对讲机进入民用市场，人们外出旅游、购物也开始越来越多地使用对讲机。

二、对讲机的组成结构及工作原理

（一）对讲机的组成

对讲机主要由外壳、主机、电池、皮带夹、操作按钮、天线以及充电器等组成，具体如图10–3–1所示。

图10–3–1 对讲机外形示意图

1. 外壳

专业机一般采用性能非常好的塑胶材料PC+ABS，外观光泽性好，不易老化、磨损，产品坚固耐用；商业机常选用工程塑胶ABS，在外观、强度、耐磨损、老化等方面均能很好的满足要求；按键采用硅胶，耐磨损，不易老化，手感好；铝壳采用轻质材料铝合金ADC12，易成型及后续处理等。

2. 主机

一般包括面壳、PTT 按键、耳机和电源插孔塞、PCB 组件、LCD 部分、音量/开关钮、编码旋钮、指示灯、MIC 等。PTT 按键起发射开关的作用，一般在侧面。指示灯指示工作状态，一般在顶部。对讲机的顶部还有音量/开关钮和编码旋钮（选择频道）。LCD 部分直观显示对讲机的工作状态。PCB 组件是对讲机的核心部分，重要的器件都在 PCB 上，非专业人士不许拆卸。大多数对讲机因技术性能和抗摔特性要求，还有专门的屏蔽罩、铝壳（固定 PCB）等。专业机还有防水要求，结构更复杂。

3. 电池

电池分 Ni–Cd、Ni–MH 电池和 Li–ion 电池，容量有 600、800、1100、1500mAh 不等。电池面、底壳采用超声波焊接，牢固可靠。

4. 皮带夹

作用是把对讲机固定在皮带上，为了使用方便，皮带夹可拆卸。

5. 天线

分为天线外套和天线芯两部分。天线外套用高性能的 TPU 材料，抗弯折和耐老化性能佳；天线芯一般采用螺纹结构与主机相连，拆卸方便。

6. 座充

一般有 DC 插座、充电弹片、指示灯、按键等，弹片与电池极片相连，指示灯指示充电状态，按键是起放电作用。座充一般可对电池和整机充电。

（二）对讲机的工作原理

1. 发射部分

锁相环和压控振荡器（VCO）产生发射的射频载波信号，经过缓冲放大、激励放大、功率放大，产生额定的射频功率，经过天线低通滤波器，抑制谐波成分，然后通过天线发射出去。

2. 接收部分

接收部分为二次变频超外差方式，从天线输入的信号经过收发转换电路和带通滤波器后进行射频放大，再经过带通滤波器，进入一混频，将来自射频的放大信号与来自锁相环频率合成器电路的第一本振信号在第一混频器处混频并生成第一中频信号。第一中频信号通过晶体滤波器进一步消除邻道的杂波信号。滤波后的第一中频信号进入中频处理芯片，与第二本振信号再次混频生成第二中频信号，第二中频信号通过一个陶瓷滤波器滤除无用杂散信号后，被放大和鉴频，产生音频信号。音频信号通过放大、带通滤波器、去加重等电路，进入音量控制电路和功率放大器放大，驱动扬声器，得到人们所需的信息。

3. 调制信号及调制电路

人的话音通过麦克风转换成音频的电信号，音频信号通过放大电路、预加重电路及带通滤波器进入压控振荡器直接进行调制。

4. 信令处理

CPU 产生 CTCSS/DTCSS 信号经过放大调整，进入压控振荡器进行调制。接收鉴频后得到的低频信号，一部分经过放大和亚音频的带通滤波器进行滤波整形，进入 CPU，与预设值进行比较，将其结果控制音频功放和扬声器的输出。即如果与预置值相同，则打开扬声器；若不同，则关闭扬声器。

三、对讲机使用安全注意事项

（一）对讲机安全使用要求

（1）在带有安全气囊的汽车上，请勿将对讲机放在气囊展开可能涉及的范围内。如果对讲机处于气囊展开时可能涉及的区域范围，一旦气囊迅速展开，对讲机可能会随着极大的冲击力伤及车内人员。

（2）有潜在的爆炸大气环境或场合下，请使用安全规格标准的防爆对讲机。如果对讲机没有通过特殊认证的，须关闭对讲机。在潜在爆炸大气环境中，电火花导致爆炸或火灾。

（3）不要在潜在爆炸大气环境下更换电池或进行充电。安装和拆卸电池时可能会引起接触电火花并导致爆炸。

（4）为避免电磁干扰或电磁兼容引起的问题。请在贴有“请关闭对讲机”标志的场合关闭对讲机。例如：医院、机场或其他场所等。在靠近爆破区和雷管所在区域前，须先关闭对讲机，以免引起可能的爆炸。

（5）当便携式对讲机正在发射时，对讲机应处于垂直位置，并保持话筒离开口部约 3～5mm。

（6）在使用过程中不要进行多次开机关机的动作，同时调整到适合听觉音量的位置。

（7）当对讲机正在发射时，保持对讲机处于垂直位置，并保持话筒与嘴部 2.5～5cm 的距离。

（8）发射时，对讲机距离头部或身体至少 2.5cm。如果将手持对讲机携带在身体上，发射时，天线距离人体至少 2.5cm。

（9）使用过程中不要进行多次开机关机的动作，同时把音量调整到适合的音量。

（10）请勿将对讲机长时间暴露在烈日下或放在加热装置附近。

（二）对讲机天线使用注意事项

（1）天线是通信设备最主要的附件之一，它直接关系到设备信号的收发效果和灵敏度。由于天线有一定的长度和柔韧性，所以比较容易损坏。在使用中应尽量避免提拉和弯曲天线，特别是在高温或低温环境中。

（2）智能使用原配或经过认可的天线。未经认可的天线、经改装或增加附件的天线可能会损坏对讲机或违反无线电管理局的规定。

（3）在使用过程中，请勿用手拿天线，更不要拎着天线将对讲机甩来甩去。

（4）对讲机天线不能随意拧下，否则在发射时容易将功率管（功放）烧坏。

（5）请勿使用已损坏的天线，否则，在发射时，损坏的天线接触皮肤，可能会引起轻微灼伤。

（6）不使用对讲机音频附件时，请盖上主机上的防尘盖，以灰尘水渍渗入。

（三）对讲机的操作使用

（1）应使用对讲机原厂或经过厂方认可的电池。

（2）在使用新电池时，应在前三次充分进行充放电，这样可使电池容量达到最佳状态。

（3）不得短路电池端子或将电池丢弃于火中。

（4）充电时的环境温度适合在 5～40℃。

（5）为了延长电池寿命，充电时应将对讲机电源关闭。

（6）对使用的镍氢、镍镉电池，电池未完全放电时，避免再次充电，否则电池组的寿命会缩短或受损。

（7）电池极片避免接触金属物品，以免造成电池损坏。

四、对讲机常见故障及排除

（一）天线

使用者在使用中经常会用手拿天线来带动整台对讲机，更严重的是拿住天线尾部甩动对讲机。由于天线口是整机高频接收发射的出入口，经常使用的是专业 TNC、BNC、SMA 等接口，此时由于天线本身机械强度的原因，久而久之产生天线外皮脱落、天线针断裂或天线针接触面变小，严重时会使天线针与电路板之间的连接处产生脱焊。此时机器发射波变大，在连续工作的情况下，就会产生功率管、功放模块烧损或功率电阻烧断路等故障。因此平时使用时注意掌握正确使用方法，经常检查天线、天线座之间的连接是否可靠，是否发黑有污垢，天线外观是否破损，如有损坏，应更换同型号天线、天线座。

（二）电池

由于对讲机发射时电流较大，大部分对讲机采用的是可反复充电的镍镉或锂离子电池。

（1）镍镉电池的充放电具有记忆特性，会产生充不饱和或充电过剩的现象，不可在要使用时放在充电器里随便充一段时间，拿起来就用，没有规律的充放电或长时间放在充电座上。

（2）锂电虽然没有记忆特性，但经过200～300个充放电周期后容量会大大下降，应在每一个充电周期用完再充。

另外，有一些机器由于使用环境不同或电池质量问题，产生漏液，机器及电池触片会产生氧化、腐蚀，导致电池与机器接触不良，严重时不开机。这种现象一般可从表面上看出来，轻者可用刀片刮干净再用，严重锈蚀的建议电池报废，机器送修。

（三）PTT（发射按键）

发射按键是日常使用中，使用频率最高的部件，外橡皮容易老化或破损，存在按钮接触不良、按键失效等故障，影响正常使用。更换时应采用与原机同型号的器件。

（四）电源开关、静躁电位器、步进电位器

（1）对讲机中的电源开关一般与音量电位器是一体的，损坏时应更换同型号器件。

（2）静噪电位器反复调整机会较少，但需要工作在某一特定位置，有些用户怕调整麻烦，使用胶水粘死，不利于日后维修。

（3）步进电位器是用来转换信道及手动编程时使用，应手感良好，转动清晰，无平滑感。机器跌落时会损坏电位器轴，使之不能改变信道及编程，应及时更换新件。当引起不开机或反复按几次才能开机，检修时应先考虑清洗键盘及电路板。

（五）导电键盘

大部分对讲机都带有DTMF键盘及编程按键，当键盘破损、油污、个别按键脱落时，应清洗或进行更换。

（六）扬声器（喇叭）

扬声器是对讲机受话关键部件，不可长时间最大音量使用，音频功放与喇叭不匹配会烧毁喇叭。

（七）音频组件（耳麦）

音频插头即使用专用插头及插座连接，长时间使用产生插座接触不良或脱焊，造成收受话不良故障，应及时更换良好插座。

（八）机夹（背夹）

机夹专用固定螺钉脱落时，应配置原尺寸型号螺钉，防止螺钉超长损坏电路板，严重时机器会报废。

（九）整机受潮

第一时间关机，卸下电池，用干布擦干水分并用电吹风吹干，严重时应及时请专业人员拆机处理。

【思考与练习】

1. 简述对讲机的结构及工作原理。
2. 简述对讲机的操作使用方法。
3. 简述对讲机天线的故障原因及排除方法。
4. 简述对讲机电池的故障原因及排除方法。
5. 简述对讲机整机受潮故障的排除方法。

模块 4 光时域反射仪工作原理及常见故障判定排除

【模块描述】本模块介绍光时域反射仪的工作原理和常见故障种类及产生原因，通过原理讲解、功能介绍以及操作过程详细介绍和操作技能训练，掌握光时域反射仪常见故障的判定排除。

【正文】

一、概述

光时域反射仪是光纤检测专用设备，是光缆施工、维护、抢修的重要技术手段，这种方法直观、可信并能打印出光纤后向散射信号曲线。另外，在监测的同时可比较精确地测出由局内至各接头点的实际传输距离，对维护中精确查找故障、有效处理故障是十分必要的，如图 10–4–1 所示。

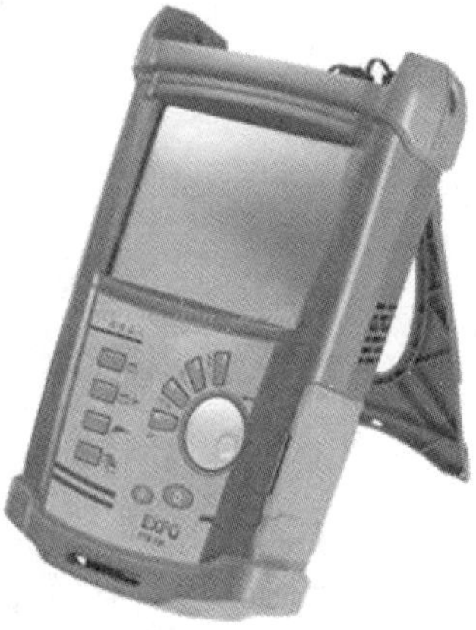

图 10–4–1 光时域反射仪外形图

二、光时域反射仪的工作原理

光时域反射仪的工作原理类似于一个雷达，先对光纤发出一个信号，然后观察从某一点上返回的是什么信息。这个过程会重复进行，然后将这些结果进行平均并以轨迹的形式显示，描绘了在整段光纤内信号的强弱。

（一）测试距离

由于光纤制造以后其折射率基本不变，这样光在光纤中的传播速度就不变，这样测试距离和时间就是一致的。实际上测试距离就是光在光纤中的传播速度乘以传播时间，对测试距离的选取就是对测试采样起始和终止时间的选取。测量时选取适当的测试距离可生成比较全面的轨迹图，易于有效分析光纤的特性，通常选取整条光路长度的 1.5～2 倍。

（二）脉冲宽度

脉冲宽度可用时间表示，也可用长度表示。在光功率大小恒定的情况下，脉冲宽度的大小直接影响光的能量的大小。光脉冲越长，光的能量越大；同时脉冲宽度的大小也直接影响着测试死区的大小，也就决定了两个可辨别事件之间的最短距离，即分辨率。显然，脉冲宽度越小，分辨率越高；脉冲宽度越大，测试距离越长。

（三）折射率

折射率就是待测光纤实际的折射率，这个数值由待测光纤的生产厂家提供，单模石英光纤的折射率大约在 1.4～1.6，折射率越精确，测量精度越高。

在配置光路由的时候，应该选取折射率相同或相近的光纤，不同折射率的光纤芯连接在一起形成一条非单一折射率的光路。

（四）测试波长

测试波长是指光时域反向仪激光器发射的激光波长。在长距离测试时，同于 1310nm 衰耗较大，激光器发出的激光脉冲在待测光纤的末端会变得很弱，这样受噪声的影响较大，形成的轨迹图就不理想，宜采用 1550nm 作为测试波长。所以，在长距离测试时，适合选取 1550nm 作为测试波长；而普通的短距离测试，可选取 1310nm 波长。

（五）平均值

平均值是为了在光时域反射仪形成良好的显示图样，根据需要动态或非动态地显示光纤状况而设定的参数。由于测试中受噪声的影响，光纤中某一点的瑞利散射功率是一个随机过程，要确知该点的一般情况，减少接收器固有随机噪声的影响，需要求其在光时域反射仪某一段测试时间的平均值，根据需要设定该值，如果要求衬里掌握光纤的情况，那么就需要设定时间为实时。

三、光时域反射仪的维护与保养

（1）使用前应清洁光纤连接器。

1）将连接器从仪器上取下，露出底座和套圈。

2）用清洁棒加少量异丙醇轻轻插入适配器，直到从另一端伸出为止。

3）使用清洁棒顺时针方向缓慢旋转，清洁后使用干净的清洁棒进行干燥。

（2）避免设备沾染灰尘。

（3）使用干净的布加少量的水清洁设备外壳和前面板。

（4）存放在清洁、干燥的室内，避免阳光直接照射。

（5）避免湿度过大或温度变化过大。

（6）避免撞击和振动。

（7）如有液体溅到设备表面或渗入设备内部，应立即关闭电源并等待设备完全干燥。

四、常见故障判定与排除（见表 10-4-1）

表 10-4-1　　光时域反射仪常见故障判定与排除

故障现象	造成故障的原因	排除方法
设备无法加电	1. 电池组电量已耗尽	（1）给电池组充电 （2）更换为充满电的电池组 （3）用交流/直流适配器/充电器将设备连接到外部电源
	2. 设备未连接外部电源	2. 用交流/直流适配器/充电器将设备连接到外部电源
	3. 外部电源已拔掉	3. 确保外部电源的两端均已插入
设备出现黑屏（只有彩色液晶显示屏才能完全变黑，在单色液晶显示屏上，即使背光完全关闭，也照样可以看清屏幕）	1. 设备的背光关闭	1. 按下背光按钮
	2. 电池组电量耗尽，设备已关闭	（1）给电池组充电 （2）更换为充满电的电池组 （3）用交流/直流适配器/充电器将设备连接到外部电源
外部键盘不起作用	尚未检测到外部键盘	（1）拔下键盘，再重新插入 （2）关闭设备，插入键盘，然后再打开设备
刚插入的 PC 卡没有出现在可用存储位置的列表中	尚未检测到 PC 卡	关闭位置对话框，然后重新打开
某些字符好像从屏幕上消失	不支持所使用的 PC 卡	使用兼容的 PC 卡
选择不保存测试结果或长时间测试后，设备停止响应	不支持所使用的 PC 卡	使用兼容的 PC 卡
无法打开或检索存储在 PC 卡上的文件	不支持所使用的 PC 卡	（1）尝试使用配备有 PC 卡读卡机的计算机恢复文件，如果不起作用，可尝试使用进行 PC 卡数据恢复的第三方软件恢复文件 （2）使用兼容的 PC 卡
屏幕上的字符模糊	对比度和/或亮度控制设置不正确	调整对比度和亮度控制
难以选中并操纵缩放框的手柄	屏幕校准不够精确	用指示笔再次仔细校准触摸屏幕
校准触摸屏幕按钮不起任何作用，或无法校准触摸屏幕	屏幕校准太差	将外部键盘插入到设备上，按常规方法校准触摸屏幕
设备性能显著下降或应用程序在启动时指出：存储器容量不足，设备操作可能会变慢	内部闪存 ROM 的可用内存少于 512KB	删除存储的部分曲线文件或将其转移到可选 PC 卡或软盘上，以释放内存
应用程序显示一条消息，指出已发现“无法分辨的光纤末端”事件	被测试的光纤过长	确保被测试的光纤长度小于可测量的最大长度
在多模光纤测试中，即使在清除和验证连接后，发射级别仍在发射窗口之外	选定的光纤类型不正确	如果测试的是 C 光纤，应在自动或高级主窗口中，选择 MM62.5μm

续表

故障现象	造成故障的原因	排除方法
应用程序显示一条消息，指出“此双向分析不支持 A→B 曲线 OTDR 卡系列”	此“双向分析”实用程序部支持多模曲线文件	仅将此“双向分析”实用程序与单模文件一起使用
设备的操作时间缩短	1. NiMH 主电池可能已耗尽	更换 NiMH 主电池
	2. NiMH 主电池没有充满电	（1）给 NiMH 主电池充电 （2）进行一次完整的电池放电/在充电的过程
充满电后，电池指示器仍显示电量不足	电池没有完全充电	进行一次完整的电池放电/在充电的过程
按下电池上的 PUSH 按钮时，LED 灯不亮	电池电压低于 5.8V 且 NiMH 主电池的电量已耗尽	进行一次完整的电池放电/再充电过程

【思考与练习】

1. 简述光时域反射仪的工作原理。
2. 简述光时域反射仪的维护与保养。
3. 简述光时域反射仪设备无法加电的故障原因以及排除方法。
4. 简述光时域反射仪设备无法打开或检索存储在 PC 卡上文件的故障原因以及排除方法。
5. 简述光时域反射仪出现黑屏的故障原因以及排除方法。
6. 简述光时域反射仪外部键盘不起作用的故障原因以及排除方法。

模块 5 光纤熔接机工作原理及常见故障判定

【模块描述】 本模块介绍光纤熔接机的工作原理及常见故障种类，通过学习，掌握光纤熔接机的使用方法及常见故障判定。

【正文】

一、概述

光纤熔接机是一种以物理方法连接两个光纤端面的机械装置，整个过程可能会因使用的光纤熔接机型号不同而改变。

单芯光纤熔接机拥有一个灵敏的纤芯对准装置，可用来对准光纤端面，利用电极放电熔化光纤并熔接在一起。要达到好的熔接效果，关键是要知道光纤熔接机的正确使用方法以及光纤的特性，如图 10–5–1 所示。

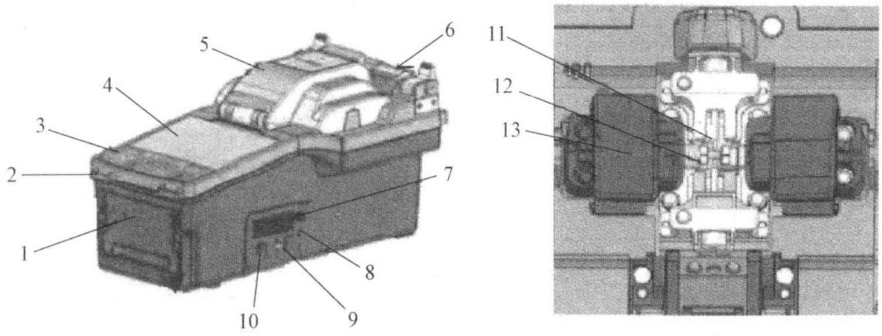

(a)　　　　　　　　(b)

图 10–5–1　光纤熔接机外形结构及熔接部分结构示意图

（a）外形结构；（b）光纤熔接部分结构

1—电池盖；2—带钩；3—开关；4—液晶显示屏；5—挡风罩；6—保护套管加热器；7—冷却风出口；8—侧板；9—USB 端口；10—电源接入；11—电板；12—V 型槽；13—纤维夹

不同的光纤熔化或熔接的温度可能各不相同，为了减少熔接的损耗，应注意电极放电功率以及熔接机电极放电持续时间的调整。

二、导致熔接损耗增加的内在因素

（一）纤芯直径匹配不当（见图 10–5–2）

图 10–5–2　纤芯直径匹配不当

（二）涂覆层直径匹配不当（见图 10–5–3）

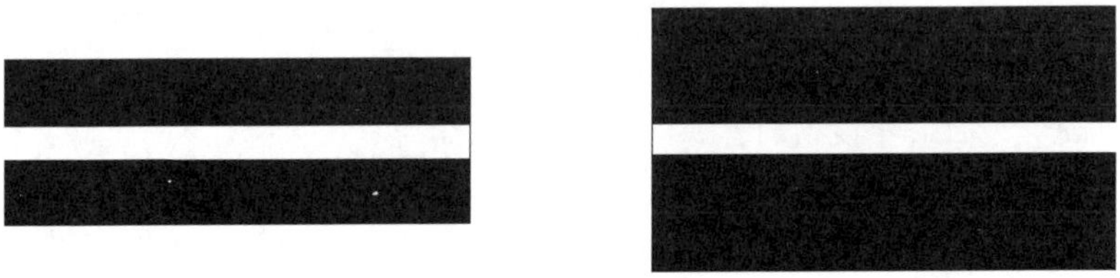

图 10–5–3　涂覆层直径匹配不当

（三）数值孔径匹配不当（见图 10–5–4）

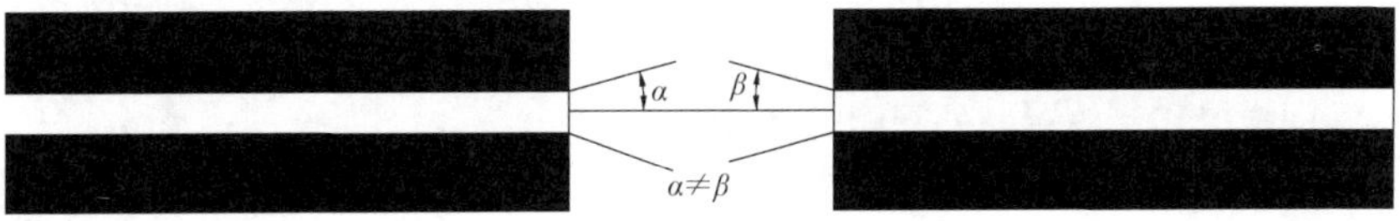

图 10–5–4　数值孔径匹配不当

（四）不圆度以及偏芯度问题（见图 10–5–5）

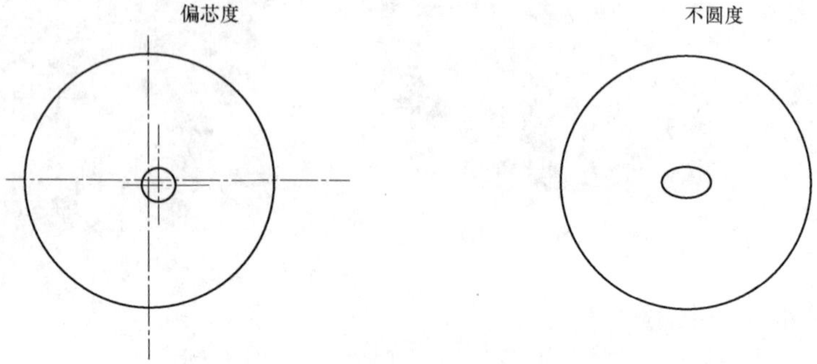

图 10–5–5 不圆度以及偏芯度问题

三、光纤熔接机操作说明

（一）准备光纤

光纤准备的质量直接影响熔接损耗。为了达到最好的熔接效果，要确保 V 槽清洁，光纤末端清洁并且剥除干净。

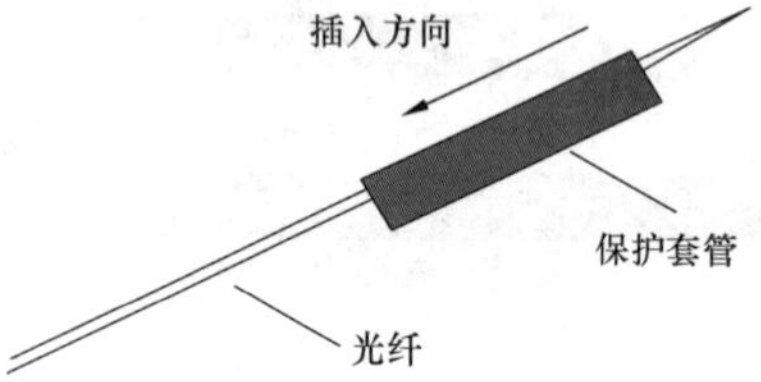

图 10–5–6 光纤插入热缩管示意图

（1）将热缩管从光纤的左端或者右端套入光纤（见图 10–5–6）。

（2）使用剥离器剥除 30mm 光纤的涂覆层。

（3）使用一张蘸有无水酒精的清洁棉布擦拭已剥除覆层的裸露光纤。

（4）切割合适的光纤长度（根据光纤夹具的类型）。

（5）注意事项。

1）切割光纤之后不能再对裸露的光纤进行清洁。

2）切割后的光纤不能接触任何表面。

3）再操作时不能用肉眼直接向光纤中窥探，请按照要求戴上防护镜。

（二）放置光纤

（1）打开防风罩。

（2）打开光纤夹具压板，放置切割后的光纤并确保光纤头不接触任何表面。

（3）保持光纤在合适的位置，盖上夹具压板。

（4）同样操作，放置另外一侧的光纤。

（5）盖上防风罩，显示待机屏幕。

（6）注意事项。

1）不要使用光纤的尖端穿过 V 形槽。

2）确保光纤尖端被放置在电极与 V 形槽末端的中心位置。

3）如果使用 900μm 厚度覆层的光纤时，剥除面不能超过夹具顶端。250μm 厚度覆层的光纤可超过。

4）熔接两种不同类型的光纤时，不需要考虑光纤的摆放方向，也就是说每种光纤都可摆放在熔接机的左边或右边。

（三）熔接及加热

按照设备操作说明，选择适当的熔接程序，完成熔接及加热工作。

（四）取出已熔接光纤

（1） 取出光纤前先抬起加热器的两个夹具。

（2） 打开防风罩，对光纤进行张力测试。

（3） 张力测试结束后，取出并小心处理已熔接好的光纤，不要将光纤扭曲。

（五）保护熔接点

（1） 将热缩管滑到熔接点，如图 10–5–7 所示。

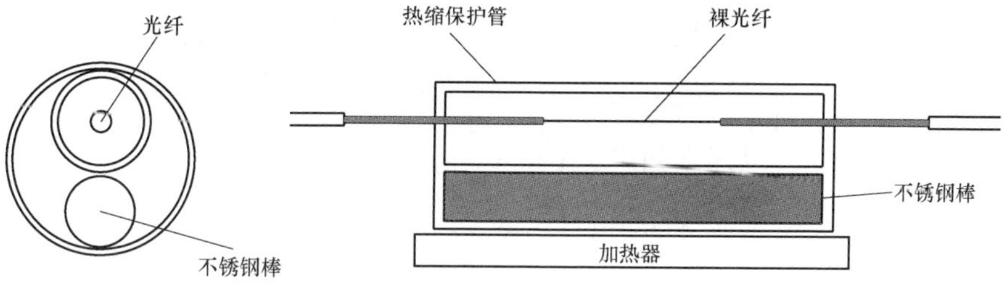

图 10–5–7　光纤穿入热缩保护管示意图

（2） 将熔接后的光纤置于加热器内，先是左边，将左边的加热炉夹具压下来。

（3） 确保热缩管处于加热器的中部且套中的加强芯应该朝下。

（4） 用右手拉紧光纤，压下熔接后的光纤以使右边的加热炉夹具可以压下去。

（5） 关闭加热器盖子。

（6） 按键激活加热炉，完成热缩工作，检查热缩管以查看加热结果。

四、光纤熔接中容易出现的问题（见表 10–5–1）

表 10–5–1　　熔接中容易出现的问题及排除

故障现象	造成故障的原因	排除方法
有气泡产生	1. 光纤类型选择错误	1. 选择正确的熔接程序并重新进行熔接
	2. 光纤切割不良	2. 重新置备光纤

续表

故障现象	造成故障的原因	排除方法
有气泡产生	3. 光纤脏	3. 重新置备光纤
	4. 电极老化	4. 打磨或更换电极
熔接失败或光纤过细	1. 熔接程序选择错误	1. 选择正确的熔接程序并重新进行熔接
	2. 光纤切割不良	2. 重新置备光纤
	3. 电极放电电流太强	3. 检查电极放电，并调整放电强度
	4. 光纤推进速度太慢	4. 调整光纤推进速度
	5. 电极老化	5. 打磨或更换电极
熔接失败或损耗偏大	1. 熔接程序选择错误	1. 选择正确的熔接程序并重新进行熔接
	2. 光纤推进速度太快	2. 调整光纤推进速度
	3. 电极老化	3. 打磨或更换电极
	4. 电极放电电流太强	4. 检查放电，并调整放电速度
产生黑线	1. 熔推程序选择错误	1. 选择正确的熔接程序并重新进行熔接
	2. 电极老化	2. 打磨或更换电极
	3. 放电功率太小	3. 检查放电，并调整放电强度或追加一次放电

五、光纤熔接机常见故障判定及排除（见表 10–5–2）

表 10–5–2　　光纤熔接机常见故障判定及排除

错误信息	错误描述	错误原因	解决办法
切割错误（光纤端面不合格）	切割错误可能会发生在光纤的左边、右边或两边	超过了切割质量的检查标准	在准备光纤进行重试
		切割质量的参数设置不正确	检查并纠正参数
马达超出行程	开始后超过了限定位置马达机仍不停止	限位开关	联系生产厂家
	发动机超过限度后继续运转	没有放置光纤或没有放置到正确位置	将光纤放置到正确位置
		选择了不合适的光纤程序	重新选择程序
		切割质量差	重新准备光纤
		图像处理故障	联系生产厂家
		马达驱动故障	联系生产厂家
		V 形凹槽有污物	对 V 形凹槽进行清理

续表

错误信息	错误描述	错误原因	解决办法
加热时间超出	加热开始后在限定时间内温度没有上升到设定值	加热参数设置不正确	检查并纠正参数
		加热系统故障	联系生产厂家
冷却时间超出	冷却开始后在限定时间内温度没有下降到设定值	冷却的参数设置不正确	检查并纠正参数
		加热系统故障	联系生产厂家
温度超出	加热过程中温度超出设定值	加热系统故障	联系生产厂家
图像错误	在检查中，图像处理不能在光纤上聚焦，找不到外部覆层或纤芯	光纤被污染	重新准备进行重试。要确保光纤突出部分的清洁
		选择了不合适的光纤程序	检查并纠正程序 转换到自动熔接模式
		聚焦的参数设置不正确	检查并纠正参数
		图像处理系统故障	联系生产厂家
		显示系统故障	联系生产厂家
		光学配件被污染	参阅“日常维护”
超出范围	光纤超出了可应用的范围	选择了不合适的光纤程序	检查并纠正程序 转换到自动光纤
		外部覆层直径超过了可应用的范围	
聚焦错误	不能聚焦到光纤上	光纤被污染	重新准备进行重试。要确保光纤裸露部分的清洁
		选择了不合适的光纤程序	检查并纠正程序
		焦点和场的参数设置不正确	检查并纠正参数
		图像处理系统故障	联系生产厂家
		光学配件被污染	参阅维护章节
电量低	电池电量不足	电池电量不足	按要求正确充电

【思考与练习】

1. 简述光纤熔接机的工作原理。
2. 简述光纤熔接机的操作方法。
3. 简述光纤熔接机熔接中有气泡产生的原因及排除方法。
4. 简述光纤熔接机熔接中熔接失败或损耗偏大的原因及排除方法。
5. 简述光纤熔接机熔接中产生黑线的原因及排除方法。
6. 简述光纤熔接机熔接中马达超出行程的原因及排除方法。
7. 简述光纤熔接机熔接图像错误的原因及排除方法。
8. 简述光纤熔接机熔接聚焦错误的原因及排除方法。

第十一章

计量仪器修理

模块1　GPS测量仪工作原理及常见故障判定排除

【模块描述】本模块介绍GPS测量仪的工作原理及常见故障种类，通过学习，掌握GPS测量仪的使用方法及常见故障判定。

【正文】

一、GPS简介及组成

（一）GPS的简介

全球定位系统（Global Positioning System——GPS）是美国从20世纪70年代开始研制，历时20年，耗资200亿美元，于1994年全面建成，具有在海、陆、空进行全方位实时三维导航与定位能力的新一代卫星导航与定位系统。

（二）GPS的组成

GPS由空间卫星群和地面监控系统两大部分组成，除此之外，测量用户还应有卫星接收设备。空间卫星群，GPS的空间卫星群由24颗高约20万km的GPS卫星群组成，并均匀分布在6个轨道面上，各平面之间交角为60°，轨道和地球赤道的倾角为55°，卫星的轨道运行周期为11小时58分，这样可保证在任何时间和任何地点地平线以上可同时接收4～11颗GPS卫星发送出的信号。GPS的用户部分由GPS接收机、数据处理软件及相应的用户设备如计算机、气象仪器等组成，其作用是接收GPS卫星发出的信号，利用信号进行导航定位等。在测量领域，随着现代科学技术的发展，体积小、自重轻、便于携带的GPS定位装置和高精度的技术指标为工程测量带来了极大方便，如图11-1-1所示。

二、GPS基本原理

在地球的任何角落，均能于每个时刻至少收到4颗以上GPS卫星所传送的电波。GPS卫星测量乃是利用GPS卫星所发射的无线电信号以测定点位的三度空间坐标之定位系统，基本上是以距离的测量方式进行，即测量接收机与已知位置的卫星间的瞬间距离。主要的测量方法有两种：虚拟距离观测与载波相位观测。在高精度的测量要

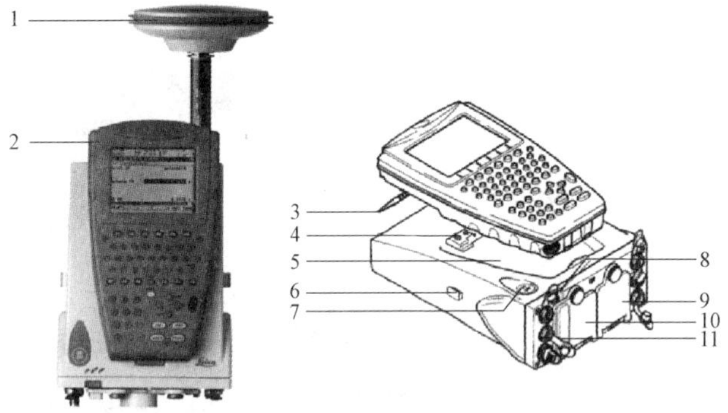

图 11-1-1　GPS 测量仪外形结构示意图

1—天线和适配器；2—接收机；3—自带的触摸笔；4—插销式接触器；5—专用凹槽；6—设备盒的导轨；7—开关按钮；8—LED 指示器；9—电池舱 B；10—电池舱 A；11—存储卡插槽

求下，几乎都采用载波相位观测为主。GPS 卫星提供不同的观测量，其中以电码距离为观测量来定位，应用于导航定位与即时定位方面，是以单独一个观测站接收信号而得定位结果，称为单点定位或绝对定位或导航定位。此外以载波相位为观测量者，大多以双测站以上同时观测而求得点与点间的基线向量，称为相对定位或差分定位。

GPS 定位的基本原理就是根据高速运动的卫星瞬间位置作为已知的起算数据，采用空间距离后方交会的方法，确定待测点的位置。

三、GPS 常见故障判定排除（见表 11-1-1）

表 11-1-1　　GPS 常见故障判定排除

序号	常见故障	分析与排除
1	仪器突然无法开机	1. 检查电源/电池的电量是否充足 2. 检查电瓶电缆线保险是否熔断
2	仪器有时接收不到卫星或卫星信号很弱	检查现场排除以下因素： 1. 周围是否存在无线电干扰 2. 检查时间和经纬度设置是否正确 检查天线电缆是否有破损，接头是否松动
3	同一手簿在这个主机上能用，换到另一台主机上就不能正常显示	检查在中文状态下，手簿的软件版本与主机的软件版本要互相匹配，在英文状态下，则不会出现这样的情况
4	仪器蓝牙连接不上	1. 检查蓝牙设置是否正常 2. 关闭手机蓝牙，减少蓝牙干扰 3. 按 SFT+1 键刷新蓝牙 4. 以上几种如果还不能解决，用电缆线连接
5	GPS 实时定位误差大	GPS 定位的误差源：① 与 GPS 卫星有关；② 与接收机有关；③ 与传播途径有关；④ 数据处理软件方面；⑤ 操作原因引起误差

续表

序号	常见故障	分析与排除
5	GPS 实时定位误差大	处理办法： 1. 参考站（基站）位置选择不理想。设站时应实际查看，选择合适的参考站位置。 2. 在已确定的点位上或已知点架设参考站，其整平、对中产生的误差。要严格对中、整平，其对中不超过 2mm，整平直立俯视圆气泡精确居中。 3. 流动站采点时对中杆扶立不稳，有操作者站立不稳或自然条件风力大对中杆不易扶直晃动而产生的误差。采点时操作者应直立站稳、摒气，如遇大风应用 1.3 米左右长的小竹竿三角支撑。 4. 采点时信号未收敛，精度差，3D CQ 数值大所产生的定位误差。应等仪器信号收敛固定解出现时采点，记录足够的观测值，正常点 3～5 个，参考站和转角点要有 5～8 个。 5. 仪器对中杆弯曲和气泡偏移，用经纬仪竖丝校正对中杆和气泡，此校正应反复进行。 6. 收参考站之前一定要检查检验桩，检查接收机对中和整平是否完好无偏差

【思考与练习】

1. 简述 GPS 测量仪的组成。
2. 简述 GPS 测量仪突然无法开机时的故障判定。
3. 简述 GPS 测量仪蓝牙连接不上时的故障判定。
4. 简述 GPS 测量仪 GPS 实时定位误差大时的故障判定。

模块 2 经纬仪工作原理及常见故障判定排除

【模块描述】本模块介绍经纬仪的工作原理和常见故障种类及产生原因，通过原理讲解、功能介绍以及操作过程详细介绍和操作技能训练，掌握经纬仪常见故障的判定排除。

【正文】

一、经纬仪的主要结构及工作原理

经纬仪是一种精密测角仪器，它一般由望远镜、读数系统、水准器和机械部分组成，如图 11–2–1 所示。

（一）望远镜

望远镜是经纬仪上的瞄准部分，它的主要作用是精确瞄准被观测的目标，以便进行测量；在望远镜分划板上加视距丝后，还能进行距离的测量。

1. 望远镜的成像原理图（见图 11–2–2）

把物镜 O_1 和目镜 O_2 安放到同一光轴上，并使 O_1 得后焦点 F_1'和 O_2 的前焦点

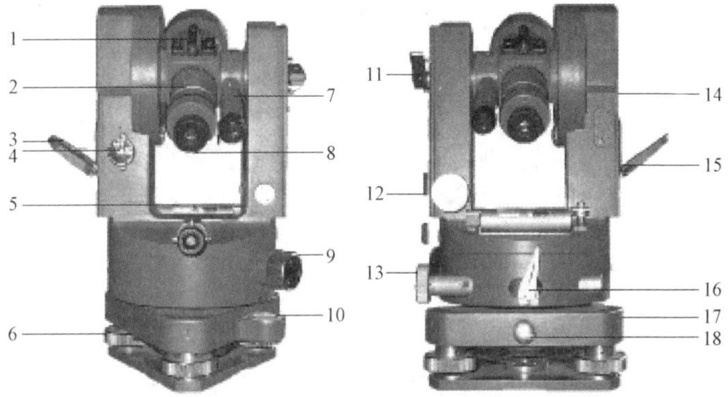

图 11-2-1 经纬仪结构示意图

1—粗瞄准；2—望远镜调焦环；3—照明反光镜；4—护盖；5—照准部水准器；6—基座脚螺旋；7—读数显微目镜；8—望远镜目镜；9—配置度盘；10—圆水准器；11—望远镜制动手柄；12—望远镜微动螺旋；13—水平微动螺旋；14—左侧护盖；15—照明窗；16—水平制动手柄；17—底座；18—底座制紧螺钉

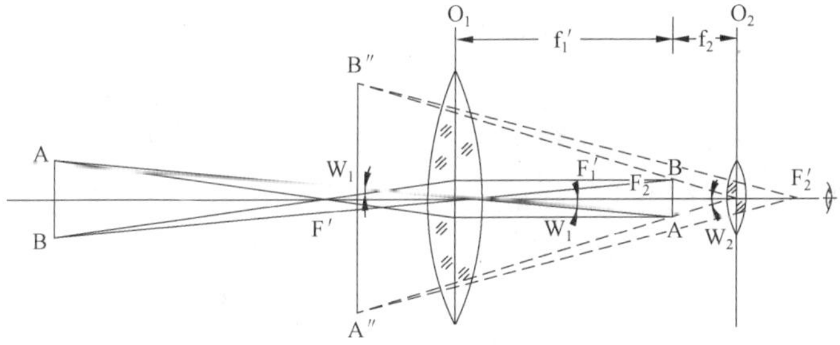

图 11-2-2 望远镜成像原理图

F_2 重合，这就构成了望远镜。物镜和目镜把远处的目标变成像，从而扩大了目标对眼睛的张角。如图 11-2-2 所示，由于眼睛到物镜 O_1 的距离比眼睛到目标 AB 的距离小得多，所以目标 AB 对眼睛的张角可近似地认为是 W_1。又由于眼睛到目镜的距离也远小于眼睛到虚像 A″B″的距离，所以虚像 A″B″对眼睛的张角也可近似地认为是 W_2。而一般望远镜的物镜焦距比目镜焦距要大上几十倍，这样，虚像 A″B″对眼睛的张角 W_2 也就比原目标 AB 对眼睛的张角 W_1 扩大了几十倍。这样眼睛观察远处目标的能力，通过望远镜后提高了几十倍。所以，原来眼睛不能直接看清的目标通过望远镜就能看清楚。概况一句话：通过望远镜系统把远处目标成像，从而扩大了对眼睛的张角，这就是望远镜能够望远的原因。

2. 望远镜的几个主要组成部分

（1） 望远镜物镜。它的主要作用是将观察目标成像，以保证观测目标明亮、清晰。

由于望远镜物镜一般要求焦距大、通光口径大，它对望远镜的放大能力、成像质量、视场亮度等都起着决定性作用，所以经纬仪望远镜物镜一般由两块或两块以上的透镜组成，一般分为折射式物镜和折反射式物镜两种。

（2）望远镜调焦机构。根据调焦机械形式，望远镜调焦机械分为外调焦和内调焦两种。

1）外调焦机构。是通过移动物镜及分划板之间的相对位置，来达到不同距离的目标都成像在分划板上；此种调焦形式，一般在光学经纬仪望远镜上已很少使用，光学经纬仪的对点器采用该调焦形式。

2）内调焦机械。是在望远镜的物镜和分划板之间加入一组凹透镜，移动凹透镜以使不同距离的目标总是成像在分划板平面上，这组凹透镜称为调焦镜。由于内调焦机械密封性好，望远镜长度可以缩短，另外调焦镜移动时晃动所引起的视轴变化的，比外调焦机械要小，因此光学经纬仪望远镜调焦方式一般均采用该形式。

3）调焦镜。调焦镜的作用主要是通过它沿着光轴方向移动，来调节物镜组的总焦距，使不同距离的目标总是成像在分划板上，以便进行观察。调焦镜是负透镜，一般采用双胶合或双分离形式。

3. 望远镜的划分板

望远镜的分划板是瞄准和读数的标志，它安置在物镜的焦平面上。它的竖丝用来测定水平方向的位置，横丝用来测定竖直方向的位置，视距丝用来测量距离。它的中心与物镜的光心（前主点）的连线确定了望远镜的视准轴。

为了适应不同测量的需要，分划板有多种形式。一般点状目标用单丝瞄准，长形目标用双丝瞄准精度较高。十字丝分划板的几种形式，如图 11–2–3 所示。

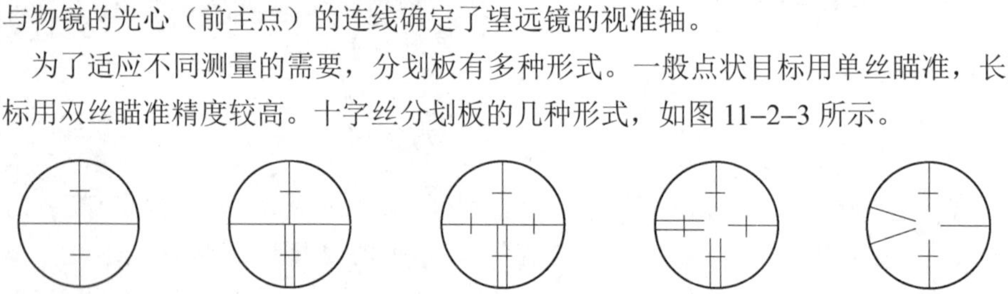

图 11–2–3 十字丝分划板的几种形式

4. 望远镜目镜

望远镜目镜的作用是将物镜所成的实像放大成虚像，以便使人眼能观察；目镜的特点是焦距短、孔径较小、视场角大，因此目镜的球差很小，色差可用各种形式的目镜组校正。

（二）读数系统

所谓读数系统，是精确测定度盘或分划尺上格线与指标线之间距离的设备。读数指标线是指示仪器上读数系统运动部分对不同部分的相对位置，其主要作用是提高人眼读数的灵敏度和准确度。

1. 读数方法

（1） 指标读数法。它是利用人眼能正确估计间隔的 1/5 或 1/10 的特性来进行读数的方法。

（2） 双丝测微法（平分法）。它是利用机械或光学的方法，使双丝形的指标移动，对准度盘格线，然后在测微器上读出双丝的移动量。

（3） 重合测微法（符合法）。它是利用度盘对径格线头对头的重合方式，来实现重合读数瞄准的。

2. 度盘

它是测量仪器上量角的工作标准器，分水平度盘和垂直度盘两种。沿着全度盘的圆周刻有等角距的格线，相邻两格线的圆心角称为度盘的格值。度盘格值越小，仪器的精度越高。

（1） 度盘的结构形式。度盘的构造形状随着仪器精度、外形尺寸、读数设备和刻度面的形状而异。刻线面的开头有圆锥面、圆柱面和平面。在光学经纬仪中，玻璃度盘是光学系统中的一个零件，一般是一个准确的平面玻璃，两平面的平直度和平行度允差约＜5″～10″，光学度盘按结构可分为透射式和反射式两种。

（2） 度盘的刻度方法。

1）直刻法。在原刻线机上用合金刀或金刚石刀直接在度盘上进行刻度，然后对刻度进行着色。

2）刻保护层法。度盘上涂一薄保护层，如沥青、地蜡等，再在原刻线机上刻线，刻刀只需刻破保护层，使刻线部分的度盘露出来，然后用腐蚀剂将刻线腐蚀出，再对刻线进行着色。

（3） 印相复制法。此基本原理同一般的照片复印一样，复印好的度盘，进行真空镀铬。

3. 带尺显微镜

（1） 显微镜成象原理。显微镜是一焦距较小的凸透镜做物镜，另用一焦距较大的凸透镜作目镜构成的，物镜和目镜分别装入两个彼此套着的镜筒中，两镜筒可做相对移动。

（2） 带尺显微镜。带尺显微镜应符合下列要求：

1）带尺上 n 个分格的宽度，应严格等于度盘一格影像的宽度。

2）带尺和度盘的分划线应相互平行，并且部分重叠。

3）为了估读较正确，目镜的放大率应这样选择，使得被目镜放大后的带尺象的格宽为 1.0～1.5mm。

4. 光学测微装置

光学测微装置主要是通过某些光学零件本身的移动或转动而引起的光路位移。目前光学测微器主要分为两类：光学平板测微器和光楔测微器。

（1）光学平板测微器。它的原理是利用转动一块平面玻璃板时，通过它的光线会发生平行位移这个特性而工作的。

（2）光楔测微器。光楔测微器分为单光楔测微和双光楔测微。单光楔测微它的原理是当光楔平行移动时，使通过它的光线平行移动一段距离。

5. 实现重合读数的光学系统

实现度盘对径分划象符合的方法是采用一套光学系统来完成。主要形式有：① 透射式度盘 1:1 转像系统；② 反射式度盘等光程棱镜系统。

（三）水准器

1. 水准器

（1）水准器的作用。水准器是灵敏元件，它用来指示仪器的某一轴线处于水平或铅垂位置，如水准仪就借助于它，将望远镜视线安平，经纬仪就借助于照准部上的水准器将竖轴安放至铅垂位置等。

水准器也用来精确地测量微小倾角，如经纬仪横轴倾斜量的测量。

（2）水准器的构造。水准器由内部充满液体的玻璃管组成，水准器玻璃管的内表面是由一条按一定精度要求计算出的曲率，绕其弦旋转所成的曲面（管形水准器）。或一个球面（圆形水准器），内部储有黏滞系数很小的液体（如甲醇、乙醇、乙醚及其混合液等），并留有一个没有液体的小空间—水准器的气泡。

（3）水准器的形式。从水准器的形状可分成管（长）、水准器和圆形水准器测量仪器管（长）水准器的系列：4″/2mm、6″/2mm、10″/2mm、20″/2mm、30″/2mm、45″/2mm，圆形水准器为 8′/2mm。

2. 竖直度盘自动安平装置

用经纬仪测量垂直角，应满足这样的读数关系和轴线相对位置关系—竖轴铅垂，望远镜视准轴水平。这时垂直度盘读数正好是 90°（正镜）或 270°（倒镜）。但由于竖轴的加工及安置误差，使仪器照准部不可能完全铅垂，这就给经纬仪垂直角测量带来误差（称指标差），它的数值等于竖轴倾斜角。为了要消除或减小指标差，以满足测量垂直角的精度要求，经纬仪上设置有竖盘指标补偿器结构，一类是指标水准器结构、一类是自动补偿器结构。

（1）自动归零原理。经纬仪上自动归零的装置种类很多，有弹性元件补偿器（簧片式）、悬挂透镜、平板玻璃补偿器（吊丝式）、液体补偿器等。但无论哪一种都是采用一种随重力而变化的元件来补偿。

（2）自动归零的装置。自动归零（补偿）装置的结构，是用一套能自由活动的零件，其中光学件有透镜、平板和光楔等，以及用来连接光学件的金属件，如金属吊丝，弹性簧片等。

为了能在仪器粗略安平后迅速地进行观测，在它们的自由活动部分都需要一个减振设备，称阻尼器。设置阻尼器的目的是为了增加活动零件在运动时的阻力，使之迅速地稳定下来。常见的阻尼器有空气阻尼器和磁力阻尼器两种。

（四）机械部分

1. 基座

基座位于仪器底部，是用来支撑和固定仪器的，并通过三个脚螺旋调正安平仪器，是经纬仪中不可缺少的一个组成部分。为了提高基座稳定性，防止基座扭摆，国产仪器中有一部分采用“a”簧片防扭装置。该结构可有效防止基座在照准部旋转时所引起基座位移，提高仪器的稳定性。

2. 照准架与横轴系

照准架采用整体式或可分离式两种。材料一般采用铜合金、铝合金、钢合金。照准架的材料要求强度和刚性都比较高，变形小。横轴是望远镜的旋转轴。横轴的轴线与垂直度盘刻划中心应相重合。旋转中心线应垂直于竖盘的分划面。由于在经纬仪中横轴垂直竖轴时一个重要条件，它们的不垂直偏差，在观察时将引起方向的误差，故一般横轴采用一体式结构，中间位通孔，可与望远镜连接，横轴两端由左右两轴瓦支撑，一般右边为偏心瓦，可调正仪器横轴垂直于竖轴（支架差）。

3. 竖轴

（1）竖轴的作用。竖轴是一种导轨的形式。它的作用是使仪器的旋转部分能以一定的精度，循着规定的方向进行。因此它的基本目的是定向及置中。故竖轴在经纬仪中是一个关键部件。它在经纬仪中的主要作用是：

1）它支撑仪器照准部，并使照准部能稳定地围绕其轴线进行旋转。

2）它的轴线是仪器测水平角的基准线。

因此竖轴的精度对测角精度有直接的、难以抵消的影响，所以为确保仪器的精度，一般竖轴有如下要求：

1）竖轴在旋转时必须保证有较高的定向精度。

2）竖轴转动要灵活、舒适、均匀一致。

3）竖轴应有较长的使用寿命。

4）竖轴应有良好的润滑。

（2）竖轴系的几种主要形式。

1）标准圆柱形轴。它的特点是照准部全部质量由轴的端面及下端支撑。而轴套不承受任何力，反起导向作用。

优点：几何形状简单，加工方便，能承受一定的冲击和震动。

缺点：接触面积大，摩擦力矩大，容易磨损，置中精度不高。对竖轴与轴套间隙要求很严，工艺性、材料稳定性要求高。在实际使用中有时有咬死现象。

2）半运动式柱形轴。它的特点是该轴是标准圆柱形的改进，是较完善的一种轴系。所谓半运动式，就是用点或线接触的形式来代替面接触而运动的一种形式。

优点：由于锥面有自动归心作用，使轴与轴之间隙对轴的晃动不灵敏。采用多粒钢珠支撑，为滚动摩擦，使摩擦力矩小。轴的起动力小，转动灵活，不易咬死（尤其在低温下）。加工、研磨工作量小，易于成批生产。

缺点：轴套锥面加工较困难，尤其是锥面与下端圆柱孔的同心度，加工工艺要求高，对钢珠直径的不圆度及不等度要求严格。

3）平面滚珠轴承式轴。结构上分上导轨和下导轨，中间放置一圈钢珠，上下导轨的中央部分有短的圆柱面配合，上下导轨与钢珠接触的环带起定向作用，中央的圆柱配合起定心作用。

优点：由于完全是滚动摩擦，转动非常灵活，不会咬死。平面导轨接触圈直径较大，所以平面晃动角很小，定向精度很高。轴的高度较低，大大降低横轴中心高度，缩小仪器体积，减轻仪器自重。

缺点：由于轴的性能稳定性要求高，材料变形系数要小，导轨加工工艺要求高。导轨接触面要有很高的硬度，故制造难度大，导轨变形不易保证，所以轴的精度就会变化。

4）球面滚珠轴承式轴。分上、下导轨，中间放置一圈钢珠与平面滚珠轴承式轴所不同之处在于上导轨为球面。

优点：该轴综合了半运动柱形轴与平面滚珠轴承式之长处，即转动灵活，有自动归心作用，定向精度高，球面导轨容易研磨。

缺点：保留了半运动式柱形轴和平面滚珠轴承式轴之短处，球面中心和定向孔中心的同心度加工工艺要求严，而且半径很多的导轨面易变形，实际应用存在一定的问题。

4. 竖轴轴系

经纬仪竖轴的连接形式主要有复测轴系和方向轴系两种。

（1）复测轴系。该轴系的特点，是可采用复测法测角。大部分复测轴系由于照准部轴与度盘轴套直接接触，所以度盘带动误差较大。这种轴系在普通游标经纬仪中较为常见。

（2）方向轴系。该轴系的特点是与照准部直接接触的轴套是和基座固连的，不能旋转，度盘轴套在最外边。当照准部旋转时，不会带动度盘，避免了复测轴系的缺点。

5. 制动及微动机构

为了使望远镜能正确瞄准目标或为了安平带有水准器的望远镜，必须使望远镜能正确地旋转一个极微小的角度，因此在结构上要求制动及微动机构可靠，操作方便。微动机构的最小微动量要与望远镜瞄准精度相适应。

（1） 制动机构。

1）万向接头式制动机构。

优点：万向接头式制动机构手轮和照准架固定，这样使仪器密封性较好。

缺点：结构较复杂，万向接头容易失灵，制动手轮有空回。

2）直顶式制动机构。

优点：结构简单，使用可靠，装校加工方便。

缺点：照准架要开长槽，使手轮和制动杆随微动而移动。

（2） 微动机构。微动机构分为普通微动螺旋机构、杠杆式微动机构、微差螺旋微动机构。

1）普通微动螺旋机构。该结构在经纬仪中最为常见。它的结构较简单，通常在中，低精度经纬仪中运用。它的螺母是弹性枣形螺母，通过压紧圈可调整微动手轮的松紧程度。为了消除微动螺旋在旋进时所产生的旁向分力的有害影响，在结构中应用了活动顶针。

2）杠杆式微动机构。这种机构是利用杠杆的形式把微动手轮的前进量缩小几倍，从而使微动机构的灵敏度相应提高。当旋进微动手轮螺旋时，顶针推动了杠杆，使它绕小轴旋转，同时推动照准部支杆，由于支杆是与照准部固连的，因此就使照准部得到了缩小的微动量。

3）微差螺旋微动机构。这种机构中同时有两套螺旋一起工作。一般普通微动螺旋机构的螺距最小只能用到约 0.35mm，因为螺距过小极易磨损，运用该机构可有效地给予解决。

6. 复测机构和拨盘机构

为了提高测量精度，因此对同一目标应进行重复测量，这种方法，在测量学中称复测法。复测器机构常见有如下两种：

（1） 复测器机构常见形式。

1）双面夹紧式。这种复测器是由弹性夹片、传动滚珠顶尖和偏心圆扳手所组成。当扳下复测器扳手时，偏心圆的短半径与顶尖口接触，在弹簧与弹性夹片作用力的推动下，顶尖向外移动，从而缩小了两块夹片的距离，夹紧了与度盘固联的复测制紧环，为了减少摩擦力，采用两粒滚珠。

2）杠杆式复测器。

这种复测器是由杠杆、弹簧夹紧片和顶尖组成。整个复测器与照准部是固联的。当杠杆倾下，它将顶尖顶起，使弹簧夹紧片夹紧复测制紧片，由于复测制紧片与度盘是固连的，故这时照准部与度盘同时旋转，反之，照准部与度盘便分开旋转。

（2） 拨盘机构。拨盘机构都用在精密光学经纬仪上，部分工程经纬仪也使用了该机构。目前在经纬仪上使用的常见有啮合和常脱开两种结构。

1）常啮合拨盘机构。其齿轮不管是否工作，始终处于啮合形态，其缺点为：置换手轮在不使用过程中，绝不能有丝毫碰擦，否则会导致度盘移动，因而必须要加保护盖；该结构采用多级转动，零件多，结构较复杂，对三角基座一般有特殊要求，造成基座互换性较差。

2）常脱开拨盘机构。普遍采用一对齿轮，在非工作状态下是脱开而不啮合。当需拨动度盘时，才把齿轮推进，达到啮合。结构简单可靠，但在置换度盘过程中，置换手轮有时容易滑出。

二、经纬仪的故障判定及排除（见表 11-2-1）

表 11-2-1　　经纬仪常见故障判定及排除表

故障部位	故障现象及原因	排除方法
基座部分	1. 基座由于长期使用，可能使脚螺旋产生晃动、不适等现象	1. 修理时可将收紧螺母的三个止钉松开，拧下收紧螺母，拆下脚螺旋，进行清洗加油，最后按顺序安装，调节收紧螺母直到平稳、舒适、无晃动为止
	2. 基座上的三块压板，由于长期使用，使压板弯曲后失去弹性，使基座产生上下带动	2. 修理时可将三块压板取下，放在平台上用木槌整平装上即可
望远镜（以下项目完毕，必须进行星点的校正。星点校正一般采用平行光管中的星点板进行）	1. 成像模糊	1. 清洗物镜表面
	2. 物镜表面沾上油污	2. 用脱脂棉或脱脂纱布、手帕等，蘸乙醇、乙醚混合液擦净
	3. 物镜里面或调焦镜沾上油污	3. 将物镜座上的止头钉松开，拧下物镜座进行擦洗
	4. 物镜夹层有霉	4. 使用专用工具拧下物镜压圈倒出物镜片擦洗（倒出后需做好记号，以免搞错）
	5. 调焦镜靠分划板一面不清	5. 拧松目镜接头座止钉，拧下目镜接头座和调焦镜手轮，拆下调焦镜滑块，退出调焦镜筒进行擦洗
	6. 物镜或调焦镜破碎或脱胶	6. 重新更换或重新胶合
分划板不洁	1. 分划板表面不洁	1. 拧下目镜罩上的限位钉和目镜座，擦洗即可
	2. 分划板里面不洁	2. 将目镜接头座止头钉拧松，拧下目镜接头座进行擦洗

续表

故障部位	故障现象及原因	排除方法
调焦手轮不适、空位	调焦手轮缺油或调焦手轮内受灰沙侵入所致	拧松目镜接头座止钉，拧下目镜接头座和调焦手轮，取出调焦滑块，进行清洗加油后，按顺序装上
望远镜目镜适度范围的调整（屈光度）	在限位灯的作用下，望远镜目镜调节时（旋退或旋出）看不清分划板上的十字丝，这是由于拆修目镜组时逆装复工作不正确	拧松目镜限位钉，再拧松目镜罩的三只止钉，取下目镜罩，用手直接调整目镜，直至看清分划板为止；然后装上目镜罩，并使目镜罩的屈光度上的零刻线对准目镜接头座上的指标线，再拧紧目镜罩上的止钉，拧上限位钉即可
望远镜调焦运行误差的调整	在 2m 及无穷远不同近远目标上检查出来的二倍照准差不是一个常数或是超过 10″时，说明调焦镜光轴中心不在望远镜视准轴中心上运行	按拆卸调焦镜的方法取出调焦镜管，把调焦镜管中的弹簧片进行扩张即可
竖轴系及水平度盘部分	1. 照准部旋转紧涩	拧松基座锁紧手轮，把仪器从基座中取出；把仪器倒放在特制的木架上，拧下四只下盘固定钉，此时照准部及水平度盘已与支架无联系。用左手握住支架，用右手握住竖轴套筒座，向上脱开；将下盘放在工作台上，拧下三只连接钉，把下盘、轴系、度盘逐一脱开
	2. 竖轴系（竖轴和轴套）缺油	
	3. 照准部油污、灰砂过多的或缺油	
	4. 防尘圈位置过高	

三、仪器存放及保养

（1）仪器应存放在明亮、干燥、通风的场所，不应存放酸、碱及有特殊气味的物品；梅雨季节应注意室内通风、干燥。

（2）野外作业时，不应将仪器放在地上，放置应安全可靠；仪器装上三脚架后，要锁紧中心螺旋，防止仪器从三脚架上脱落。

（3）观察时，应避免阳光直接晒在仪器上，以免影响观察精度。

（4）仪器用毕后，应用干净脱脂纱布抹去仪器外表水珠或灰尘；镜片上有灰尘可用软毛刷轻轻刷去，方可放入包装箱内，要注意仪器使用处及存放处的温差。

（5）仪器箱内的干燥剂应经常检查，如发现干燥剂变成粉红色，应及时更换或将原干燥剂烘干（+45℃保温 1h），使其还原为紫蓝色后再重新使用。

（6）在搬运过程中，应尽量避免仪器受激烈震动。仪器装箱时应按规定位置安放，望远镜制动和竖轴制动应松开。

【思考与练习】

1. 简述经纬仪的工作原理。

2. 简述经纬仪望远镜存在的故障种类以及排除方法。

3. 简述经纬仪望远镜调焦运行误差的调整方法。
4. 简述经纬仪分划板不洁的处理方法。
5. 简述经纬仪竖轴系及水平度盘部分存在故障种类及排除方法。
6. 简述经纬仪的存放保养要求。

◢ 模块3 全站仪工作原理及常见故障判定

【模块描述】本模块介绍全站仪的工作原理和常见故障种类及产生原因，通过原理讲解、功能介绍以及操作过程详细介绍和操作技能训练，掌握全站仪常见故障的判定排除。

【正文】

一、概述

全站仪又称全站型电子速测仪，是一种集光、机、电为一体的高技术测量仪器，是集水平角、垂直角、距离（斜距、平距）、高差测量功能为一体的测绘仪器系统。因只需安置一次仪器即可完成该测站上全部测量工作，所以称之为全站仪；广泛应用于地上大型建筑和地下隧道施工等精密工程测量或变形监测领域。

二、全站仪的分类工作原理

（一）全站仪的分类

1. 全站仪按测量功能分类

（1）经典型全站仪。经典型全站仪也称为常规全站仪，它具备全站仪电子测角、电子测距和数据自动记录等基本功能，有的还可运行厂家或用户自主开发的机载测量程序。

（2）机动型全站仪。在经典全站仪的基础上安装轴系步进电动机，可自动驱动全站仪照准部和望远镜的旋转。在计算机的在线控制下，机动型系列全站仪可按计算机给定的方向值自动照准目标，并可实现自动正、倒镜测量。

（3）无合作目标型全站仪。无合作目标型全站仪是指在无反射棱镜的条件下，可对一般的目标直接测距的全站仪。因此，对不便安置反射棱镜的目标进行测量，无合作目标型全站仪具有明显优势。

（4）智能型全站仪。在机动化全站仪的基础上，仪器安装自动目标识别与照准的新功能，因此在自动化的进程中，全站仪进一步克服了需要人工照准目标的重大缺陷，实现了全站仪的智能化。在相关软件的控制下，智能型全站仪在无人干预的条件下可自动完成多个目标的识别、照准与测量，因此，智能型全站仪又称为“测量机器人”。

2. 全站仪按测距仪分类

可分为：短距离测距全站仪、中距离测程全站仪、长距离测程全站仪。

（二）全站仪的结构及原理

全站仪几乎可用在所有的测量领域。电子全站仪由电源部分、测角系统、测距系统、数据处理部分、通信接口及显示屏、键盘等组成，具体如图 11–3–1 所示。

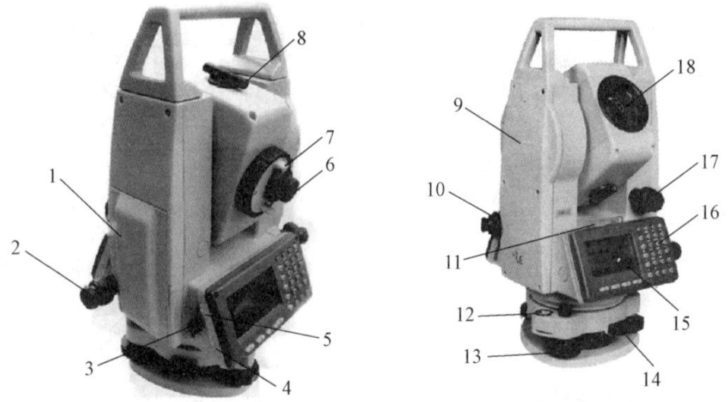

图 11–3–1　全站仪外形结构示意图

1—电池盒；2—水平制微动手轮；3—电缆接口；4—存储卡插口；5—通信接口；6—同轴望远镜；7—望远镜把手；8—粗瞄器；9—中心标志；10—光学对点器；11—管水准器；12—圆水准器；13—整平脚螺旋；14—基座锁定钮；15—显示屏幕；16—键盘；17—垂直制微动手轮；18—物镜

1. 同轴望远镜

全站仪的望远镜实现了视准轴、测距光波的发射、接收光轴同轴化。同轴化的基本原理是：在望远物镜与调焦透镜间设置分光棱镜系统，通过该系统实现望远镜的多功能，即既可瞄准目标，使之成像于十字丝分划板，进行角度测量；同时其测距部分的外光路系统，又能使测距部分光敏二极管发射的调制红外光在经物镜射向反光棱镜后，经同一路径反射回来，再经分光棱作用使回光被光电二极管接受。为测距需要在仪器内部另设一内光路系统，通过分光棱镜系统中光导纤维将由光敏二极管发射的调制红外光传也送给光电二极管接收，进行而由内、外光路调制光的相位差间接计算光的传播时间，计算实测距离。

同轴性使得望远镜一次瞄准即可实现同时测定水平角、垂直角和斜距等全部基本测量要素的测定功能。加之全站仪强大、便捷的数据处理功能，使全站仪使用极其方便。

2. 双轴自动补偿

在仪器的检验校正中已介绍了双轴自动补偿原理，作业时若全站仪纵轴倾斜，会引起角度观测误差，盘左、盘右观测值取中不能使之抵消。而全站仪特有的双轴（或单轴）倾斜自动补偿系统，可对纵轴的倾斜进行监测，并在度盘读数中对因纵轴倾斜造成的测角误差自动加以改正（某些全站仪纵轴最大倾斜可允许至±6′），也可通过将由竖轴倾斜引起的角度误差，由微处理器自动按竖轴倾斜改正计算式计算，并加入度盘读数中加以改正，使度盘显示读数为正确值，即所谓纵轴倾斜自动补偿。

3. 键盘

键盘是全站仪在测量时输入操作指令或数据的硬件，全站型仪器的键盘和显示屏均为双面式，便于正、倒镜作业时操作。

4. 存储器

全站仪存储器的作用是将实时采集的测量数据存储起来，再根据需要传达到其他设备如计算机等中，供进一步的处理或利用。全站仪的存储器有内存储器和存储卡两种。全站仪内存储器相当于计算机的内存（RAM），存储卡是一种外存储媒体，又称PC卡，作用相当于计算机的磁盘。

5. 通信接口

全站仪可通过通信接口和通信电缆将内存中存储的数据输入计算机，或将计算机中的数据和信息经通信电缆传输给全站仪，实现双向信息传输。

三、全站仪的基本操作与日常维护

（一）全站仪的操作

1. 水平角测量

（1）按角度测量键，使全站仪处于角度测量模式，照准第一个目标A。

（2）设置A方向的水平度盘读数为0° 00′00″。

（3）照准第二个目标B，此时显示的水平度盘读数即为两方向间的水平夹角。

2. 距离测量

（1）设置棱镜常数。测距前须将棱镜常数输入仪器中，仪器会自动对所测距离进行改正。

（2）设置大气改正值或气温、气压值。光在大气中的传播速度会随大气的温度和气压而变化，15℃和760mmHg是仪器设置的一个标准值，此时的大气改正为0ppm。实测时，可输入温度和气压值，全站仪会自动计算大气改正值（也可直接输入大气改正值），并对测距结果进行改正。

（3）量仪器高，棱镜高并输入全站仪。

（4）距离测量。照准目标棱镜中心，按测距键，距离测量开始，测距完成时显示斜距、平距、高差。全站仪的测距模式有精测模式、跟踪模式、粗测模式三种。精测模式是最常用的测距模式，测量时间约为2.5s，最小显示单位1mm；跟踪模式，常用于跟踪移动目标或放样时连续测距，最小显示一般为 1cm，每次测距时间约 0.3s；粗测模式，测量时间约为 0.7s，最小显示单位 1cm 或 1mm。在距离测量或坐标测量时，可按测距模式（MODE）键选择不同的测距模式。

应注意，有些型号的全站仪在距离测量时不能设定仪器高和棱镜高，显示的高差值是全站仪横轴中心与棱镜中心的高差。

3. 坐标测量

（1）设定测站点的三维坐标。

（2）设定后视点的坐标或设定后视方向的水平度盘读数为其方位角。当设定后视点的坐标时，全站仪会自动计算后视方向的方位角，并设定后视方向的水平度盘读数为其方位角。

（3）设置棱镜常数。

（4）设置大气改正值或气温、气压值。

（5）量仪器高、棱镜高并输入全站仪。

（6）照准目标棱镜，按坐标测量键，全站仪开始测距并计算显示测点的三维坐标。

（二）全站仪使用时应注意事项

（1）开工前应检查仪器箱背带及提手是否牢固。

（2）开箱后提取仪器前，要看准仪器在箱内放置的方式和位置，装卸仪器时，必须握住提手，将仪器从仪器箱取出或装入仪器箱时，请握住仪器提手和底座，不可握住显示单元的下部。切不可拿仪器的镜筒，否则会影响内部固定部件，从而降低仪器的精度，应握住仪器的基座部分，或双手握住望远镜支架的下部。仪器用毕，先盖上物镜罩，并擦去表面的灰尘。装箱时各部位要放置妥帖，合上箱盖时应无障碍。

（3）在太阳光照射下观测仪器，应给仪器打伞，并带上遮阳罩，以免影响观测精度。在杂乱环境下测量，仪器要有专人守护。当仪器架设在光滑的表面时，要用细绳（或细铅丝）将三脚架三个脚连起来，以防滑倒。

（4）当架设仪器在三脚架上时，尽可能用木制三脚架，因为使用金属三脚架可能会产生振动，从而影响测量精度。

（5）当测站之间距离较远，搬站时应将仪器卸下，装箱后背着走。行走前要检查仪器箱是否锁好，检查安全带是否系好。当测站之间距离较近，搬站时可将仪器连同三脚架一起靠在肩上，但仪器要尽量保持直立放置。

（6）搬站之前，应检查仪器与脚架的连接是否牢固，搬运时，应把制动螺旋略微关住，使仪器在搬站过程中不致晃动。

（7）仪器任何部分发生故障，不勉强使用，应立即检修，否则会加剧仪器的损坏程度。

（8） 元件应保持清洁，如沾染灰沙必须用毛刷或柔软的擦净纸擦掉。禁止用手指抚摸仪器的任何光学元件表面。清洁仪器透镜表面时，请先用干净的毛刷扫去灰尘，再用干净的无线棉布蘸酒精由透镜中心向外一圈圈的轻轻擦拭。除去仪器箱上的灰尘时切不可作用任何稀释剂或汽油，而应用干净的布块沾中性洗涤剂擦洗。

（9） 湿环境中，作业结束，要用软布擦干仪器表面的水分及灰尘后装箱。回到办公室后立即开箱取出仪器放于干燥处，彻底晾干后再装箱内。

（10）冬天室内、室外温差较大时，仪器搬出室外或搬入室内，应隔一段时间后才能开箱。

（三）全站仪保管注意事项与日常维护

1. 全站仪保管的注意事项

（1） 仪器的保管由专人负责，每天现场使用完毕带回办公室，不得放在现场工具箱内。

（2） 仪器箱内应保持干燥，要防潮防水并及时更换干燥剂。仪器必须放置专门架上或固定位置。

（3） 仪器长期不用时，应以一月左右定期取出通风防霉并通电驱潮，以保持仪器良好的工作状态。

（4） 仪器放置要整齐，不得倒置。

2. 仪器转运时注意事项

（1） 首先把仪器装在仪器箱内，再把仪器箱装在专供转运用的木箱内，并在空隙处填以泡沫、海绵、刨花或其他防震物品。装好后将木箱或塑料箱盖子盖好，需要时应用绳子捆扎结实。

（2） 无专供转运的木箱或塑料箱的仪器不应托运，应由测量员亲自携带。在整个转运过程中，要做到人不离开仪器，如乘车，应将仪器放在松软物品上面，并用手扶着，在颠簸厉害的道路上行驶时，应将仪器抱在怀里。

（3） 注意轻拿轻放、放正、不挤不压，无论天气晴雨，均要事先做好防晒、防雨、防震等措施。

3. 电池的使用

全站仪的电池是全站仪最重要的部件之一，现在全站仪所配备的电池一般为Ni–MH（镍氢电池）和Ni–Cd（镍镉电池），电池的好坏、电量的多少决定了外出作业时间的长短。

（1） 建议在电源打开期间不要将电池取出，因为此时存储数据可能会丢失，因此请在电源关闭后再装入或取出电池。

（2） 可充电池可反复充电使用，但是如果在电池还存有剩余电量的状态下充电，则会缩短电池的工作时间，此时，电池的电压可通过刷新予以复原，从而改善作业时间，充足电的电池放电时间约需 8h。

（3）不要连续进行充电或放电，否则会损坏电池和充电器，如有必要进行充电或放电，则应在停止充电约 30min 后再使用充电器。

（4）不要在电池刚充电后就进行充电或放电，有时这样会造成电池损坏。

（5）超过规定的充电时间会缩短电池的使用寿命，应尽量避免。

（6）电池剩余容量显示级别与当前的测量模式有关，在角度测量的模式下，电池剩余容量够用，并不能保证电池在距离测量模式下也能用，因为距离测量模式耗电高于角度测量模式，当从角度模式转换为距离模式时，由于电池容量不足，可能会中止测距。

4. 全站仪的日常维护

（1）仪器的保管由专人负责，每天现场使用完毕带回办公室，不得放在现场工具箱内。

（2）仪器箱内应保持干燥，要防潮防水并及时更换干燥剂。仪器须放置专门架上或固定位置。

（3）仪器长期不用时，应一月左右定期通风防霉并通电驱潮，以保持仪器良好的工作状态。

（4）仪器放置整齐，不得倒置。

总之，只有在日常的工作中，注意全站仪的使用和维护，注意全站仪电池的充放电，才能延长全站仪的使用寿命，使全站仪的功效发挥到最大。

四、全站仪常见故障判定及排除

（一）全站仪的检验与校正

全站仪在出厂时均经过严密的检验与校正，但仪器经过长途运输或环境变化，其内部结构会受到一些影响。因此，在新购买以及到测区后在作业之前均应对仪器进行下列各项检验与校正，以确保作业成果精度。

1. 长水准器

（1）在检验时，若长水准器的气泡偏离了中心，先用与长水准器平行的脚螺旋进行调整，使气泡向中心移近一半的偏离量。剩余的一半用校正针转动水准器校正螺钉（在水准器右边）进行调整至气泡居中。

（2）将仪器旋转 180°，检查气泡是否居中。如果气泡仍不居中，重复（1）步骤，直至气泡居中。

（3）将仪器旋转 90°，用第三个脚螺旋调整气泡居中。

2. 圆水准器

若气泡不居中，用校正针或内六角扳手调整气泡下方的校正螺钉使气泡居中。校正时，应先松开气泡偏移方向对面的校正螺钉（1 或 2 个），然后拧紧偏移方向的其余校正螺钉使气泡居中。气泡居中时，三个校正螺钉的紧固力均应一致。

3. 望远镜分划板

（1）整平仪器后在望远镜视线上选定一目标点 A，用分划板十字丝中心照准 A 并固定水平和垂直制动手轮。

（2）转动望远镜垂直微动手轮，使 A 点移动至视场的边沿。

（3）若 A 点是沿十字丝的竖丝移动，及 A′点仍在竖丝之内的，则十字丝不倾斜不必校正。

如图 11–3–2 所示，A′点偏离竖丝中心，则十字丝倾斜，需对分划板进行校正。

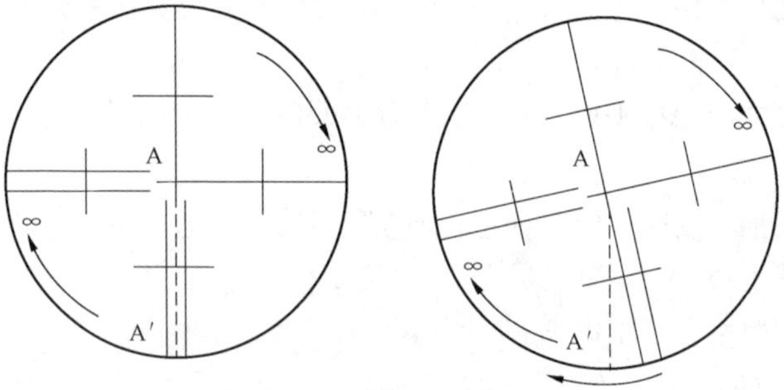

图 11–3–2　分划板十字丝倾斜故障示意图

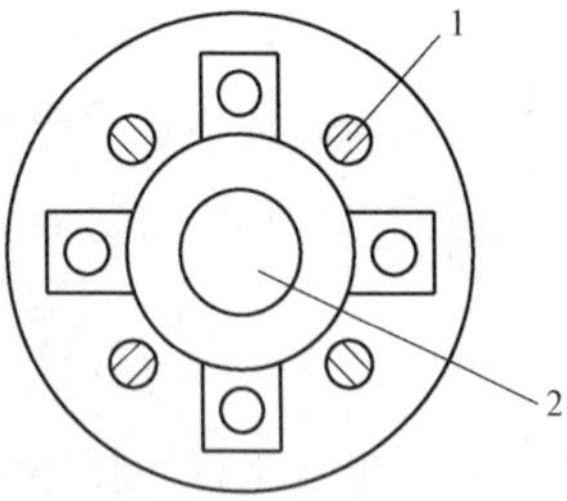

图 11–3–3　分划板校正作业示意图
1—固定螺钉；2—目镜

校正：

（1）首先取下位于望远镜目镜与调焦手轮之间的分划板座护盖，便看见四个分划板固定螺钉（见图 11–3–3）。

（2）用螺丝刀均匀地旋松该四个固定螺钉，绕视准轴旋转分划板座，使 A′点落在竖丝的位置上。

（3）均匀的旋紧固定螺钉，再用上述方法检验校正结果。

（4）将护盖安装回原位。

4. 竖盘指标零点自动补偿

（1）安置和整平仪器后，使望远镜的指向和仪器中心与任一脚螺旋 X 的连线相一致，旋紧水平制动手轮。

（2）开机后指示竖盘指标归零，旋紧垂直制动手轮，仪器显示当前望远镜指向的竖直角值。

（3）朝一个方向慢慢转动脚螺旋 X 至 10mm 圆周距左右时，显示的竖直角由相应随着变化到消失出现“补偿超限”信息，表示仪器竖轴倾斜已大于 3′，超出竖盘补偿器的设计范围。当反向旋即脚螺旋复原时，仪器又复现竖直角，在临界位置可反复试验观其变化，表示竖盘补偿器工作正常。

校正：当发现仪器补偿失灵或异常时，应送厂检修。

5. 光学对点器

（1）将仪器安置到三脚架上，在一张白纸上画上一个十字交叉并放在仪器正下方的地面上。

（2）调整好光学对中器的焦距后，移动白纸使十字交叉位于视场中心。

（3）转动脚螺旋，使对中器的中心标志与十字交叉点重合。

（4）旋转照准部，每转 90°，观察对中点的中心标志与十字交叉点的重合度。

（5）如果照准部旋转时，光学对中器的中心标志一直与十字交叉点重合，则不必校正，否则需按下述方法进行校正。

校正：

（1）将光学对中器目镜与调焦手轮之间的改正螺钉护盖取下。

（2）固定好十字交叉白纸并在纸上标记出仪器每旋转 90° 时对中器中心标志落点。

（3）用直线连接对角点。

（4）用校正针调整对中器的四个校正螺钉，使对中器的中心标志与交点重合。

（5）重复检验步骤 4，检查校正至符合要求。

（6）将护盖安装回原位。

6. 基座脚螺旋

如果脚螺旋出现松动现象，可调整基座上脚螺旋调整用的 2 个校正螺钉，拧紧螺钉到合适的压紧力度为止。

（二）全站仪出错信息代码表（见表 11–3–1）

表 11–3–1 全站仪错误信息表

错误代码	错误说明	处理措施
计算错误	数据输入错误，无法计算	正确输入数据
文件已存在	该文件名已存在	改用其他文件名
文件区已满	创建文件时，已存在 512 个文件	如有必要，可先发送或删除若干文件
超限	垂直角与斜率转换时高度超过 45	此点超出测量范围

续表

错误代码	错误说明	处理措施
内存已满	内存容量不足	将数据从内存下载到计算机
文件不存在	内存中无文件存在	必要时可建文件
文件名错误	未选定文件情况下使用文件	确认文件存在，再选定一个文件
点名已存在	新点名在内存中已存在	设置新点名，重新输入
点名错误	输入不正确名字或点名在内存中不存在	输入正确名字或输入文件中的点名
x 补偿超限	仪器倾斜误差超过 3′	精确整平仪器
错误 01—06	角度测量系统出现异常	关机后再开机，如果连续出现此错误信息码，则该仪器必须送修
错误 31 错误 33	测距头有问题	送修

【思考与练习】

1. 简述全站仪的分类及作用。
2. 简述全站仪的结构及工作原理。
3. 简述全站仪的日常维护保养方法。
4. 简述全站仪长水准器的检验与校正方法。
5. 简述全站仪圆水准器的检验与校正方法。
6. 简述全站仪望远镜分划板的检验与校正方法。
7. 简述全站仪竖盘指标零点自动补偿方法。
8. 简述全站仪光学对点器的检验与校正方法。

第六部分

施工机具设计、试验规程

第十二章

施工机具设计、试验规程

模块1　架空输电线路施工机具基本技术要求

【模块描述】本模块介绍施工机具设备、试验的基本要求，通过学习，掌握输电线路施工机具基本技术要求。

【正文】

一、概述

DL/T 875—2016《架空输电线路施工机具基本技术要求》，是对DL/T 875—2004《输电线路施工机具设备、试验基本要求》标准的修订。

DL/T 875—2016《架空输电线路施工机具基本技术要求》规定了输电线路施工机具设计、试验、检验、使用等要求，适用于架空输电线路工程建设中使用的施工机具。

二、《架空输电线路施工机具基本技术要求》条文介绍

（一）试验一般要求

1. 型式试验

（1）型式试验是为了验证产品能否满足技术规范的要求所进行的试验，满足下列条款之一者应进行型式试验：

1）新产品定型或老产品转厂生产。

2）停产2年以上的老产品恢复生产。

3）正式生产后，产品的结构、材料、工艺等有重要改进，可能影响产品性能时。

4）正式生产后，定期或累计一定的产量后，应按周期进行一次试验。

5）国家质量监督机构提出型式试验要求时。

（2）试验应包含以下内容：

1）空载试验。对于带有动力源的机械或部件，在额定速度下进行，保持时间不少于1h。

2）负载试验。在额定载荷及额定工况下进行，额定工况应包括全部使用工况；不同机具每次保持时间应满足：① 刚性连接工器具不少于5min；② 带有动力源的机械或部件，系统稳定后不少于 5min；③ 靠摩擦连接的工器具不少于 10min。

3）过载（静载）试验。以大于额定载荷的慢速情况下的载荷（无冲击）施加于机具，保持时间与 5.1.2b）相同，并进行检查。过载试验载荷与额定载荷的倍率应不小于表 12–1–1 规定值。

表 12–1–1　　过载试验载荷与额定载荷的倍率

机具类型	倍率
轻小型吊装设备	1.25
吊装带	1.25
防坠器保护装置	2.0
脚扣	1.25
扳手	1.25
绞磨	1.25
提升机具	1.25
临时锚体（地钻、地锚）	1.5
金属抱杆	1.25
起重滑车	1.5
起重附件（环、钩、卡、销、板等）	1.5
牵引机	1.15
张力机	1.15
导线轴架	1.25
金属跨越架	1.25
放线滑车	1.25
飞车	2.0
压接机	1.15
双钩紧线器、手扳紧线器	1.25
连接器（抗弯连接器、旋转连接器、网套连接器）	1.25
卡线器（导线卡线器、地线卡线器、钢丝绳卡线器、光缆卡线器）	1.5
牵引板	1.25
切线机	1.15
乘人装置、梯架	2.0
其他	1.25

4）耐压试验。适用于液压、气压系统。最大工作压力不大于 16MPa 时，试验压

力为额定工作压力的 1.5 倍；最大工作压力大于 16MPa 且不大于 31.5MPa 时，试验压力为额定工作压力的 1.25 倍；最大工作压力大于 31.5MPa 时，试验压力为额定压力的 1.15 倍。耐压试验的时间应不小于 5min。

5）制动试验。应符合本标准 4.10 要求。

6）专项试验。单项标准中规定的型式试验内容。

7）破坏试验。对起重附件及损坏后能造成人身伤亡和重大生产设备事故的关键零部件与小型机具，应进行破坏试验。其安全系数应满足本标准或有关标准对断裂安全系数的要求。

8）电气系统试验。应安全可靠，动作反应灵敏。

9）寿命试验。在额定工况下测定的机具正常工作状态时的累计作业时间。

10）耐振试验。要求以 1.5g 加速度振动 2×10^5 次，也可用装于载重车上在山区土路上以不低于 10km 时速累计行驶 200km 代替。

2. 工业试验

（1）工业试验是为验证产品质量稳定性进行的试验。机具批量生产之前，应进行工业试验。产品问题低于 5 台时，可用型式试验代替工业试验。

（2）工业试验工况为额定工况，累计试验时间应不小于 200h。

3. 出厂试验

（1）出厂试验至少包括以下内容：

1）外观检验。外观无目视可见的缺陷，主要结构尺寸和零部件符合设计文件的要求。

2）载荷试验。符合本标准 5.1.2a）～e）。

3）供需协议的特殊要求。

（2）出厂试验后检查应达到以下要求：

1）零件无目视可见裂纹。

2）零件无残余变形或超过设计许可的变形。

3）非金属材料（工程塑料、橡胶）不应有低温、强紫外线下的脆化或高温等环境下的过热变形等性能的改变。

4）无固定连接松动及紧固件松动。

5）无不允许的不均匀振动冲击和噪声。

6）无漏气、漏液现象。

7）温升不超过规定值或设计许可值。

8）无违反安全、劳动保护、环境保护、卫生等规定及国家、行业标准规定的情况，并能达到设计使用性能要求。

9）有电气系统的机械要求整套系统应安全可靠，动作反映灵敏。

4. 定期试验

（1）在役施工机具应进行定期试验，包括外观检验、过载试验。

（2）外观检验内容及要求应满足。

1）标牌或标识明显、准确。

2）外观无明显锈蚀、可见裂纹、残余变形等严重缺陷。

3）无连接松动或紧固件松动。

4）部件传动、装卸应自如。

（3）过载试验应按表 12–1–2 要求进行。

表 12–1–2　　　　过载试验载荷与额定载荷倍率表

序号	名　　称	试验载荷（额定载荷的倍率）	持荷时间（min）	试验周期
1	牵引机、张力机	≥1.15	5	1 年
2	专用货运索道及部件、运输车、抱杆、轻小型吊装设备、绞磨、卷扬机、跨越架、放线滑车、旋转连接器、抗弯连接器、牵引板、卸扣、吊装带、双钩紧线器、手扳紧线器	1.25	5	
3	网套连接器、钢丝绳套、起重钢丝绳、防扭钢丝绳	1.25	10	
4	起重滑车、起重附件	1.5	5	
5	卡线器	1.5	10	

5. 检验规定

（1）基本规定。

1）机具定型前应进行型式试验和工业试验，试验合格后方可批量投入生产。

2）机具出厂前应进行出厂试验。

3）在役机具应进行定期试验及入场检验。

4）型式试验应委托电力行业或相关专业的检测机构完成，国家法规有要求的应符合相关规定的要求。

5）工业试验、出厂试验由机具生产单位负责完成，检验周期符合规定要求。

6）定期试验由机具所有权单位负责完成，检验周期符合规定要求。

7）机具进入工程现场前应进行入场检验，入场检验由机具使用单位负责完成。

8）检验应符合国家、行业标准要求及质检、安全、劳保、环保、卫生等机构的规定。

（2）检验要求。

1）型式试验、工业试验、出厂试验的被检试件数量应符合表12–1–3规定。小型机具型式试验的被检试件数量不得少于3件，若试验中有1件不合格，应加倍取样，重新进行试验。加倍取样试验仍有试件试验不合格时，则判定该产品型式试验不合格。其他机具试验的取样和结果判定应符合相关行业标准的规定或参考相关国家标准的规定，在役机具的定期试验应符合DL 5009.2的规定。

表12–1–3　　机具试验被检试件数量

试验分类	机　　具	试件数量 件（台）/批
型式试验	张力机、牵引机、钻扩机、运输车、抱杆、轻小型吊装设备、金属跨越架、桩工设备、掏挖设备等	1
	压接机、绞磨、飞车、专用货运索道部件等	≥2
	放线滑车、紧线器、连接器、卡线器、起重滑车、临时锚体、吊装带、扳手、提升机具、绳套等	≥3
工业试验	张力机、牵引机、钻扩机、运输车、抱杆、轻小型吊装设备、金属跨越架、桩工设备、掏挖设备等	1
	压接机、绞磨、放线滑车、飞车、专用货运索道部件等	≥3
	紧线器、连接器、卡线器、起重滑车、临时锚体、吊装带、扳手、提升机具等	根据施工条件确定，不少于5件
出厂试验	张力机、牵引机、钻扩机、运输车、抱杆、轻小型吊装设备、金属跨越架、桩工设备、掏挖设备等	每台（付）
	压接机、绞磨、放线滑车、飞车、专用货运索道部件等	≥2%且不小于3件
	紧线器、连接器、卡线器、起重滑车、临时锚体、吊装带、扳手、提升机具、绳套等	≥3%且不小于3件

2）机具入场检验的检验内容包括：① 产品相关检验、试验报告等技术文件审查；② 外观检验；③ 必要时可进行抽样载荷试验。

（二）使用要求

1. 一般规定

1）机具所有权单位在机具购置或出厂时应依据相关标准审查机具生产单位提供的相关检验、试验报告。投入使用后应建立机具档案或台账，定期进行试验。

2）使用单位在机具进入工程现场时应进行入场检验，检验不合格的机具应进行标识，并及时运离现场或隔离，防止误用。

3）大修、重组及技术改造的机具，应按规定进行出厂试验。

4）可能影响工程安全与质量的新型施工机具使用前应进行工程试验（工程试用），试验工况不得超过额定工况，试验合格后方可工程应用。工程试验应由工程管理单位、机具使用及生产单位等单位共同完成。

5）使用单位在购置复合材料施工机具时，应根据工程环境、气候、使用工况等情况选择机具材料。

6）在低温、强紫外线辐射地区使用的 MC 铸型尼龙滑轮滑车，应进行增韧处理或选用增韧滑轮，并抽取 2%的滑车进行破坏试验，试验不合格的同批次滑轮应全部更换。

7）乘人装置使用前应按照 GB 26557 的规定检查超载保护装置和防坠安全装置的可靠性。

8）新生产或大修后的牵引机、张力机、机动绞磨等施工机械应在使用说明中提出磨合期的使用规定，磨合期内的使用要求应符合 JGJ 33 的规定。

9）落地抱杆、牵张设备、专用货运索道、履带式运输车等大型施工装备每天使用前均应检查安全保护装置有效性。

10）使用临时锚体前，应对工程现场的不同性状土质分别进行 1.25 倍使用载荷试验，试验合格后方可批量使用。

11）吊装带的使用应符合 JB/T 8521.2 的规定。

12）施工机具的临时用电应符合 JGJ 46 的规定。

13）施工机具的购置、使用、保管、报废应符合 DL 5009.2 及 GB 26859 的规格。

14）起重机械的使用与报废应符合 GB 5144 和 GB 6067.1 的规定。

15）起重用钢丝绳的保养、维修、安装和报废应符合 GB/T 5972 的规定。

2. 运输与吊装施工机具

（1）专用货运索道。

1）钢结构的设计应符合 GB 50017 的规定。

2）主要部件的安全系数见表 12–1–4。

表 12–1–4　　主要部件的安全系数

索道主要部件	承载索、返空索	牵引索	横梁、鞍座、地锚	支架	运行小车
安全系数	2.6～2.8	≥5	≥2.5	≥2	≥3

3）牵引装置应设置两套独立的正、反向制动装置。制动器应具有逐级加载和平稳停车的制动性能。循环式索道起、制动时间应不超过 6s；往复式索道起、制动时间应不超过 10s。

4）运输质量 1000kg 及以上的索道，牵引装置应选择双卷筒结构，卷筒底径不小于牵引索直径的 15 倍。

5）卷筒槽数、材料及系统最小张力应能保证牵引索对地及被跨越物保持安全距离且在驱动轮上不打滑。

6）承载索宜设置超载监测装置。

7）索道牵引机的运行速度不得大于 60m/min。

8）未列要求应符合 DL 5009.2 的规定。

（2）履带式运输车。

1）应适用于山地（山林）、泥路、陡坡等条件下的材料运输。

2）额定载荷下最大爬坡能力不应小于 25°。

3）在 0～5km/h 内应能无级变速行驶且能原地小半径转弯。

4）宜采用无线遥控系统实现全部功能的操作，遥控系统应灵敏，可靠度高。遥控的有效距离应不小于 100m。

5）应具有调整物料角度和重心的功能。

6）履带的接地比压应小于 0.06MPa。

7）液压油应保持清洁，其清洁度等级应符合使用说明书的规定，禁止不同类型的液压油混合使用。液压油一般累计工作 1500h（或每年）更换一次。

（3）轻小型吊装设备。

1）轻小型吊装设备的设计应符合 GB/T 3811 的规定。

2）变幅及起重钢丝绳应符合 JGJ 33—2012 中 4.5 的要求。

3）卷扬机应符合 JGJ 33—2012 中 4.7 的要求。

4）机动绞磨应符合 DL/T 733 的规定。

5）安全系数应不小于 2.5。

6）型式试验应进行 1.5 倍额定载荷试验。

3. 基础施工机具

（1）基本规定。

1）土石方机具应符合 JGJ 33 的规定。

2）基础施工机具在山区使用时，宜采用专用货运索道搬运。

3）人力搬运的单件重不宜超过 100kg。

（2）混凝土搅拌机。

1）混凝土搅拌机应符合 GB/T 9142 的规定。

2）搅拌机应工作可靠、搅拌均匀，不应有水泥成团、砂成团及稀稠不匀等现象。搅拌至均匀的时间不宜超过 2min。

3）搅拌筒内的残留率不超过公称容量的 5%。

4）搅拌机上料高度不应高于 1000mm。

5）平均无故障工作时间不少于 200h。

（3）钻扩机。

1）成孔垂直度偏差应小于孔深的 1%。

2）钻杆与动力头中心线的偏斜度应小于全长的 1%。

3）转盘应具有锁紧装置。

4）钻扩机正常工作面的适应坡度应不小 2°。

5）应具有满足线路工程及相关标准要求的成孔质量测量功能。

6）钻扩机的使用应符合 JGJ 33 的规定。

4. 杆塔施工机具

（1）绞磨。应符合 DL/T 733 的规定。

（2）抱杆。应符合 DL/T 319 的规定。

（3）起重滑车。

1）滑轮槽底直径与钢丝绳直径之比应符合以下规定：机动驱动时应不小于 11，人力驱动时应不小于 10。

2）滑轮可采用铸钢、球墨铸铁或 MC 尼龙等材料制成。轴、吊钩（环）、梁、侧板等应用断裂前有明显屈服现象的材料制成。

3）起重滑车的安全系数为：额定载荷 160kN 以下应不小于 3，额定载荷 160kN 及以上应不小于 2.5。

4）起重滑车未列内容应符合 JB/T 9007.1 和 JB/T 9007.2 的规定。

（4）起重附件（含各种环、钩、卡、销、板等）。

1）安全系统应不小于 3。

2）起重附件应用塑性材料锻造制成，主要受力部位不允许焊接。材料在断裂前应有明显屈服现象。

（5）脚扣。

1）主体材料应选用不低于 45 号钢及其以上机械性能的塑性材料。

2）焊缝应符合 GB/T 3323 的规定，不应点焊或虚焊且不应存在裂纹、气孔、夹渣等焊接缺陷，并按照 GB/T 3323 进行检查。

3）与电杆接触部位应有牢固的防滑橡胶衬块，橡胶衬块应采用不低于氯丁橡胶或丁腈橡胶的性能。

4）1.25 倍静压力试验不应有塑性变形，2 倍静压力试验不应有残余变形。

5）安全系数应不小于 2 且不应打滑。

（6）临时锚体（含地钻、地锚）。

1）临时锚体应选用塑性材料制作，断裂前应有明显屈服现象。

2）锚体形状应因地制宜，有利于提高地锚上拔力。临时锚体的安全系数应不小于 3。

3）临时锚体的焊缝强度应不小于锚体材料的强度且应避免将焊缝设置在最大受力部位。

（7）防坠器保护装置。

1）应符合 DL/T 1147 的规定且应设置安全可靠的缓冲器。

2）防坠器（防坠自锁器、速差自控器）应安全可靠。防坠自锁器锁止距离应小于 0.4m，速差自控器锁止距离应小于 0.2m。

3）安全绳。应选用棉纶、涤纶、蚕丝、芳丝等材料制成，抗拉强度应不小于 30kN。

4）安全带应符合 GB 6095 的规定，测试方法应符合 GB/T 6096 的规定。

5. 架线施工机具

（1）放线滑车。应符合 DL/T 371 的规定。

（2）牵引机（含钢丝绳缠绕装置）。应符合 DL/T 372 的规定。

（3）张力机（含牵张两用机、导线轴架）。应符合 DL/T 1109 的规定。

（4）液压压接机。应符合 DL/T 689 的规定。

（5）接续管保护装置。应符合 DL/T 1192 的规定。

（6）防扭钢丝绳。

1）防扭钢丝绳的安全系数应不小于 3。

2）其他应符合 DL/T 1079 的规定。

（7）卡线器。

1）安全系数应不小于 3。

2）在 1.25 倍额定载荷作用下，卡线器夹嘴与线体无相对滑移。

3）在 1.5 倍、2 倍额定载荷作用下，卡线器夹嘴与线体无明显相对滑移，卸载后卡线器应装、拆自如。

4）导线卡线器还应符合以下要求：

① 在额定载荷作用下，导线应无明显压痕；

② 在 1.25 倍额定载荷下，线体的表面压痕及毛刺不超过 GB 50233 规定的打光处理标准，线体与夹嘴无偏移，直径无压扁，表面无拉痕和鸟巢状变形；

③ 夹嘴应有足够的长度，长度 $L \geqslant (6.5d-20)$ mm，d 为导线直径。

未列内容宜按照 GB/T 12167 的规定执行。

（8）连接器。

1）旋转连接器应符合 DL/T 1310 的规定；

2）抗弯连接器应符合：① 安全系数应不小于 3；② 由塑性材料制成，其结构形状应不损伤钢丝绳；③ 抗弯连接器能顺利通过放线滑车钢丝绳轮和牵引机钢丝绳卷筒。

3）网套连接器应符合：① 安全系数应不小于 3；② 张力波动时网套连接器不应打滑；③ 使用的钢丝应柔软，保证安装拆卸方便；④ 夹持长度应不小于导线、钢绞线和光缆直径的 30 倍；⑤ 压接管至网套过渡部分的钢丝应用薄壁金属管保护。

4）牵引管应满足：① 压接应符合 DL/T 5285 的规定；② 能顺利通过放线滑车且不损伤滑轮包胶；③ 牵引管压接后的拉断力应不小于 60%导线额定拉断力。

（9）牵引板及平衡锤。

1）本体应采用焊接性能优良、有明显屈服的塑性材料制成；主体结构设计和加工时应防止应力集中及附加焊接应力；焊缝应焊满且双面焊透，不应采用间断焊。

2）安全系数应不小于 3。

3）牵引板及平衡锤应能平衡通过放线滑车。

4）平衡锤应安全可靠，有足够的平衡力矩，能防止牵引板翻转。

5）牵引板上应有防止平衡锤摆动撞击绝缘子的限位装置。

6）采用导引链的牵引板，导引链应采用铆接或螺栓连接，不应采用焊接。

7）同一个牵引板上与导线端连接的旋转连接器的性能应相同。

（10）切线机（含切线钳、切断器）。

1）线体切断时，不应损伤钢芯。切断后两侧切面均应保持各线股断面和整体断面齐整，无飞边毛刺和影响线体顺利插入直线接续管和耐张管的压扁变形。

2）液压传动系统应限定最高使用压力，并有压力保护装置。

3）液压系统不应有内、外渗漏油现象。

4）液压切线机质量不宜超过 30kg。

5）切线机使用寿命不应少于 10 000 次。

（11）手扳紧线器（含手拉葫芦、手扳葫芦等）。

1）安全系数应不小于 3。

2）手扳紧线器应有安全可靠的自锁装置。

（12）双钩紧线器。

1）安全系数应不小于 3，螺纹接触面的接触应力应小于允许值。

2）双钩紧线器应能自锁(不自动缓扣）。

3）应有保险装置，保证螺纹和杆套(螺母）任何部位都有足够的啮合长度。

（13）飞车。

1）用于出线安装附件的飞车，整体安全系数不小于 3，制动安全系数应不小于 2，其关键元件（损坏后能导致人身或设备重大事故者）安全系数应不小于 5。

2）应配置防止高空坠落装置。

3）刹车应安全可靠，在 1s 内能够使车轮停止转动。飞车悬停在导线上的任何位置时不会滑动且应设置停车保险。

4）驱动轮与导线的摩擦系数应不小于 0.5。

5）轮子在导线上通过时，车轮不应损伤导线，飞车有可能和导线接触的部件均应设置橡胶衬里，橡胶应满足 DL/T 371—2010 6.5.1c。轮子和导线的接触面积应足够大。

6）机动飞车爬坡角度不小于 22°。其自重应能保证方便通过线夹。

（14）纤维绳。

1）安全系数应不小于 5。

2）应具有抗拉强度高、绝缘性能好及延伸率小的性能。

3）用于与纤维绳连接的锁轴类的直径应不小于绳径的 2 倍且应与现场正常使用的绳子或 U 形环等相配合。转向滑轮的槽底直径不小于绳径的 11 倍。双摩擦卷筒槽底直径应不小于绳径的 25 倍。

4）纤维绳的性能及使用应符合 DL 5009.2 的规定。

5）纤维绳应在额定载荷及性能指标范围内选用。应远离火源热源，避免摩擦、磨损、挤压，防止打结、系扣、撞击，防潮防油污。

6）高强纤维绳需要中部受拉时应采用滚筒式拉力器，不允许打结、系扣。

7）1.5 倍额定载荷试验时不应出现发热、黏结、变形等现象。

8）每装卸按照 GB/T 13035 的要求进行一次定期试验。使用时可能与带电体接触时，应干燥、隔潮，并进行绝缘试验，试验不合格应报废。

（15）吊装带。

1）起重用吊装带应符合 JB/T 8521.1 和 JB/T 8521.2 的规定。

2）纤维带的安全系数（破断力与最大有效力的比较值）应不小于 6，金属末端带的安全系数应不小于 4。

（16）金属跨越架。

1）金属结构跨越架的组立应操作方便、安全可靠，强度满足施工设计强度要求。

2）当跨越 110kV 及以上（张力放线）线路时，每基架体应满足垂直载荷不小于 15kN，水平载荷根据跨越架顶部材料及结构形式确定，计算风速 15m/s。

3）金属结构架体的屈服安全系数应不小于 1.5。稳定安全系数应不小于 2.5。

4）每基架体及横担上羊角宽度应不小于 3～6m，横担上可能与导线接触的部分，应安装由对导线磨损小的绝缘材料制成的横辊，如用金属杆作横辊或羊角，应在表面包胶。横辊应转动灵活。

5）架体拉线中部应串接高强度绝缘体。

6）进行型式试验时，除进行所有出厂试验项目外，还应进行 1.5 倍额定载荷的过载试验，实测应力与计算值应基本相符。

（17）悬索跨越架。

1）跨越档距宜小于 500m。

2）承载绳索的安全系数应满足 DL 5009.2—2013 中 7.1.3 的要求。

3）零、部件的安全系数应不小于 3。

4）在事故状态下，承载索与跨越物的安全距离应符合 DL 5009.2 的规定。

（18）其他架线工器具（含分线器、提线器等）。

1）放线、附件安装工器具安全系数应不小于 3。

2）放线、附件安装工器具不应损伤导线及金具，并应尽量轻。

3）与导线接触的部件或部位均应设置橡胶衬，橡胶衬与导线接触部分应光滑。

4）在 1.25 倍额定载荷下，橡胶衬无损伤。

5）提线器的提线钩底部的接触面长度应不小于 2.5 倍的导线直径。对于 $900mm^2$ 以上截面导线，接触面的长度应不小于 3 倍导线直径，接触面的曲率半径不小于 8 倍导线直径，包络角不小于 22°。

（19）光缆施工机具。

1）光缆张力机主卷筒槽底直径应不小于光缆直径的 70 倍且应不小于 1000mm，其他内容应满足 DL/T 372 的要求。

2）光缆放线滑车的滑轮槽底直径应大于光缆直径的 40 倍，且应大于 500mm，其他内容应满足 DL/T 371 的要求。

3）光缆牵引链和平衡锤应符合。① 牵引链的安全系数应不小于 3；② 牵引链及平衡锤应能顺利通过放线滑车；③ 平衡锤应安全可靠，有足够的平衡力矩，能防止牵引链被拉翻；④ 平衡锤接触光缆部位应有橡胶衬垫；⑤ 牵引链的链条长度应不小于 6m；⑥ 板式牵引链应采用铆接或螺栓连接，不应采用焊接。

6. 液压系统

1）施工机具液压系统应符合 GB/T 3766 的要求。

2）液压系统所用元件应符合 GB/T 7935 的要求，在国家标准定时，应不低于机械行业标准。

3）液压传动系统应设置失压自锁装置。

4）手动液压机具操作力在国家标准无规定时按本标准要求执行。

5）手动及机动液压机具总容积效率在额定正常工况应符合表 12–1–5 规定。

表 12-1-5 液压机具的总容积效率

压力（MPa）	容积效率
<31.5	≥85%
31.5～63.0	≥82%
>63.0	≥80%

6）对额定工况采用溢流阀卸载的系统（如液压张力机等），通过溢流阀的流量应计入有效容积及有效功之内。

7）液压油黏度应满足元件在许可温度范围内正常工作的要求，应使用符合国家、行业、生产企业标准规定的液压油。液压油过滤精度应保证元件正常工作。

8）液压系统温度最高不应超过 80℃。

9）液压系统过载运行试验压力按 5.1.2d）执行，不应出现渗漏、裂纹及永久变形。

【思考与练习】

1. 简述机具产品出厂试验内容及相关要求。
2. 简述基础施工机具的分类及检验要求。
3. 简述杆塔施工机具的分类及检验要求。
4. 简述架线施工机具的分类及检验要求。
5. 简述液压系统的检验要求。